高等职业教育电子信息课程群系列教材

单片机应用技术项目教程（C 语言版）
（第三版）

主　编　郭志勇

副主编　杨振宇　郭文思

中国水利水电出版社
www.waterpub.com.cn
·北京·

内 容 提 要

本书采用"项目导入、任务驱动、做中学"的编写思路，将相关知识和职业岗位基本技能融合在一起，通过任务实施来完成知识和技能学习。本书采用 Proteus 仿真软件，从职业岗位技能出发，分为技能基础篇和技能提高篇，共有 11 个项目、28 个任务、32 个技能训练以及 2 个课程设计范例。

本书注重职业岗位的基本技能训练和开发技能训练，适合作为应用电子技术、机电一体化技术、电气自动化技术、电子信息工程技术、通信技术、移动通信技术、汽车电子技术、计算机控制技术（智能控制技术）、计算机应用技术、物联网应用技术、嵌入式应用技术等相关专业单片机应用技术课程的教材，也可作为广大电子产品制作爱好者的自学用书。

本书配有电子教学课件、习题参考答案、Proteus 仿真电路和源程序、单片机开发套件以及单片机典型应用项目等教学资源，读者可以从中国水利水电出版社网站（www.waterpub.com.cn）或万水书苑网站（www.wsbookshow.com）免费下载。

图书在版编目（CIP）数据

单片机应用技术项目教程 : C语言版 / 郭志勇主编
. -- 3版. -- 北京 : 中国水利水电出版社, 2021.1（2024.1重印）
高等职业教育电子信息课程群系列教材
ISBN 978-7-5170-9285-8

Ⅰ. ①单… Ⅱ. ①郭… Ⅲ. ①单片微型计算机－C语言－程序设计－高等职业教育－教材 Ⅳ. ①TP368.1 ②TP312.8

中国版本图书馆CIP数据核字(2020)第262131号

策划编辑：石永峰　责任编辑：魏渊源　加工编辑：叶　昊　封面设计：李　佳

书　名	高等职业教育电子信息课程群系列教材 单片机应用技术项目教程（C 语言版）（第三版） DANPIANJI YINGYONG JISHU XIANGMU JIAOCHENG（C YUYAN BAN）
作　者	主　编　郭志勇 副主编　杨振宇　郭文思
出版发行	中国水利水电出版社 （北京市海淀区玉渊潭南路 1 号 D 座　100038） 网址：www.waterpub.com.cn E-mail：mchannel@263.net（答疑） 　　　sales@mwr.gov.cn 电话：（010）68545888（营销中心）、82562819（组稿）
经　售	北京科水图书销售有限公司 电话：（010）68545874、63202643 全国各地新华书店和相关出版物销售网点
排　版	北京万水电子信息有限公司
印　刷	三河市德贤弘印务有限公司
规　格	210mm×285mm　16 开本　22 印张　556 千字
版　次	2011 年 1 月第 1 版　2011 年 1 月第 1 次印刷 2021 年 1 月第 3 版　2024 年 1 月第 4 次印刷
印　数	11001—15000 册
定　价	59.00 元

第三版前言

本书在《单片机应用技术项目教程（C语言版）》（第二版）的基础上，对原有内容进行了部分补充、整合和修改，突出技能训练。

《单片机应用技术项目教程(C语言版)》(第三版)顺应1+X精神，突出技能培养在课程中的主体地位，用任务引领理论，使理论从属于技能实践。本书主要特色如下：

（1）采用“项目导入、任务驱动、做中学”的编写思路。以解决实际项目的思路和操作为编写主线，下一个项目均以上一个项目的知识点为支撑，连贯多个知识点。每个项目均由若干个具体的典型任务组成，每个任务均将相关知识和职业岗位基本技能融合在一起，使知识与技能的学习在任务完成过程中实现。

（2）全新的仿真教学模式，采用C语言编程。引入Proteus仿真软件，采用C语言编程，使学生从单片机复杂的硬件结构中解放出来，实现了在计算机上将单片机电路设计、软件设计、调试与仿真一气呵成，使学生理解和掌握了从设计到生产出产品的完整过程。

（3）符合1+X精神的课证融通、手册式教材。紧跟职业教育的教学改革，本书采用手册方式，内容突出行业性、实用性、科学性和可操作性，增加了1+X要求的部分内容，与职业资格标准和1+X接轨。同时与高新企业合作，为本书提供配套的单片机开发板散件、典型应用项目、电子产品设计与制作竞赛的相关课程资源。

（4）丰富的微课视频和教学资源。本书配套有微课视频、电子教学课件、习题库及答案、Proteus仿真电路和项目源程序、单片机开发套件以及单片机典型应用项目等教学资源、综合应用项目、教学大纲和单元设计。

在技能基础篇中，注重职业岗位的基本技能训练，主要介绍单片机硬件系统、单片机开发系统、单片机并行端口应用、定时与中断系统、显示与键盘接口技术、A/D与D/A转换接口、串行接口通信技术以及单片机应用系统设计方法等内容；在技能提高篇中，注重职业岗位的开发技能训练，主要介绍键盘控制电机方向和转速、按键设置液晶电子钟、多路温度采集监控系统、16×32 LED点阵显示设计。本书还介绍了双向四车道交通灯控制和温湿度监控系统等单片机产品开发方法、关键知识以及项目的设计与实现方法。本书的案例可以用于学生的课程设计。

本书由安徽电子信息职业技术学院省级教学名师郭志勇任主编，安徽交通职业技术学院杨振宇、军事科学院郭文思任副主编。郭志勇对本书的编写思路与大纲进行了总体规划，指导全书的编写，并承担了统稿工作。合肥求精电子有限公司为本书提供了配套的单片机开发板散件以及典型应用项目，电子产品设计与制作竞赛的相关课程资源并对本书的编写提供了宝贵的参考意见。项目1、项目8和项目11由郭志勇编写，项目3、项目4和项目6由郭文思编写，项目2、项目7和项目10由杨振宇编写，项目5和项目9由郭雨编写，课程设计范例1和课程设计范例2由王宾编写。参与本书电路调试、程序调试、素材收集、校对等工作的还有赵黎明、林艺春、张长井、郭丽等，在此一并表示衷心感谢。

本书采用“教、学、做”一体化的编写思路，参考学时见下表，读者可根据实际教学情况进行增减。

本课程参考学时

项目		参考学时
技能基础篇（共 64 学时）	项目 1　控制一个 LED	8
	项目 2　跑马灯控制设计	10
	项目 3　单片机显示控制	10
	项目 4　单片机键盘设计	10
	项目 5　中断与定时器 / 计数器应用设计	8
	项目 6　模拟量输入输出设计	8
	项目 7　单片机串行通信设计	10
技能提高篇（任选）	项目 8　基于 LCD1602 的电机监控设计	6
	项目 9　按键设置液晶电子钟	8
	项目 10　8 路温度采集监控系统	8
	项目 11　LED 点阵显示设计	12

由于时间紧迫以及编者水平有限，书中难免会有错误和不妥之处，敬请广大读者和专家批评指正。

编　者

2020 年 9 月

第一版前言

《单片机应用技术项目教程（C 语言版）》顺应现代高等教育指导思想的变革，突出技能培养在课程中的主体地位，用工作任务来引领理论，使理论从属于技能实践。本书可作为高职高专院校计算机应用技术、电子信息、机电等相关专业单片机技术课程的教材，也可作为广大电子制作爱好者的自学用书。

本书主要特色如下：

1．采用“项目驱动”的编写思路，突出技能培养在课程中的主体地位

本书以解决实际项目的思路和操作为编写主线，贯穿多个知识点，用工作模块来引领理论，使理论从属于技能培养。教会学生如何完成工作任务，关注学生能做什么，而不是知道什么，知识、技能的学习结合工作任务的完成过程来进行。

2．与职业岗位标准接轨，已获得行业协会认可，作为认证教材，具有独特的“双证书”特色

本书内容与职业岗位标准密切接轨，部分项目由中国软件行业协会嵌入式系统分会的工程师编写，根据中级嵌入式系统硬件设计工程师（单片机）认证的要求，涉及必须掌握的关键知识点、基本技能以及单片机产品制作与调试等方面的内容，本书已获得中国软件行业协会嵌入式系统分会认可，作为“中级嵌入式系统硬件设计工程师（单片机）”认证教材。

学习本书后，由中国软件行业协会嵌入式系统分会进行考核（或经中国软件行业协会嵌入式系统分会认可，由学校进行考核）。考核合格的，可以申请中国软件行业协会嵌入式系统分会的“中级嵌入式系统硬件设计工程师（单片机）”证书。该证书可以作为专业技术人员职业能力考核的证明，以及岗位聘用的重要依据。

3．既适合教学，又符合企业实际工作需要

注重采用企业真实工作任务、贴近企业职业岗位实际需求。本书在拉近单片机教学与职业岗位需求距离的同时，兼顾知识的系统性和完整性。本书既适合教学，又符合企业实际工作需要。

4．全新的仿真教学模式，C 语言编程

打破了传统教材原有界限，与职业岗位基本技能融合在一起，引入 Proteus 仿真软件，采用 C 语言编程，将学生从单片机复杂的硬件结构中解放出来，侧重高职院校学生技能和动手能力的锻炼，实现了在计算机上完成单片机电路设计、软件设计及调试与仿真。真正实现了从概念到产品的完整设计，使学生理解和掌握从概念到产品的完整过程。

5．教学资源丰富，提供教学支持及服务

课程教学网站提供支持，包括电子教案、实训项目、源代码和仿真电路、技能大赛作品、学生作品、课程设计、校企合作资源及相关其他素材等。

本书由学校骨干教师、项目研发人员和高新企业的工程师共同编写。采用“项目驱动”的编写思路，从职业岗位技能出发，分为技能基础篇和技能提高篇，共有 11 个项目 28 个工作模块以及两个课程设计范例。

在技能基础篇中，注重职业岗位的基本技能训练，主要介绍单片机硬件系统、单片机开发系统、单片机并行端口应用、定时与中断系统、显示与键盘接口技术、A/D与D/A转换接口、串行接口通信技术以及单片机应用系统设计方法等内容；在技能提高篇中，注重职业岗位的开发技能训练，主要介绍键盘控制电机方向和转速、多路温度采集监控系统、按键设置液晶电子钟、16×32 LED点阵显示设计与实现等单片机产品开发方法、关键知识以及这些项目的设计与实现，相关内容可以作为学生的课程设计。其中技能提高篇中的部分项目，可作为“中级嵌入式系统硬件设计工程师（单片机）”认证教材。两个课程设计范例分别是双向四车道交通灯和出租车计价器。

本书由郭志勇任主编，王韦伟任副主编。郭志勇对本书的编写思路与大纲进行了总体规划，指导全书的编写，承担全书的各个项目连贯性及统稿。项目一和项目六由郭志勇编写，项目二和项目十由王韦伟编写，项目三和项目八由巩雪洁编写，项目五和项目九由李健编写，项目七和课程设计范例一由李自成编写，项目四和课程设计范例二由程淑玉编写，项目十一由林艺春编写。参加本书电路调试、程序调试、素材收集、校对等工作的还有张长井、杨振宇、郭雨、王大灵、郭丽、赵露、蔡瑞瑞等。

为了方便教师教学，本书配有电子教学课件、习题参考答案、C语言源程序代码和Proteus仿真电路。读者也可以通过该课程教学网站（http://www1.avceit.cn/jisuanji/ktzi.html）获得教材的技能训练、技能拓展、问题与讨论、所有源代码和仿真电路，以及学生的实训项目、课程设计项目作品和技能大赛作品。还可以与作者联系（adzgzy@163.com），获取更多教学服务支持。

本课程采用“教、学、做”一体化，参考学时如下表所示，读者可根据实际教学情况增减。

本课程参考学时

项目		参考学时
技能基础篇（共64学时）	项目一　发光二极管LED控制	8
	项目二　LED循环点亮控制	10
	项目三　数码管显示控制	10
	项目四　键盘的设计与实现	10
	项目五　定时/计数器综合应用	8
	项目六　模拟量输入输出设计与实现	8
	项目七　单片机串行通信设计与实现	10
技能提高篇（任选）	项目八　键盘控制电机方向和转速	6
	项目九　按键设置液晶电子钟	8
	项目十　8路温度采集监控系统	8
	项目十一　点阵显示设计与实现	12

由于时间紧迫和编者水平有限，书中难免会有错误和不妥之处，敬请广大读者和专家批评指正。

编　者

2010年10月

目　录

项目1　控制一个LED

项目描述

本项目首先通过 Proteus 和 Keil C51 软件，设计一个发光二极管 LED 电路，编写控制程序，让读者初步掌握 Proteus 和 Keil C51 软件的使用方法；然后介绍单片机和单片机最小系统以及 C 语言语句的基本概念；最后通过 LED 闪烁控制电路的设计、焊接与制作，使读者进一步了解单片机应用系统的开发流程。

能力目标

能完成单片机最小系统和输出电路设计，能应用 C 语言程序完成单片机输入输出控制，实现对一个 LED 进行控制的电路的设计、运行及调试。

知识目标

- 了解单片机结构
- 掌握单片机的引脚功能
- 掌握单片机最小系统电路设计
- 掌握 C 语言基本构成和基本语句
- 会利用单片机 I/O 口实现对一个 LED 的控制

教学重点

- 单片机及其引脚功能
- 单片机最小系统的组成
- C 语言基本构成和基本语句

教学难点

时钟电路，复位电路，LED 控制的方法。

1.1　任务1　一个 Proteus 仿真电路——控制一个 LED

1.1.1　任务描述

LED（Light Emitting Diode，发光二极管），通常作为单片机产品的工作状态指示灯。比如热水器的 LED 点亮表示正在加热，LED 熄灭表示温度已达到设定温度，停止加热。使用 Proteus 软件完成本书第一个单片机控制一个 LED 的仿真电路，该电路是由 AT89S52

单片机、LED 等组成，电路如图 1-1 所示。

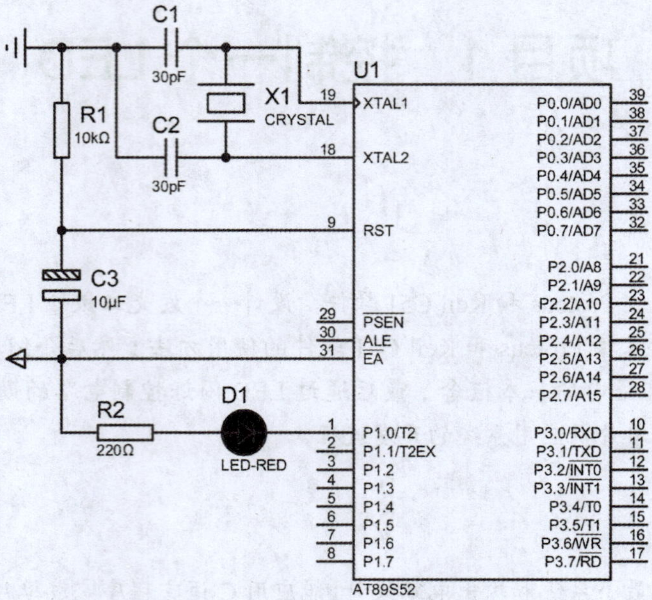

图 1-1　单片机控制一个 LED 的 Proteus 仿真电路

1.1.2　任务分析

1. 认识 Proteus 仿真软件

本书使用 Proteus 8.6 Professional 英文版。

Proteus 8.6 Professional 是英国 Labcenter Electronics 公司推出的一款 EDA 工具（仿真软件），是目前世界上唯一将电路仿真软件、PCB 设计软件和虚拟模型仿真软件三合一的设计平台。它实现了在计算机上，从原理图与电路设计、电路分析与仿真、单片机代码级调试与仿真、系统测试与功能验证，到形成 PCB 的完整的电子设计研发过程，真正实现了从概念到产品的完整设计。

2. 单片机控制一个 LED 电路分析

根据任务描述，一个单片机仿真电路是由 AT89S52 单片机和 1 个 LED 电路构成。AT89S52 单片机是美国 ATMEL 公司生产的低电压、高性能 8 位单片机，具有丰富的内部资源，使用 AT89S52 单片机无需外部存储器。

在图 1-1 中，AT89S52 单片机的 P1.0 引脚接 LED 的阴极，LED 的阳极通过 220Ω 限流电阻连接到 5V 电源上，限流电阻在这里起到了限流的作用，使通过 LED 的电流被限制在十几毫安。

根据二极管单向导电性，当单片机的 P1.0 引脚输出低电平时，由于 P1.0 引脚接 LED 的阴极，使得 LED 点亮；当单片机的 P1.0 引脚输出高电平时，使得 LED 熄灭。简而言之，LED 加正向电压点亮，反之熄灭。

1.1.3　任务实施

一个 Proteus 仿真电路

运行 Proteus 仿真软件有两种方法：第一种是双击桌面上的 Proteus 8 Professional 图标，进入“Proteus 8 Professional”主页；第二种是执行“开始”→“程序”→“Proteus 8 Professional”文件夹→“Proteus 8 Professional”命令，进入“Proteus 8 Professional”主页，如图 1-2 所示。

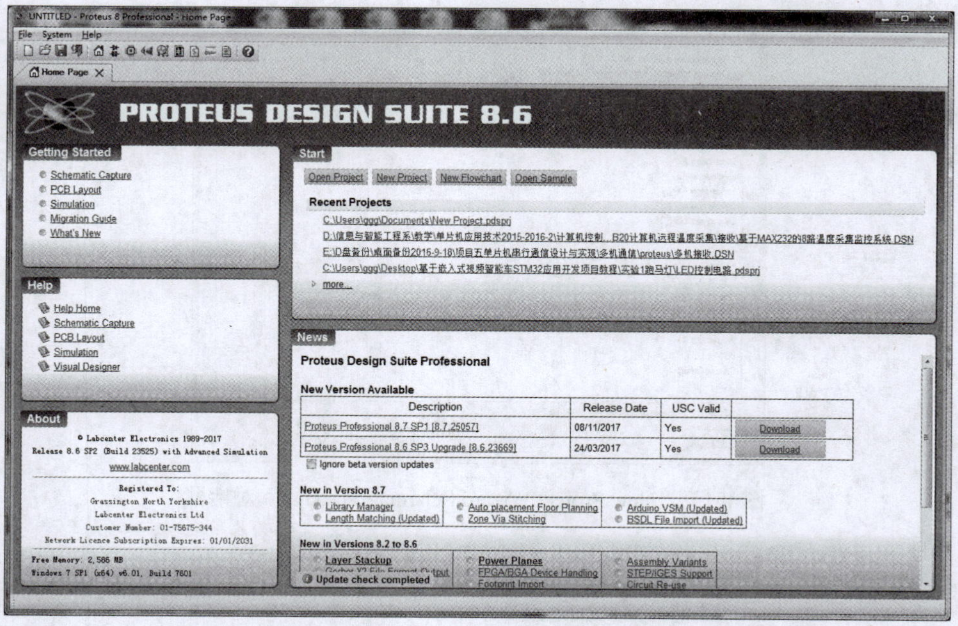

图 1-2 “Proteus 8 Professional”主页

1. 新建 Proteus 工程

在设计原理图之前，必须新建一个 Proteus 工程。由于本书没有涉及 PCB 绘制内容，在这里新建一个带有原理图和无 PCB 的 Proteus 工程。

（1）单击“Proteus 8 Professional”主页顶部的新建工程“New Project”按钮，弹出新建工程向导“New Project Wizard:Start”对话框，在 Name 栏中输入新建工程名“控制一个 LED”，并选择新建工程保存路径，如图 1-3 所示。

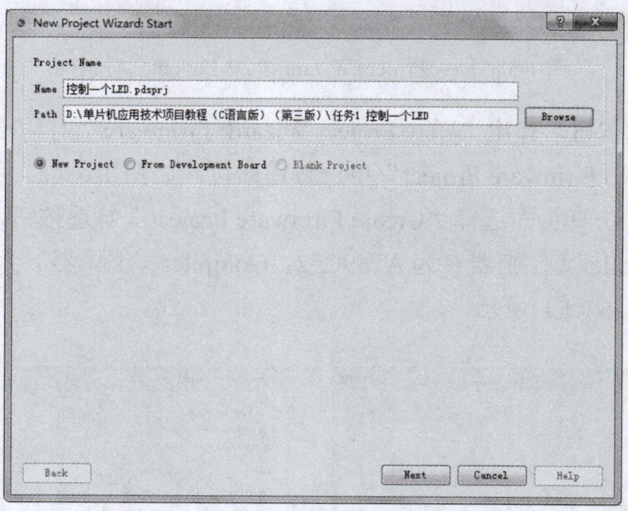

图 1-3 “New Project Wizard:Start”对话框

（2）单击 Next 按钮，弹出原理图设计“New Project Wizard:Schematic Design”对话框，如果不需要绘制原理图，可直接选择“Do not create a schematic”单选按钮。

本例是从模板中创建原理图，先选择“Create a Schematic from the selected template”单选按钮，然后选择默认“DEFAULT”模板，如图 1-4 所示。

（3）单击 Next 按钮，弹出 PCB 设计“New Project Wizard: PCB Layout”对话框，因为不需要进行 PCB 设计，直接选择“Do not create a PCB Layout”单选按钮，如图 1-5 所示。

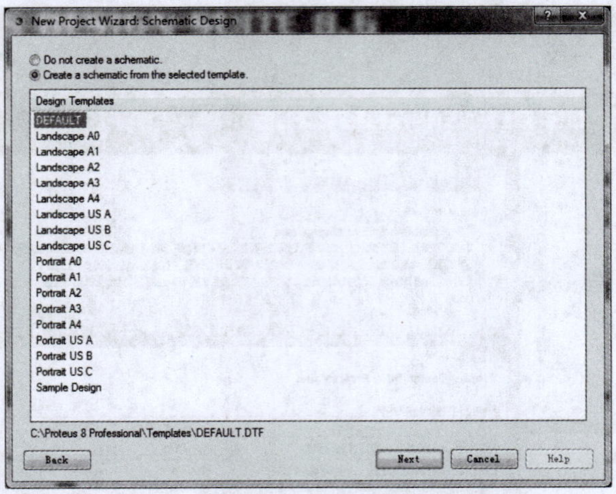

图 1-4 “New Project Wizard:Schematic Design”对话框

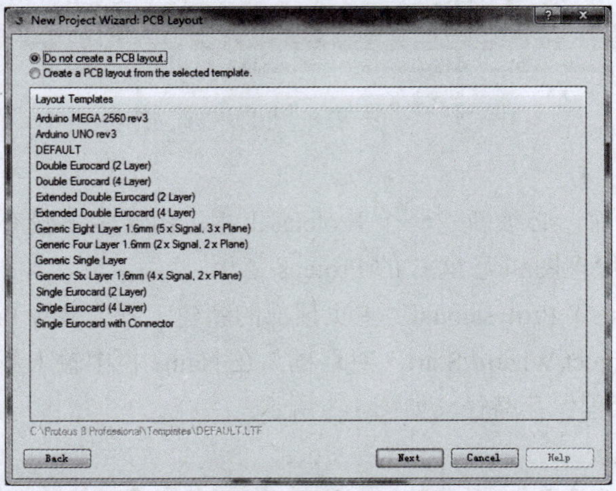

图 1-5 “New Project Wizard: PCB Layout”对话框

（4）单击 Next 按钮，弹出“New Project Wizard: Firmware”对话框。本例不需要进行仿真，直接选择“No Firmware Project”单选按钮即可，如图 1-6（a）所示。

若需要仿真，在仿真页面选择“Create Firmware Project”单选按钮，并设置 Family（系列）为 8051，Contoller（控制器）为 AT89C52，Compiler（编译器）为 Keil for 8051（not configured），如图 1-6（b）所示。

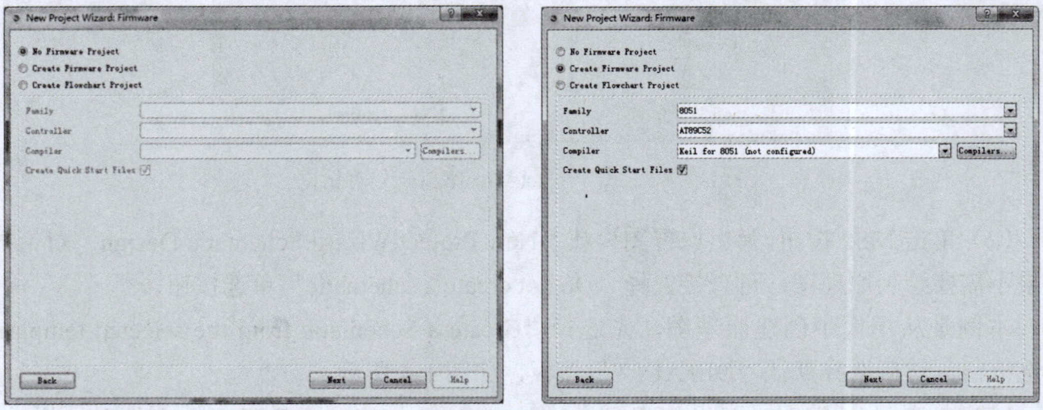

（a）选择“No Firmware Project”单选按钮　（b）选择“Create Firmware Project”单选按钮

图 1-6 “New Project Wizard:Firmware”对话框

（5）单击 Next 按钮，弹出仿真和原理图选择界面（“New Project Wizard:Summary”对话框），如图 1-7 所示。

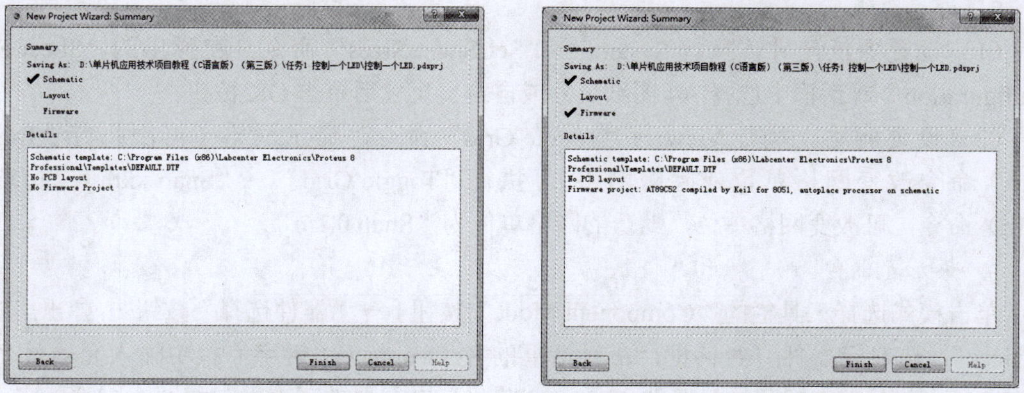

（a）选择原理图　　　　（b）选择仿真和原理图

图 1-7　“New Project Wizard:Summary”对话框

本例只需要电路图绘制，不需要仿真，单击图 1-7（a）的 Finish 按钮，完成带有电路图绘制“Schematic Capture”选项卡的新建工程，如图 1-8 所示。

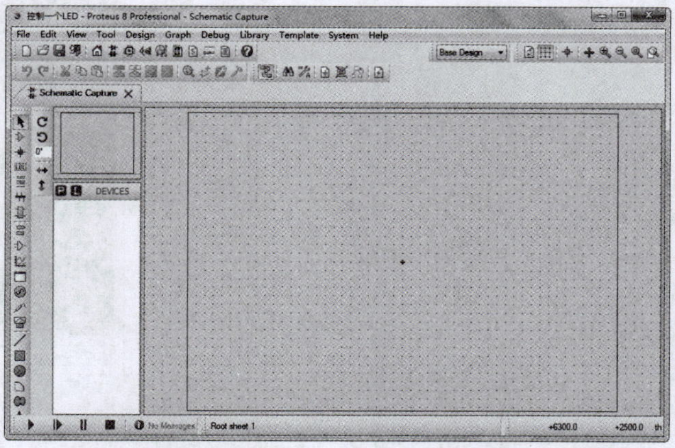

图 1-8　电路图绘制“Schematic Capture”选项卡

若单击图 1-7（b）的 Finish 按钮，就完成带有电路图绘制“Schematic Capture”选项卡和源代码“Source Code”选项卡的新建工程，如图 1-9 所示。

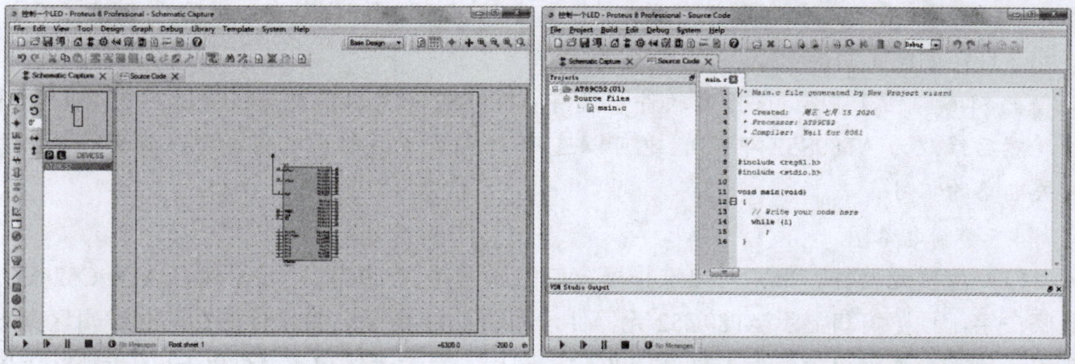

（a）“Schematic Capture”选项卡　　　　（b）“Source Code”选项卡

图 1-9　“Schematic Capture”选项卡和“Source Code”选项卡

Proteus 8.0 及以上版本都自带源代码编辑器和编译器，可以不再需要外部文本编辑器。

我们只要在源代码编辑器中把自己所写的源代码添加进去就可以了，如图 1-9（b）所示。由于这部分内容不是本书重点，在这里只是简单介绍。

2. 设置图纸

（1）设置图纸尺寸。执行 System →“Set Sheet Sizes”命令，在弹出的“Sheet Size Configuration”对话框中选择 A4 图纸尺寸或自定义尺寸后单击 OK 按钮。

（2）设置网格。执行 View →“Toggle Grid”命令，显示网格（再次执行“Toggle Grid”命令改变网格单位或隐藏网格）。执行“Toggle Grid”→“Snap xxth”（或 Snap x.xin）命令，可改变网格单位，默认的网格单位为“Snap 0.1in”。

3. 添加元器件

单击模式选择工具栏的“Component Mode”按钮 →“器件选择”按钮 ，弹出“Pick Devices”（选取元器件）对话框，在对话框的 Keywords（关键字）栏中输入元器件名称 AT89C52，与关键字匹配的元器件 AT89C52 将显示在元器件列表中，如图 1-10 所示。

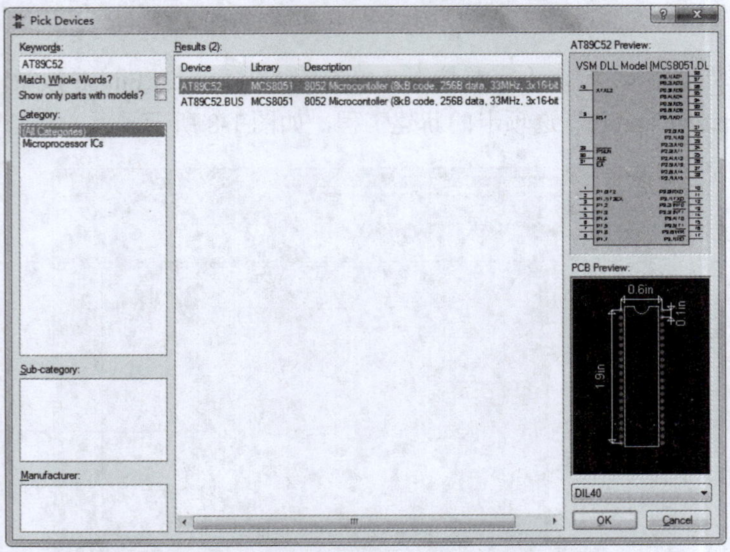

图 1-10 “Pick Devices”对话框

双击选中的元器件 AT89C52，便将所选元器件 AT89C52 加入到对象选择器窗口，单击 OK 按钮完成元器件选取。

用同样的方法可以添加其他元器件。在本任务中，需要添加 AT89C52、CAP（电容）、CAP-ELEC（电解电容）、CRYSTAL（晶振）、LED-RED（红色发光二极管）、RES（电阻）等元器件，如图 1-11 所示。

注意：由于 Proteus 仿真软件中没有 AT89S52 单片机等型号，可以用 AT89C52 代替（然后修改为 AT89S52 即可），也可以选择 51 系列单片机的其他类型，不影响本书中相关电路的学习。

4. 绘制电路图

（1）放置元器件。单击对象选择器窗口的元器件 AT89C52，元器件名 AT89C52 变为蓝底白字，预览窗口显示 AT89C52 元器件，如图 1-11 所示。将鼠标指针移到编辑区某一位置，单击一次就可放置元器件 AT89C52。然后，参考上述放置 AT89C52 的步骤，依照图 1-1 放置其他元器件。

其中，单击方向工具栏中的按钮可实现元器件的左旋转、右旋转、水平翻转和垂直翻转，以调整元器件的摆放方向。

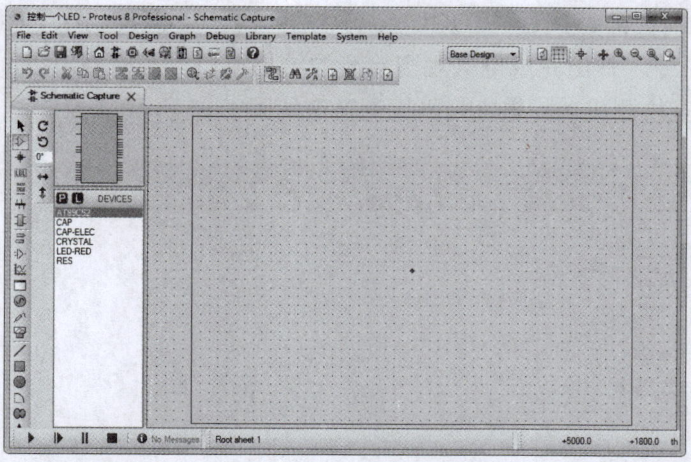

图 1-11 对象选择器窗口

（2）调整元器件位置。在要移动的元器件上单击鼠标左键，该元器件变为红色（表明被选中）；在被选中的元器件外单击，可撤销选中。

把鼠标指针放到被选中的元器件上，按住左键拖动，将鼠标指针移到编辑区某一位置松开，即完成元器件的移动；将鼠标指针放到被选中的元器件上右击，单击弹出的快捷菜单中的方向工具栏按钮可实现元器件的旋转和翻转；右击被选中的元器件，可删除该元器件。

在这里，我们可以按照上述方法，依照图 1-1 所示的元器件位置，对已放置的元器件进行位置调整。

（3）放置终端。单击模式选择工具栏的“Terminals Mode”按钮，单击对象选择器窗口的电源终端“POWER”，该终端名背景变为蓝色，预览窗口显示该终端；单击方向工具栏“左旋转”按钮，电源终端逆时针旋转 90°；将鼠标指针移到编辑区某一位置，单击一次就可放置一个终端。可以用同样的方法放置接地终端“GROUND”。

（4）连线。当鼠标指针接近元器件的引脚端时，该处会自动出现一个小红方块，表明可以自动连接到该点。依照图 1-1 所示，单击要连线的元器件起点和终点，完成连线。

（5）属性设置。在电阻 R2 上双击鼠标左键，弹出快捷菜单，单击“Edit Properties”（编辑属性）选项，弹出“Edit Component”（编辑元件）对话框，如图 1-12 所示。

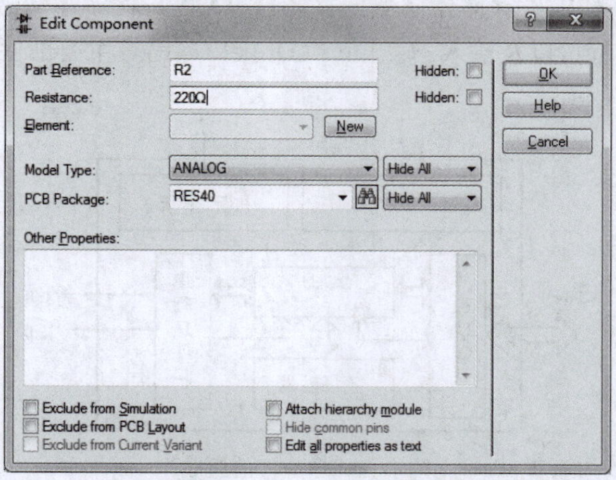

图 1-12 “Edit Component”对话框

将电阻值改为 220Ω，单击 OK 按钮完成电阻 R2 属性的编辑设置。用同样的方法设置其他元器件的属性。

（6）电气规则检测。执行“TOOL（工具）”→“ELECTRICAL RULES CHECK（电气规则检测）”命令，弹出完成电气规则检测的结果窗口。若检测出错，根据提示修改电路图并保存，直至检测成功。电气规则检测窗口如图 1-13 所示。

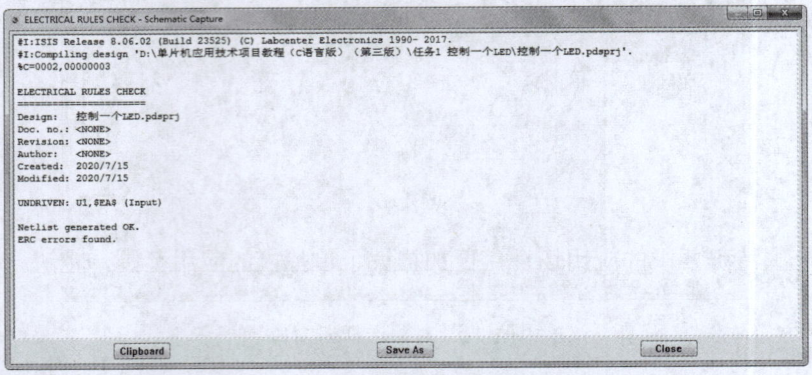

图 1-13 电气规则检测窗口

到此，本书第一个单片机控制 LED 的 Proteus 仿真电路就设计完成了。在以后的任务中，若在设计 Proteus 仿真电路时涉及以上步骤，就不作详细说明了。

1.2 认识单片机

单片机概述

1.2.1 单片机概述

随着微电子技术的不断发展，计算机技术也得到迅速发展，并且由于芯片集成度的提高使计算机微型化，出现了单片微型计算机（Single Chip Computer，简称单片机），它是微型计算机发展中的一个重要分支。

1. 什么是单片机

单片机又称为微控制器 MCU（Microcontroller Unit），它不是完成某一个逻辑功能的芯片，而是把一个计算机系统集成到一个芯片上，即一块芯片就构成了一台计算机。单片机集成了中央处理器 CPU、存储器（数据存储器 RAM 与程序存储器 ROM）、定时器 / 计数器、中断系统、串行口以及输入 / 输出（I/O）接口电路等主要部件，如图 1-14 所示。

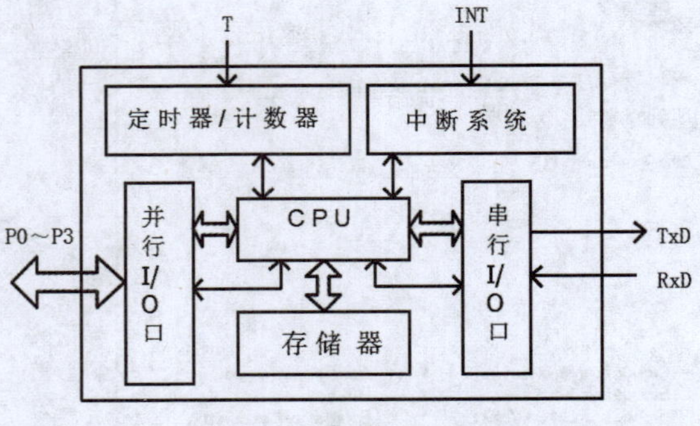

图 1-14 单片机的组成

单片机实质上是一个芯片，具有体积小、重量轻、价格低、功能强、电源单一、功耗低、可靠性高、抗干扰能力强等特点。单片机应用面广、控制能力强，在工业控制、智能仪表、外设控制、家用电器、机器人、军事装置等方面得到了广泛的应用。

单片机可分为通用型单片机和专用型单片机两大类。通用型单片机是把可开发资源全部提供给使用者的微控制器。专用型单片机则是为过程控制、参数检测、信号处理等方面的特殊需要而设计的单片机。我们通常所说的单片机即指通用型单片机。

此外，关于单片机的温度特性，与其他芯片一样按所能适应的环境温度范围，可划分为三个等级：0 ～ 70℃民用级、–40℃～ +85℃工业级和 –65℃～ +125℃军用级。因此在使用时应注意根据现场温度选择芯片。

2. 单片机的发展

自 1974 年问世以来，单片机性能不断提高和完善，能满足很多应用场合的需要。特别是当前用 CMOS 工艺制成的各种单片机，由于功耗低、使用的温度范围大、抗干扰能力强、能满足一些特殊要求的应用场合，更加扩大了单片机的应用范围，也进一步促进了单片机技术的发展。

目前，国际市场上主流是 8 位、16 位单片机系列（如 Intel 公司的 MCS-51、MCS-96 系列单片机），32 位的单片机（如 STM32 系列单片机）也已经进入了实用阶段。随着单片机技术的不断发展，新型单片机还将不断涌现。

3. 51 系列单片机

51 系列单片机源于 Intel 公司的 MCS-51 系列，在 Intel 公司将 MCS-51 系列单片机实行技术开放政策之后，许多公司（如 Atmel、STC、Philips、Dallas、Siemens 等）以 MCS-51 中的基础结构 8051 为基核推出了许多各具特色、具有优异性能的单片机。通常把这些厂家以 8051 为基核推出的各种型号的兼容型单片机统称为 51 系列单片机。

51 系列单片机有 51 子系列型和 52 子系列型，其硬件结构相似、指令系统兼容，主要包括 8031、80C31、8032、8051、80C51、8052、80C52、8751、87C51、8752、89C51、89C52 等基本型，其中字母“C”用来标识 CHMOS 工艺型，其他为 HMOS 工艺型。这两类器件在功能上是完全兼容的，但采用 CHMOS 工艺的芯片具有低功耗的特点，所消耗的电流要比 HMOS 器件小得多。CHMOS 器件比 HMOS 器件多了两种节电的工作方式（掉电方式和待机方式），常用于构成低功耗的应用系统。

（1）51 子系列是基本型产品。片内带有 4KB ROM/EPROM（8031、80C31 除外）、128B RAM、2 个 16 位定时器 / 计数器、5 个中断源等。

（2）52 子系列则是增强型产品。片内带有 8KB ROM/EPROM（8032、80C32 除外）、256B RAM、3 个 16 位定时器 / 计数器、6 个中断源等。

尽管各类单片机很多，但目前在我国使用最为广泛的单片机系列是 Intel 公司生产的 MCS-51 系列单片机。该系列单片机还在不断地完善和发展，随着各种新型号系列产品的推出，它越来越被广大用户所接受。

4. AT89 系列单片机

在 MCS-51 系列单片机 8051 的基础上，Atmel 公司开发的 AT89 系列单片机自问世以来，以其较低廉的价格和独特的程序存储器（快闪存储器 Flash Memory）为用户所青睐。表 1-1 列出了 AT89 系列单片机的几种主要型号。

表 1-1　AT89 系列单片机一览表

型号	快闪 ROM/KB	片内 RAM/B	寻址范围 / KB	并行口线 / 条	串行口 / 个	中断源 / 个	定时器
AT89C51	4	128	2×64	32	1	5	2×16
AT89C52	8	256	2×64	32	1	6	3×16

续表

型号	快闪 ROM/KB	片内 RAM/B	寻址范围 / KB	并行口线 / 条	串行口 / 个	中断源 / 个	定时器
AT89LV51	4	128	2×64	32	1	5	2×16
AT89LV52	8	256	2×64	32	1	6	3×16
AT89C2051	2	128	2×4	15	1	5	2×16
AT89C4051	4	128	2×4	15	1	5	2×16
AT89S51	4	128	2×64	32	1	5	2×16
AT89S52	8	256	2×64	32	1	6	3×16
AT89S53	12	256	2×64	32	1	7	3×16

采用快闪存储器的 AT89 系列单片机，不但具有 MCS-51 系列单片机的基本特性（如指令系统兼容，芯片引脚分布相同等），而且还具有一些独特的优点：

（1）片内程序存储器为电擦写型 ROM（可重复编程的快闪存储器）。整体擦除时间仅为 10ms 左右，可写入 / 擦除 1000 次以上，数据保存 10 年以上。

（2）两种可选编程模式，既可以用 12V 电压编程，也可以用 VCC 电压编程。

（3）宽工作电压范围，VCC=2.7 ～ 6V。

（4）全静态工作，工作频率范围为 0Hz ～ 24MHz，频率范围宽，便于系统功耗控制。

（5）三层可编程的程序存储器上锁加密，使程序和系统更加难以被仿制。

总之，AT89 系列单片机与 MCS-51 系列单片机相比，前者与后者有兼容性，但前者的性能价格比等指标更为优越。本书主要围绕 AT89S52 单片机进行介绍。

AT89S52 单片机结构

1.2.2 AT89S52 单片机结构

AT89S52 采用 Atmel 公司的高密度、非易失性存储技术制造，兼容标准 MCS-51 指令系统及 80C51 引脚结构。AT89S52 是功能强大、低功耗、高性能的 CMOS 单片机，具有较高的性价比，可为许多嵌入式控制应用系统提供高性价比的解决方案。

此外，AT89S52 支持两种软件可选的省电模式：空闲模式和掉电模式。AT89S52 设计和配置了振荡频率可为 0Hz 并可通过软件设置的省电模式。空闲模式下，CPU 暂停工作，而 RAM 定时计数器、串行口、外中断系统可继续工作，掉电模式冻结振荡器而保存 RAM 的数据，停止芯片其他功能直至外中断激活或硬件复位。AT89S52 单片机包含以下部件：

（1）一个 8 位 CPU；

（2）一个片内振荡器及时钟电路；

（3）8K 字节可重复擦写的 Flash 闪速存储器；

（4）三级加密程序存储器；

（5）256B 内部 RAM；

（6）3 个 16 位定时器 / 计数器；

（7）32 条可编程的 I/O 线（四个 8 位并行 I/O 口）；

（8）一个可编程全双工串行口；

（9）具有 6 个中断源、2 个优先级嵌套中断结构。

AT89S52 基本结构如图 1-15 所示。

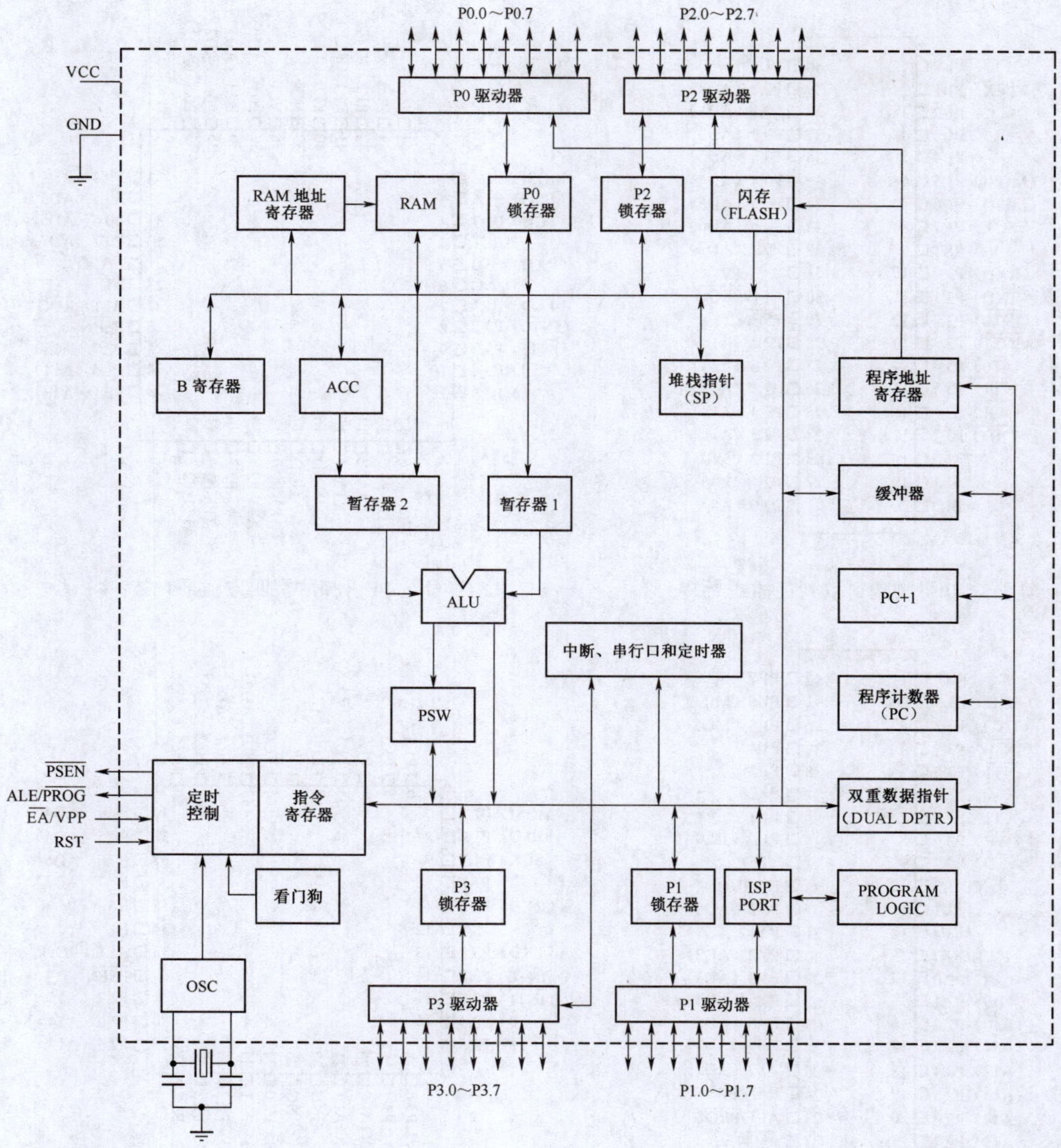

图 1-15　AT89S52 基本结构

1.2.3　AT89S52 单片机引脚功能

AT89S52 单片机引脚功能

AT89S52 的引脚和封装共有四种，如图 1-16 所示。

下面以 40 引脚塑料双列直插式封装（Plastic Dual In-Line Package，PDIP）芯片为例，如图 1-16（a）所示，介绍各个引脚功能。

1. 电源引脚

（1）GND（20）：接地端。

（2）VCC（40）：正常操作时为 +5V 电源。

通常在 VCC 和 GND 引脚之间接 0.1mF 高频滤波电容。

2. 外接晶振引脚

（1）XTAL1（19）：单片机内部振荡电路反相放大器的输入端，连接单片机外部晶体的一个引脚。当采用外部振荡器时，此引脚接地。

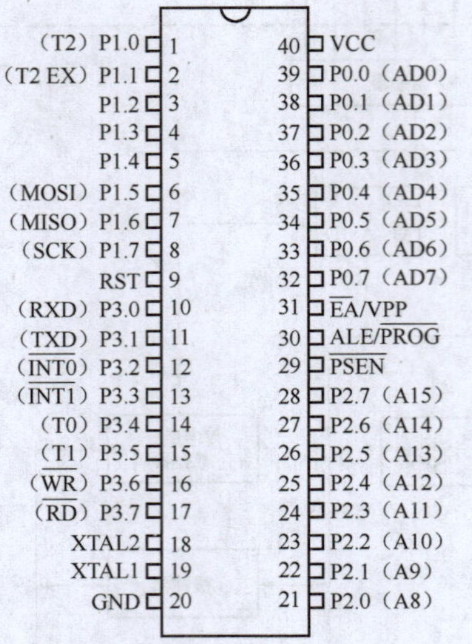

（a）40 引脚塑料双列直插式封装

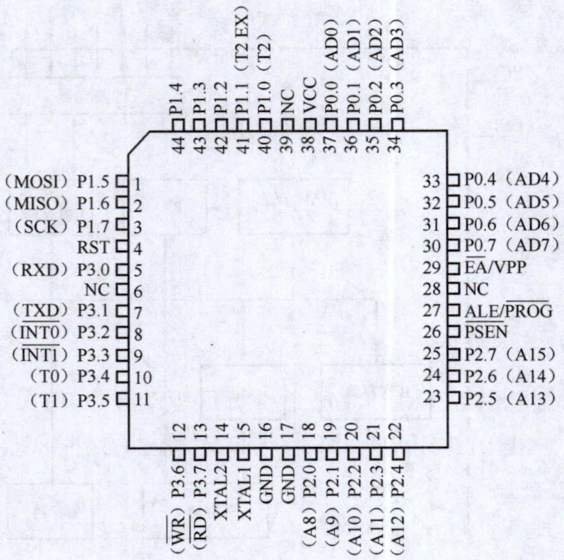

（b）44 引脚薄型四方扁平封装

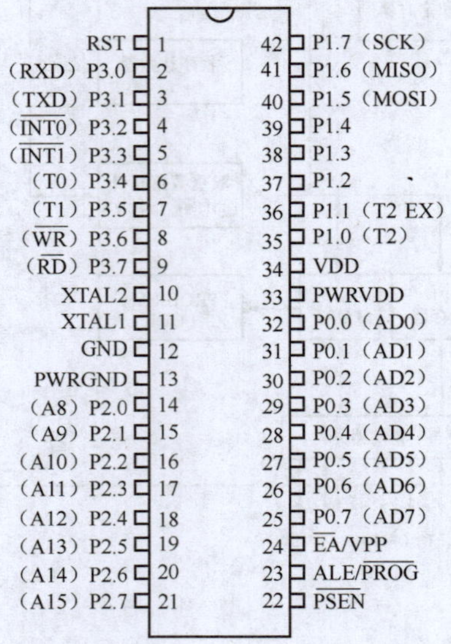

（c）42 引脚塑料双列直插式封装

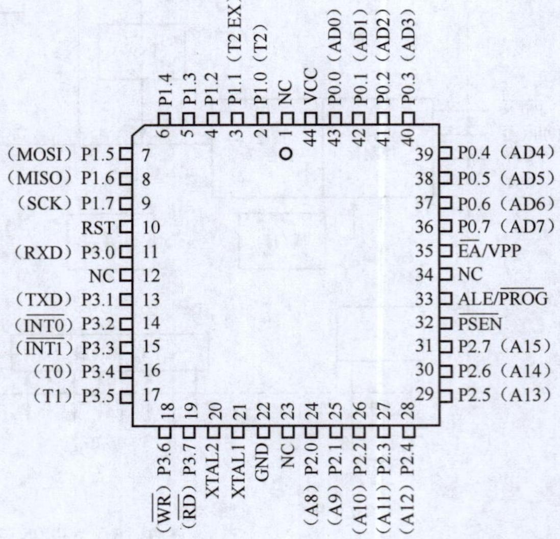

（d）44 引脚塑料无引线芯片载体封装

图 1-16　AT89S52 的引脚和封装

（2）XTAL2（18）：单片机内部振荡电路反相放大器的输出端，连接单片机外部晶体的另一个引脚。当采用外部振荡器时，此引脚接外部振荡源。

3. 控制或与其他电源复用引脚

（1）ALE/$\overline{\text{PROG}}$（30）：地址锁存允许 / 编程脉冲输入。在访问外部程序存储器和外部数据存储器时，该引脚输出一个地址锁存脉冲 ALE，其下降沿可将低 8 位地址锁存于片外地址锁存器中。在编程时，向该引脚输入一个编程负脉冲 $\overline{\text{PROG}}$。正常操作时为 ALE 功能（允许地址锁存），提供把地址的低字节锁存到外部锁存器，ALE 引脚以不变的频率（振荡器频率的 1/6）周期性地发出正脉冲信号。

（2）$\overline{\text{PSEN}}$（29）：外部程序存储器读选通信号输出端，低电平有效。在从外部程序存储器取指令（或数据）期间，$\overline{\text{PSEN}}$ 在每个机器周期内两次有效。在访问外部数据存储器时，$\overline{\text{PSEN}}$ 无效。

（3）$\overline{EA}$/VPP（31）：内部程序存储器和外部程序存储器选择端。当 $\overline{EA}$/VPP 为高电平时，访问内部程序存储器，当超过内部程序存储器地址范围后，自动转向外部程序存储器；当 $\overline{EA}$/VPP 为低电平时，则访问外部程序存储器。在 Flash 编程时，该引脚可连接 21V 的编程电源 VPP。

4. 输入 / 输出引脚

（1）P0.0 ～ P0.7（39 ～ 32）：P0 口是一个 8 位漏极开路型双向 I/O 口。当用作通用 I/O 口时，每个引脚可驱动 8 个 TTL 负载；当用作输入时，每个端口首先置 1。在访问外部存储器时，它是分时传送的低字节地址和数据总线，此时，P0 口内含上拉电阻。

（2）P1.0 ～ P1.7（1 ～ 8）：P1 口是一个带有内部提升电阻的 8 位准双向 I/O 口。当用作通用 I/O 口时，每个引脚可驱动 8 个 TTL 负载；当用作输入时，每个端口首先置 1。P1.1 和 P1.2 引脚也可用作定时器 2 的外部计数输入（P1.0/T2）和触发器输入（P1.1/T2EX）。

（3）P2.0 ～ P2.7（21 ～ 28）：P2 口是一个带有内部提升电阻的 8 位准双向 I/O 口，在访问外部存储器时，它输出高 8 位地址。P2 口可以驱动 4 个 TTL 负载。当用作输入时，每个端口首先置 1。

（4）P3.0 ～ P3.7（10 ～ 17）：P3 口是一个带有内部提升电阻的 8 位准双向 I/O 口，能驱动 4 个 TTL 负载。当用作输入时，每个端口首先置 1。P3 口还用于第二功能，请看项目 2 表 2-2。

1.3 任务 2 用 Keil C51 设计一个程序——控制一个 LED

1.3.1 任务描述

根据图 1-1 所示，使用 Keil C51 设计一个 C 语言程序，控制 AT89S52 单片机 P1.0 引脚输出一个低电平，使 LED 点亮。

1.3.2 任务分析

1. 认识 Keil C51

本书使用 Keil μVision4 英文版。

Keil C51 是众多单片机应用开发软件中最优秀的软件之一，是基于 8051 内核的微控制器软件开发平台。它支持众多不同公司的 MCS-51 架构的芯片，集编辑、编译、仿真等于一体，它的界面与常用的微软 VC++ 的界面相似，界面友好、易学易用，在调试程序、软件仿真方面也有很强大的功能。

Keil C51 软件提供丰富的库函数和功能强大的集成开发调试工具，全 Windows 界面。Keil μVision4 集成开发环境可以完成工程建立和管理、编译、连接、目标代码的生成、软件仿真和硬件仿真等完整的开发流程，是公认的一款功能强大的单片机开发平台。

2. 单片机控制一个 LED 实现分析

在图 1-1 中，AT89S52 单片机的 P1.0 引脚接 LED 的阴极，LED 的阳极通过 220Ω 限流电阻连接到 5V 电源上。

（1）当单片机的 P1.0 引脚输出低电平时，LED 点亮。P1.0 引脚输出低电平代码如下：

```
sbit LED=P1^0;                        //定义LED为P1.0引脚
```

```
LED=0;                              //P1.0引脚输出低电平，LED点亮
```

（2）当单片机的 P1.0 引脚输出高电平时，LED 熄灭。P1.0 引脚输出高电平代码如下：

```
sbit LED=P1^0;                      //定义LED为P1.0引脚
LED=1;                              //P1.0引脚输出高电平，LED熄灭
```

1.3.3 任务实施

首先我们要养成一个习惯，先建立一个空文件夹，把工程文件放到里面，避免和其他文件混杂地放在一个文件夹。在这里我们创建了一个名为“任务 2 控制一个 LED”的文件夹。

建立一个 Keil C51 工程项目

1. 建立第一个 Keil C51 工程项目

运行 Keil μVision4 有两种方法：第一种是双击桌面上的 Keil μVision4 图标；第二种是执行“开始”→“程序”→“Keil μVision4”命令。进入 Keil μVision4 集成开发环境后的界面如图 1-17 所示。

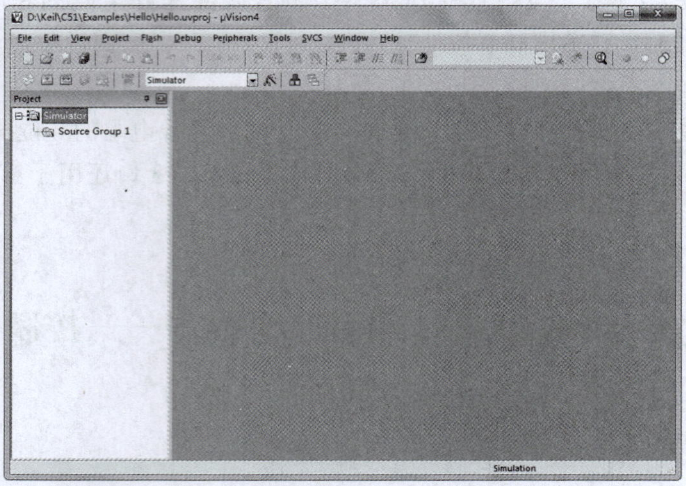

图 1-17 Keil μVision4 集成开发环境

（1）建立工程文件。选择单片机，执行“工程”→“新建工程”命令，弹出“新建工程”对话框，如图 1-18 所示。

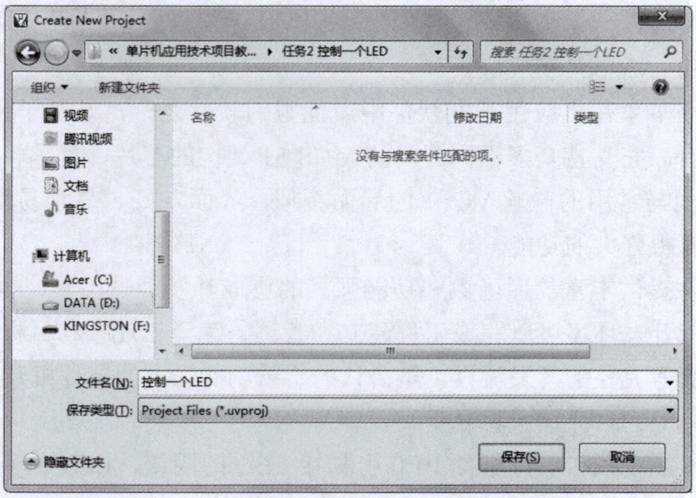

图 1-18 “新建工程”对话框

先选择保存路径（选择刚才建立的“任务 2 控制一个 LED”文件夹），然后输入工程名

“控制一个 LED”，不需要加扩展名（系统会自动添加扩展名 uvproj）。单击“保存”按钮，弹出“Select Device for Target 'Target 1'”对话框，如图 1-19 所示。

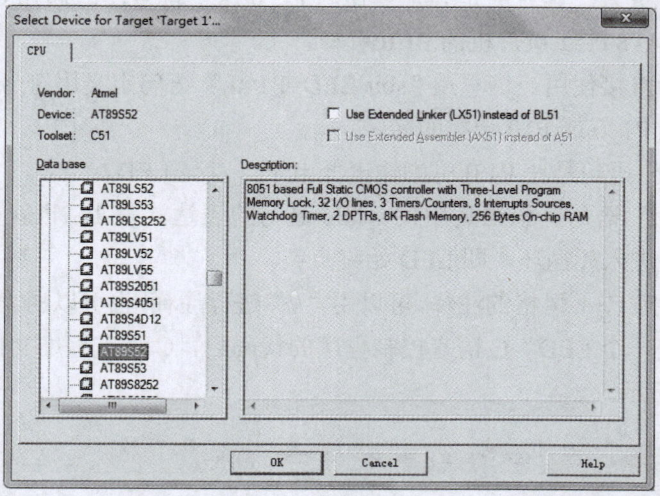

图 1-19　选择单片机对话框

在 CPU 类型中，单击左侧列表框中 Atmel 项前面的“+”号，展开该层，单击选中列表中的“AT89S52”。

（2）添加启动文件。单击 OK 按钮，弹出“Copy 'STARTUP.A51' to Project Folder and Add File to Project?”对话框，询问是否复制、添加单片机启动文件到我们的工程项目中去，如图 1-20 所示。

图 1-20　是否添加启动文件界面

对于初学者来说，在这里先选择“否”。第一个 Keil C51 工程项目“控制一个 LED”就建立好了。

注意：STARTUP.A51 启动文件是一段和硬件相关的汇编代码，其作用是对单片机内外部的数据存储器 RAM 初始化清零、对堆栈进行初始化设置等。

执行完启动文件后，就跳转到 .c 文件的 main 函数。选择“否”，对 RAM 初始化清零将采用默认方式。

2. 建立“点亮一个 LED.c”源文件

点亮一个 LED 程序

在 Keil C51 工程项目“控制一个 LED”中，执行 File → New 命令，在文件编辑窗口中输入如下“点亮一个 LED”C 语言控制程序代码：

```
#include <AT89X52.H>            //包含AT89X52.H头文件
sbit LED=P1^0;                  //定义LED为P1.0引脚
void main (void)
{
    LED=0;                      //P1.0引脚输出低电平，点亮LED
    while(1);
}
```

代码说明：

（1）“#include <AT89X52.H>”语句是一个“文件包含”处理，是将 AT89X52.H 头文件的内容全部包含进来。其目的是为了要使用 P1^0 这个符号，即通知 C 编译器，程序中所写的 P1^0 是指 AT89S52 单片机的 P1.0 引脚。

（2）P1.0 不能直接使用，这里用“sbit LED=P1^0;”语句定义用符号 LED 来表示 P1.0 引脚，你也可以起 P1_0 或 P10 一类的名字。

（3）“LED=0;”语句是使 P1.0 引脚输出低电平，点亮 LED。

（4）“while(1);”语句，该语句中的 while 语句的表达式是 1，也就是说 while 语句的表达式始终为真，进入死循环，即 LED 始终点亮。

（5）Keil C 支持 C++ 风格的注释，可以用“//”进行注释，也可以用 /*……*/ 进行注释。

输入完“点亮一个 LED”C 语言控制程序的代码后，C 语言程序文件保存前的文件编辑窗口如图 1-21 所示。

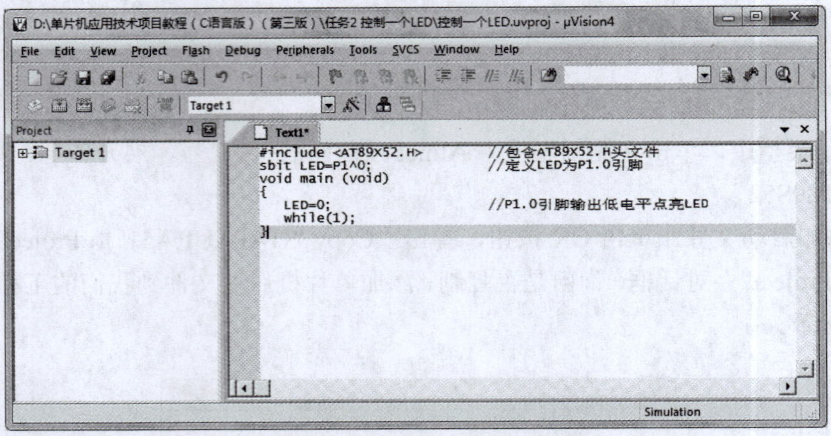

图 1-21　C 语言程序保存前的文件编辑窗口

执行“文件”→“保存”命令，在弹出的“另存为”对话框中指定文件夹（一般与工程文件放在同一文件夹中）、输入文件名“点亮一个 LED.c”（C 语言源程序的后缀名是“.c”），如图 1-22 所示。

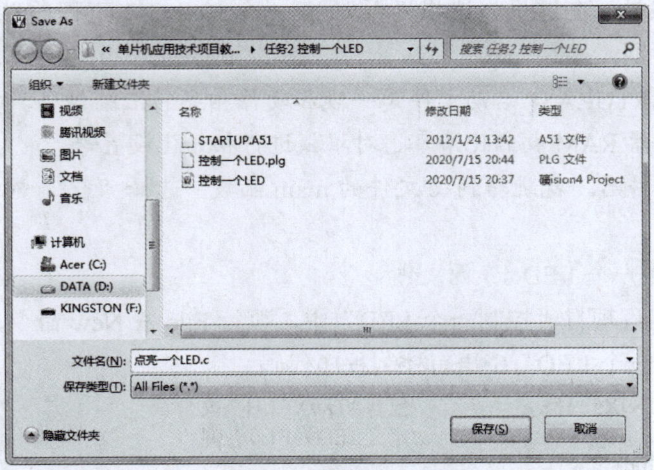

图 1-22“另存为”对话框

单击“保存”按钮，完成源文件的建立。此时我们就可以看到，程序文本字体颜色已经发生了变化，如图 1-23 所示。

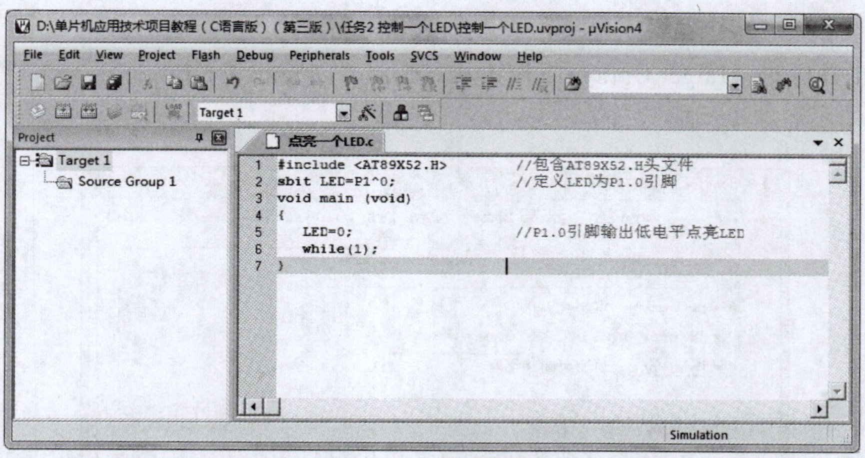

图 1-23 C 语言程序保存后的文件编辑窗口

3. 添加源文件到工程项目文件中

在工程窗口中右击“Target 1”文件夹下的“Source Group 1”文件夹后，在弹出的菜单中执行“Add Files to Group 'Source Group 1'”命令，在弹出的“Add Files to Group 'Source Group 1'”对话框中将文件类型栏设为 C 源文件，单击“点亮一个 LED.c”源文件，单击 Add 按钮，最后单击 Close 按钮，完成添加源文件。添加源文件对话框如图 1-24 所示。

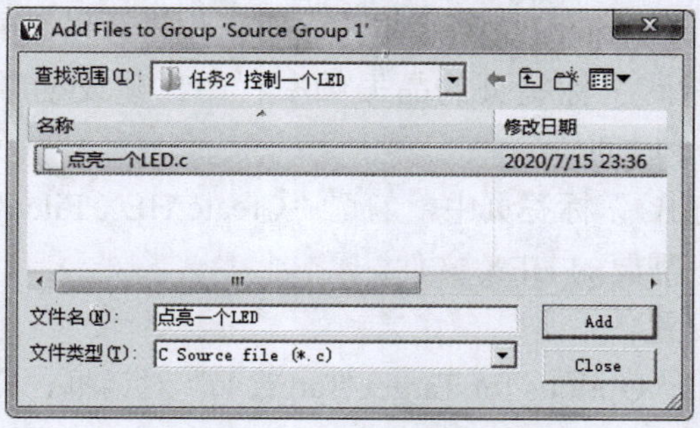

图 1-24 添加源文件对话框

当我们单击 Add 按钮时可能会感到奇怪：怎么对话框不会消失呢？这时不要管它，直接单击 Close 按钮关闭就可以了。

完成添加源文件后，工程窗口中就多了一个“点亮一个 LED.c”文件，如图 1-25 所示。

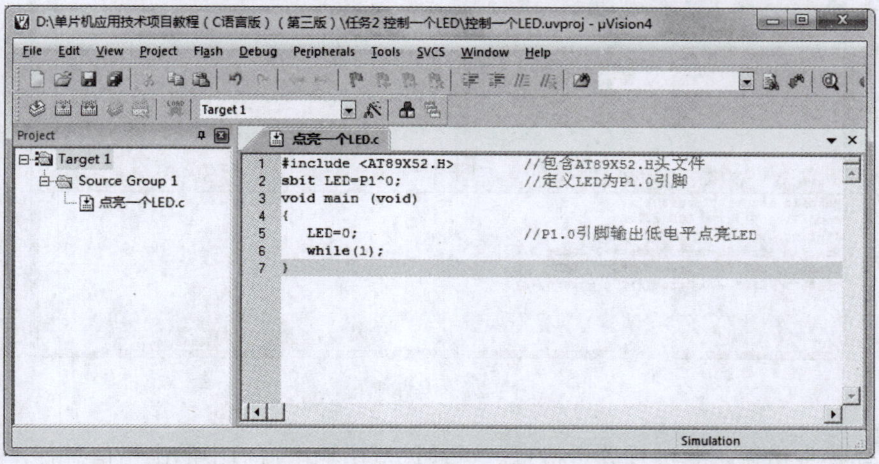

图 1-25 完成添加“点亮一个 LED.c”文件

4. 工程配置与编译

单击工具栏的“Target Options”按钮，弹出“Options for Target 'Target 1'”对话框，如图 1-26 所示。

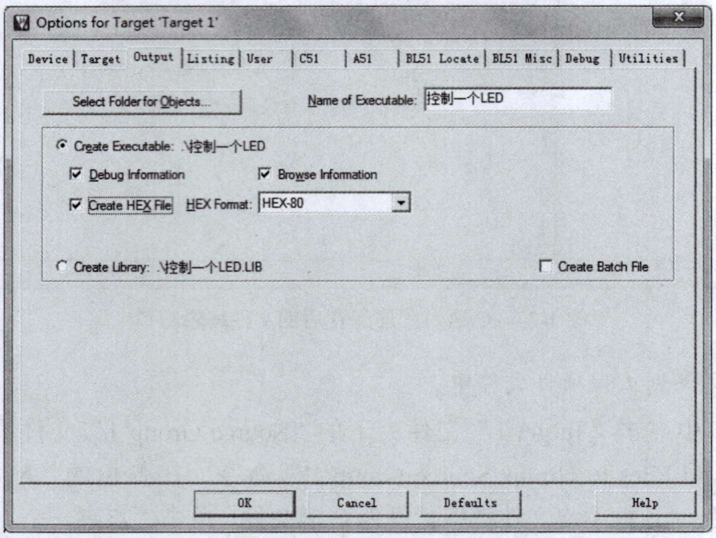

图 1-26 “Options for Target 'Target 1'”对话框

在“Options for Target 'Target 1'”对话框中，对工程进行以下配置：

（1）在“Target（目标）”标签页的晶振频率栏中，建议初学者将其修改成 12MHz，因为 12MHz 方便计算指令时间。

（2）在“Output（输出）”标签页中，勾选“Create HEX File（生成 HEX 文件）”复选框，使编译器输出单片机需要的 HEX 文件。

（3）其余采用默认配置。

单击 OK 按钮，退出“Options for Target 'Target 1'”对话框，完成工程配置。

然后单击工具栏的 Rebuild（重新编译）按钮，对工程进行编译，生成“控制一个 LED.hex”的 HEX 文件，如图 1-27 所示。

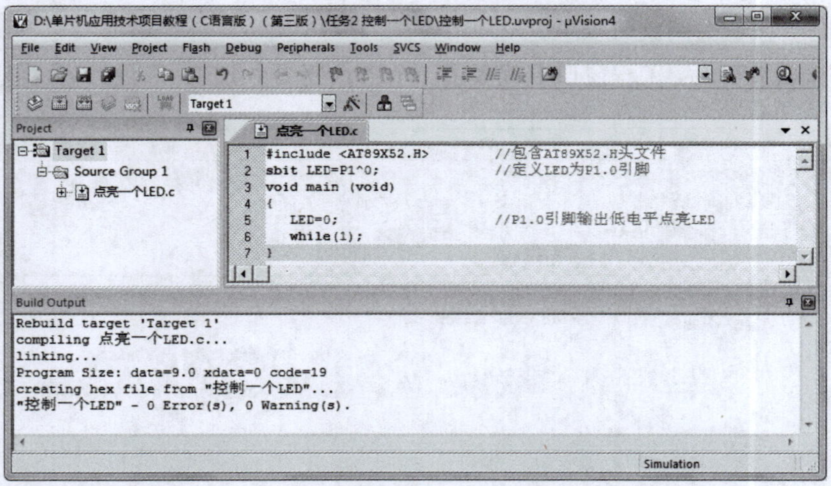

图 1-27 编译工程

若编译发生错误，要进行分析检查。可通过双击输出窗口中的出错信息行，文件编辑窗口出错指令所在行左侧会有箭头提示，逐个排除错误，直到编译正确。

注意：对工程进行第一次编译时，单击工具栏的 Rebuild（重新编译）按钮；执行 Rebuild 操作，无论是否对工程文件进行过编译，都会对工程中的所有文件重新进行编译生成可执行文件，因此时间较长；若只编译工程中上次修改的文件，只要单击工具栏的 Build（编译）按钮即可。

用 Proteus 仿真运行调试

5. 用 Proteus 仿真运行调试

（1）加载“控制一个 LED.hex”目标代码文件。首先在 Proteus 中打开“控制一个 LED”工程项目，然后双击单片机，在弹出的“编辑元件”对话框中单击“Program File”栏的打开按钮，在弹出的“选择文件名”对话框中选中前面编译生成的“控制一个 LED.hex”文件，最后单击“打开”按钮，完成加载“控制一个 LED.hex”文件，如图 1-28 所示。

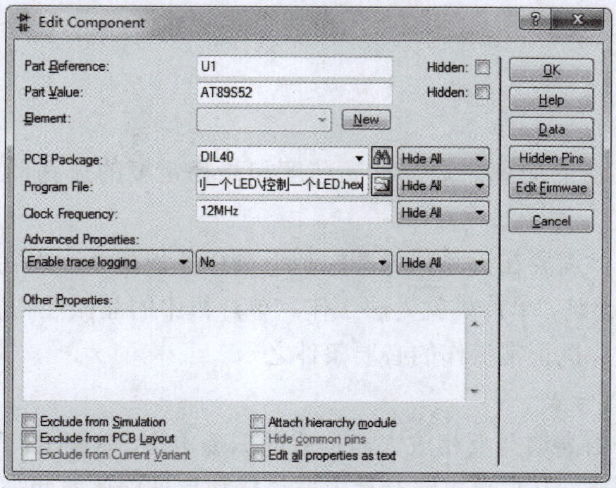

图 1-28　加载目标代码文件

最后将“Clock Frequency”栏中的频率设为 12MHz，单击 OK 按钮，即可完成加载目标代码文件。

（2）仿真运行调试。单击仿真工具栏“运行”按钮，单片机全速运行程序，观察 LED 是否点亮。LED 若点亮，则说明完成了“控制一个 LED”的设计，如图 1-29 所示。

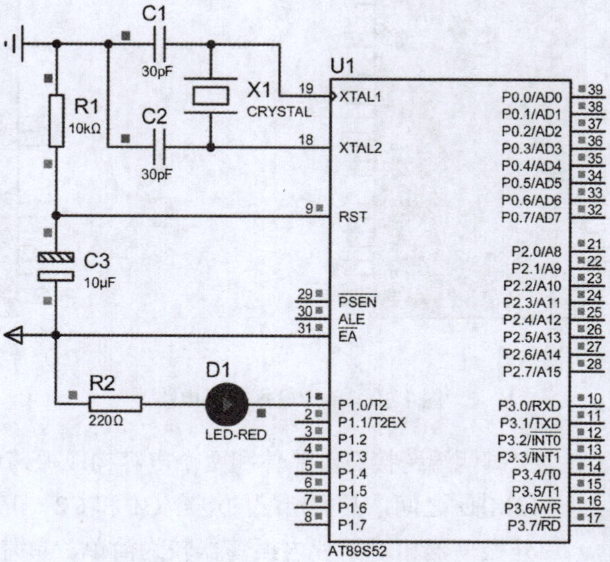

图 1-29　“控制一个 LED”Proteus 仿真运行

单片机最小系统

1.4　单片机最小系统

所谓单片机最小系统，就是指由单片机和一些基本的外围电路所组成的一个可以工作的单片机系统。

单片机最小系统只是单片机能满足工作的最低要求。它不能对外完成控制任务，不能实现人机对话。要进行人机对话还要一些输入、输出部件，进行控制时还要有执行部件。常见的输入部件有开关、按钮、键盘、鼠标等；输出部件有指示灯 LED、数码管、显示器等；执行部件有继电器、电磁阀等。

一般来说，单片机最小系统主要包括单片机、晶振电路、复位电路和电源 4 个部分。

1.4.1　晶振电路

1. 认识晶振

晶振是晶体振荡器的简称，是一种高精度和高稳定度的振荡器。为什么单片机需要晶振？

单片机在工作时，需要在一系列脉冲控制下执行各种指令。也就是说，晶振就像人的心脏，如果没有心脏起跳，单片机就无法工作。单片机中的晶振控制着单片机工作的节奏，其正常工作是保证单片机正常工作的必要条件之一。

2. 振荡电路组成方式

单片机内有一个由高增益反相放大器构成的振荡电路，XTAL1 和 XTAL2 分别为振荡电路的输入端和输出端，其振荡电路有片内振荡器和片外振荡器两种组成方式。

（1）片内振荡器。采用片内振荡器组成的振荡电路，通常称为晶振电路。在单片机的两个引脚端 XTAL1、XTAL2 接入晶振，再将两个电容分别接到晶振的两端，每个电容的另一端接到地。片内振荡器如图 1-30（a）所示。

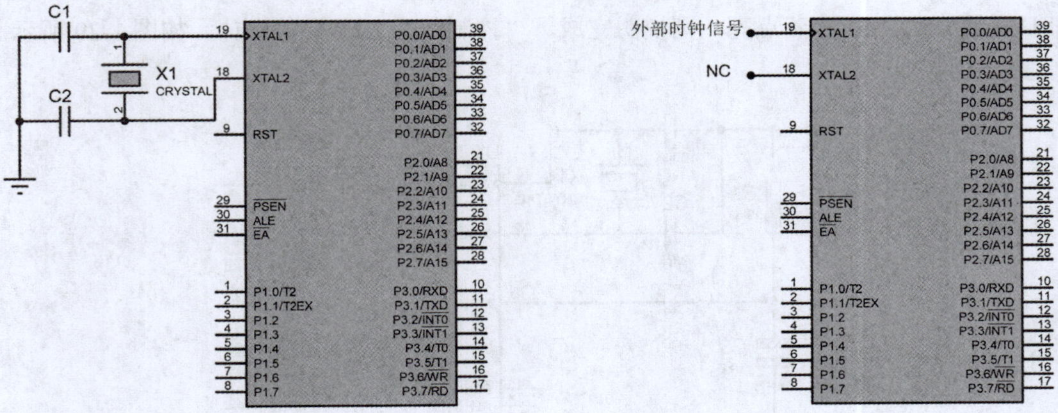

（a）片内振荡器　　　　（b）片外振荡器

图 1-30　单片机振荡器电路

在 XTAL1 和 XTAL2 引脚两端跨接石英晶体和两个电容构成振荡电路，也即晶振电路。晶振的频率取值在 1.2 ～ 12MHz 之间，晶振所配的电容 C1 和 C2 一般取值为 30pF。

（2）片外振荡器。片外振荡器相对于片内振荡器较为简单，单片机的 XTAL1 引脚是外部时钟信号的输入端，XTAL2 悬空。片外振荡器如图 1-30（b）所示。由于外部时钟信号经过片内一个 2 分频的触发器进入振荡电路，因此对外部时钟信号的占空比没有严格要求，但高、低电平的时间宽度应不小于 20ns。

1.4.2 单片机时序的概念

单片机内的各种操作都是在一系列脉冲控制下进行的，而各脉冲在时间上是有先后顺序的，这种顺序就称为时序。

1. 振荡周期

振荡周期是指晶体振荡器直接产生的振荡信号的周期，是振荡频率（又称晶振频率）f_{osc} 的倒数，用 T_{osc} 表示。振荡周期与振荡频率关系如下：

$T_{osc}=1/f_{osc}$

例如：振荡频率为 6MHz 时，$T_{osc}=1/6\mu s$；振荡频率为 12MHz 时，$T_{osc}=1/12\mu s$。

2. 状态周期

状态周期又称时钟周期，用 S 表示。每个状态周期是振荡周期的 2 倍，即每个状态周期分为 P1 和 P2 两个节拍，P1 节拍完成算术逻辑操作，P2 节拍完成内部寄存器间数据的传递。

3. 机器周期

机器周期是单片机的基本操作周期。一个机器周期含 6 个状态周期，分别用 S1 ～ S6 表示，或用 S1P1、S1P2…S6P2 表示。

4. 指令周期

指令周期是单片机执行一条指令所占用的全部时间。一个指令周期通常由 1 ～ 4 个机器周期组成。在单片机系统中，有单周期指令、双周期指令和四周期指令。

综上所述，1 个机器周期 =6 个状态周期 =12 个振荡周期。各种周期的相互关系如图 1-31 所示。

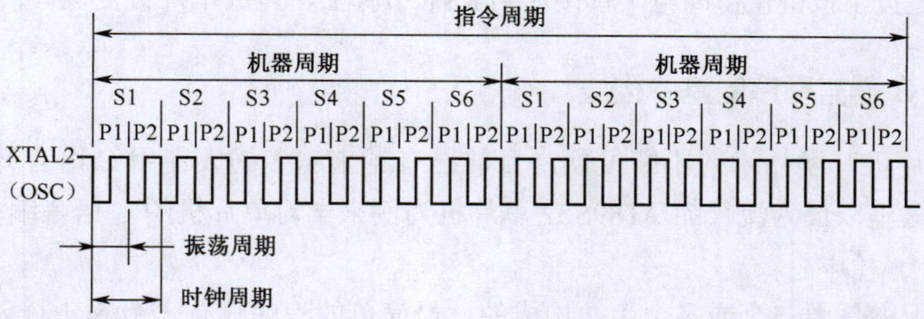

图 1-31 各种周期的相互关系

例如：f_{osc}=12MHz，则振荡周期 $T_{osc}=1/f_{osc}=1/12\mu s$，状态周期 =1/6μs，机器周期 =1μs，指令周期为 1 ～ 4μs。

1.4.3 复位电路

复位指在单片机的 RST 输入端出现高电平时，实现单片机复位和初始化。

在晶振电路正常运行的情况下，要实现复位操作，必须使 RST 引脚至少保持两个机器周期（24 个振荡周期）的高电平。CPU 在第二个机器周期内执行内部复位操作，以后每一个机器周期重复一次，直至 RST 端电平变低。复位期间不产生 ALE 及 $\overline{PSEN}$ 信号。

单片机复位电路有上电自动复位电路和手动复位电路两种。

1. 上电自动复位电路

上电自动复位电路如图 1-32（a）所示。

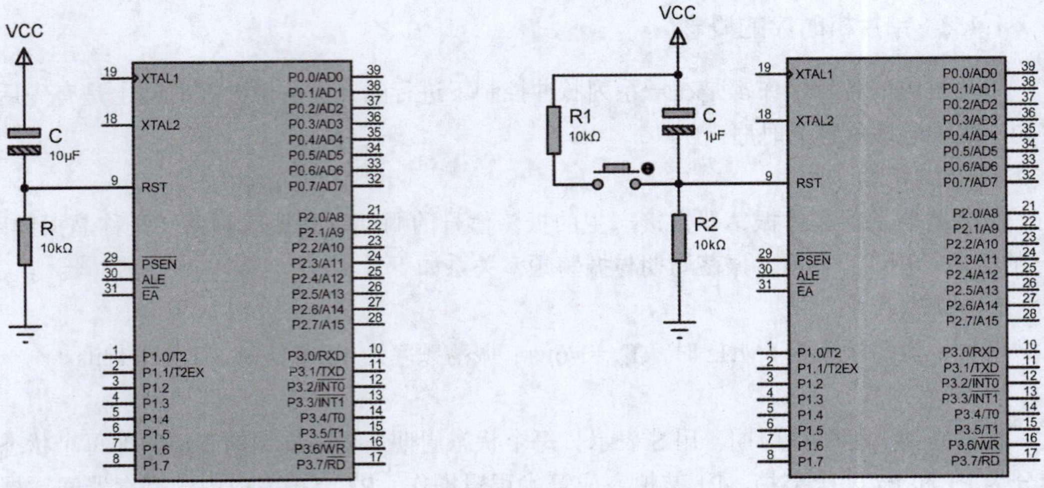

（a）上电自动复位电路　　（b）手动复位电路

图 1-32　复位电路

在单片机加电瞬间，RST 引脚的电位与 Vcc 相同，随着 RC 电路充电电流的减小，RST 的电位下降，只要 RST 引脚保持 10ms 以上的高电平就能使单片机有效的复位，复位电路中的 RC 参数通常由实验调整。当振荡频率为 12MHz 时，电容 C 选 10μF，电阻 R 选 10kΩ，便能可靠地实现加电自动复位。

2. 手动复位电路

手动复位电路包含上电自动复位电路，如图 1-32（b）所示。

在单片机加电瞬间，手动复位电路与上电自动复位电路工作过程一样。在单片机运行期间，可通过按下按键使得高电平直接加到 RST 引脚上，完成单片机复位。

1.4.4　C 语言程序的基本构成

C 语言程序的基本构成

随着单片机开发技术的不断发展，目前已有越来越多的人使用 C 语言开发单片机应用程序。在这里以最为流行的 AT89S52 单片机为例来学习单片机的 C 语言编程技术。

1. C 语言程序的构成

C 语言程序是由一个或多个函数构成的，最简单的程序只有一个 main() 函数，如任务 2 的“点亮一个 LED”C 语言程序。在一个 C 语言程序中必须有且仅有一个 main() 函数，除了 main() 函数，还可以有其他的函数。一个 C 语言程序，总是从 main() 函数开始执行的，而不管这个 main() 函数放在什么地方。

在 C 语言程序中，由用户根据需要自行设计的函数称为自定义函数；由 C 语言本身提供的函数称为库函数。

那么库函数和用户自定义函数有什么区别呢？

简单地说，Keil C51 提供了 100 多个库函数供我们使用，都可以直接调用，而不需要为这个函数写任何代码，只需要包含具有该函数说明的头文件即可；而自定义函数则完全是个性化的，是用户根据自己需要而编写的。

2. 函数的组成

C 语言的函数是由函数的首部和函数体两部分组成。

（1）函数的首部，即函数的第一行，包括函数名、函数类型、函数属性、函数参数（形参）名、参数类型。如：

```
void Delay()
```

一个函数名后面必须跟一对圆括号，即便没有任何参数也是如此。

（2）函数体，即函数首部下面的大括号“{}”内的部分。如果一个函数内有多个大括号，则最外层的一对“{}”为函数体的范围。函数体一般包括：

声明部分：定义所用到的变量，如 void Delay() 中的 unsigned char i, j;。

执行部分：由若干个语句组成。

在某些情况下也可以没有声明部分，甚至既没有声明部分，也没有执行部分，如：

```
void Delay()
{}
```

这是一个空函数，不执行任何语句，但它是合法的。

在编写程序时，可以利用空函数，比如主程序需要调用一个延时函数，但暂时还不清楚具体延时多久、怎样延时，我们可以先把主程序的框架结构弄好，编译通过了再说。至于里面的细节，可以在以后慢慢地填，这样在主程序中就可以调用它了。

3. 标识符

变量名、常数名、数组名、函数名、文件名与类型名等统称为标识符。C 语言规定标识符只能由字母、数字和下划线三种字符组成，且第一个字符必须为字母或下划线，如“1A”是错误的标识符，编译时便会有错误提示。要注意的是 C 语言中大写字母与小写字母被认为是两个不同的字符，即 Sum 与 sum 是两个不同的标识符。

可以将标识符分为预定义标识符和用户标识符。标准库函数的名字，如 printf、sqrt、pow 与 sin 等，还有预编译处理命令，如 define 与 include 等，都属于预定义标识符。而用户标识符则是由用户根据需要定义的标识符。如用户定义的变量名 a、b、sum 与 x1 等，用户定义的函数名 f1、rep、facto 与 sort 等。

标识符在命名时应当简单、含义清晰，这样有助于阅读理解程序。标准的 C 语言并没有规定标识符的长度，但是各个 C 编译系统有自己的规定，在 Keil C 编译器中，只支持标识符的前 32 位为有效标识。

4. 关键字

关键字是编程语言保留的特殊标识符。它们具有固定名称和含义，在程序编写中不允许标识符与关键字相同。在 Keil C51 中的关键字除了有 ANSI C 标准规定的 32 个关键字外，还根据 51 单片机的特点扩展了相关的关键字。

在 Keil C 的文本编辑器中编写 C 程序，系统把保留字以不同颜色显示，默认颜色为天蓝色。

1.4.5 C 语言基本语句

C 语言基本语句

C 语言的程序是由一个或多个函数组成的，而函数又是由若干个语句组成的。语句是由一些基本字符和定义符按照 C 语言的语法规定组成的，每个语句以分号结束，分号是 C 语句的必要组成部分。C 语言的语句可分为以下 5 种类型：表达式语句、函数调用语句、控制语句、复合语句和空语句。

1. 表达式语句

表达式语句由一个表达式加一个分号构成，其作用是计算表达式的值或改变变量的值。

它的一般形式是：

```
表达式;
```

即在表达式末尾加上分号就变成了表达式语句。最典型的表达式语句是：在赋值表达式后加一个分号构成赋值语句。例如：

```
a=3
```

是一个赋值表达式，而

```
a=3;
```

是一个赋值语句。

2. 函数调用语句

由一个函数调用加一个分号构成函数调用语句，其作用是完成特定的功能。它的一般形式是：

```
函数名(参数列表);
```

例如：

```
mDelay(100);                              //调用延时函数，参数是100
```

3. 控制语句

控制语句用于完成一定的控制功能，以实现程序的各种结构方式。C 语言有 9 种控制语句，可分为以下三类。

（1）条件判断语句：if 语句、switch 语句。

（2）循环语句：for 语句、while 语句、do…while 语句。

（3）转向语句：break 语句、continue 语句、goto 语句、return 语句。

4. 复合语句

复合语句是用一对大括号将若干条语句括起来的，也称为分程序，在语法上相当于一条语句。例如：

```
main()
{……
  {t=x;
   x=y;
   y=t;}                                  //复合语句
}
```

5. 空语句

只有一个分号的语句称为空语句。它的一般形式是：

```
;
```

空语句什么操作也不执行，常用于作为循环语句中的循环体，表示循环体什么也不做。

由于 C 语言程序的书写格式是自由的，所以，一个语句可写在一行上，也可分写在多行内。一行可以写一个语句，也可以写多个语句。书写的缩进没有要求，但是建议读者自己按一定的规范来写，可以给自己带来方便。

注释内容可以单独写在一行，也可以写在一个语句之后。

可以用 /*…*/ 的形式为 C 程序的任何一部分作注释，在“/*”开始后，一直到“*/”为止的中间的任何内容都被认为是注释，所以在书写过程中，特别是修改源程序时要特别注意，有时无意之中删掉一个“*/”，结果，从这里开始一直到下一个“*/”中的全部内容都被认为是注释。例如，原本好好的一个程序，编译已经通过了，稍作修改，再进行编译时却出现了几十甚至上百个错误，这时就要检查一下，是不是有上述的情况，如果有的话，赶紧把这个“*/”补上。

Keil C51 也支持 C++ 风格的注释，就是用“//”引导的后面的语句是注释，例：

```
P1_0=!P1_0;                    //取反 P1.0
```

这种风格的注释只对本行有效，所以不会出现上面的问题，而且书写比较方便，在只需要一行注释的时候，我们往往采用这种方式。

【技能训练 1-1】开关控制 LED 点亮

【技能训练 1-1】开关控制 LED 点亮

任务 1 是通过程序使 P1.0 引脚输出低电平来点亮 LED 的。如果我们通过开关控制 LED 点亮，那么应如何实现？

1. 电路设计

开关控制 LED 点亮是 AT89S52 单片机的一种最简单电路，它包含 3 个部分：单片机最小系统、输入电路和输出电路。单片机最小系统由 AT89S52 单片机、晶振电路和上电复位电路构成。输入部件是开关 SW，输出部件是 LED，如图 1-33 所示。由于只使用内程序存储器，AT89S52 单片机的 EA 端接电源正端。

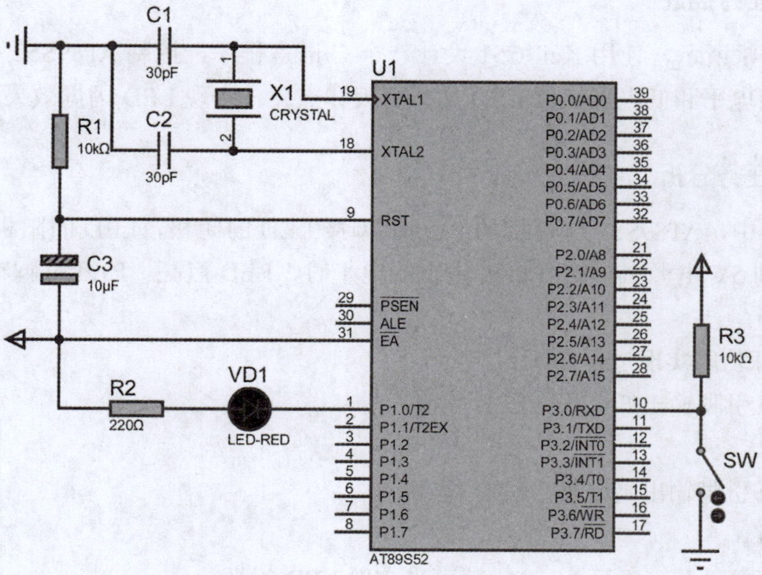

图 1-33　开关控制 LED 点亮电路

2. 程序设计

（1）开关控制点亮 LED 分析。

开关闭合：P1.0=0，LED 点亮；开关断开：P1.0=1，LED 熄灭。流程图如图 1-34 所示。

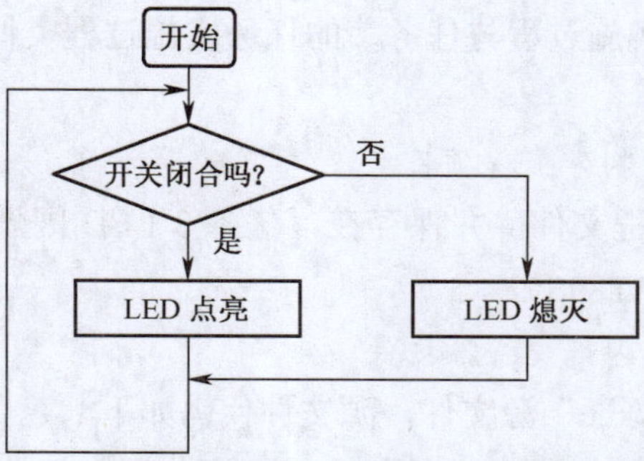

图 1-34　开关控制点亮 LED 流程图

（2）编写开关控制 LED 点亮程序。

```
#include <AT89X52.H>                //包含AT89X52.H头文件
sbit SW=P3^0;                       //定义SW是P3.0位对应的引用符号
sbit LED=P1^0;                      //定义LED是P1.0位对应的引用符号
void main (void)
{
  while(1)
  {
    if(SW==0)
      LED=0;                        //开关闭合：SW=0，P1.0=0，LED点亮
    else
      LED=1;                        //开关断开：SW=1，P1.0=1，LED熄灭
  }
}
```

1.5 任务 3 LED 闪烁控制

1.5.1 任务描述

根据图 1-1 所示，使用 Keil C51 设计一个 C 语言程序，控制 AT89S52 单片机 P1.0 引脚交替输出高电平和低电平，使 LED 交替熄灭和点亮，实现 LED 闪烁效果。

1.5.2 任务分析

在图 1-1 中，AT89S52 单片机的 P1.0 引脚接 LED 的阴极，LED 的阳极通过 220Ω 限流电阻连接到 5V 电源上。P1.0 引脚输出低电平时，LED 点亮；P1.0 引脚输出高电平时，LED 熄灭。

LED 闪烁功能实现过程如下：

（1）P1.0 引脚输出低电平，LED 点亮。

（2）延时。

（3）P1.0 引脚输出高电平，LED 熄灭。

（4）延时。

（5）重复第一步（循环），这样就可以实现 LED 闪烁。

LED 闪烁控制

1.5.3 任务实施

本任务的 LED 闪烁控制电路同任务 1 的电路一样，是由 AT89S52 单片机最小系统和 LED 电路构成。

先建立一个名为“任务 3 LED 闪烁控制”文件夹，用于保存“LED 闪烁控制”工程相关文件。任务 3 的任务实施过程与任务 2 的任务实施过程类似，在下面讲解中不再详细叙述具体过程。

1. 建立“LED 闪烁控制”工程项目

新建“LED 闪烁”工程文件，并保存在“任务 3 LED 闪烁控制”文件夹中，然后选择单片机型号为 Atmel 的 AT89S52。

2. 建立并加载“LED 闪烁 .c”源文件

建立并加载“LED 闪烁 .c”源文件，源文件代码如下：

```
#include <AT89X52.H>                //包含AT89X52.H头文件
sbit LED=P1^0;                      //定义LED是P1.0位对应的引用符号
```

```
void  Delay()                          //延时函数
{
  unsigned char i, j;
  for (i=0;i<255;i++)
     for (j=0;j<255;j++);
}
void main()
{
  while(1)
  {
     LED = 0;                          // P1.0=0，LED点亮
     Delay();                          //延时一段时间，LED点亮保持一段时间
     LED = 1;                          // P1.0=1，LED熄灭
     Delay();                          //延时一段时间，LED熄灭保持一段时间
  }
}
```

说明：

（1）由于单片机执行指令的速度很快，如果不进行延时，点亮之后会马上熄灭，熄灭了之后又马上就点亮，速度太快，由于人眼的视觉暂留效应，人眼根本无法分辨，所以在控制 LED 闪烁的时候需要延时一段时间，否则我们就看不到“LED 闪烁”的效果了。

（2）延时函数是定义在前，使用在后。在这里使用了两条 for 语句构成双重循环（外循环和内循环），循环体是空的，实现延时的目的。如果想改变延时时间，可以通过改变循环次数来实现。

读者思考：*如果延时函数是使用在前，定义在后，那么程序应如何编写？*

（3）“unsigned char i, j;”语句定义 i 和 j 为无符号字符型变量，取值范围为 0 ～ 255。

3. “LED 闪烁控制”工程配置与编译

工程配置：“目标”标签页的晶振频率栏设为 12MHz，勾选“输出”标签页的“生成 HEX 文件”复选框。

工程编译：完成完成工程配置后，进行“LED 闪烁控制”工程编译，若编译发生错误，要进行分析检查，直到编译正确为止。

4. LED 闪烁控制 Proteus 仿真运行调试

LED 闪烁控制用 Proteus 仿真运行调试的过程与任务 2 基本相同，在下面讲解中不再详细叙述具体过程。

（1）运行 Proteus 软件，打开 LED 闪烁 Proteus 仿真电路。

（2）加载 Keil 生成的“LED 闪烁 .hex”HEX 文件。

（3）单击仿真工具栏“运行”按钮▶，单片机全速运行程序。

观察 LED 是否闪烁。若运行结果与任务要求不一致，要对电路和程序进行分析检查，直到运行正确。

【技能训练 1-2】LED 闪烁控制电路焊接制作与调试

根据图 1-1 所示电路图，在万能板上完成单片机最小系统和 LED 电路焊接制作，并下载 LED 闪烁控制程序，实现 LED 控制电路焊接制作与调试。

【技能训练 1-2】LED 闪烁控制电路焊接

1. LED 控制电路

按照技能训练要求，LED 控制电路是由单片机最小系统和 LED 电路构成，元器件清单见表 1-2。

表 1-2　LED 控制电路元器件清单

元器件名称	参数	数量 / 个	元器件名称	参数	数量 / 个
单片机	STC89C52	1	按键		1
晶振	11.0592MHz	1	电阻	10kΩ	1
瓷片电容	30pF（104）	2	电阻	220Ω	1
电解电容	10μF	1	LED		1
IC 插座	DIP40	1			

注意：由于使用下载软件 STC-ISP 下载“LED 闪烁 .hex”文件到 STC89C52 单片机操作比较简单，所以没有选用 AT89S52 单片机，而是选用 STC89C52 单片机。这样做不影响本书的学习，在后面的焊接制作与调试中都选用 STC89C52 单片机。

2. 元器件识别和检测

在焊接 LED 控制电路板之前，要先对元器件进行识别和检测。

（1）结合元器件清单，找出要焊接的晶振 11.0592MHz、瓷片电容、按键、芯片锁紧插座 DIP40、排阻、电解电容、各种阻值电阻（通过色环判断其大小）等元器件。

（2）用万用表对所要焊接元器件进行筛选检测，检查元器件有没有坏的、质量差的等。特别是发光二极管（LED）和电解电容，一定要判断出其正负极。

3. 电路板焊接

焊接元器件的一般原则是由小到大、由低到高。首先要焊接 IC 锁紧插座，后面依次按模块电路（如晶振电路、复位电路等）来进行焊接。焊接好的电路板如图 1-35 所示。

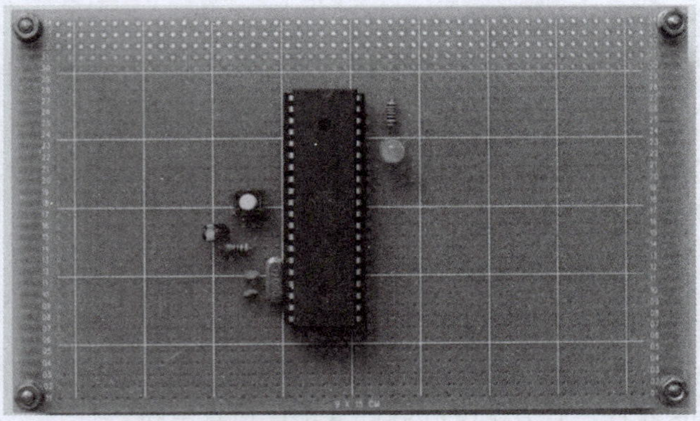

图 1-35　单片机最小系统和 LED 焊接电路板

元器件焊接时的注意事项如下：

（1）电解电容（瓷片电容不分正负极）、发光二极管都具有一长一短两个引脚，长脚为正极、短脚为负极。

（2）焊接 IC 锁紧座时要先将每个脚插入线路板，然后先焊对角两脚，将其固定在线路板上，防止底座焊接不平，最后焊接其他引脚。

（3）晶振电路尽量靠近单片机芯片进行焊接，以减少寄生电容，更好地保证振荡器稳定和可靠地工作。选用复位电路所使用的开关时，最好选用点触开关，便于操作。

（4）焊接排阻时，要让排阻侧面有字的一面对着单片机。

（5）焊接后，元器件外观要整齐、焊点要饱满（防止虚焊）、引脚不宜过高。在放置元器件时，为方便以后开发，还要考虑在线路板上预留一定空间。

4. 硬件电路检测

（1）通电前检测。

1）观察所焊接部分是否存在漏焊、虚焊、脱焊、短路和焊错位置等现象，若发现问题要及时解决。

2）把单片机装入 IC 锁紧插座中，要注意单片机管脚（即方向）不能装反。

3）结合原理图，用万用表再次检测焊接是否正常，特别要检测单片机的第 40 引脚（VCC）和第 20 引脚（GND）之间是否短路，若短路就不能通电，要把短路故障排除以后才能进行后面的操作。

（2）通电检测。

1）上电后，检测单片机第 40 引脚（VCC）和第 20 引脚（GND）之间是否有 5V 电压。

2）检测晶振（单片机的第 18 引脚和第 19 引脚）两端电压是否为 0.5 ～ 1.6V，如果有则说明晶振电路工作正常。

3）按下复位按键，检测单片机的第 9 引脚的电压是否为 5V。若按下复位键前为 0V、按下复位键后为 5V、按键释放后降为 0V，则说明复位电路正常。

5. LED 闪烁程序下载

【技能训练 1-2】LED 闪烁控制电路下载调试

由于本技能训练的代码与任务 3 的代码一样，把任务 3 的“LED 闪烁 .hex”文件下载（烧入）到 STC89C52 单片机芯片中（通过 STC-ISP 下载软件实现）。下载“LED 闪烁 .hex”文件操作步骤如下。

（1）运行 STC-ISP 下载软件。单击 STC-ISP 下载软件图标，打开下载软件。

（2）选择单片机型号。在“单片机型号”的下拉框中选择 LED 控制电路板所使用的单片机型号，这里所使用的单片机型号是 STC89C52RC/LE52RC，如图 1-36 所示。

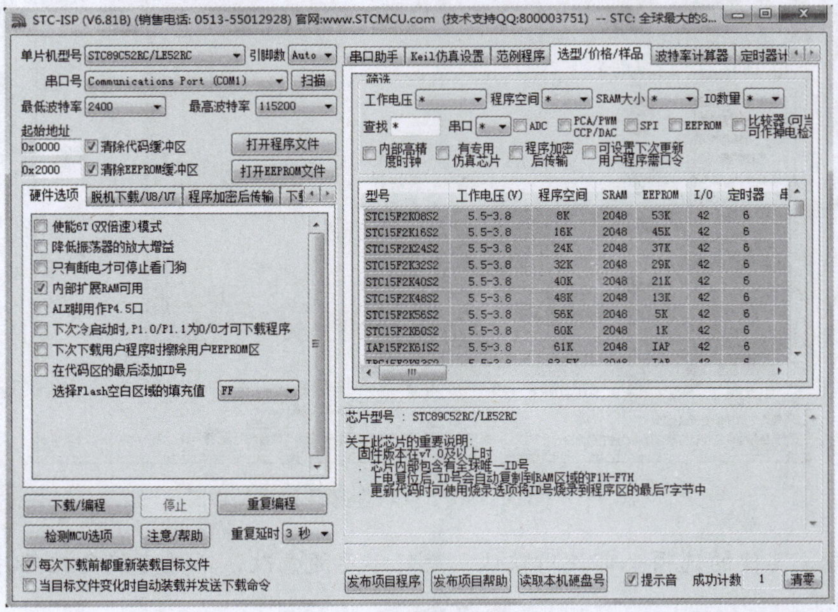

图 1-36 选择单片机型号

（3）选择串口号。在“串口号”的下拉框中选择相应的串口号。台式机通常只有一个 RS232 串口，若使用串口下载线，串口号就选择 COM1。

笔记本电脑通常没有 RS232 串口，在这里只能使用 USB 转串口下载线了，选择的串口号一般为 COM3，如图 1-37 所示。

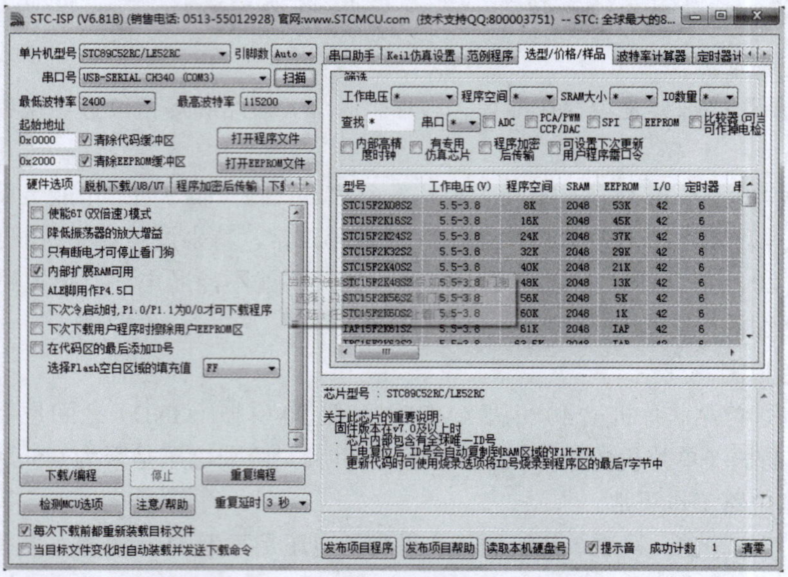

图 1-37 串口号选择

若“串口号”的下拉框只显示出 COM1 串口号，这时单击其后面的“扫描”按钮，就可以显示出其相应的串口号了。使用不同的 USB 接口，就会产生不同的串口号。

（4）打开程序文件。单击“打开程序文件”按钮，打开存放“LED 闪烁 .hex”的文件夹并打开该文件，如图 1-38 所示。

图 1-38 STC-ISP 下载软件打开程序文件

注意：其他的选项全部使用默认，最好不要随意改，不然可能会把芯片锁死，以后就不能用了。

（5）下载程序。单击“下载 / 编程”按钮，下载“LED 闪烁 .hex”文件到 STC89C52RC 单片机。在“LED 闪烁 .hex”文件下载之前，在下载界面右下角的文本框中会显示“正在检测目标单片机”，如图 1-39 所示。

注意：在单击“下载 / 编程”按钮之前，先关闭电路板电源开关，等按下“下载 / 编程”按钮之后，再给电路板上电。

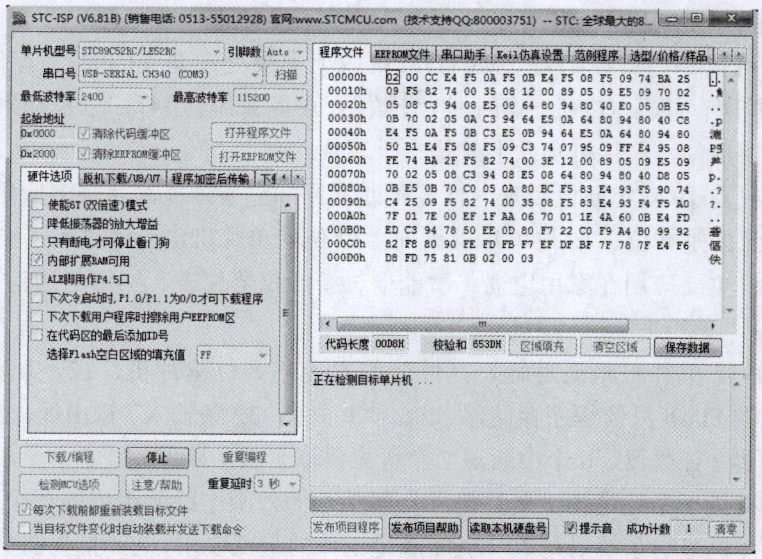

图 1-39 “LED 闪烁 .hex”下载完成之前

当下载界面右下角的文本框显示“操作成功！”时，表示下载完成，如图 1-40 所示。

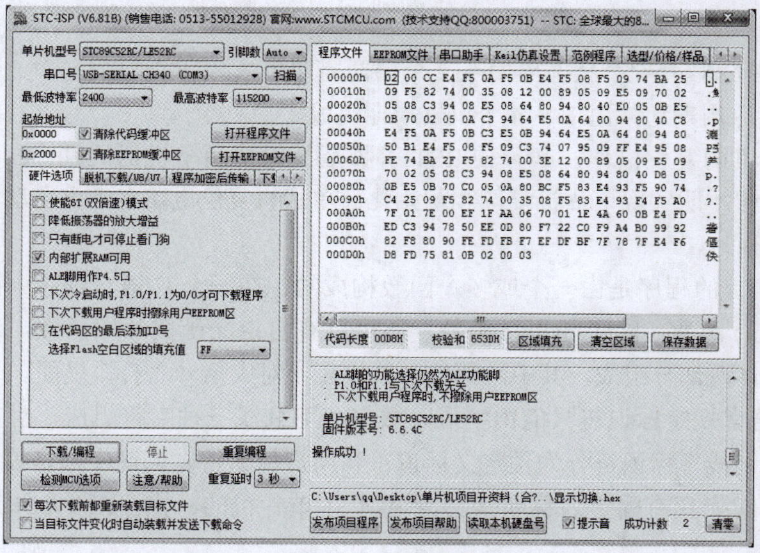

图 1-40 “LED 闪烁 .hex”下载完成

6. LED 闪烁控制运行与调试

“LED 闪烁 .hex”下载完成后，上电观察电路板上的 LED 是否不断闪烁，直到电源关闭才能熄灭。若与技能训练要求相符合，说明 LED 控制电路焊接制作已经完成，否则需要进行硬件检查和程序调试，直到功能实现为止。

关键知识点梳理

（1）Proteus 能在计算机上完成从原理图与电路设计、电路分析与仿真、单片机代码级调试与仿真、系统测试与功能验证到形成 PCB 的完整的电子设计、研发过程。

（2）Keil C51 是基于 8051 内核的微控制器软件开发平台，是 51 系列单片机 C 语言软件开发系统，可以完成从工程建立和管理、编译、连接、目标代码生成、软件仿真和硬件仿真等完整的开发流程。

（3）单片机也称为微控制器（MCU），集成了中央处理器（CPU）、存储器（数据存储器 RAM 与程序存储器 ROM）、定时器 / 计数器、中断系统、串行口以及输入 / 输出（I/O）接口电路等主要部件，单片机实质上就是一个芯片。

（4）单片机自 1974 年问世以来，性能不断提高和完善，能满足很多应用场合的需要。目前市场上主流的是 8 位、16 位单片机系列，32 位的单片机也已经进入了实用阶段。

（5）单片机主要应用在家用电器、智能卡、智能仪器仪表、网络与通信以及工业控制等方面。

（6）AT89S52 单片机是低功耗、高性能的 CMOS 8 位单片机，在一块芯片中集成了 CPU、8K 字节的 Flash 只读程序存储器、256 字节内存、32 条输入 / 输出线、看门狗定时器、3 个 16 位定时器 / 计数器、6 个中断源 2 个优先级嵌套的中断结构、1 个全双工串行口。

（7）单片机最小系统是指由单片机和一些基本的外围电路所组成的一个可以工作的单片机系统。单片机最小系统只是单片机能满足工作的最低要求，它不能对外完成控制任务。一般来说，它包括单片机、电源、晶振电路和复位电路。

（8）单片机内的各种操作都是在一系列脉冲控制下进行的，而各脉冲在时间上是有先后顺序的，这种顺序就称为时序。单片机的各种周期有：振荡周期 T_{osc}、状态周期、机器周期、指令周期。

1）1 个机器周期 =6 个状态周期 =12 个振荡周期 T_{osc}。

2）1 个指令周期通常由 1 ～ 4 个机器周期组成。

（9）单片机的复位操作。必须使 RST 引脚至少保持两个机器周期（24 个振荡周期）的高电平，这样才能实现单片机复位和初始化。单片机复位电路有上电自动复位电路和手动复位电路两种。

（10）C 语言的程序是由一个或多个函数构成的。在一个 C 语言程序中必须有一个且仅有一个 main() 函数，除了 main() 函数，还可以有自定义函数和库函数。函数是由函数的首部和函数体两部分组成，其中函数体必须放在一对大括号“{}”里面。

（11）C 语言规定标识符只能由字母、数字和下划线三种字符组成，且第一个字符必须为字母或下划线。标识符分为预定义标识符和用户标识符。关键字则是编程语言保留的特殊标识符，它们具有固定名称和含义。根据 51 单片机的特点，Keil C51 还扩展了相关的关键字。

（12）C 语言的语句是由一些基本字符和定义符按照 C 语言的语法规定组成的，每个语句以分号结束，分号是 C 语句的必要组成部分。C 语言的语句可分为：表达式语句、函数调用语句、控制语句、复合语句和空语句。

（13）“#include <AT89X52.H>”语句是头文件包含处理，是将 AT89X52.H 头文件的内容全部包含进来。“sbit LED=P1^0;”语句是定义一个符号 LED，用来表示 P1.0 引脚。Keil C51 支持 C++ 风格的注释，可以用“//”进行单行注释，也可以用 /*……*/ 进行单行或多行注释。

问题与讨论

1-1 填空题

（1）单片机主要集成了________、________、________、________、________以及

________ 等部件。

（2）单片机最小系统主要包括单片机、________、________ 和 ________ 等 4 个部分。

（3）单片机常用两种复位方式，即 ________ 和 ________。

（4）一个机器周期包含 ________ 个晶振周期，若晶振周期的频率为 12MHz，则机器周期为 ________μs，指令周期为 ________ ～ ________ 机器周期。

（5）要实现复位操作，必须使 RST 引脚至少保持 ________ 个机器周期的 ________。

（6）MCS-51 系列单片机有 ________ 个并行 I/O 口，________ 个全双工串口，________ 个 16 位定时器 / 计数器，________ 个中断源。

1-2 选择题

（1）使用单片机开发系统调试程序时，对 C 语言源程序进行编译的目的是（ ）。

A．将 C 语言源程序转换成 .hex 文件　B．将 .hex 文件转换成 C 语言源程序

C．将低级语言转换成高级语言　D．连续执行键

（2）单片机的简称是（ ）。

A．MCP　B．PLC　C．MCU　D．DSP

（3）以下叙述不正确的是（ ）。

A．一个 C 程序可以由一个或多个函数组成

B．一个 C 程序必须包含一个 main() 函数

C．C 程序的基本组成单位是函数

D．在 C 程序中，注释说明只能位于一条语句的后面

（4）提高单片机的晶振频率 f_{osc}，则机器周期（ ）。

A．不变　B．变长　C．变短　D．不定

（5）一个 C 语言程序的执行是从（ ）。

A．本程序的 main() 函数开始，到 main() 函数结束

B．本程序文件的第一个函数开始，到本程序文件的最后一个函数结束

C．本程序的 main() 函数开始，到本程序文件的最后一个函数结束

D．本程序文件的第一个函数开始，到本程序文件的 main() 函数结束

1-3 简述 Keil C51 和 Proteus 软件的主要功能。

1-4 简述单片机的发展及发展趋势。

1-5 简述单片机的主要应用领域。

1-6 简述单片机的主要特点。

1-7 如果只使用片外 ROM，$\overline{EA}$ 引脚应该如何接？为什么？

1-8 在任务 3 中，如果把 LED 闪烁程序的延时函数 Delay() 写在 main() 后面，程序应该如何修改？

1-9 单片机最小系统由哪几部分组成？现要求 LED 的阳极接在 P1.0 引脚上，请完成 LED 点亮电路和 C 语言程序设计。

1-10 请完成用开关控制 LED 闪烁快和慢两种效果的电路和 C 语言程序设计。

项目2 跑马灯控制设计

项目描述

本项目从LED循环点亮控制入手，首先让读者对单片机的并行I/O口有一个初步了解；然后介绍51单片机的并行I/O口电路和内存空间，并介绍C51数据类型和C语言常量与变量。通过LED循环点亮控制电路的焊接制作、开关控制跑马灯设计，让读者进一步了解单片机并行I/O口的应用。

能力目标

能完成单片机的输入输出电路设计，能应用C语言程序完成单片机输入输出控制，实现对跑马灯控制的设计、运行及调试。

知识目标

- 掌握51单片机的并行I/O口功能及应用技能
- 掌握内部数据存储器的地址分配及特殊功能寄存器
- 掌握C51语言数据类型、常量和变量
- 会利用单片机I/O口实现跑马灯和开关控制跑马灯

教学重点

- P0、P1、P2和P3的功能及应用
- 内部数据存储器的地址分配及特殊功能寄存器
- C51数据类型

教学难点

特殊功能寄存器的字节地址和位寻址，开关控制的方法。

2.1 任务4 LED循环点亮控制

2.1.1 任务描述

使用AT89S52单片机，通过C语言程序，按一定的规律向P1口的引脚输出低电平和高电平，控制8个发光二极管循环点亮，电路图如图2-1所示。

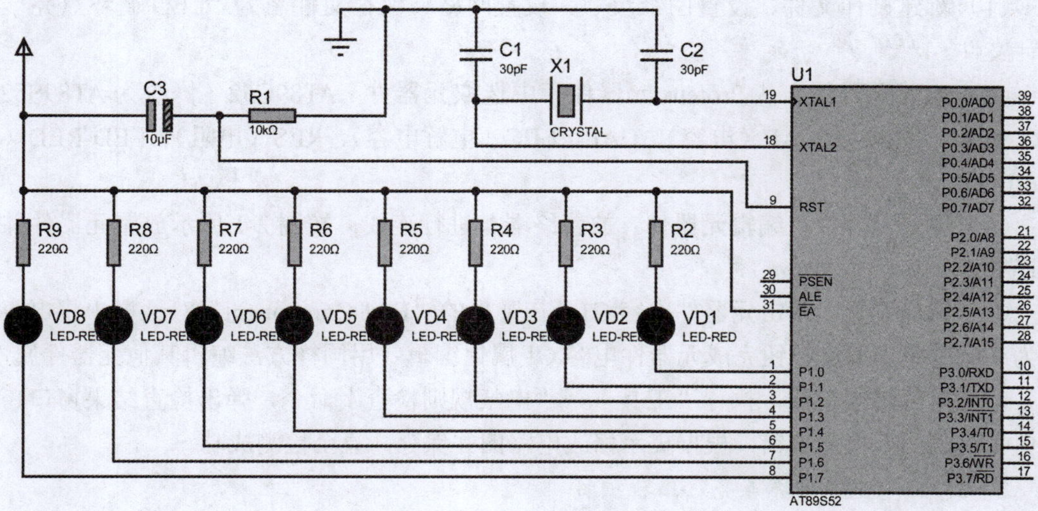

图 2-1 LED 循环点亮电路图

2.1.2 任务分析

1. LED 循环点亮电路分析

按照任务描述，8 个 LED 采用共阳极接法，LED 的阳极通过 220Ω 限流电阻连接到 5V 电源上，P1 口接 LED 的阴极。P1 口的引脚输出低电平时对应的 LED 点亮，输出高电平时对应的 LED 熄灭。

2. LED 循环点亮程序分析

根据图 2-1，需要通过程序控制单片机引脚电平的高低变化，控制 LED 点亮和熄灭，实现 LED 循环点亮。

LED 循环点亮电路的 LED 是采用共阳极接法，这样我们就可以通过“0”和“1”来控制 LED 的亮和灭。例如：在 P1 口输出十六进制数 0xfe（二进制 11111110B），D1 被点亮。若 P0 口输出 0x7f（二进制 01111111B），则 D8 被点亮。LED 循环点亮功能实现过程如下：

（1）8 个 LED 全灭，控制码为 0xff。

（2）D1 点亮，P1 口输出 0xfe，取反为 0x01（二进制 00000001B），初始控制码为 0x01。

（3）D2 点亮，P1 口输出 0xfd，取反为 0x02（二进制 00000010B），控制码为 0x02。

（4）D3 点亮，P1 口输出 0xfb，取反为 0x04（二进制 00000100B），控制码为 0x04。

……

（5）D8 点亮，P1 口输出 0x7f，取反为 0x80（二进制 10000000B），控制码为 0x80。

（6）重复上述（2）～（5）步骤就可以实现 LED 循环点亮。

2.1.3 任务实施

1. LED 循环点亮电路设计

LED 循环点亮电路设计

由图 2-1 可以看出，LED 循环点亮电路是由单片机最小应用系统和采用共阳极接法的 8 个 LED 电路构成。其中，LED 的阳极通过 220Ω 限流电阻连接到 5V 电源上，P1 口接 LED 的阴极。

LED 循环点亮 Proteus 仿真电路设计过程与任务 1 基本一样，不再详细叙述具体设计过程（在以后任务中只写出不同的设计过程），需要时可参考任务 1。

（1）新建设计文件、设置图纸尺寸、设置网格、保存文件名为“LED 循环点亮”的设计文件。

（2）选取元器件。从 Proteus 元器件库中选取元器件：AT89C52（修改为 AT89S52）、CRYSTAL（晶振）、CAP（电容）、CAP-ELEC（电解电容）、RES（电阻）、LED-RED（红色 LED）。

（3）放置元器件、编辑元器件、放置终端、进行连线，按图 2-1 所示放置元器件并进行连线。

（4）属性设置。双击元器件电容 C1，在弹出的“Edit Component”对话框中将电容量改为 30pF，单击 OK 按钮完成元器件电容 C1 属性编辑。用同样方法编辑其他元器件属性。

（5）电气规则检测。执行“工具”→“电气规则检查”命令，弹出检查结果窗口，完成电气检测。若检测出错，根据提示修改电路图并保存，直至检测成功。

2. 建立“LED 循环点亮”工程项目

新建“LED 循环点亮”工程文件，并保存在“任务 4 LED 循环点亮”文件夹中，然后选择单片机型号为 Atmel 的 AT89S52。

3. 建立并加载“LED 循环点亮 .c”源文件

LED 循环点亮程序设计

从任务分析可以看出，先使所有的 LED 都熄灭，然后将控制码取反从 P1 口输出，点亮相应的 LED，控制码左移一位，即可获得下一个控制码。

建立并加载“LED 循环点亮 .c”源文件，源文件代码如下：

```
#include <AT89X52.H>                    //包含AT89X52.H头文件
void  Delay()                           //延时函数
{
  unsigned char i, j;
      for (i=0;i<255;i++)
          for (j=0;j<255;j++);
}
void main()
{
   unsigned char i;
   unsigned char temp;
   P1 = 0xff;                           //十六进制全1，熄灭所有LED
   while(1)
   {
     temp = 0x01;                       //第一位为1，即初始控制码为0x01
     for (i=0;i<8;i++)
        {
          P1 = ~ temp;                  //temp值取反送P1口
          Delay();
          temp = temp << 1 ;            //temp值左移一位，获得下一个控制码
        }
   }
}
```

程序开始时将初始控制码取反后从 P1 口输出，这个数本身是让 P1.0 为低电平，其他位为高电平，点亮 D1，延时一段时间，让控制码左移一位，获得下一个控制码；然后再对控制码取反后输出到 P1 口，这样就实现了“LED 循环点亮”的效果。

在此我们还要再次强调，由于人眼的视觉暂留效应以及单片机执行每条指令的时间很短，我们在控制 LED 亮灭的时候应该延时一段时间，否则我们就看不到“LED 循环点亮”的效果了。

4.“LED 循环点亮”工程配置与编译

工程配置：“目标”标签页的晶振频率栏设为 12MHz，勾选“输出”标签页的“生成

HEX 文件”复选框。

工程编译：完成工程配置后，进行“LED 循环点亮”工程编译。若编译发生错误，要进行分析检查，直到编译正确为止。

5. LED 循环点亮 Proteus 仿真运行调试

（1）打开 LED 循环点亮 Proteus 仿真电路。

（2）加载“LED 循环点亮 .hex”HEX 文件。

（3）单击仿真工具栏“运行”按钮 ▶，单片机全速运行程序。

观察 LED 是否循环点亮。若运行结果与任务要求不一致，要对电路和程序进行分析检查，直到运行正确。

注意：8 个 LED 循环点亮电路有共阳极接法和共阴极接法。

- 共阳极接法：LED 的阳极通过 220Ω 限流电阻连接到 5V 电源上，P1 口接 LED 的阴极。
- 共阴极接法：LED 的阴极通过 220Ω 限流电阻接地，P1 口接 LED 的阳极。

【技能训练 2-1】LED 循环点亮控制电路焊接制作

根据图 2-1 所示电路图，在万能板上完成 LED 循环点亮控制电路焊接制作，元器件清单见表 2-1。

【技能训练 2-1】LED 循环点亮控制电路焊接制作

表 2-1　LED 循环点亮控制电路元器件清单

元器件名称	参数	数量 / 个	元器件名称	参数	数量 / 个
单片机	AT89S52	1	轻微按键		1
晶振	11.0592MHz	1	电阻	10kΩ	1
瓷片电容	30pF（104）	2	电阻	220Ω	8
电解电容	10μF	1	LED		8
IC 插座	DIP40	1			

1. 电路板焊接

电路板焊接步骤和焊接注意事项同前述焊接 LED 控制电路一样。焊接好的电路板如图 2-2 所示。

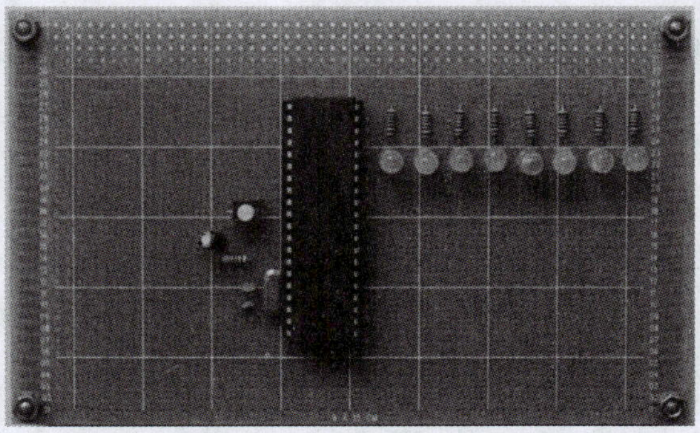

图 2-2　LED 循环点亮控制焊接电路板

2. 硬件检测与调试

上电之前，先检测焊接好的 LED 循环点亮电路板，检测方法与技能训练 1-2 的检测方法一样。

上电后，按下复位按键，检测单片机 P1 口和 8 个 LED 阴极，如果均为高电平，说明单片机工作正常，P1 口到 8 个 LED 阴极之间通路也正常。同时，检测 8 个 LED 阳极也应有 5V 左右的电压，如果没有，检测 5V 电源至 LED 阳极之间电路是否存在短路。

3. 软件下载与调试

通过 STC-ISP 下载软件把“LED 循环点亮 .hex”文件烧入单片机芯片中，如果 LED 运行结果与设计功能相符，说明上面焊接过程和程序均为正常，否则需进行调试，直到功能实现。软件下载和调试步骤请参照技能训练 1-2“LED 闪烁控制电路焊接制作与调试”，在以后电路板调试过程中不再详细叙述其具体过程。

单片机并行 I/O 口

2.2 单片机并行 I/O 口

单片机有 4 组 8 位并行 I/O 口，分别为 P0 口、P1 口、P2 口和 P3 口，每个端口各有 8 条 I/O 口线，每条 I/O 口线都能独立地用作输入或输出。P0 口负载能力为 8 个 TTL 门电路，P1 口、P2 口和 P3 口负载能力均为 4 个 TTL 门电路。实际上，它们已被归入特殊功能寄存器之列，并且具有字节寻址和位寻址功能。

2.2.1 P0 口结构及功能

1. P0 口结构

P0 口某位结构如图 2-3 所示。

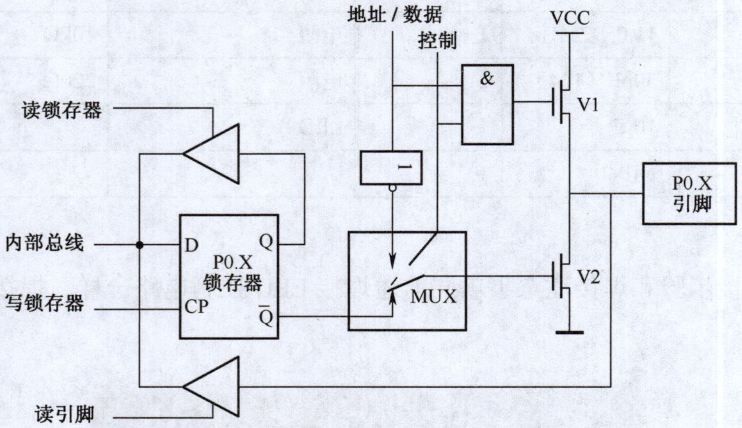

图 2-3 P0 口某位结构图

从图 2-3 可以看出，P0 口某位结构是由 1 个数据输出锁存器（D 触发器）、两个三态数据输入缓冲器、1 个输出控制电路和 1 个输出驱动电路组成。

输出控制电路由 1 个转换开关 MUX、1 个与门及 1 个非门组成；输出驱动电路由一对场效应管（V1 和 V2）组成，其工作状态受输出控制端的控制。

2. P0 口功能

P0 口有作通用 I/O 口和作地址 / 数据分时复用总线两种功能。

（1）P0 口作通用 I/O 口使用。作为通用的 I/O 口使用时，P0 口内部的控制信号为低电平，封锁与门，将输出驱动电路的上拉场效应管（V1）截止，同时使多路转接电路 MUX 接通锁存器 Q 端的输出通路。

注意：当 P0 口作为输出时，由于输出电路是漏极开路电路，因此必须外接上拉电阻才能有高电平输出；当 P0 口作为输入时，必须先向电路中的锁存器写入“1”，使场效应管（V2）截止，以避免锁存器为“0”状态时对引脚读入的干扰。因为如果 V2 管是导通的，不论 P0.X 引脚上的状态如何，输入都会是低电平，将导致输入错误。

（2）P0 口作地址 / 数据分时复用总线使用。在有外部扩展存储器或设备的系统中，P0 口分时送出低 8 位地址 A0 ～ A7 和 8 位数据 D0 ～ D7。

当输出地址或数据时，由内部发出控制信号，打开上面的与门，并使多路转接电路 MUX 将内部地址 / 数据线与驱动场效应管（V2）接通。输出驱动电路由于上、下两个驱动场效应管处于反相，形成推拉式电路结构，使负载能力大为提高。

若地址 / 数据线为 1，则 V1 导通，V2 截止，P0 口输出为 1；反之 V1 截止，V2 导通，P0 口输出为 0。而当输入数据时，读引脚使三态数据输入缓冲器打开，数据信号则直接从引脚通过数据输入缓冲器进入内部总线。

2.2.2 P1 口结构及功能

1. P1 口结构

P1 口某位结构如图 2-4 所示。

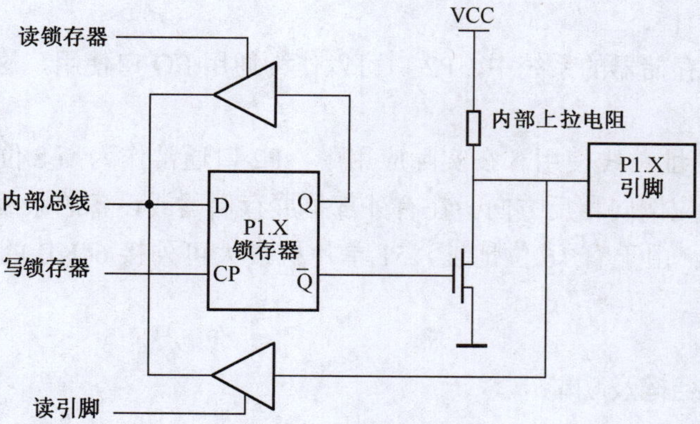

图 2-4 P1 口某位结构图

从图 2-4 可以看出，P1 口某位结构包括 1 个数据输出锁存器（D 触发器）、两个三态数据输入缓冲器、1 个场效应管和上拉电阻共同组成的输出驱动电路。

2. P1 口功能

P1 口是一个双向 8 位 I/O 口，每一位均可单独定义为输入或输出口。

（1）P1 口作为输入口使用。当 P1 口作为输入口时，必须先向锁存器写 1，Q（非）=0，场效应管截止，此时该位既可以把外部电路拉成低电平，也可由内部上拉电阻拉成高电平。

（2）P1 口作为输出口使用。当 P1 口作为输出口时，1 写入锁存器，Q（非）=0，场效应管截止，内部上拉电阻将电位拉至“1”，此时该口输出为 1；当 0 写入锁存器，Q（非）=1，场效应管导通，该口输出则为 0。

P1 口在电路结构上与 P0 口有不同之处：首先它不再需要多路转接电路 MUX；其次是电路的内部有上拉电阻，与场效应管共同组成输出驱动电路。为此，P1 口作为输出口使用时，已经能向外提供推拉电流负载，无需再外接上拉电阻。

2.2.3 P2 口结构及功能

1. P2 口结构

P2 口某位结构如图 2-5 所示。

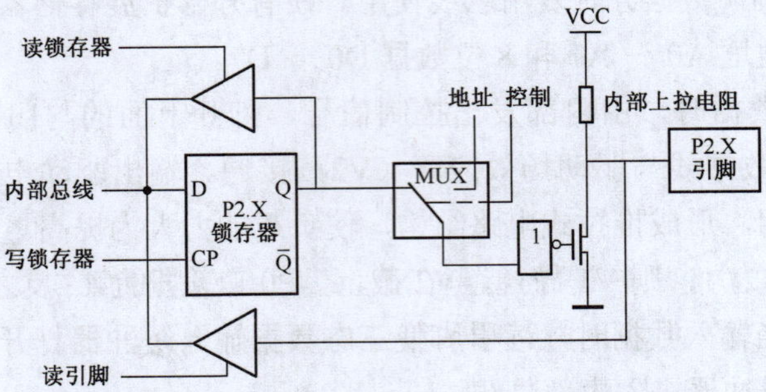

图 2-5 P2 口某位结构图

从图 2-5 可以看出，P2 口某位结构是由 1 个数据输出锁存器（D 触发器）、两个三态数据输入缓冲器、1 个转换开关 MUX、1 个数据输出驱动电路和控制电路组成。

2. P2 口功能

（1）P2 口作通用 I/O 口使用。P2 口电路比 P1 口电路多了 1 个多路转接电路 MUX，这又正好与 P0 口一样。

在无外部扩展存储器的系统中，P2 口可以作为通用 I/O 口使用，这时多路转接电路开关倒向锁存器 Q 端。

（2）P2 口作地址总线使用。在实际应用中，P2 口通常作为高 8 位地址线使用，此时多路转接电路开关应倒向相反方向。在有外部扩展存储器或设备的系统中，P2 口送出高 8 位地址 A8 ～ A15。由于有 16 位地址，51 单片机最大可外接 64KB 的程序存储器和数据存储器。

2.2.4 P3 口结构及功能

1. P3 口结构

P3 口某位结构如图 2-6 所示。

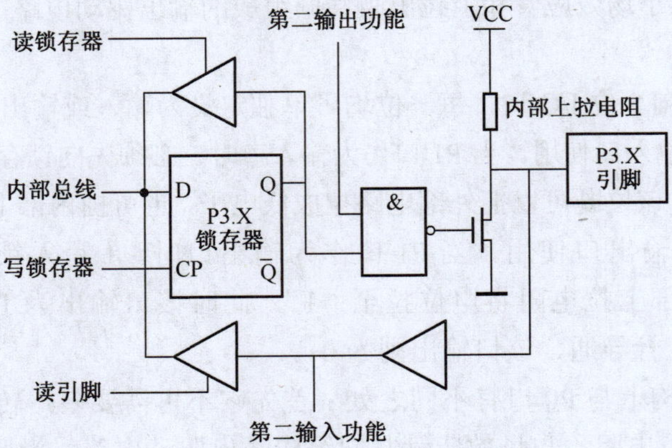

图 2-6 P3 口某位结构图

从图 2-6 可以看出，P3 口某位结构包括 1 个数据输出锁存器（D 触发器）、两个三态数据输入缓冲器、1 个缓冲器、1 个与非门、1 个场效应管和上拉电阻共同组成的输出驱动电路。

2. P3 口功能

P3 口除了作为通用 I/O 口使用外，每一根线还具有第二种功能。

（1）P3 口的第一功能。P3 口的第一功能和 P1 口一样可作为输入输出端口，同样具有字节操作和位操作两种方式，每一位均可定义为输入或输出。

当 P3 口作为输入使用时，仍取自三态缓冲器的输出端。

当 P3 口作为输出使用时，第二功能信号引线应保持高电平，与非门开通，以维持从锁存器到输出端数据输出通路的畅通。

（2）P3 口的第二功能。P3 口的特点在于，为适应引脚的第二功能的需要，增加了第二功能控制逻辑，在真正的应用电路中，第二功能显得更为重要。由于第二功能信号有输入输出两种情况，因此我们分两种情况加以说明。

1）对于第二功能为输出的信号引脚，当输出第二功能信号时，该位的锁存器应置“1”，使与非门对第二功能信号的输出是畅通的，从而实现第二功能信号的输出。

2）对于第二功能为输入的信号引脚，在口线的输入通路上增加了 1 个缓冲器，输入的第二功能信号就从这个缓冲器的输出端取得。

不管是作为输入口使用还是第二功能信号输入，输出电路中的锁存器输出和第二功能输出信号线都应保持高电平。

P3 口的第二功能定义见表 2-2。

表 2-2 P3 口第二功能定义

引脚	第二功能
P3.0	RXD：串行口输入
P3.1	TXD：串行口输出
P3.2	$\overline{INT0}$：外部中断 0 输入
P3.3	$\overline{INT1}$：外部中断 1 输入
P3.4	T0：定时器 / 计数器 0 计数输入
P3.5	T1：定时器 / 计数器 1 计数输入
P3.6	$\overline{WR}$：外部数据存储器写选通（输出）
P3.7	$\overline{RD}$：外部数据存储器读选通（输出）

【技能训练 2-2】P0 口外接上拉电阻

【技能训练 2-2】P0 口外接上拉电阻

任务 4 是通过程序按一定规律向 P1 口的引脚输出低电平和高电平，来实现 LED 循环点亮的。下面讲解如何实现通过 P0 口完成 LED 循环点亮。

1. P0 口和 P1 口对比分析

（1）由于 P0 口输出电路是漏极开路电路，所以在进行输出时，必须外接上拉电阻才能有高电平输出。

（2）由于电路的内部有上拉电阻，所以 P1 口在作为输出口使用时，无需再外接上拉电阻。

2. P0 口 LED 电路设计

本电路设计和任务 4 的 LED 循环点亮电路基本一样，差别是：使用了 RP1 和 RP2 排阻（RESPACK-8），P0 口接 LED 的阴极以及在 P0 口和 LED 阴极之间外接了上拉电阻，具体电路如图 2-7 所示。

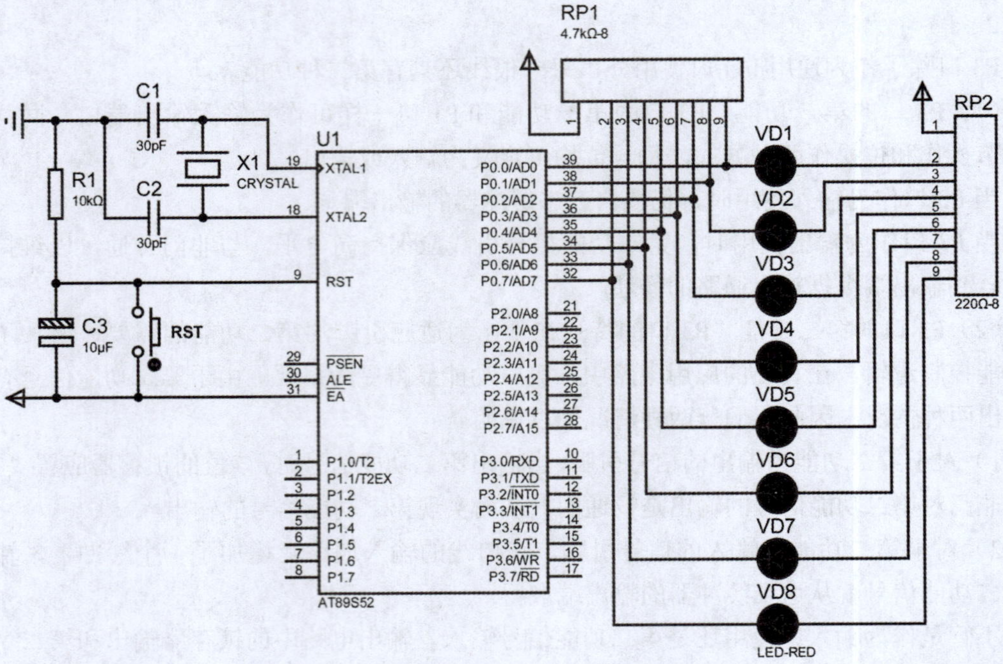

图 2-7　P0 口 LED 循环点亮电路

RESPACK-8 排阻是把 8 个电阻加工到一个器件里面，其中一个引脚是由 8 个电阻一端并接在一起的，与 8 个电阻的功能是完全一样的，这个器件通常称为排阻。为了在电路板上占很小的地方，方便安装和生产，在电路设计时常常选用排阻。

排阻 RP1 和 RP2 的阻值分别为 4.7kΩ×8 和 220Ω×8。RP1 排阻是上拉电阻，其功能是在这个引脚没有信号的时候，起到电位上拉的作用。RP2 和普通的电阻用途没有任何不同，在这里面起到限流的作用。

3. P0 口 LED 程序设计

本程序设计和任务 4 中 LED 循环点亮程序基本一样，差别如下：

```
void main()
{
    ......
    P0 = 0xff;                      //熄灭所有LED
    ......
      P0 = ~temp;                   //temp值取反送P0口
    ......
}
```

2.3　任务 5　跑马灯设计

2.3.1　任务描述

使用 AT89S52 单片机，通过 C 语言程序控制 P3 口，实现跑马灯效果设计与调试。跑马灯效果：先一个一个点亮 LED，直至全部点亮；然后一个一个熄灭 LED；循环上述过程。跑马灯控制电路如图 2-8 所示。

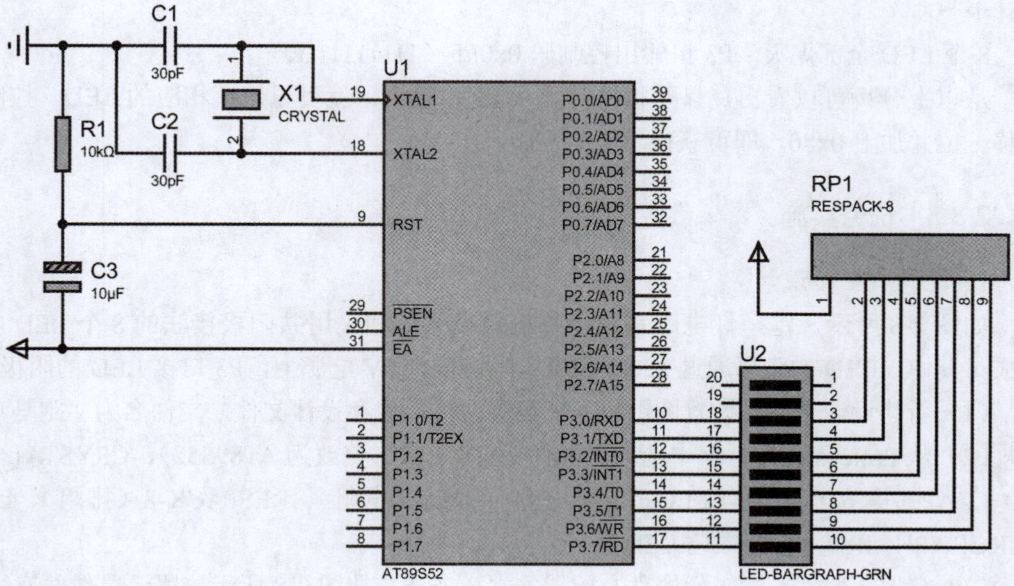

图 2-8 跑马灯电路

2.3.2 任务分析

1. 跑马灯电路分析

根据任务要求，跑马灯电路设计与任务 4 电路设计基本一样，与任务 4 的差别是使用了排阻和排型 LED，如图 2-8 所示。

RESPACK-8 排阻是把 8 个电阻加工到一个器件里面，其中一个引脚是由 8 个电阻一端并接在一起的。LED-BARGRAPH-GRN 排型 LED 是把 10 个绿色 LED 加工到一个器件里面，1 ～ 10 引脚是 LED 的阳极，11 ～ 20 引脚是 LED 的阴极。在这里，我们只使用其中 8 个 LED。

在电路设计时常常选择使用排阻和排型 LED，其好处就是为了在电路板上占很小的地方，方便安装和生产。

2. 跑马灯程序实现分析

这里我们通过 C 语言程序，控制 AT89S52 单片机 P3 口 8 个引脚电平有规律地高低变化，也就是控制 8 个 LED 的亮灭，实现跑马灯效果。

（1）LED 一个一个点亮，直至全部点亮。其效果实现过程如下：

LED1 点亮：P3 口输出初始控制码 0x0FE（11111110B）；

LED1 和 LED2 点亮：P3 口输出控制码 0x0FC（11111100B）；

LED1、LED2 和 LED3 点亮：P3 口输出控制码 0x0F8（11111000B）；

……

8 个 LED 全部点亮：P3 口输出控制码 0x00（00000000B）。

从以上分析可以看出，只要将控制码从 P3 口输出，就可以点亮相应的 LED。控制码左移一位，即可获得下一个控制码。

（2）LED 一个一个熄灭，直至全部熄灭。其效果实现过程如下：

LED8 熄灭：P3 口输出初始控制码 0x80（10000000B）；

LED8 和 LED7 熄灭：P3 口输出控制码 0x0C0（11000000B）；

LED8、LED7 和 LED6 熄灭：P3 口输出控制码 0x0E0（11100000B）；

……

8 个 LED 全部熄灭：P3 口输出控制码 0x0FF（11111111B）。

从以上分析可以看出，只要将控制码从 P3 口输出，就可以熄灭相应的 LED。控制码右移一位并加上 0x80，即可获得下一个控制码。

2.3.3 任务实施

1. 跑马灯电路设计

跑马灯电路设计

如图 2-8 所示，跑马灯电路是由单片机最小系统和采用共阳极接法的 8 个 LED 电路构成。其中，LED 的阳极通过 220Ω 限流电阻连接到 5V 电源上，P3 口接 LED 的阴极。

（1）新建设计文件、设置图纸尺寸、设置网格、保存设计文件，文件名为“跑马灯”。

（2）从 Proteus 元器件库中选取元器件：AT89C52（修改为 AT89S52）、CRYSTAL（晶振）、CAP（电容）、CAP-ELEC（电解电容）、RES（电阻）、RESPACK-8（排阻）、LED-BARGRAPH-GRN（排型绿色 LED）。

（3）放置元器件、编辑元器件、放置终端、连线，按图 2-8 所示放置元器件并连线。

（4）编辑元器件属性。

（5）电气规则检测。执行“工具”→“电气规则检查”命令，弹出检查结果窗口，完成电气检测。若检测出错，根据提示修改电路图并保存，直至检测成功。

2. 建立“跑马灯”工程项目

新建“跑马灯”工程文件，并保存在“任务 5 跑马灯”文件夹中，然后选择单片机型号为 Atmel 的 AT89S52。

3. 建立并加载“跑马灯 .c”源文件

跑马灯程序设计

从任务分析可以看出：先将 LED 一个一个点亮，直至全部点亮；然后将 LED 一个一个熄灭，直至全部熄灭；循环上述过程。

建立并加载“跑马灯 .c”源文件，源文件代码如下：

```
#include <AT89X52.H>                    //包含AT89X52.H头文件
void Delay()                            //延时函数
{
  unsigned char i, j;
  for (i=0;i<255;i++)
    for (j=0;j<255;j++);
}
void main()
{
  unsigned char i;
  unsigned char temp;
  P3 = 0xff;                            //十六进制全1，熄灭所有LED
  while(1)
  {
    //LED一个一个点亮，直至全部点亮
    temp = 0x0fe;                       //第一位为1，即初始控制码为0x0fe
    for (i=0;i<8;i++)
    {
      P3 = temp;                        //temp值送P3口
      Delay();
      temp = temp << 1 ;                //temp值左移一位，获得下一个控制码
    }
      //LED一个一个熄灭，直至全部熄灭
      temp = 0x80;                      //最高位为1，即初始控制码为0x80
      for (i=0;i<8;i++)
```

```
    {
        P3 = temp;                    //temp值送P3口
        Delay();
        temp = (temp >> 1)+0x80 ;  //temp值右移一位加0x80，获得下一个控制码
    }
        P3 = 0xff;
  }
}
```

“temp = (temp>>1)+ 0x80;”语句为什么要加 0x80 呢？因为 temp 右移一位时，最高位移到次高位，最高位补 0。temp 右移一位后，加上 0x80 是使 temp 的最高位置 1，这样才能保持最高位为 1，始终使 LED8 熄灭。

4. “跑马灯”工程配置与编译

工程配置：“目标”标签页的晶振频率栏设为 12MHz，勾选“输出”标签页的“生成 HEX 文件”复选框。

工程编译：完成工程配置后，进行“跑马灯”工程编译。若编译发生错误，要进行分析检查，直到编译正确为止。

5. 跑马灯仿真运行调试

（1）打开跑马灯仿真电路。

（2）加载“跑马灯 .hex”HEX 文件。

（3）单击仿真工具栏“运行”按钮 ▶，单片机全速运行程序。

观察 LED 是否有跑马灯效果。若运行结果与任务要求不一致，要对电路和程序进行分析检查，直到运行正确。

2.4 51 单片机内存空间

微型计算机通常只有一个逻辑空间，程序存储器 ROM 和数据存储器 RAM 要统一编址，即一个存储器地址对应一个唯一存储单元。单片机是将程序存储器和数据存储器分开，它们有各自的寻址系统、控制信号和功能。

51 单片机内部集成了一定容量的程序存储器（8031/8032 等除外）和数据存储器，同时还具有强大的外部存储器扩展能力，51 单片机存储器的配置图如图 2-9 所示。

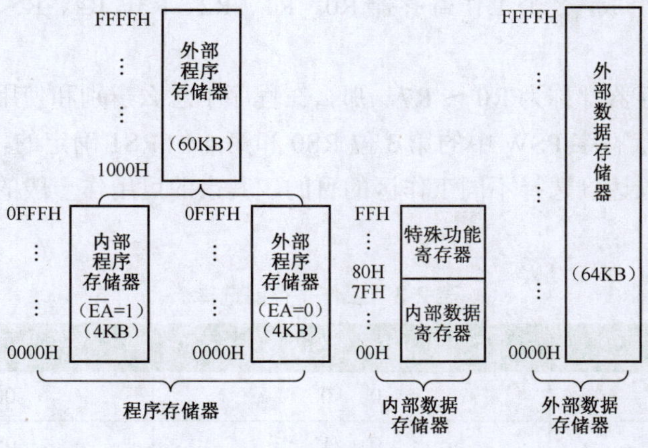

图 2-9 51 单片机存储器配置图

51 单片机存储器在物理结构上可分为 4 个存储空间：内部数据存储器、内部程序存

储器、外部数据存储器和外部程序存储器。从逻辑上分，即从用户使用的角度看，51 单片机存储器分为 3 个逻辑空间：片内外统一编址的 64KB 程序存储器地址空间、256B 或 384B 的内部数据存储器地址空间和 64KB 外部数据存储器地址空间。

数据存储器 RAM

2.4.1　数据存储器 RAM

数据存储器也称为随机存取数据存储器，是用于存放执行的中间结果和过程数据的。51 的数据存储器均可读写，部分单元还可以位寻址。

数据存储器分为内部数据存储器和外部数据存储器两种，无论在物理上还是逻辑上，其地址空间是彼此独立的。内部数据存储器地址范围为 00H ～ FFH，外部数据存储器最多可扩展 64KB，其地址范围为 0000H ～ FFFFH。

内部数据存储器在物理上和逻辑上都分为两个地址空间：00H ～ 7FH 单元组成的低 128 字节数据存储器空间和 80H ～ FFH 单元组成的高 128 字节特殊功能寄存器空间。

在 51 子系列内部，真正可作数据存储器用的只有低 128 字节数据存储器空间，地址为 00H ～ 7FH，如图 2-10 所示。它们划分为 3 个区域：工作寄存器区、位寻址区和用户 RAM 区，这两个空间是相连的。

在 52 子系列中，有 256 字节数据存储器空间，高 128 字节数据存储器空间与特殊功能寄存器空间的地址是重叠的，都是 80H ～ FFH，如图 2-10 所示。

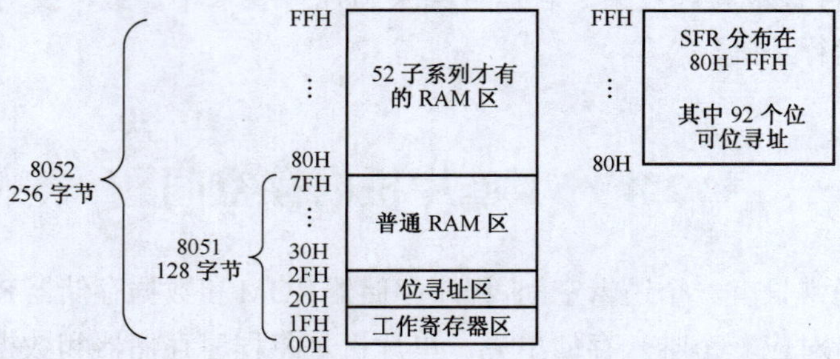

图 2-10　51 单片机内部 RAM 功能配置图

1. 工作寄存器区（00H ～ 1FH）

由 32 个字节的 RAM 单元组成，地址为 00H ～ 1FH，分成 4 个工作区，每个区由 8 个 8 位工作寄存器组成，8 个工作寄存器 R0、R1、R2、R3、R4、R5、R6、R7 与 8 个存储单元一一对应。

这 4 组工作寄存器都称为 R0 ～ R7，那么在程序中怎么辨别和使用它们呢？选择使用的工作区是由程序状态字 PSW 中的第 3 位 RS0 和第 4 位 RS1 确定的，RS1、RS0 可通过程序置 1 或清零，以达到选择不同工作区的目的，其余的可用作一般的数据缓冲器，具体见表 2-3。

表 2-3　工作寄存器选择

工作寄存器区	RS1 RS0	地址
0 区	0 0	00H ～ 07H
1 区	0 1	08H ～ 0FH
2 区	1 0	10H ～ 17H
3 区	1 1	18H ～ 1FH

4 组工作寄存器工作区给软件设计带来极大方便，在实现中断嵌套时可以灵活选择不同工作寄存器工作区，实现现场保护。CPU 在复位后，默认第 0 组工作寄存器。

2. 位寻址区（20H ～ 2FH）

内部 RAM 的 20H ～ 2FH 单元为位寻址区，既可作为一般单元用字节寻址，也可对它们的位进行寻址。位寻址区共有 16 个字节，128 个位，位地址为 00H ～ 7FH，如图 2-11 所示。

直接地址								
2FH	7F	7E	7D	7C	7B	7A	79	78
2EH	77	76	75	74	73	72	71	70
2DH	6F	6E	6D	6C	6B	6A	69	68
2CH	67	66	65	64	63	62	61	60
2BH	5F	5E	5D	5C	5B	5A	59	58
2AH	57	56	55	54	53	52	51	50
29H	4F	4E	4D	4C	4B	4A	49	48
28H	47	46	45	44	43	42	41	40
27H	3F	3E	3D	3C	3B	3A	39	38
26H	37	36	35	34	33	32	31	30
25H	2F	2E	2D	2C	2B	2A	29	28
24H	27	26	25	24	23	22	21	20
23H	1F	1E	1D	1C	1B	1A	19	18
22H	17	16	15	14	13	12	11	10
21H	0F	0E	0D	0C	0B	0A	9	8
20H	7	6	5	4	3	2	1	0

位寻址区

图 2-11 内部 RAM 中的位地址

CPU 能直接寻址这些位，例如执行置“1”、清“0”、求“反”、转移、传送和逻辑等操作。我们常称 51 单片机具有布尔处理功能，布尔处理的存储空间指的就是这些位寻址区。

3. 用户 RAM 区（30H ～ 7FH）

在内部 RAM 低 128 单元中，工作寄存器占去 32 个单元，位寻址区占去 16 个单元，剩下的 80 个单元就是供用户使用的一般 RAM 区了，单元地址为 30H ～ 7FH，这些 RAM 单元只能按字节寻址。对这部份区域的使用没有任何规定或限制，一般应用中常把堆栈开辟在此区中。单片机在复位时，SP 的初值为 07H，可在初始化程序时设定 SP 的值，确定堆栈区的范围，通常情况下将堆栈区设在 30H ～ 7FH 范围之内。

2.4.2 特殊功能寄存器

高 128 单元是供给特殊功能寄存器使用的，也称为专用寄存器，单元地址为 80H ～ FFH。单片机把 CPU 中的专用寄存器、并行端口锁存器、串行口与定时器 / 计数器内的控制寄存器集中安排到一个区域，离散的分布在地址为 80H ～ FFH 范围内，这个区域称为特殊功能寄存器（SFR）区。特殊功能寄存器字节地址分配如图 2-12 所示。

寄存器符号	名称		字节地址
ACC	累加器		E0H
B	B 寄存器		F0H
PSW	程序状态字		D0H
SP	堆栈指针		81H
DPTR	数据指针	DPH	83H
		DPL	82H
P0	P0 口锁存器		80H
P1	P1 口锁存器		90H
P2	P2 口锁存器		A0H
P3	P3 口锁存器		B0H
IP	中断优先级控制寄存器		B8H
IE	中断允许控制寄存器		A8H
TMOD	定时器 / 计数器方式控制寄存器		C8H
TCON	定时器 / 计数器控制寄存器		88H
TH0	定时器 / 计数器 0（高字节）		8CH
TL0	定时器 / 计数器 0（低字节）		8AH
TH1	定时器 / 计数器 1（高字节）		8DH
TL1	定时器 / 计数器 1（低字节）		8BH
SCON	串行控制寄存器		98H
SBUF	串行数据缓冲器		99H
PCON	电源控制寄存器		97H

图 2-12 特殊功能寄存器

特殊功能寄存器

同时某些 SFR 寄存器还可以位寻址，即对这些 SFR 寄存器 8 位中的任何一位进行单独的位操作，这一点与 20H ～ 2FH 中的位操作是完全相同的。在 SFR 中有 12 个特殊功能寄存器的字节地址能被 8 整除，这 12 个特殊功能寄存器的 93 位具有位寻址功能，有 3 个未定义位。

特殊功能寄存器最低位的位地址与特殊功能寄存器的字节地址相同，次低位的位地址等于特殊功能寄存器的字节地址加 1，依此类推，最高位的位地址等于特殊功能寄存器的字节地址加 7。特殊功能寄存器位地址分配如图 2-13 所示。

SFR	MSB	位地址 / 位定义						LSB	字节地址
B	F7	F6	F5	F4	F3	F2	F1	F0	F0H
ACC	E7	E6	E5	E4	E3	E2	E1	E0	E0H
PSW	D7	D6	D5	D4	D3	D2	D1	D0	D0H
	CY	AC	F0	RS1	RS0	OV	–	P	
IP	BF	BE	BD	BC	BB	BA	B9	B8	B8H
	–	–	–	PS	PT1	PX1	PT0	PX0	
P3	B7	B6	B5	B4	B3	B2	B1	B0	B0H
	P3.7	P3.6	P3.5	P3.4	P3.3	P3.2	P3.1	P3.0	
IE	AF	AE	AD	AC	AB	AA	A9	A8	A8H
	EA	–	–	ES	ET1	EX1	ET0	EX0	
P2	A7	A6	A5	A4	A3	A2	A1	A0	A0H
	P2.7	P2.6	P2.5	P2.4	P2.3	P2.2	P2.1	P2.0	
SCON	9F	9E	9D	9C	9B	9A	99	98	98H
	SM0	SM1	SM2	REN	TB8	RB8	TI	RI	
P1	97	96	95	94	93	92	91	90	90H
	P1.7	P1.6	P1.5	P1.4	P1.3	P1.2	P1.1	P1.0	
TCON	8F	8E	8D	8C	8B	8A	89	88	88H
	TF1	TR1	TF0	TR0	IE1	IT1	IE0	IT0	
P0	87	86	85	84	83	82	81	80	80H
	P0.7	P0.6	P0.5	P0.4	P0.3	P0.2	P0.1	P0.0	

图 2-13　SFR 的位地址分配

复位后内部各寄存器的数据值如图 2-14 所示。

1. ACC 累加器

累加器是一个最常用的特殊功能寄存器，是实现各种寻址及运算的寄存器，而不是一个仅作加法的寄存器。在 51 单片机指令系统中，所有算术运算、逻辑运算几乎都要使用它。而对程序存储器和外部数据存储器的访问只能通过它进行。

寄存器	复位状态	寄存器	复位状态
PC	0000H	ACC	00H
B	00H	PSW	00H
SP	07H	DPTR	0000H
P0～P3	0FFH	IP	×××00000B
IE	0××00000B	TMOD	00H
TCON	00H	TL0，TL1	00H
TH0，TH1	00H	SCON	00H
SBUF	不定	PCON	0×××00000B

图 2-14　复位后 SFR 的值

2. B 寄存器

B 是一个 8 位特殊功能寄存器，在进行乘除运算时要使用它，它也是一个有特殊功能的寄存器。

3. PSW 程序状态字

PSW 是一个 8 位特殊功能寄存器，用于存放程序运行中的各种状态信息，如图 2-15 所示。

位地址	D7	D6	D5	D4	D3	D2	D1	D0
符号	CY	AC	F0	RS1	RS0	OV	–	P

图 2-15　PSW 程序状态字

（1）CY（PSW.7）：高位进位标志位。当执行算术运算时，最高位向前进位或借位时，CY 被置位。在执行逻辑运算时，可以被硬件或软件置位或清零。在布尔处理机中，它被认为是位累加器。

（2）AC（PSW.6）：辅助进位标志位。进行加法或减法运算时，当低四位向高四位进位或借位时，AC 被置位，否则就被清零。

（3）F0（PSW.5）：用户标志位。是用户定义的一个状态标志，可以用软件来使它置位或清零，也可以用软件测试 F0 以控制程序的流向。

（4）RS1（PSW.4）、RS0（PSW.3）：寄存器组选择位。可以用软件置位或清零，以确定工作寄存器组，RSl、RS0 与工作寄存器组的对应关系见表 2-3。

（5）OV（PSW.2 ）：溢出标志位。当执行算术运算，对带符号数作加、减运算时，OV=1，表示加、减运算的结果超出 8 位带符号数的范围 (+127 ～ -128)。OV 标志常用 C6 和 C7 的关系来表示：

$OV=C6 \oplus C7$

当进行加、减运算时，C6 表示 D6 位向 D7 位有进位或借位，C7 表示 D7 位向进位位有进位或借位。

（6）一（PSW.1）：保留位，无定义。

（7）P（PSW.0 ）：奇偶校验位。若累加器（ACC）中“1”的位个数是奇数个时，P=1，偶数个时，P=0。

此标志位对串行通信中的数据传输有重要意义。在串行通信中，常用奇偶校验来检验数据传输是否有错。在发送端可根据 P 的值对数据的奇偶位置位或清零。若通信协议中规定采用奇校验的办法，则 P=1。当数据传输到接收端，若 P=1，则表示传输过程中奇偶无错误，可以接收，否则奇偶有错，不能接收。

注意：PSW 是编程时特别需要关注的一个寄存器。如当前 ACC 累加器中数据的奇偶性（P）、进行加减法时的进位与借位（CY）、4 个工作寄存器组的选择（RS1、RS0）以及辅助进位（AC）和溢出标志位（OV）等。

4. DPTR 数据指针（DPL 和 DPH）

DPTR 是一个 16 位特殊功能寄存器，用来存放外部数据存储器的 16 位地址。DPTR 可以分成两个 8 位寄存器：高位字节寄存器 DPH 和低位字节寄存器 DPL，既可作一个 16 位寄存器用，也可作两个 8 位寄存器来用。

5. SP 堆栈指针

SP 是一个 8 位特殊功能寄存器，复位初始化后，SP=07H，从 08H 开始存放。因为 08H ～ 1FH 是 1 ～ 3 工作寄存器组，若用到这些区，需重新设置 SP。

6. P0、P1、P2 和 P3 口

在前面介绍了 51 单片机有 4 个双向 I/O 口：P0、P1、P2、P3。如果需要从指定端口输出一个数据，只需将数据写入指定 I/O 口即可。如果需要从指定 I/O 口输入一个数据，只需先将数据 0FFH（全部为 1）写入指定 I/O 口，然后再读指定 I/O 口即可。如果不先写入 0FFH，读入的数据有可能不正确。

2.4.3 “头文件包含”处理

“头文件包含”处理

“头文件”是指一个文件将另外一个文件的内容全部包含进来。

头文件一般在 C:\KELL\C51\INC 文件夹下。INC 文件夹里面有不少头文件，并且里面还有很多以公司分类的文件夹，里面也都是相关产品的头文件。如果我们要使用自己写的头文件，只需把己写的头文件放在 INC 文件夹里就可以了。

在单片机中用 C 语言编程时，往往第一行就是头文件或者其他的自定义头文件。以 AT89X52.H 头文件为例，根据前面介绍过的特殊功能寄存器知识，下面对 AT89X52.H 头文件进行初步解析。

1. 特殊功能寄存器在 AT89X52.H 中的定义

打开 AT89X52.H 头文件，可以看到有关特殊功能寄存器的一些内容：

```
/*------------------------------------------------
Byte Registers
------------------------------------------------*/
sfr P0 = 0x80;
sfr SP = 0x81;
sfr DPL = 0x82;
sfr DPH = 0x83;
sfr PCON = 0x87;
sfr TCON = 0x88;
sfr TMOD = 0x89;
sfr TL0 = 0x8A;
sfr TL1 = 0x8B;
sfr TH0 = 0x8C;
sfr TH1 = 0x8D;
sfr P1 = 0x90;
sfr SCON = 0x98;
sfr SBUF = 0x99;
sfr P2 = 0xA0;
sfr IE = 0xA8;
sfr P3 = 0xB0;
sfr IP = 0xB8;
sfr T2CON = 0xC8;
sfr T2MOD = 0xC9;
sfr RCAP2L = 0xCA;
sfr RCAP2H  = 0xCB;
sfr TL2 = 0xCC;
sfr TH2 = 0xCD;
sfr PSW = 0xD0;
sfr ACC = 0xE0;
sfr B = 0xF0;
```

根据图 2-12 不难看出，这里都是一些有关特殊功能寄存器符号的定义，即规定符号名与地址的对应关系。如：

```
sfr P1 = 0x90;
```

这条语句是定义 P1 与地址 0x90 对应，其目的是为了要使用 P1 这个符号，即通知 C 编译器，程序中所用的 P1 是指单片机的 P1 端口，而不是其他变量。P1 口的地址就是 0x90，0x90 是 C 语言中十六进制数的写法，相当于汇编语言中写 90H。

2. 特殊功能寄存器的位符号定义

打开 AT89X52.H 头文件，可以看到有关特殊功能寄存器位符号定义的一些内容，比如 P1 口位的位符号定义：

```
/*------------------------------------------------
P1 Bit Registers
------------------------------------------------*/
sbit P1_0 = 0x90;
sbit P1_1 = 0x91;
sbit P1_2 = 0x92;
sbit P1_3 = 0x93;
sbit P1_4 = 0x94;
sbit P1_5 = 0x95;
sbit P1_6 = 0x96;
```

```
11. sbit P1_7 = 0x97;
```

根据图 2-13 不难看出，这里都是一些有关 P1 口每位符号的定义，即规定符号名与位地址的对应关系。如：

```
sbit P1_0 = 0x90;
```

这条语句是定义 P1_0 与位地址 0x90 对应，其目的是为了要使用 P1_0 这个符号，即通知 C 编译器，程序中所用的 P1_0 是指单片机 P1 口的第 0 位，而不是其他位变量。

在 C 语言里，如果直接写 P1.0，C 编译器并不能识别，而且 P1.0 也不是一个合法的 C 语言变量名，所以得给它另起一个名字，这里起的名为 P1_0。AT89X52.H 头文件其他部分可以参考以上说明。

2.4.4 程序存储器 ROM

程序存储器用于存放用户程序、数据和表格等。它是以程序计数器 PC 作为地址指针。51 单片机的程序计数器 PC 是 16 位的，所以具有 64KB 程序存储器寻址空间。

程序存储器 ROM

1. 程序存储器配置

对于内部无 ROM 的 8031 单片机，它的程序存储器必须外接，空间地址为 64KB，此时单片机的 $\overline{EA}$ 端必须接地，强制 CPU 从外部程序存储器读取程序。

对于内部有 ROM 的单片机，正常运行时，$\overline{EA}$ 端需接高电平，使 CPU 先从内部的程序存储中读取程序，当 PC 值超过内部 ROM 的容量时，才会转向外部的程序存储器读取程序。

51 系列程序存储器内部有 4KB 的程序存储单元，其地址为 0000H ～ 0FFFH，如图 2-16（a）所示；52 系列程序存储器内部有 8KB 的程序存储单元，其地址为 0000H ～ 1FFFH，如图 2-16（b）所示。

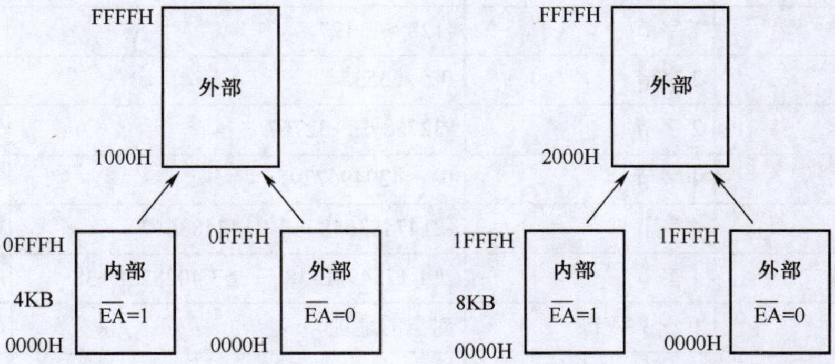

（a）51 系列 ROM 配置图　　（b）52 系列 ROM 配置图

图 2-16　51 单片机 ROM 配置图

当 $\overline{EA}$=1 时，程序从内部 ROM 开始执行，当 PC 值超过内部 ROM 容量时会自动转向外部 ROM 空间。当 $\overline{EA}$=0 时，程序从外部存储器开始执行，例如前面提到的内部无 ROM 的 8031 单片机，在实际应用中就要把它的 $\overline{EA}$ 引脚接为低电平。

2. 具有特殊功能的地址

在程序存储器中有一些特殊功能的地址，在使用中应加以注意。

（1）启动地址。单片机启动复位后，程序计数器的内容为 0000H，所以系统必须从 0000H 单元开始执行程序。因而 0000H 是启动地址，也称为系统程序的复位入口地址。一般是在 0000H ～ 0002H 这 3 个单元中存放一条无条件转移指令，从转移地址开始存放初始化程序及主程序，让CPU直接去执行用户指定的程序。

（2）中断服务程序入口地址。其特殊功能地址分别为各种中断源的中断服务程序入口地址，见表2-4。

表2-4 各种中断服务程序入口地址

中断源	入口地址
外部中断0	0003H
定时器/计数器0	000BH
外部中断1	0013H
定时器/计数器1	001BH
串行中断	0023H
*定时器2溢出或T2EX（P1.1）端负跳	002BH

注：表中第6个中断源（标*者）为52系列芯片所特有

以上是专门用于存放中断服务程序的地址单元。中断响应后，按中断的类型，自动转到各自的入口地址去执行程序。

C51数据类型

2.4.5 C51数据类型

C51定义了标准C语言的所有数据类型，同时对标准C语言进行了扩展，更加注意了对系统资源的合理利用。C51基本数据类型见表2-5。

表2-5 C51基本数据类型

数据类型	长度	数值范围
unsigned char	1字节	0～255
char	1字节	-128～+127
unsigned int	2字节	0～65535
int	2字节	-32768～+32767
unsigned long	4字节	0～4294967295
long	4字节	-2147483648～+2147483647
float	4字节	±1.175494E-38～±3.402823E+38
*	1～3字节	对象的地址
bit	位	0或1
sfr	1字节	0～255
sfr16	2字节	0～65535
sbit	位	0或1

1. C51基本数据类型

标准C语言中的基本数据类型有char、int、short、long、float和double，而在C51编译器中，int和short相同，float和double相同。

（1）char（字符类型）。char类型的长度是1个字节（8位），通常用于定义处理字符数据的变量或常量。这很适合51单片机，因为51单片机每次可处理8位数据。char类型分有符号字符类型（signed char）和无符号字符类型（unsigned char），默认为signed char类型。

unsigned char 类型用字节中所有的位来表示数值，数值范围是 0 ~ 255。常用于处理 ASCII 码字符或处理小于等于 255 的整型数。signed char 类型具有重要意义的位是最高位的符号标志位，“0”表示正数，“1”表示负数。负数用补码表示，数值范围是 -128 ~ +127，正数的补码与原码相同，负数的补码等于它的原码按位取反后加 1（符号位不变）。例如：

```
unsigned char a;        //定义变量a为无符号字符类型unsigned char
char b;                 //定义变量b为有符号字符类型signed char
```

（2）int（整型）。整型长度为两个字节（16 位），用于存放一个 2 字节数据。51 系列单片机将 int 型变量的高位字节存放在低地址字节中，低位字节存放在高地址字节中。整型分有符号整型数（signed int）和无符号整型数（unsigned int），默认为 signed int 类型。

unsigned int 表示的数值范围是 0 ~ 65535。signed int 表示的数值范围是 -32768 ~ +32767，字节中最高位表示数据的符号，“0”表示正数，“1”表示负数。例如：

```
unsigned int x;         //定义变量x为无符号整型数（unsigned int）
int y;                  //定义变量y为有符号整型数（signed int）
```

（3）long（长整型）。长整型长度为四个字节（32 位），用于存放一个 4 字节数据。长整型分有符号长整型（signed long）和无符号长整型（unsigned long），默认为 signed long 类型。

unsigned long 表示的数值范围是 0 ~ 4294967295。signed int 表示的数值范围是 -2147483648 ~ +2147483647，字节中最高位表示数据的符号，“0”表示正数，“1”表示负数。

（4）float（浮点型）。浮点型长度为四个字节（32 位），在十进制中具有 7 位有效数字，许多复杂的数学表达式都采用浮点型变量。

（5）*（指针型）。指针型本身就是一个变量，在这个变量中存放的是指向另一个数据的地址。指针变量要占据一定的内存单元，在 C51 中，它的长度一般为 1 ~ 3 个字节。

2. C51 扩展的数据类型

为了更加有效地利用单片机的硬件资源，C51 对标准 C 语言进行了扩展，增加了如下几个特殊的数据类型。

（1）bit（位变量）。可以将与 51 单片机硬件特性操作有关的变量定义成位变量。位变量必须定位在 51 单片机内部 RAM 的位寻址空间中。但不能定义位指针，也不能定义位数组。位变量的值就是一个二进制位，不是 0 就是 1，类似 True 和 False。例如：

```
bit flag;               // flag为bit位变量，其值是0或1
```

（2）sfr（特殊功能寄存器）。为了能直接访问特殊功能寄存器 SFR，C51 提供了一种特殊形式的定义方法，这种定义方法与标准 C 语言不兼容，只适用于对 51 系列单片机进行 C 语言编程。sfr 占用一个字节，数值范围为 0 ~ 255。利用它可以访问 51 单片机内部的所有特殊功能寄存器。C51 定义特殊功能寄存器的一般格式如下：

```
sfr 特殊功能寄存器名=特殊功能寄存器的字节地址;
```

例如：

```
sfr P1 = 0x90;
```

定义了 P1 为 P1 端口在内部的寄存器，在后面的语句中我们可以用“P1=0xff;”（对 P1 端口的所有引脚置高电平）之类的语句来操作特殊功能寄存器。

又如：

```
sfr SCON=0x98;          //串口控制寄存器，地址为0x98
sfr TMOD=0x89;          //定时器/计数器方式控制寄存器，地址为0x89
```

注意：“sfr” 是定义语句的关键字，其后必须跟一个 51 单片机真实存在的特殊功能寄存器名；“=” 后面必须是一个整型常数，不允许带有运算符的表达式，这个常数是特殊功能寄存器的字节地址，其取值范围必须在 SFR 地址范围内，位于 0x80 ～ 0xFF。

（3）sfr16（16 位特殊功能寄存器）。sfr16 占用两个字节，数值范围为 0 ～ 65535。sfr16 和 sfr 一样用于操作特殊功能寄存器，所不同的是它用于占用两个字节的寄存器，如 52 子系列的定时器 / 计数器 2。

在许多新的 51 系列单片机中，有时会使用两个连续地址的特殊功能寄存器来指定一个 16 位的值。为了有效地访问这类 SFR，可使用关键字“sfr16”来定义。16 位 SFR 定义语句的语法格式与 8 位 SFR 相同，只是“=”后面的地址必须用 16 位 SFR 的低字节地址，即低字节地址作为“sfr16”的定义地址。例如：

```
sfr16 T2 = 0xCC //定时器/计数器2：T2低8位地址为0xCC，T2高8位地址为0xCD
```

注意：这种定义适用于所有新的 16 位 SFR，但不能用于定时器 / 计数器 0 和定时器 / 计数器 1。

（4）sbit（可寻址位）。C51 的扩充功能支持对特殊位的定义，与 SFR 定义一样，关键字 sbit 用于定义某些特殊位，利用它可以访问芯片内部 RAM 中的可寻址位或特殊功能寄存器中的可寻址位。如先前我们定义：

```
sfr P1 = 0x90;
```

因 P1 端口的寄存器是可位寻址的，所以我们可以定义：

```
sbit P1_1 = P1^1;                    //P1_1为P1中的P1.1引脚
```

这样在以后的程序语句中，我们就可以用 P1_1 来对 P1.1 引脚进行读写操作了。C51 关键字 sbit 的用法有 3 种格式：

第 1 种格式：

```
sbit bit-name = sfr-name^int constant;
```

其中“bit-name 是一个寻址位符号名，该位符号名必须是 51 单片机中规定的位名称；sfr-name 必须是已定义过的 SFR 的名字；“^”后的整常数是寻址位在特殊功能寄存器 sfr-name 中的位号，必须是 0 ～ 7 范围中的数。

例如：

```
sfr  PSW=0xD0;                 //定义PSW寄存器地址为0xD0
sbit  OV=PSW^2;                //定义OV位为PSW.2，地址为0xD2
sbit  CY=PSW^7;                //定义CY位为PSW.7，地址为0xD7
```

第 2 种格式：

```
sbit bit-name = int constant^int constant;
```

其中，“=”后的 int constant 为寻址位所在的特殊功能寄存器的字节地址；“^”符号后的 int constant 为寻址位在特殊功能寄存器中的位号。

例如：

```
sbit  OV=0xD0^2;               //定义OV位地址是0xD0字节中的第2位
sbit  CY=0xD0^7;               //定义CY位地址是0xD0字节中的第7位
```

第 3 种格式：

```
sbit bit-name = int constant;
```

其中，“=”后的 int constant 为寻址位的绝对位地址。

例如：

```
sbit  OV=0xD2;                 //定义OV位地址为0xD2
sbit  CY=0xD7;                 //定义CY位地址为0xD7
```

51 系列单片机的特殊功能寄存器的数量与类型不尽相同，因此建议将所有特殊的“sfr”定义放入一个头文件中，该文件应包括 51 单片机系列机型中的 SFR 定义。

说明：在 C51 存储器类型中提供了一个 bdata 的存储器类型，它是指可位寻址的数据存储器，位于单片机的可位寻址区中，可以将要求可位寻址的数据定义为 bdata，如：

```
unsigned char bdata xb;          //在可位寻址区定义unsigned char类型的变量xb
int bdata yb[2];                 //在可位寻址区定义数组yb[2]，这些也称为可寻址位对象
sbit xb7=xb^7                    //用关键字sbit定义位变量来独立访问可寻址位对象的其中一位
sbit yb12=yb[1]^12;
```

操作符“^”后面的位位置的最大值取决于指定的数据类型，char 为 0 ～ 7，int 为 0 ～ 15，long 为 0 ～ 31。

2.4.6 C 语言常量与变量

C 语言常量与变量

常量在程序运行过程中不能改变，而变量在程序运行过程中可以不断变化。变量可以使用 C51 编译器支持的所有数据类型，而常量可以使用的数据类型只有整型、浮点型、字符型、字符串型和位变量。

1. 常量

常量可用在不必改变值的场合，如固定的数据表、字库等。

（1）整型常量可以表示为十进制，如 123、0、-89 等；十六进制则以 0x 开头，如 0x34、-0x3B 等；长整型是在数字后面加字母 L，如 104L、034L、0xF340L 等。

（2）浮点型常量采用十进制和指数表示形式。十进制由数字和小数点组成，如 0.888、3345.345、0.0 等，整数或小数部分为 0，可以省略，但必须有小数点。指数表示形式为 [±] 数字 [. 数字]e[±] 数字，[] 中的内容为可选项，根据具体情况可有可无，但其余部分必须有，如 125e3、7e9、-3.0e-3。

（3）字符型常量是指单引号内的字符，如 'a'、'd' 等，而对于无法显示的控制字符，可以在该字符前面加一个反斜杠“\”组成专用转义字符。常用转义字符见表 2-6。

表 2-6 常用转义字符表

转义字符	含义	ASCII 码（十六 / 十进制）
\o	空字符（NULL）	00H/0
\n	换行符（LF）	0AH/10
\r	回车符（CR）	0DH/13
\t	水平制表符（HT）	09H/9
\b	退格符（BS）	08H/8
\f	换页符（FF）	0CH/12
\'	单引号	27H/39
\"	双引号	22H/34
\\	反斜杠	5CH/92

（4）字符串型常量由双引号内的字符组成，如 "test"、"OK" 等。当引号内没有字符时，为空字符串。在使用特殊字符时同样要使用转义字符。字符串常量是作为字符类型数组来处理的，在存储字符串时，系统会在字符串尾部加上“\0”转义字符作为该字符串的结束符。字符串常量 "A" 和字符常量 'A' 是不同的，前者在存储时会多占用一个字节的空间（用

于存储“\0”）。

（5）位变量的值是一个二进制。

下面对常量的定义方式进行说明。

```
#difine False 0x0;                    //用预定义语句可以定义常量
#difine True 0x1;                     //这里定义False为0，True为1
```

若程序中用到 False 和 True，在编译时，将 False 替换为 0，将 True 替换为 1。

```
unsigned int code a=100;              //这一句用code把a定义在程序存储器中并赋值
const unsigned int c=100;             //用const定义c为无符号int常量并赋值
```

a 和 c 的值都保存在程序存储器中，而程序存储器在运行中是不允许被修改的，如果之后用了类似 a=110、a++ 这样的赋值语句，编译时将会出错。

2. 变量

变量在程序执行过程中其值能不断变化。要在程序中使用变量必须先用标识符作为变量名，并指出所用的数据类型和存储模式，这样编译系统才能为变量分配相应的存储空间。定义一个变量的格式如下：

```
[存储种类]  数据类型  [存储器类型]  变量名表;
```

在定义格式中，除了数据类型和变量名表是必要的，其他都是可选项。

（1）存储种类。存储种类有 4 种：自动（auto）、外部（extern）、静态（static）和寄存器（register），默认类型为自动（auto）。

（2）数据类型。和前面所述的各种数据类型的定义是一样的。说明了一个变量的数据类型后，还可选择说明该变量的存储器类型。

（3）存储器类型。存储器类型的说明是指定该变量在 51 单片机硬件系统中所使用的存储区域，并在编译时进行准确的定位。C51 的存储器类型见表 2-7。

表 2-7 存储器类型

存储器类型	说明
data	直接访问内部数据存储器（128 字节），访问速度最快
bdata	可位寻址内部数据存储器（16 字节），允许位与字节混合访问
idata	间接访问内部数据存储器（256 字节），允许访问全部内部地址
pdata	分页访问外部数据存储器（256 字节），用 MOVX @Ri 指令访问
xdata	外部数据存储器（64KB），用 MOVX @DPTR 指令访问
code	程序存储器（64KB），用 MOVC @A+DPTR 指令访问

如果省略存储器类型，系统会按存储模式 SMALL、COMPACT 或 LARGE 所规定的默认存储器类型去指定变量的存储区域。无论是什么存储模式，都可以声明变量在任何的 51 单片机存储区范围，变量的存储种类与存储器类型是完全无关的。

（4）存储模式。

1）在 SMALL 存储模式中，将所有函数变量和局部数据段放在 51 单片机系统的内部数据存储区，访问数据非常快，但 SMALL 存储模式的地址空间受限。在小型的应用程序中，将变量和数据放在 data 内部数据存储器中是很好的，因为访问速度快。但在较大的应用程序中，data 区最好只存放小的变量、数据或常用的变量（如循环计数、数据索引），而大的数据则放置在别的存储区域。

2）在 COMPACT 存储模式中，所有的函数和程序的变量和局部数据段均定位在 51 单片机系统的外部数据存储区。外部数据存储区最多可有 256 字节（一页），在本模式中，外部数据存储区的短地址用 @R0/R1 表示。

3）在 LARGE 存储模式中，所有函数和过程的变量和局部数据段都定位在 51 单片机系统的外部数据区，外部数据区最多可有 64KB，要求用 DPTR 数据指针访问其中的数据。

2.5 任务 6 开关控制跑马灯设计

2.5.1 任务描述

将 AT89S52 单片机 P1.5 引脚作为输入，接开关 SW；P3 口作为输出，接 8 个 LED；通过开关 SW 控制跑马灯。电路如图 2-17 所示，功能实现如下：

- 开关 SW 断开：LED 一个一个点亮，直至全部点亮。
- 开关 SW 合上：LED 一个一个熄灭，直至全部熄灭。

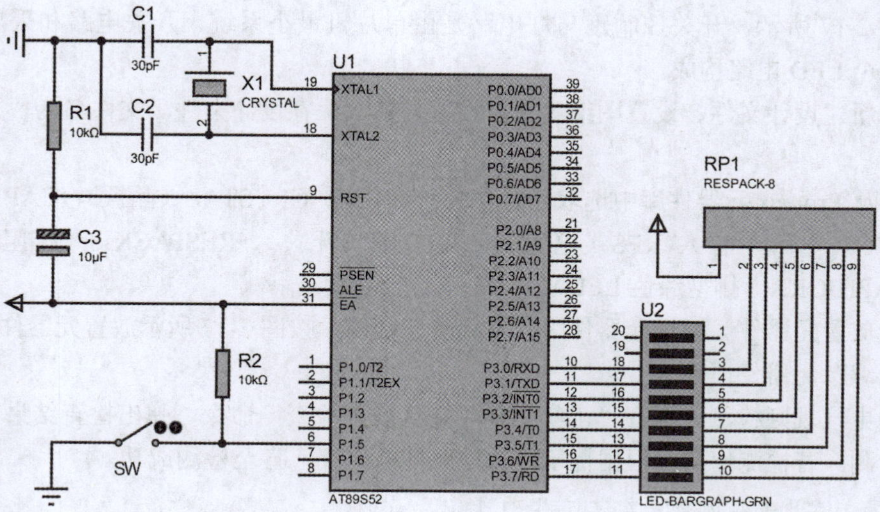

图 2-17 开关控制跑马灯电路

2.5.2 任务分析

1. 开关控制跑马灯电路设计分析

如图 2-17 所示，开关控制跑马灯电路与任务 5 的电路基本一样，只是多了一个用来控制跑马灯的开关电路。下面主要分析如何设计开关电路。

在技能训练 1-1 中，已经使用开关控制 LED 循环点亮，相应的电路见图 1-33。通常开关电路设计方法是：开关一端接地；开关另一端接单片机 P1.5 引脚，同时经上拉电阻接电源，上拉电阻能保证开关在断开时 P1.5 引脚有高电平。

- 当开关 SW 断开时，P1.5 引脚经上拉电阻接电源，P1.5 引脚为高电平。
- 当开关 SW 合上时，P1.5 引脚接地，P1.5 引脚为低电平。

这样，在程序设计时，就可以根据 P1.5 引脚是高电平还是低电平来判断开关是合上还是断开。

2. 开关控制跑马灯程序分析

在任务 5 中已对跑马灯运行效果如何实现进行了详细分析。在这里，主要分析如何判断开关是断开还是合上。

根据开关电路分析：当开关 SW 合上时，使得 P1.5 引脚经 SW 接地，被拉低为低电平，即 P1.5 为“0”；当开关 SW 断开时，使得 P1.5 引脚经上拉电阻接电源，被拉高为高电平，即 P1.5 为“1”。

为此，我们可以使用 if 语句来判断 P1.5 引脚是“0”还是“1”，进而完成开关控制跑马灯的设计。关键代码如下：

```
sbit  SW=P1^5;
……
If(SW==1)
……                                    //LED一个一个点亮，直至全部点亮
else
……                                    //LED一个一个熄灭，直至全部熄灭
```

2.5.3 任务实施

1. 开关控制跑马灯电路设计

开关控制跑马灯电路设计

如图 2-17 所示，开关控制跑马灯电路是由单片机最小系统、开关电路和采用共阳极接法的 8 个 LED 电路构成。

（1）新建设计文件、设置图纸尺寸、设置网格、保存设计文件，文件名为“开关控制跑马灯”。

（2）从 Proteus 元器件库中选取元器件：AT89C52、CRYSTAL（晶振）、CAP（电容）、CAP-ELEC（电解电容）、RES（电阻）、SWITCH（开关）、RESPACK-8（排阻）、LED-BARGRAPH-GRN（排型绿色 LED）。

（3）放置元器件、编辑元器件、放置终端、连线，按图 2-17 所示放置元器件并连线。

（4）编辑元器件属性。

（5）电气规则检测。执行“工具”→“电气规则检查”命令，弹出检查结果窗口，完成电气检测。若检测出错，根据提示修改电路图并保存，直至检测成功。

2. 建立“开关控制跑马灯”工程项目

新建“开关控制跑马灯”工程文件，并保存在“任务 6 开关控制跑马灯”文件夹中，然后选择单片机型号为 Atmel 的 AT89S52。

3. 建立并加载“开关控制跑马灯 .c”源文件

开关控制跑马灯程序设计

从任务分析可以看出：开关 SW 断开，LED 一个一个点亮，直至全部点亮；开关 SW 合上，LED 一个一个熄灭，直至全部熄灭。

建立并加载“开关控制跑马灯 .c”源文件，源文件代码如下：

```
#include <AT89X52.H>                  //包含AT89X52.H头文件
sbit SW=P1^5;
void  Delay()                         //延时函数
{
   unsigned char i, j;
     for (i=0;i<255;i++)
        for (j=0;j<255;j++);
}
void main()
{
   unsigned char i;
   unsigned char temp;
   while(1)
   {
```

```
    if(SW==1)                         //开关断开
    {
      P3 = 0xff;                      //十六进制全1，熄灭所有LED
      Delay();
      //LED一个一个点亮，直至全部点亮
      temp = 0x0fe;                   //第一位为1，即初始控制码为0x0fe
      for (i=0;i<8;i++)
      {
        P3 = temp;                    //temp值送P3口
        Delay();
        temp = temp << 1 ;            //temp值左移一位，获得下一个控制码
        if(SW==0) break;              //如果开关合上，退出for循环
      }
    }
    else                              //开关合上
    {
      P3 = 0x0;                       //点亮所有LED
      Delay();
      //LED一个一个熄灭，直至全部熄灭
      temp = 0x80;                    //最高位为1，即初始控制码为0x80
      for (i=0;i<8;i++)
      {
        P3 = temp;                    //temp值送P3口
        Delay();
        temp = (temp >> 1)+0x80 ;     //temp值右移一位加0x80，获得下一个控制码
        if(SW==1) break;              //如果开关断开，退出for循环
      }
    }
  }
}
```

4. “开关控制跑马灯”工程配置与编译

工程配置：“目标”标签页的晶振频率栏设为 12MHz，勾选“输出”标签页的“生成 HEX 文件”复选框。

工程编译：完成工程配置后，进行“开关控制跑马灯”工程编译。若编译发生错误，要进行分析检查，直到编译正确为止。

5. 开关控制跑马灯仿真运行调试

（1）打开开关控制跑马灯仿真电路。

（2）加载“开关控制跑马灯 .hex”HEX 文件。

（3）单击仿真工具栏“运行”按钮 ▶，单片机全速运行程序。

观察开关是否能控制跑马灯。若运行结果与任务要求不一致，要对电路和程序进行分析检查，直到运行正确。

【技能训练 2-3】汽车转向灯控制设计

【技能训练 2-3】汽车转向灯控制设计

任务 6 是通过开关来控制跑马灯的，我们如何使用开关来完成汽车转向灯控制设计呢？

1. 汽车转向灯功能分析

汽车转向灯有前左、右转向灯和后左、右转向灯，其功能符合交通规则。汽车转向灯的功能如下：

（1）左、右转向灯的作用是在汽车需要左转或者右转时，提醒前面和后面的车辆、行人等：车辆需要转弯，请注意。

（2）左、右转向灯同时闪烁时，示意车辆有危险情况，请注意避让。

2. 汽车转向灯控制电路设计

根据汽车转向灯功能分析，使用开关控制汽车转向灯电路主要由单片机最小系统、开关和 LED 等电路组成。汽车转向灯控制电路如图 2-18 所示。

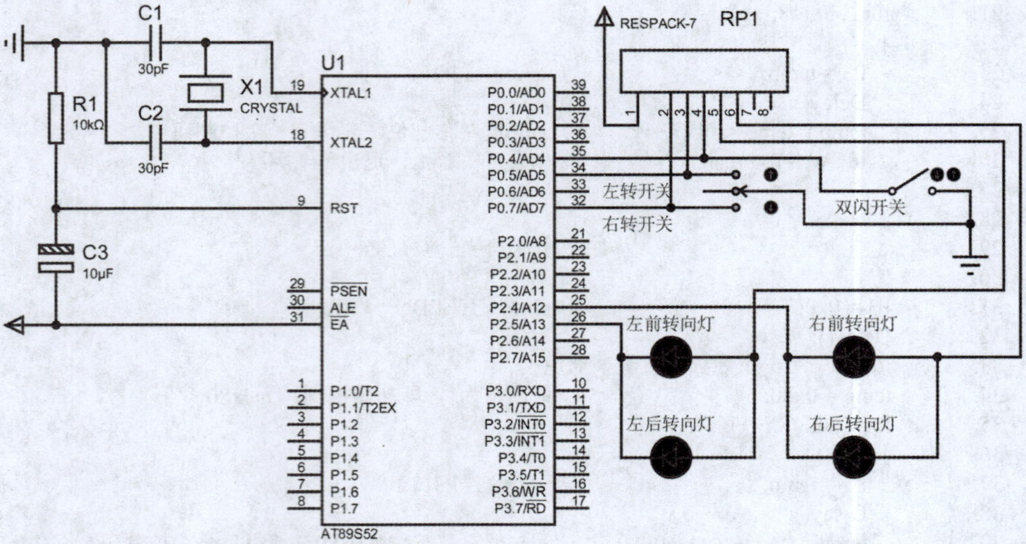

图 2-18 汽车转向灯控制电路

根据图 2-18 所示，电路使用了单刀三掷开关（SW-ROT-3）、黄色发光二极管（LED-YELLOW）和排阻（RESPACK-7）。汽车转向灯控制电路设计方法如下：

（1）开关控制电路。转向灯开关和双闪开关的右边引脚接地、左边引脚经上拉电阻接电源；转向灯开关左边有 3 个引脚，上面引脚（左转开关）接 P0.5 引脚，中间引脚悬空，下面引脚（右转开关）接 P0.7 引脚；双闪开关的左边引脚接 P0.4 引脚。

（2）汽车转向灯电路。汽车的前、后左转向灯 LED 的阴极接 P2.5，汽车的前、后右转向灯 LED 的阴极接 P2.4，转向灯 LED 的阳极经限流电阻接电源。

3. 汽车转向灯控制实现分析

如图 2-18 所示，转向灯开关是分别控制前左、右转向灯和后左、右转向灯的，双闪开关是同时控制前左、右转向灯和后左、右转向灯的。汽车转向灯控制实现过程如下：

（1）当转向灯开关打到左转位置时，左侧前、后转向灯 LED 开始闪烁。

（2）当转向灯开关打到右转位置时，右侧前、后转向灯 LED 开始闪烁。

（3）当双闪开关闭合时，不论转向灯开关处于什么位置，左、右侧的前、后转向灯都同时开始闪烁，直到双闪开关断开方停止闪烁。

（4）当转向灯开关打到悬空位置时，转向灯 LED 停止闪烁。

4. 汽车转向灯程序设计

根据以上分析，汽车转向灯控制的 C 语言程序如下：

```
#include <AT89X52.H>                //包含AT89X52.H头文件
sbit SW=P0^4;                       //定义SW，是双闪开关
sbit SWL=P0^5;                      //定义SWL，是左转开关
sbit SWR=P0^7;                      //定义SWR，是右转开关
sbit LEDR=P2^4;                     //定义LEDR，是控制右侧前、后转向灯LED亮和灭的
sbit LEDL=P2^5;                     //定义LEDL，是控制左侧前、后转向灯LED亮和灭的
void  Delay()                       //延时函数
{
```

```
    unsigned char i, j;
     for (i=0;i<255;i++)
      for (j=0;j<255;j++);
}
void main()
{
   while(1)
   {
      while(SW==0)               //双闪开关闭合，左、右侧的前、后转向灯都同时开始闪烁
      {
         LEDR=0;                 //右侧前、后转向灯LED点亮
         LEDL=0;                 //左侧前、后转向灯LED点亮
         Delay();                //延时，左、右侧的前、后转向灯都保持点亮一段时间
         LEDR=1;                 //右侧前、后转向灯LED熄灭
         LEDL=1;                 //左侧前、后转向灯LED熄灭
         Delay();                //延时，左、右侧的前、后转向灯都保持熄灭一段时间
      }
      while(SWL==0)              //左转开关闭合，左侧的前、后转向灯都同时开始闪烁
      {
         LEDL=0;                 //左侧前、后转向灯LED点亮
         Delay();                //延时，左侧的前、后转向灯都保持点亮一段时间
         LEDL=1;                 //左侧前、后转向灯LED熄灭
         Delay();                //延时，左侧的前、后转向灯都保持熄灭一段时间
         if(SW==0) break;        //若双闪开关闭合了，进入双闪状态
      }
      while(SWR==0)              //右转开关闭合，右侧的前、后转向灯都同时开始闪烁
      {
         LEDR=0;                 //右侧前、后转向灯LED点亮
         Delay();                //延时，右侧的前、后转向灯都保持点亮一段时间
         LEDR=1;                 //右侧前、后转向灯LED熄灭
         Delay();                //延时，右侧的前、后转向灯都保持熄灭一段时间
         if(SW==0) break;        //若双闪开关闭合了，进入双闪状态
      }
      LEDR=1;                    //右侧前、后转向灯LED熄灭
      LEDL=1;                    //左侧前、后转向灯LED熄灭
   }
}
```

关键知识点梳理

1. 51单片机的I/O口

51单片机有P0口、P1口、P2口和P3口，每个端口都各有8条I/O口线，每条I/O口线都能独立地用作输入或输出。P0口负载能力为8个TTL门电路，P1口、P2口和P3口负载能力均为4个TTL门电路。

（1）P0口（P0.0～P0.7）是一个漏极开路双向I/O口，须外接上拉电阻才能有高电平输出。访问外部存储器时，P0口分时送出低8位地址A0～A7和8位数据D0～D7。

（2）P1口（P1.0～P1.7）是双向I/O口，仅供用户作为输入输出用的端口。

（3）P2口（P2.0～P2.7）是双向I/O口，访问外部存储器时，P2口送出高8位地址A8～A15。

（4）P3口（P3.0～P3.7）的第一功能和P1口一样是双向I/O口。每一根线还具有第二种功能，包括串行通信、外部中断控制、计时计数控制及外部随机存储器内容的读取或

写入控制等。

2. 51单片机的存储器

51单片机的程序存储器和数据存储器是各自独立的，有各自的寻址系统、控制信号和功能。

在物理结构上分为4个存储空间：内部数据存储器（RAM）256B或384B、内部程序存储器（ROM）4KB、外部数据存储器（RAM）64KB和外部程序存储器（ROM）64KB。

从逻辑上分为3个逻辑空间：片内外统一编址的64KB程序存储器地址空间、256B或384B的内部数据存储器地址空间和64KB外部数据存储器地址空间。

内部RAM分为两个地址空间：00H～7FH单元组成的低128字节（52子系列为256字节）RAM空间和80H～FFH单元组成的高128字节特殊功能寄存器SFR空间。低128字节分为通用寄存器区（00H～1FH）、位寻址区（20H～2FH）和用户RAM区（30H～7FH）。

3. C51数据类型

C51定义了标准C语言的所有数据类型，为了更加有效利用单片机的硬件资源，C51对标准C语言进行了扩展，更加注意了对系统资源的合理利用。

（1）bit定义位变量，位变量必须定位在内部RAM的位寻址空间中。

（2）sfr定义特殊功能寄存器，利用它可以访问单片机内部的所有特殊功能寄存器。

（3）sfr16定义16位特殊功能寄存器，如52子系列的定时器/计数器2。

（4）sbit定义可寻址位（某些特殊位），利用它可以访问芯片内部的RAM中的可寻址位或特殊功能寄存器中的可寻址位。

4. 常量

常量是在程序运行过程中不能改变的量，常量的数据类型只有整型、浮点型、字符型、字符串型和位变量。常量可用在不必改变值的场合，如固定的数据表、字库等。

5. 变量

变量是在程序运行过程中可以不断变化的量。变量可以使用C51编译器支持的所有数据类型。

问题与讨论

2-1 填空题

（1）单片机位寻址区的单元地址是从________单元到________单元，若某位地址是09H，它所在单元的地址应该是________。

（2）寄存器PSW中的RS1和RS0的作用是________。

（3）51单片机的内部RAM中从________到________是工作寄存器区，共分为________组。

（4）既做数据线又做地址线的是________口，只能做地址线的是________口。

（5）51单片机有上电复位和手动复位两种复位方式。复位后SP=________，PC=________，PSW=________，A=00H，P0=P1=P2=P3=________。

（6）若PSW=18H，则选取的是第________组工作寄存器，其地址范围是________。

（7）C51中定义位变量的关键字是________，位变量对应的地址空间范围是________。

（8）unsigned char 定义的变量取值范围为________，unsigned int 定义的变量取值范围为________。

2-2　选择题

（1）判断是否溢出时用 PSW 的（　　）标志位，判断是否有进位时用 PSW 的（　　）标志位。

A．CY　　B．OV　　C．P

D．RS0　　E．RS1

（2）51 单片机的复位操作是把堆栈指针 SP 初始化为（　　）。

A．00H　　B．07H　　C．20H　　D．30H

（3）51 单片机的复位操作是把 PC 初始化为（　　）。

A．0100H　　B．2080H　　C．0000H　　D．8000H

（4）PC 的值是（　　）。

A．当前指令前一条指令的首地址　　B．当前正在执行指令的首地址

C．下一条指令的首地址

（5）C 语言中最简单的数据类型包括（　　）。

A．整型、实型、逻辑型　　B．整型、实型、字符型

C．整型、字符型、逻辑型　　D．整型、实型、逻辑型、字符型

（6）在 C51 中，一个 int 型数据在内存中占两个字节，则 int 型数据的取值范围是（　　）。

A．0 ～ 255　　B．0 ～ 32767　　C．0 ～ 65535　　D．-32768 ～ 32767

2-3　P0 口、P1 口、P2 口和 P3 口的负载能力各是多少？它们是否具有位寻址功能？

2-4　在输出时，P0 口为什么要外接上拉电阻才能有高电平输出？

2-5　51 单片机有哪几个存储空间？是如何分布的？

2-6　51 单片机内部 RAM 分成几个不同区域及地址范围？

2-7　PSW 的作用是什么？常用的状态标志有哪几位？其作用是什么？能否位寻址？

2-8　bit 和 sbit 有什么区别？

2-9　在 C51 里，sbit P1_0=0x90; 语句的作用是什么？能不能直接使用 P1.0？（说明原因）

2-10　试一试能否将任务 4 的 LED 循环点亮改为 LED 双向循环点亮。

项目 3　单片机显示控制

项目描述

在单片机应用系统中，显示器是人机交流的重要组成部分。显示单元常用的是 LED 数码管和 LCD 显示两种，它们具有价格低廉、体积小、功耗低、可靠性高等特点，因此得到广泛使用。

本项目从数码管显示入手，首先让读者对单片机显示控制有一个初步了解；然后介绍数码管的内部结构和字形编码，并介绍数码管的静态显示和动态扫描显示。通过数码管显示焊接制作、数码管动态扫描显示和 LCD 液晶显示，让读者进一步了解数码管显示、液晶显示的应用。

能力目标

能完成数码管显示和液晶显示电路设计与焊接制作，能应用 C 语言程序完成数码管静态显示、数码管动态扫描显示和液晶显示，实现对数码管显示和液晶显示的设计、运行及调试。

知识目标

- 了解 LED 数码管和 LCD 液晶显示模块的显示原理
- 掌握 LED 数码管显示和 LCD 液晶显示的显示方法
- 掌握 C 语言数组和函数相关知识
- 掌握 LED 数码管静态显示和 LCD 液晶显示的电路和程序设计

教学重点

- LED 数码管的共阴极和共阳极结构以及字形编码
- LCD1602 液晶显示器指令操作
- LED 数码管显示和 LCD 液晶显示电路及程序设计的方法

教学难点

LED 数码管静态显示和动态扫描显示的工作过程，LCD1602 的 RAM 地址及显示方法。

3.1　任务 7　LED 数码管静态显示设计

3.1.1　任务描述

利用 AT89S52 单片机设计一个 0 ～ 99 计数器。要求使用一个手动计数按钮，实现

0～99 的计数，并且通过两个共阴数码管显示计数结果，数码管显示采用静态显示方式，电路如图 3-1 所示。

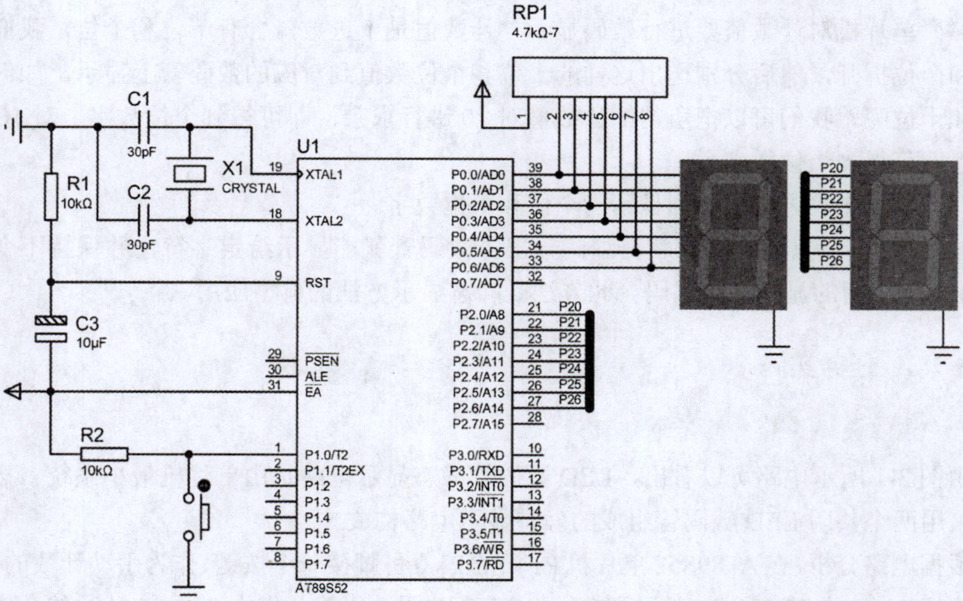

图 3-1　LED 数码管静态显示电路

3.1.2 任务分析

1. LED 数码管静态显示电路分析

根据图 3-1，LED 数码管显示采用静态显示方式，各数码管是相互独立的。由于要完成 0～99 计数显示，需要两个 LED 数码管。显示电路分析如下：

（1）两个 LED 数码管是采用共阴 LED 数码管，这两个共阴 LED 数码管的公共端必须接地，这样它们才能进行显示。

（2）显示计数值十位数的 LED 数码管接在 P0 口，显示计数值个位数的 LED 数码管接在 P2 口。

（3）在任务 6 中是使用开关控制跑马灯的。本任务的按键是计数按键，按键接在 P1 口的 P1.0 引脚，按键电路同开关电路一样。

2. LED 数码管静态显示程序分析

在 LED 数码管静态显示电路图中，采用共阴 LED 数码管，其公共端接地。为此，我们可以通过字形编码表查找到共阴 LED 数码管的“0”～“9”十个字符的字形编码，然后通过 P0 口和 P2 口输出十位数和个位数的字形编码。

由于显示的数字 0～9 的字形编码没有规律可循，只能采用查表的方式来完成我们的要求了。我们按照数字 0～9 的顺序，把每个数字的字形编码按顺序排好，建立表格的代码如下所示：

```
unsigned char code table[]=
{0x3f,0x06,0x5b,0x4f,0x66,0x6d,0x7d,0x07,0x7f,0x6f};
```

这里表格的定义是使用定义数组来完成的，有关数组的知识详见 3.2.3 节的介绍。表格建立好后，我们只要依次查表得到字形编码并输出，就可以达到预想的效果了。

按照任务描述，单片机先对每次按下按键进行计数，然后在两个共阴数码管上显示出

0 ～ 99 的计数值，LED 数码管显示程序分析如下：

（1）单片机对按下的按键进行识别处理。

（2）单片机对正确识别的按下的按键进行计数，计数到 99 时再从 0 开始计数。

（3）单片机对计数值要进行数码显示，计数值是十进数，含有十位和个位，我们要把十位和个位拆开，然后分别送出这样的十位和个位数值到对应的数码管上显示。如何拆分个位和十位呢？我们可以把所得的计数值对 10 进行求余，即可得到个位数字；对 10 进行整除，即可得到十位数字了。

（4）通过查表方式，分别显示出个位和十位数字。

这样，I/O 口只要有显示字符编码输出，数码管就能显示给定字符，并保持不变，直到 I/O 口输出新的显示字符编码。此方法是静态显示方法的典型应用。

3.1.3 任务实施

1. LED 数码管静态显示电路设计

LED 数码管静态显示电路设计

由图 3-1 所示电路可以看出，LED 数码管静态显示电路是由单片机最小系统、按键电路和采用两个共阴 LED 数码管组成的静态显示电路构成。

根据电路分析，在 AT89S52 单片机 P1 口的 P1.0 引脚接一个按键，作为手动计数的按键；用单片机 P2 口的 P2.0 ～ P2.6 引脚接一个 LED 共阴数码管，作为 0 ～ 99 计数的个位数显示；用单片机 P0 口的 P0.0 ～ P0.6 引脚接一个 LED 共阴数码管，作为 0 ～ 99 计数的十位数显示。LED 数码管静态显示电路设计过程如下：

（1）新建设计文件、设置图纸尺寸、设置网格、保存设计文件，文件名为“LED 数码管静态显示”。

（2）选取 AT89S52、CRYSTAL、CAP、CAP-ELEC、RES、RESPACK-7、BUTTON 和 7SEG-COM-CATHODE 等元器件。

（3）放置元器件、编辑元器件、放置终端、连线，按图 3-1 所示放置元器件并连线。

（4）编辑元器件属性。

（5）执行“工具”→“电气规则检查”命令，弹出检查结果窗口，完成电气检测。若检测出错，根据提示修改电路图并保存，直至检测成功。

2. 建立“LED 数码管静态显示”工程项目

新建“LED 数码管静态显示”工程文件，并保存在“任务 7 LED 数码管静态显示”文件夹中，然后选择单片机型号为 Atmel 的 AT89S52。

3. 建立并加载“LED 数码管静态显示 .c”源文件

LED 数码管静态显示程序设计

建立并加载“LED 数码管静态显示 .c”源文件，源文件代码如下：

```
#include <AT89X52.H>                //包含AT89X52.H头文件
/*定义显示0～9十个数字的字形编码表*/
unsigned char code table[]={0x3f,0x06,0x5b,0x4f,0x66,0x6d,0x7d,0x07,0x7f,0x6f};
unsigned char Count;                //定义变量放置计数数值
void delay10ms(void)                //定义10ms延时函数
{
  unsigned char i,j;
   for(i=20;i>0;i--)
     for(j=248;j>0;j--);
}
void main(void)                     //主函数
```

```
{
    Count=0;                        //计数变量初始为0
    P0=table[Count/10];             //十位数码管显示0
    P2=table[Count%10];             //个位数码管显示0
    while(1)                        //按键扫描，计数显示处理
    {
      if(P1_0==0)                   //判断按键是否按下
      {
        delay10ms();                //延时去抖动
          if(P1_0==0)               //确定按键按下
        {
          Count++;                  //计数加1
          if(Count==100)            //计数是否到100
          {
            Count=0;                //到100回0
          }
          P0=table[Count/10];       //显示十位数
          P2=table[Count%10];       //显示个位数
          while(P1_0==0);           //等键释放
        }
      }
    }
}
```

4. “LED 数码管静态显示”工程配置与编译

工程配置：“目标”标签页的晶振频率栏设为 12MHz，勾选“输出”标签页的“生成 HEX 文件”复选框。

工程编译：完成工程配置后，进行“LED 数码管静态显示”工程编译。若编译发生错误，要进行分析检查，直到编译正确为止。

5. LED 数码管静态显示运行调试

（1）打开 LED 数码管静态显示仿真电路。

（2）加载“LED 数码管静态显示 .hex”HEX 文件。

（3）单击仿真工具栏“运行”按钮 ▶，单片机全速运行程序。

观察 LED 数码管静态显示是否与任务要求一致。若运行结果与任务要求不一致，要对电路和程序进行分析检查，直到运行正确。

【技能训练 3-1】LED 数码管循环显示 0～9 的电路焊接制作

利用 AT89S52 单片机 P2 口的 P2.0～P2.6 七个引脚，使其依次连接到一个共阴极 LED 数码管的 a～g 七个位段控制引脚上，数码管的公共端接地，完成 LED 数码管循环显示 0～9 电路设计、程序设计以及电路焊接制作，实现在 LED 数码管上循环显示 0～9 十个数字。

1. LED 数码管循环显示 0～9 电路设计

按照技能训练要求，LED 数码管显示 0～9 电路是由单片机最小系统、一片 1 位的共阴极 LED 数码管和一片 74LS245 驱动芯片组成，如图 3-2 所示。

图 3-2 中的 74LS245 是 8 路同相三态双向数据总线驱动芯片，具有双向三态功能，既可以输出数据，也可以输入数据，结构如图 3-3 所示。

【技能训练 3-1】LED 数码管循环显示 0～9 电路设计

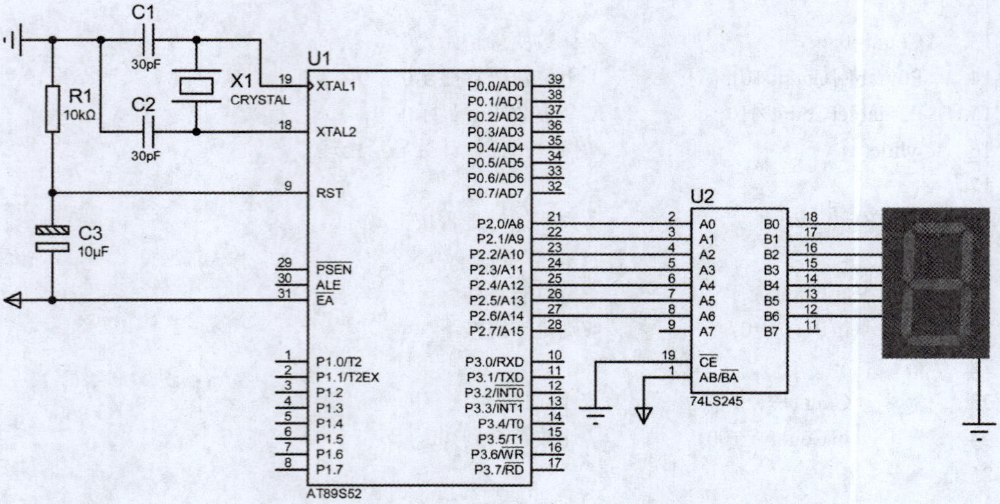

图 3-2　LED 数码管循环显示 0 ～ 9 电路

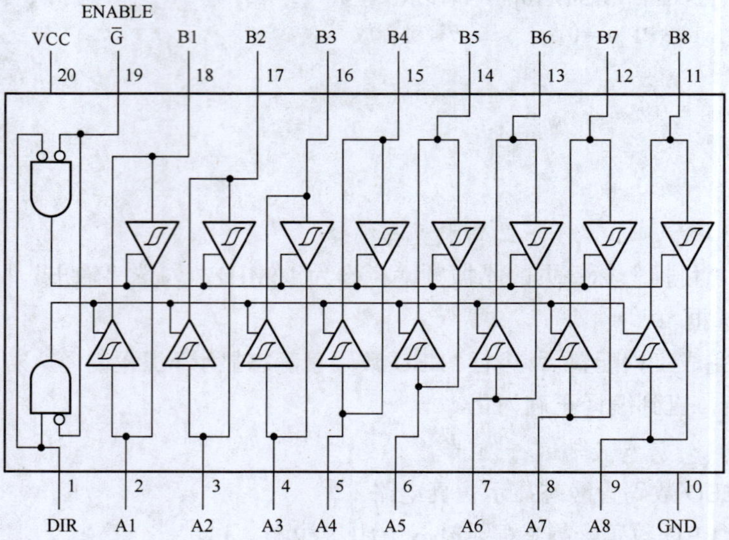

图 3-3　74LS245 结构图

当单片机的 P2 口总线负载达到或超过 P2 最大负载能力时，必须接入 74LS245 等总线驱动器，其各引脚定义如下：

- A0 ～ A7：双向输入输出引脚。
- B0 ～ B7：双向输入输出引脚。
- $\overline{G}$：三态允许端（低电平有效），即片选端，低电平有效。
- DIR：传输方向数据选择端，当 DIR=“1”时，信号由 A 传向 B；当 DIR=“0”时，信号由 B 传向 A。

74LS245 芯片的接线方法：$\overline{CE}$ 端（即 $\overline{G}$ 端）接地，AB/$\overline{BA}$ 端（即 DIR 端）接高电平，A0 ～ A6 接 P2.0 ～ P2.6 作为输入，B0 ～ B6 接数码管的 a ～ g 七个位段。

【技能训练 3-1】LED 数码管循环显示 0 ～ 9 程序设计

2. LED 数码管循环显示 0 ～ 9 程序设计

参考任务 7 程序设计，在数码管显示程序中，dispcount 既用作循环变量使用，又用作数组的下标，其值从 0 变到 9，就能够把数组 table 中的字符编码一一获得。每获得一个字形编码就送于 P2 口输出，相应的语句为“P2=table[dispcount];”。

控制 LED 数码管显示 0～9 的 C 语言程序如下：

```
#include <AT89X52.H>          //包含AT89X52.H头文件
//定义0~9十个数字的字形编码表
unsigned char code table[]={0x3f,0x06,0x5b,0x4f,0x66,0x6d,0x7d,0x07,0x7f,0x6f};
unsigned char dispcount;
void delay (void)
{
  unsigned char i,j,k;
  for(i=40;i>0;i--)
    for(j=40;j>0;j--)
      for(k=248;k>0;k--);
}
void main(void)
{
  while(1)
  {
    for(dispcount=0;dispcount<10;dispcount++)   //显示0~9十个数字
    {
      P2=table[dispcount]; //把查找到的段码送P2口输出，数码管显示字符
      delay ();
    }
  }
}
```

3. LED 数码管循环显示 0～9 电路的焊接制作

根据图 3-2 所示的电路图，在万能板上完成数码管循环显示 0～9 电路的焊接制作，元器件清单见表 3-1。

【技能训练 3-1】LED 数码管循环显示 0～9 电路的焊接制作

表 3-1 数码管循环显示 0～9 电路的元器件清单

元器件名称	参数	数量 / 个	元器件名称	参数	数量 / 个
单片机	STC89C52	1	轻微按键		1
晶振	11.0592MHz	1	电阻	10kΩ	1
瓷片电容	30pF（104）	2	驱动器	74LS245	1
电解电容	10μF	1	LED 数码管		1
IC 插座	DIP40	1			

（1）电路板焊接。参考数码管循环显示 0～9 电路，完成电路板焊接制作，焊接好的电路板如图 3-4 所示。焊接数码管时，不要用手去折其引角，须紧贴万能板焊接。焊接时温度控制在 260° 左右，且焊接时间不宜过长。

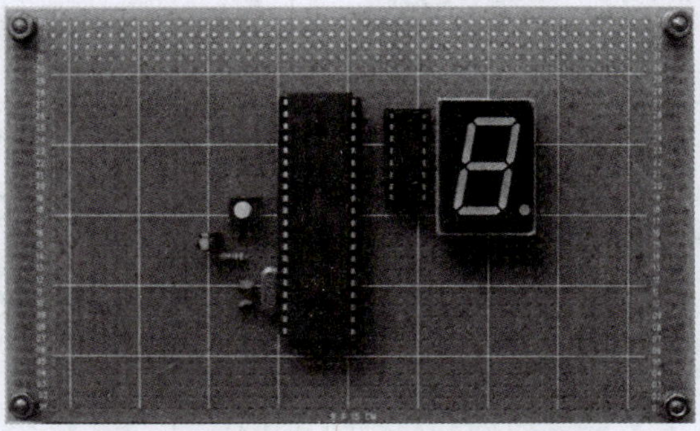

图 3-4 数码管循环显示 0～9 焊接电路板

（2）硬件检测与调试。上电后，按下复位按键，检测 STC89C52 单片机 P2 口、74LS245

的输入端和输出端，它们均应为高电平，如果为高电平，说明单片机和 74LS245 工作均正常，P2 口到 74LS245 的输入端之间通路也正常。同时，数码管的七位码段应均被点亮。

（3）软件下载与调试。通过 STC-ISP 下载软件把“数码管循环显示 0 ～ 9.hex”文件烧入单片机芯片中，如果数码管能按照一定时间间隔实现 0 ～ 9 十个数字循环显示，说明上面焊接过程和程序均正常，否则需进行调试，直到功能实现。

认识 LED 数码管

3.2 认识 LED 数码管

3.2.1 LED 数码管结构

单个 LED 数码管的管脚排列如图 3-5（a）所示。数码管内部由 8 个 LED（简称位段）组成，其中有 7 个条形 LED 和 1 个小圆点 LED。当 LED 导通时，相应的线段或点发光，将这些 LED 排成一定图形，常用来显示数字 0 ～ 9，字符 A ～ F、H、L、P、R、U、Y，符号“—”以及小数点“.”等。LED 数码管可以分为共阴极和共阳极两种结构。

1. LED 共阴数码管结构

LED 共阴数码管结构如图 3-5（b）所示，是把所有 LED 的阴极作为公共端（COM）连起来，接低电平，通常接地（GND），通过控制每一只 LED 的阳极电平来使其发光或熄灭，阳极为高电平 LED 发光，阳极为低电平 LED 熄灭。如显示数字 0 时，a、b、c、d、e、f 端接高电平，其他各端接地。

2. LED 共阳数码管结构

LED 共阳数码管结构如图 3-5（c）所示，是把所有 LED 的阳极作为公共端（COM）连起来，接高电平（如 +5V），通过控制每一只 LED 的阴极电平来使其发光或熄灭，阴极为低电平 LED 发光，阴极为高电平 LED 熄灭。

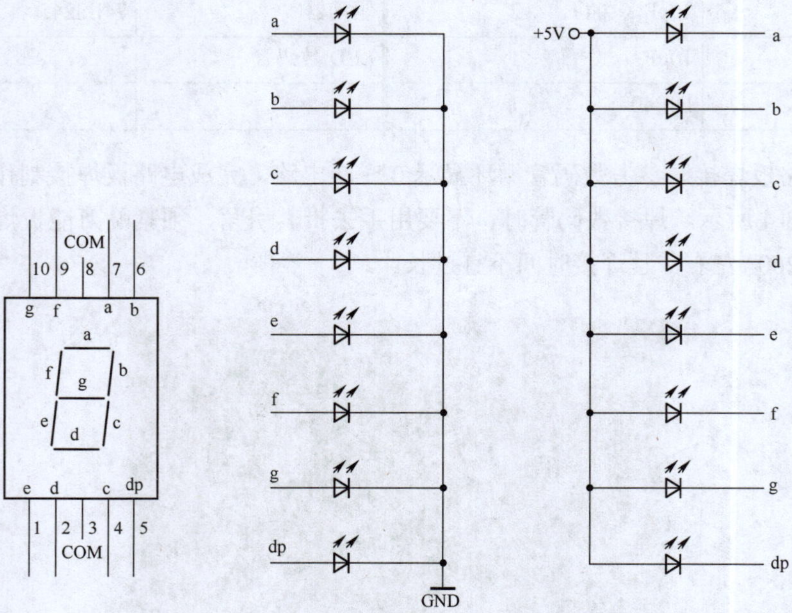

（a）管脚排列　（b）LED 共阴数码管　（c）LED 共阳数码管

图 3-5　LED 数码管引脚及内部结构

必须注意的是，LED 数码管内部没有电阻，在使用时需外接限流电阻，如果不限流将造成 LED 的烧毁。限流电阻的取值一般使流经 LED 的电流为 10 ～ 20mA，由于高亮度数码管的使用，电流还可以取得小一些。

3.2.2 LED 数码管显示控制

1. 数码管的字形编码

要使数码管上显示某个字符，必须使它的 8 个位段上加上相应的电平组合，即一个 8 位数据，这个数据就叫该字符的字形编码。通常用的位段编码规则如图 3-6 所示。

D7	D6	D5	D4	D3	D2	D1	D0
dp	g	f	e	d	c	b	a

图 3-6 数码管编码规则

共阴 LED 数码管和共阳 LED 数码管的字形编码是不同的，两种结构对应的 LED 数码管的字形编码见表 3-2。

表 3-2 LED 数码管字形编码表

显示字符	共阴极字形编码	共阳极字形编码	显示字符	共阴极字形编码	共阳极字形编码
0	3FH	C0H	d	5EH	A1H
1	06H	F9H	E	79H	86H
2	5BH	A4H	F	71H	8EH
3	4FH	B0H	H	76H	89H
4	66H	99H	L	38H	C7H
5	6DH	92H	P	73H	8CH
6	7DH	82H	U	3EH	C1H
7	07H	F8H	y	6EH	91H
8	7FH	80H	r	31H	CEH
9	6FH	90H	—	40H	BFH
A	77H	88H	.	80	7FH
b	7CH	83H	8.	FFH	00H
C	39H	C6H	灭	00H	FFH

从编码表我们可以看到，对于同一个字符，共阴极和共阳极的字形编码是反相的。例如：字符“0”的共阴极编码是 3FH，二进制形式是 00111111；其共阳极编码是 C0H，二进制形式是 11000000，恰好是 00111111 的反码。

2. LED 数码管的显示方法

LED 数码管的显示方法有静态显示和动态扫描显示两种方法。

（1）静态显示。静态显示是指数码管显示某一字符时，相应的 LED 恒定导通或恒定截止。这种显示方式的各位数码管相互独立，公共端恒定接地（共阴极）或 +5V（共阳极），每个数码管的 8 个位段分别与一个 8 位 I/O 口相连，I/O 口只要有字形编码（也称为段码）输出，数码管就显示给定字符，并保持不变，直到 I/O 口输出新的段码。

（2）动态扫描显示。动态扫描显示是一位一位地轮流点亮各位数码管的显示方式，即在某一时段，只选中一位数码管的“位选端”，并送出相应的段码，在下一时段按顺序选通另外一位数码管，并送出相应的段码。依此规律循环下去，即可使各位数码管分别间断地显示出相应的字符。这一过程称为动态扫描显示。

C 语言数组

3.2.3　C 语言数组

LED 数码管无论是采用静态显示还是采用动态扫描显示，都要定义 0～9 十个数字的字符编码表，代码如下：

```
unsigned char code table[]={0x3f,0x06,0x5b,0x4f,0x66,0x6d,0x7d,0x07,0x7f,0x6f};
```

在这里，程序用到了一个新的知识点，即数组。

数组是 C51 的一种构造数据类型。数组必须由具有相同数据类型的元素构成，这些数据的类型就是数组的基本类型，如：数组中的所有元素都是整型，则该数组称为整型数组；如所有元素都是字符型，则该数组称为字符型数组。数组有一维数组、二维数组等。常用的是一维数组、二维数组和字符型数组。

1. 一维数组

（1）一维数组的定义方式。在 C 语言中，数组必须要先定义后使用。一维数组的定义方式为：

```
类型说明符  数组名[常量表达式];
```

类型说明符是任一种基本数据类型或构造数据类型，是数组中各个元素的数据类型。数组名是用户定义的数组标识符。方括号中的常量表达式表示数据元素的个数，也称为数组的长度。例如：

```
int a[9];                              //定义整型数组a，有9个元素，下标从0到8
float b[5];                            //定义实型数组b，有5个元素，下标从0到4
char ch[10];                           //定义字符型数组ch，有10个元素，下标从0到9
```

定义数组时请注意以下几点：

1）数组的类型是指构成数组的元素的类型。对于同一个数组，其所有元素的数据类型都是相同的。

2）数组名的书写规则应符合标识符的命名规则，并且不能与其他变量同名。

3）常量表达式可以是符号常量或常量表达式，但是不能包含变量，即不能对数组的大小作动态定义。

以下的定义是合法的：

```
#define N 6
……
int a[3+6],b[3+N];
```

但以下的定义却是非法的：

```
int x;
scanf("%d",&x);
int a[x];
```

（2）一维数组元素的引用。定义好数组后，数组元素引用的一般形式为：

```
数组名[下标]
```

下标表示元素在数组中的顺序号，所以又称为下标变量。一维数组元素的引用说明如下所述。

1）通常下标只能为整型常量或整型表达式。例如：

```
int x[9],i=3,j=4;
```

则 x[0]、x[i+j]、x[i++] 分别代表数组的第 0、第 7 和第 3 个元素。

2）如果下标是实数，C 编译器自动将它转换为整型，即舍弃小数部分。

3）C 语言中规定不能一次引用整个数组，只能逐个地引用数组元素。例如：输出有 9 个元素的数组，必须使用循环语句逐个输出各个数组变量：

```
for(i=0; i<9; i++)
printf("%d",x[i]);
```

而不能用一个语句输出整个数组。下面的写法是错误的：

```
printf("%d",x);
```

（3）一维数组的初始化。在定义数组时，可以对数组进行初始化，即给其赋予初值，可以用以下方法来实现。

1）在定义数组时，对数组的全部元素赋予初值。例如：

```
int a[5]={1,2,3,4,5};
```

2）只对数组的部分元素进行初始化。例如：

```
int a[5]={1,2};
```

上面定义的 a 数组共有 5 个元素，但只对前两个赋初值，因此 a[0] 和 a[1] 的值分别是 1、2，而后面 3 个元素的值全是 0。

3）在定义数组时，对数组元素的全部元素不赋初值，则数组元素值均被初始化为 0。

4）可以在定义时不指明数组元素的个数，而根据赋值部分由编译器自动确定。例如：

```
uchar  BitTab[]={0x7F,0xBF,0xDF,0xEF,0xF7,0xFB};
```

则相当于定义了 BitTab[6] 这样一个数组。

（4）可以为数组指定存储空间。未指定空间时，是将数组定义在内部 RAM 中；指定空间时，可以用 code 关键字将数组元素定义在 ROM 空间中。例如：

```
uchar code BitTab[]={0x7F,0xBF,0xDF,0xEF,0xF7,0xFB};
```

可以看出，使用了 code 关键字后系统占用的 RAM 数减少了，这种方式用于编程中不需要改变内容的场合（如显示数码管的字形编码等）是很合适的。

例如：在前面的静态显示和动态扫描显示中，都用到了 code 关键字，因为 0 ～ 9 十个数字的段码和数码管位选端的位码在程序中都不需要改变内容。

（5）C 语言并不对越界使用数组进行检测。

例如：上述（4）中的数组长度是 6，其元素应该是 BitTab[0] ～ BitTab[5]，但是如果你在程序中写上 BitTab[6]，编译器并不会认为这有语法错误，也不会给出警告[其他语言（如 VB 等）则有严格的规定，这种情况将视为语法错误]。因此，编程者必须自己小心确认这是否是你需要的结果。

2. 二维数组

（1）定义二维数组的一般形式是：

```
类型说明符 数组名[常量表达式1][常量表达式2];
```

其中，常量表达式 1 表示第一维（行）下标的长度；常量表达式 2 表示第二维（列）下标的长度。例如：

```
int table[3][4];
```

定义 table 为一个三行四列的整型数组，该数组的数组元素共有 3×4 个。在 C 语言中，二维数组是按行存储的。即先存放第 0 行，再存放第 1 行，最后存放第 2 行。

（2）二维数组元素的引用形式为：

```
数组名[下标1][下标2]
```

其中，下标的规定和一维数组下标的规定相同，即下标一般为整型常量或整型表达式，若为实型变量时，要先进行类型转换。例如：

```
int table[4][5];
```

table[3][4] 表示 table 数组第四行第五列的元素。

（3）二维数组初始化与一维数组类似，可以按行分开赋值，也可以按行连续赋值。

1）按行分开给二维数组赋初值。例如：

```
int table[4][3]={{1,2,3},{4,5,6},{7,8,9},{10,11,12}};
```

这种方法是用第 1 个花括号内的数给第一行元素赋值，用第 2 个花括号内的数给第二行元素赋值，依此类推，即按行赋值。

2）按行连续赋值。

```
int table[4][3]={1,2,3,4,5,6,7,8,9,10,11,12};
```

上述两种赋初值的效果相同，但比较起来看，第一种方法比较好，界限清楚、直观；如果数据很多，第二种方法就容易遗漏，不易检查。

3. 字符数组

用来存放字符的数组称为字符数组。字符数组的定义、初始化、元素的引用等与前面提到的方法是一样的。这里不再赘述。

C 语言允许用字符串的方式对字符数组作初始化赋值。例如：

```
char ch[]={'C',' ','p','r','o','g','r','a','m'};
```

可写为：

```
char ch[]={"C program"};
```

或写为：

```
char ch[]="C program";
```

用字符串方式赋值比用字符逐个赋值要多占一个字节，用于存放字符串结束标志 '\0'。

【技能训练 3-2】使用 74LS47 实现 0～99 计数显示

【技能训练 3-2】BCD 码知识

【技能训练 3-2】使用 74LS47 实现 0～99 计数显示

1. 认识 74LS47

74LS47 是由与非门、输入缓冲器和 7 个与或非门组成的 BCD-7 段数码管译码器 / 驱动器，是输出低电平有效的七段字形译码器，其逻辑图如图 3-7 所示。能将 4 位二进制编码—十进制数（BCD 码）转化成七段字形编码，然后去驱动一个七段显示器。也就是说，74LS47 可以直接把数字转换为数码管的显示数字，从而可以简化程序，节约单片机的 I/O 开销。

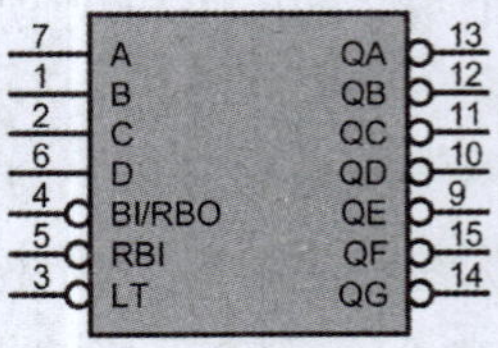

图 3-7　74LS47 逻辑图

（1）输入 / 输出引脚。4 位二进制编码—十进制数（BCD 码）从 A、B、C 和 D 引脚输入，译码成七段字形编码，从 QA、QB、QC、QD、QE、QF 和 QG 引脚输出。74LS47 输出与输入代码有唯一的对应关系，74LS47 是输出低电平有效的七段字形译码器。

在正常操作时，当输入 DCBA=0010 时，输出 abcdefg=0010010，显示器显示“2”；当输入 DCBA=0110 时，输出 abcdeg=1100000，显示器显示“6”。

（2）控制引脚。在 74LS47 有 LT、RBI 与 BI/RBO 控制脚，其功能分述如下：

1）LT：试灯输入，是为了检查数码管各段是否能正常发光而设置的。当 LT=0 时，无论输入 A、B、C、D 为何种状态，译码器输出均为低电平，若驱动的数码管正常，则显示 8。

2）BI：灭灯输入，是为控制多位数码显示的灭灯所设置的。BI=0 时，不论 LT 和输入 A、B、C、D 为何种状态，译码器输出均为高电平，使共阳极 7 段数码管熄灭。

3）RBI：灭零输入，它是为使不希望显示的 0 熄灭而设定的。当对每一位 A=B=C=D=0 时，本应显示 0，但是在 RBI=0 作用下，使译码器输出全 1，其结果和加入灭灯信号的结果一样，将 0 熄灭。

4）RBO：灭零输出，它和灭灯输入 BI 共用一端，两者配合使用，可以实现多位数码显示的灭零控制。

2. 0 ～ 99 计数显示电路设计

在任务 7 的 0 ～ 99 计数显示电路中，两个数码管占用了 P0 口和 P2 口。在这里显示电路采用硬件译码输出字形编码控制显示内容，数码管是共阳极数码管，七段字形译码器用的是 74LS47，LT、RBI 与 BI/RBO 为无效，全部接高电平。电路设计如图 3-8 所示。

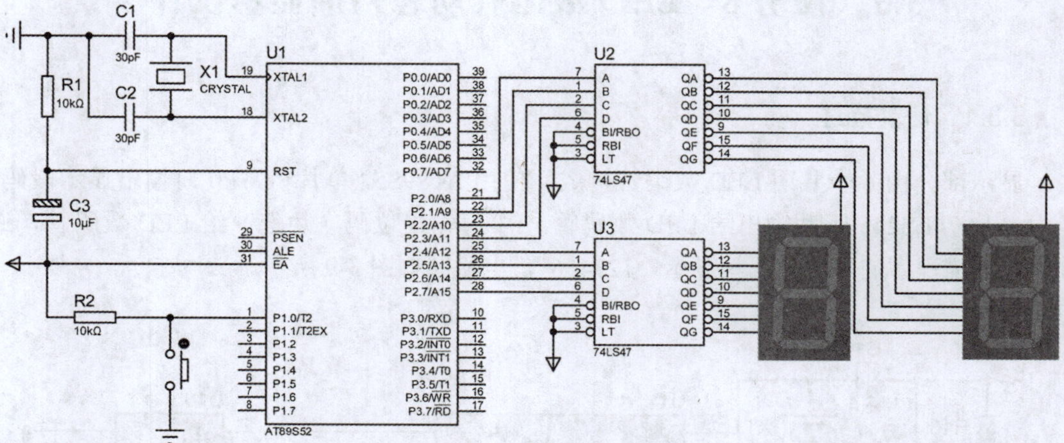

图 3-8 用 74LS47 实现 0 ～ 99 计数显示电路

3. 0 ～ 99 计数显示 C 语言程序

在这里的 0 ～ 99 计数显示程序中，不需要定义 0 ～ 9 十个数字的段码表。使用 74LS47 实现 0 ～ 99 计数显示的程序如下：

```
#include <AT89X52.H>
unsigned char Count;
sbit KEY=P1^0;
void delay10ms(void)
{
  unsigned char i,j;
  for(i=20;i>0;i--)
    for(j=248;j>0;j--);
}
void main(void)
{
  Count=0;                          //计数器初始为0
  P2=0x0;                           //十位、个位数码管显示0
  while(1)                          //按键扫描，计数显示处理
  {
    if(KEY==0)                      //判断计数按键是否按下
    {
      delay10ms();                  //延时去抖动
      if(KEY==0)                    //再确定计数按键是否按下
```

```
        {
            Count++;                     //计数器加1
            if(Count==100)               //判断计数器是否超过99
            {
                Count=0;
            }
            /*十位数BCD码(Count/10<<4)和个位数BCD码(Count%10)相或*/
            P2=(Count/10<<4)|(Count%10);
            while(KEY==0);               //等待计数按键释放
        }
    }
}
}
```

3.3 任务8 LED数码管动态扫描显示设计

3.3.1 任务描述

显示部分由6个共阴LED数码管构成，使用AT89S52单片机，P0口输出显示段码，经由一片74LS245驱动输出给LED数码管，P1口输出位码（片选）给LED数码管，通过动态扫描程序使6个数码管显示“123456”，电路图如图3-9所示。

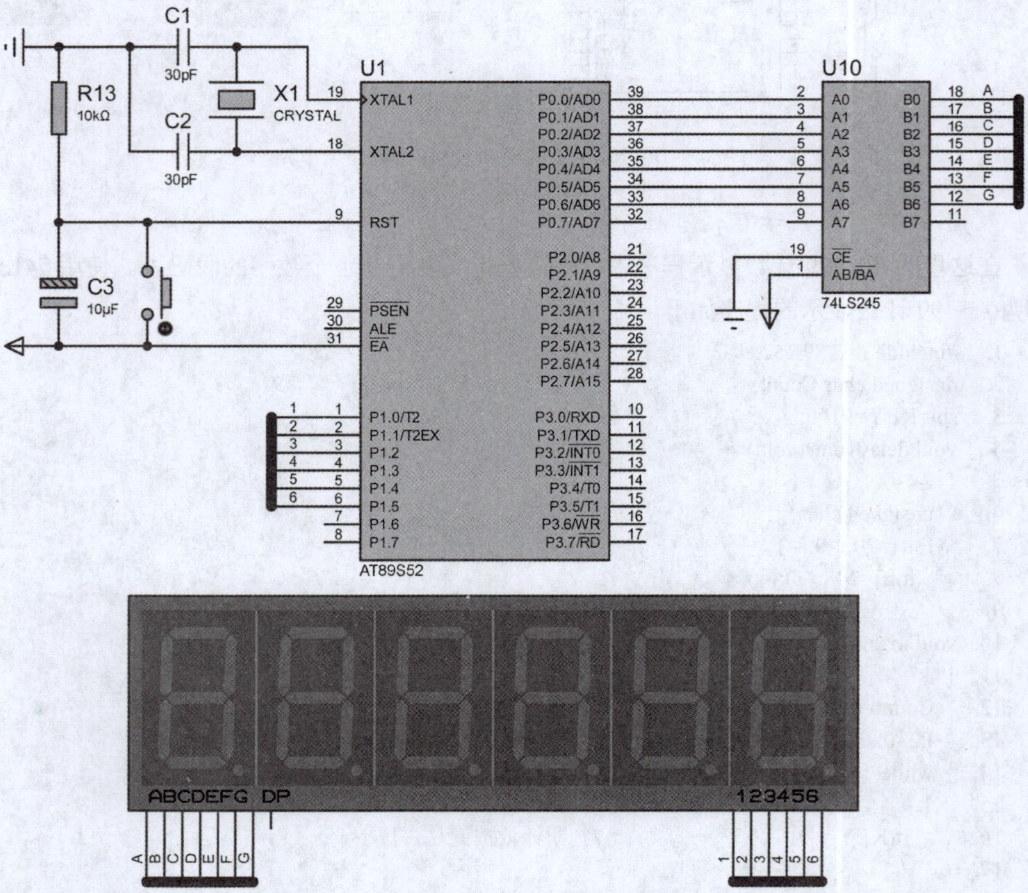

图3-9 LED数码管动态扫描显示设计电路

3.3.2 任务分析

1. LED 数码管动态扫描显示电路分析

在多位 LED 数码管显示时，为了降低成本和功耗，会采用动态扫描显示方式。LED 数码管动态扫描显示电路的设计方法如下所述。

（1）将数码管所有位的相同“段选端”都并接起来，由一个 8 位 I/O 口控制（在本任务中采用的是 P0 口），如：数码管的所有 a 段都并接。

（2）各位数码管的公共端（COM 端）用作“位选端”，分别接另一个 I/O 口的 I/O 引脚（在本任务中采用的是 P1 口）。

数码管动态扫描显示电路的“段选端”是并接的（公用的），并由“位选端”分别控制各数码管进行显示。

与静态显示方式相比，当显示位数较多时，采用动态扫描方式可以节省 I/O 口资源，硬件电路也较简单，但其稳定度不如静态显示方式。由于 CPU 要轮番扫描，将占用更多的 CPU 时间。

2. LED 数码管动态扫描显示程序分析

由于段选端是公用的，要让各位 LED 数码管显示不同的字符，就必须采用扫描方式，即动态扫描显示方式。

动态扫描显示方式是采用分时的方法轮流点亮各位数码管的显示方式，它在某一时间段，只让其中一位数码管的“位选端”（COM 端）有效，并送出相应的段码。LED 数码管动态扫描过程如下：

（1）从段选线上送出段码，再控制位选端，字符就显示在指定 LED 数码管上。其他 LED 数码管的位选端都无效，LED 数码管都处于熄灭状态，持续 1.5ms 的时间，然后关闭所有显示。

（2）接下来又送出新的段码，按照上述过程又显示在另外一位 LED 数码管上，直到每一位 LED 数码管都扫描完为止。

LED 数码管动态扫描显示其实是轮流依次点亮的，但由于人的视觉驻留效应，因此当每个 LED 数码管点亮的时间小到一定程度时，人就感觉不出字符的移动或闪烁，觉得每位 LED 数码管都一直在显示，达到一种稳定的视觉效果。

3.3.3 任务实施

LED 数码管动态扫描显示电路设计

1. LED 数码管动态扫描显示电路设计

由图 3-9 所示电路可以看出，LED 数码管动态扫描显示电路是由单片机最小系统、6 位 LED 数码管和一片 74LS245 驱动芯片构成。

根据电路分析，在 AT89S52 单片机 P0 口输出显示段码，P0 口的 P0.0 ～ P0.6 通过一片 74LS245 依次接段码口 a ～ g；P1 口输出位码，用单片机 P1 口的 P1.0 ～ P1.5 依次接位码口 1 ～ 6。LED 数码管动态扫描显示电路设计过程如下：

（1）新建设计文件、设置图纸尺寸、设置网格、保存设计文件，文件名为“LED 数码管动态扫描显示”。

（2）选取 AT89S52、CRYSTAL、CAP、CAP-ELEC、RES、74LS245 和 7SEG-MPX6-CC 等元器件。

（3）放置元器件、编辑元器件、放置终端、连线，按图 3-9 所示放置元器件并连线。

（4）编辑元器件属性。

（5）执行“工具”→“电气规则检查”命令，弹出检查结果窗口，完成电气检测。若检测出错，根据提示修改电路图并保存，直至检测成功。

2. 建立“LED 数码管动态扫描显示”工程项目

新建“LED 数码管动态扫描显示”工程文件，并保存在“任务 8 LED 数码管动态扫描显示”文件夹中，然后选择单片机型号为 Atmel 的 AT89S52。

3. 建立并加载“LED 数码管动态扫描显示 .c”源文件

LED 数码管动态扫描显示程序设计

建立并加载“LED 数码管动态扫描显示 .c”源文件，源文件代码如下：

```
#include <AT89X52.H>                //包含AT89X52.H头文件
/*定义0～9十个数字的字形编码表*/
unsigned char code Tab[]=
{0x3F,0x06,0x5B,0x4F,0x66,0x6D,0x7D,0x07,0x7F,0x6F};
/*定义控制数码管位选端的位码表*/
unsigned char code Col[]={0xfe,0xfd,0xfb,0xf7,0xef,0xdf};
void Delay()
{
  unsigned char i;
  for(i=0;i<250;i++);
}
void main()                          //同时显示123456
{
  unsigned char j;
  while(1)
  {
    for(j=1;j<7;j++)
    {
      P0=Tab[j];
      P1=Col[j-1];                   //开（共阴）数码管
      Delay();
      P1=0xff;                       //关数码管
      Delay();
    }
  }
}
```

4. “LED 数码管动态扫描显示”工程配置与编译

工程配置：“目标”标签页的晶振频率栏设为 12MHz，勾选“输出”标签页的“生成 HEX 文件”复选框。

工程编译：完成工程配置后，进行“LED 数码管动态扫描显示”工程编译。若编译发生错误，要进行分析检查，直到编译正确为止。

5. LED 数码管动态扫描显示运行调试

（1）打开 LED 数码管动态扫描显示仿真电路。

（2）加载“LED 数码管动态扫描显示 .hex”HEX 文件。

（3）单击仿真工具栏“运行”按钮 ▶，单片机全速运行程序。

观察 LED 数码管动态扫描显示是否与任务要求一致。若运行结果与任务要求不一致，要对电路和程序进行分析检查，直到运行正确。

【技能训练 3-3】共阳 LED 数码管动态扫描显示设计

【技能训练 3-3】共阳 LED 数码管动态扫描显示设计

任务 8 是由 6 个共阴 LED 数码管构成的 LED 数码管动态扫描显示电路，在这里如何使用 6 个共阳 LED 数码管，实现 LED 数码管动态扫描显示“123456”呢？

1. 共阳 LED 数码管动态扫描显示电路设计

共阳 LED 数码管动态扫描显示电路跟任务 8 的电路基本一样，只要用 6 位共阳 LED 数码管（7SEG-MPX6-CA）替换 6 位共阴 LED 数码管（7SEG-MPX6-CC），即可完成电路设计。

2. 共阳 LED 数码管动态扫描显示程序设计

共阳 LED 数码管是把所有 LED 的阳极作为公共端（COM）连起来，当公共端为高电平（“1”）时，通过控制每一只 LED 的阴极电平来使其发光或熄灭。阴极为低电平 LED 发光，为高电平 LED 熄灭。

由此可以看出，共阴 LED 数码管和共阳 LED 数码管的字形编码是不同的，它们的字形编码是反相的。例如：字符“0”的共阴极编码是 3FH，二进制形式是 00111111，其共阳极编码是 C0H，二进制形式是 11000000，恰好是 00111111 的反码。

本程序设计和任务 8 的共阴 LED 数码管动态扫描显示类似，仅需要修改以下 3 条语句。

（1）重新定义 0 ～ 9 十个数字的字形编码表。在任务 8 中，定义 0 ～ 9 十个数字的字形编码表语句是：

```
unsigned char code table[]={0x3f,0x06,0x5b,0x4f,0x66,0x6d,0x7d,0x07,0x7f,0x6f};
```

由于共阴极和共阳极的字形编码是反相的，即反码，共阳 LED 数码管定义 0 ～ 9 十个数字的字形编码表语句是：

```
unsigned char code table[]={0xC0,0xF9,0xA4,0xB0,0x99,0x92,0x82,0xF8,0x80,0x90};
```

（2）重新定义 6 个控制数码管位选端的位码表。在任务 8 中，定义控制数码管位选端的位码表语句是：

```
unsigned char code Col[]={0xfe,0xfd,0xfb,0xf7,0xef,0xdf};
```

修改为：

```
unsigned char code Col[]={0x01,0x02,0x04,0x08,0x10,0x20};
```

（3）修改熄灭数码管语句。在任务 8 中，熄灭数码管的语句是：

```
P1=0xff;                                    //关数码管
```

修改为：

```
P1=0x0;                                     //关数码管
```

3.4 认识 LCD 液晶显示

液晶显示已作为很多智能电子产品和家用电子产品的显示器件，如在智能仪表、计算器、万用表、电子表等电子产品中都可以看到，显示的主要是数字、专用符号和图形。在这里，主要介绍 LCD1602 液晶显示模块。

3.4.1 LCD1602 液晶显示模块

LCD1602 液晶显示模块

在智能电子产品的人机交互界面中，一般的显示方式有：LED、LED 数码管、液晶显示模块等几种方式。

1. LCD1602 液晶显示模块的特点

LCD1602 液晶显示模块主要有以下特点：

（1）显示质量高。由于液晶显示的每一个点在收到信号后，就一直保持亮度，恒定发光，显示的画质高且不会闪烁。

（2）数字式接口。液晶显示都是数字式的，比单片机的接口更加简单可靠，操作更加方便。

（3）体积小、重量轻。液晶显示是通过显示屏上的电极控制液晶分子状态，达到显示的目的，在重量上比相同显示面积的传统显示器要轻得多。

（4）功耗低。相对而言，液晶显示的功耗主要消耗在其内部的电极和驱动 IC 上，因而耗电量比其他显示器要少得多。

2. LCD1602 液晶显示模块的主要功能

LCD1602 液晶显示模块是一个字符型液晶显示模块，能够同时显示 16×2（即 16 列、2 行）个字符，即可以同时显示两行，每行显示 16 个字符，共显示 32 个字符。

LCD1602 是一种专门用来显示字母、数字、符号等的点阵型液晶模块。它由若干个 5*7 或者 5*11 的点阵字符位组成，每个点阵字符位都可以显示一个字符，每位之间有一个点距的间隔，每行之间也有间隔，起到了字符间距和行间距的作用。

图 3-10 所示为 LCD1602 液晶显示模块实物。

（a）外观　　　　（b）电路板

图 3-10　LCD1602 液晶显示模块

3. LCD1602 液晶显示模块技术参数

LCD1602 液晶显示模块分为带背光和不带背光两种（带背光的比不带背光的厚，是否带背光在应用中并无差别），控制驱动主电路采用 HD44780 芯片，其主要技术参数如下：

（1）显示容量：16×2 个字符。

（2）芯片工作电压：4.5 ～ 5.5V。

（3）工作电流：2.0mA（5.0V）。

（4）模块最佳工作电压：5.0V。

（5）字符尺寸：2.95mm×4.35mm（W×H）。

目前，市面上字符液晶大多数是基于 HD44780 液晶芯片的，控制原理完全相同，因此，基于 HD44780 编写的控制程序可以很方便地应用于市面上大部分的字符型液晶。

4. LCD1602 的引脚功能

LCD1602 液晶显示模块采用标准的 14 脚（无背光）或 16 脚（带背光）接口，各引脚接口说明见表 3-3。

表 3-3　LCD1602 引脚功能表

引脚号	符号	引脚说明	引脚号	符号	引脚说明
1	VSS	电源地	5	R/W	读 / 写选择
2	VDD	电源正极	6	E	使能信号
3	VL	液晶显示偏压	7	D0	数据
4	RS	数据 / 命令选择	8	D1	数据

续表

引脚号	符号	引脚说明	引脚号	符号	引脚说明
9	D2	数据	13	D6	数据
10	D3	数据	14	D7	数据
11	D4	数据	15	BLA	背光源正极
12	D5	数据	16	BLK	背光源负极

LCD1602 液晶显示模块的主要引脚功能如下：

（1）VL 为液晶显示对比度调整端。VL 接正电源时对比度最弱，接地时对比度最高。对比度过高时会产生“鬼影”，使用时可以通过一个 10kΩ 的电位器调整对比度。

（2）RS 为寄存器选择端。RS 为高电平“1”（RS=1）时选择数据寄存器，为低电平“0”（RS=0）时选择指令寄存器。

（3）R/W 为读写信号线。R/W 为高电平“1”（R/W=1）时进行读操作，低电平“0”（R/W=0）时进行写操作。

（4）E（或 EN）端为使能端。当 E 端由高电平跳变成低电平时，液晶模块执行命令。

（5）D0 ～ D7 为 8 位双向数据端。其中，D7 还作为 LCD1602 液晶显示模块的 BF 忙标志位。

3.4.2 LCD1602 的 RAM 地址及标准字库

1. LCD1602 的内部显示地址

要显示字符时，要先输入显示字符地址，也就是先通知模块在哪里显示字符。LCD1602 液晶显示可分为上下两行各 16 位进行显示，其内部的显示地址如图 3-11 所示。

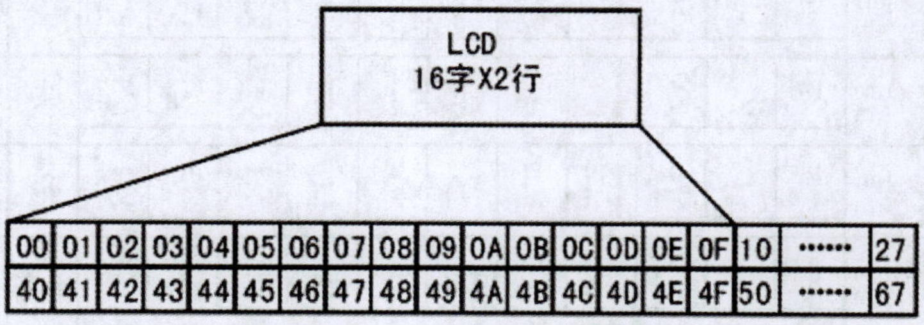

图 3-11 LCD1602 内部显示地址

从图 3-11 可以看出，第 1 行第一个字符的显示地址是 00H，第 2 行第一个字符的显示地址是 40H。那么是否直接写入显示地址 40H 就可以将光标定位在第 2 行第一个字符的位置呢？

这样肯定不行，因为在写入显示地址时，要求最高位 D7 恒定为高电平“1”，所以写入的数据应该是：01000000B（40H）+10000000B（80H）=11000000B（C0H）。

2. LCD1602 的标准字库

LCD1602 液晶显示模块内部的字符发生存储器（CGROM）已经存储了 160 个不同的点阵字符图形，如图 3-12 所示。

从图 3-12 可以看出，这些字符有阿拉伯数字、英文字母的大小写、常用的符号和日文假名等，每一个字符都有一个固定的代码。

例如：在看大写英文字母“A”的代码时，要先看上面那行（高 4 位），然后再看左边那列（低 4 位），这样就能获得“A”的代码是 01000001B（41H）。显示时，模块把地址 41H 中的点阵字符图形显示出来，我们就能看到字母“A”了。

图 3-12　LCD1602 的标准字库

LCD1602 液晶显示器指令操作

3.4.3　LCD1602 指令操作

1. LCD1602 控制指令

LCD1602 液晶显示模块内部的控制器共有 11 条控制指令，见表 3-4。

表 3-4　LCD1602 控制指令一览表

序号	指令	RS	R/W	D7	D6	D5	D4	D3	D2	D1	D0
1	清显示	0	0	0	0	0	0	0	0	0	1
2	光标返回	0	0	0	0	0	0	0	0	1	*

续表

序号	指令	RS	R/W	D7	D6	D5	D4	D3	D2	D1	D0
3	设置输入模式	0	0	0	0	0	0	0	1	I/D	S
4	显示开 / 关控制	0	0	0	0	0	0	1	D	C	B
5	将光标或字符移位	0	0	0	0	0	1	S/C	R/L	*	*
6	设置功能	0	0	0	0	1	DL	N	F	*	*
7	设置字符发生存贮器地址	0	0	0	1	字符发生存贮器地址					
8	设置数据存贮器地址	0	0	1	显示数据存贮器地址						
9	读忙标志或地址	0	1	BF	计数器地址						
10	写数据到 CGRAM 或 DDRAM 中	1	0	要写的数据内容							
11	从 CGRAM 或 DDRAM 中读数据	1	1	读出的数据内容							

说明："1"为高电平，"0"为低电平。

LCD1602 液晶显示模块的读写操作、屏幕和光标的操作都是通过指令编程来实现的。

（1）指令 1：清显示，指令码为 01H，光标复位到地址 00H 位置。

（2）指令 2：光标复位，光标返回到地址 00H。

（3）指令 3：光标和显示模式设置。

- I/D 表示光标移动方向，"1"表示右移，"0"表示左移。
- S 表示屏幕上所有文字是否左移或者右移，"1"表示有效，"0"表示无效。

（4）指令 4：显示开关控制。

- D：控制整体显示的开与关，"1"表示开显示，"0"表示关显示。
- C：控制光标的有与无，"1"表示有光标，"0"表示无光标。
- B：控制光标是否闪烁，"1"为闪烁，"0"为不闪烁。

（5）指令 5：移位光标或字符。

- S/C 为"1"时移动显示的文字，S/C 为"0"时移动光标。

（6）指令 6：功能设置命令。

- DL：为"0"时是 4 位总线，为"1"时是 8 位总线。
- N：为"0"时是单行显示，为"1"时双行显示。
- F：为"0"时显示 5×7 的点阵字符，为"1"时显示 5×10 的点阵字符。

（7）指令 7：字符发生器 RAM 地址设置。

（8）指令 8：DDRAM 地址设置。

（9）指令 9：读忙标志或地址。

- BF 为忙标志位："1"表示忙，此时模块不能接收命令或者数据；"0"表示不忙，此时模块可以接收命令或者数据。

（10）指令 10：写数据。

（11）指令 11：读数据。

2. LCD1602 指令的基本操作

LCD1602 液晶显示模块指令主要有 4 个基本操作，见表 3-5。

表 3-5　指令基本操作

读状态	输入	RS=L，R/W=H，E=H
	输出	D0 ～ D7= 状态字
写指令	输入	RS=L，R/W=L，D0 ～ D7= 指令码，E= H
	输出	无
读数据	输入	RS=H，R/W=H，E=H
	输出	D0 ～ D7= 数据
写数据	输入	RS=H，R/W=L，D0 ～ D7= 数据，E= H
	输出	无

针对上述 4 个基本操作进行如下说明：

（1）E=H（E= 高脉冲，即 E=1），开始初始化时 E=0，然后 E=1，最后 E=0。

（2）在读状态时，主要是读取 D7 位（即显示模块的忙标志位 BF）。

由于 LCD1602 液晶显示模块是一个慢显示器件，所以在执行每条指令之前，一定要先确认显示模块是否处于忙的状态。

忙标志位 BF=0 表示不忙，液晶显示模块可以接收单片机发送来的数据或指令。

忙标志位 BF=1 表示忙，液晶显示模块不能接收单片机发送来的数据或指令。

（3）写指令时可以写入指令或者显示地址，比如清屏等。

（4）读数据时是从数据寄存器读取数据。

（5）写数据时是写入数据寄存器（显示各字形等）。

C 语言函数

3.4.4　C 语言函数

首先看一段程序，程序代码如下：

```
void mDelay(unsigned int Delay)
{ ……
   for(;Delay>0;Delay--)
   ……
}
void main()
{ ……
     mDelay(1000);
   ……
}
```

本程序中使用了两个函数，在此对函数的功能进行简介。

C 语言程序是由一个个函数构成的，函数是 C 程序的基本模块，是构成结构化程序的基本单元。

一个 C 语言程序是由一个 main() 函数（又称主函数）和若干个其他函数结合而成的，有且仅有一个 main() 函数。

注意：

（1）C 语言程序最少可由一个函数组成，这个函数必须是 main() 函数。

（2）C 语言程序总是从 main() 函数开始执行，结束也是在 main() 函数。

1．函数的分类和定义

在 C 语言中，从用户使用的角度看，函数可以分为两类：一类是标准函数，是系统提供的库函数，用户可直接使用；另一类是用户自定义函数，是用户根据问题需要自己定义，以解决用户的专门问题。

从函数的形式看，函数也可以分为两类：一类是无参函数；另一类是有参函数。从函数定义的形式上划分，函数有三种形式：无参数函数、有参数函和空函数。函数定义的一般形式：

```
函数类型说明符  函数名([形式参数表])
{
  函数体
}
```

其中，函数类型说明符说明了自定义函数返回值的类型；函数类型说明符和形式参数的数据类型为 C51 的基本数据类型；函数体为实现该函数功能的一组语句，并包括在一对花括号 {} 中；方括号 [] 代表可选。函数名后括号中有形式参数的函数称为有参函数，没有形式参数的函数称为无参函数。

以下对无参数函数、有参数函进行简要介绍。

（1）无参数函数。无参数函数的定义形式为：

```
函数类型说明符 函数名( ) {函数体语句}
```

例如：void main(){……} 就是一个无参数函数。

注意：函数名后面的括号不能省略。

（2）有参数函数。有参数函数的定义形式为：

```
函数类型说明符 函数名(形式参数表) {函数体语句}
```

例如：void mDelay(unsigned int Delay){……} 就是一个有参数的函数。

2. 函数的调用

函数调用就是在一个函数体中调用另外一个已经定义的函数，前者称为主调用函数，后者称为被调用函数。函数调用的一般形式如下：

```
函数名 (实参列表);
```

其中，实参是有确定值的变量或表达式，各参数间需要用逗号分开。定义函数时，写在函数名括号中的称为形式参数，而在实际调用函数时写在函数括号中的称为实际参数。

（1）函数调用说明。

1）在实参表中，实参的个数与顺序必须和形参的个数与顺序相同，实参的数据类型必须和对应的形参数据类型相同。

2）若为无参数调用，调用时函数名后的括号也不能省略。

3）函数间可以互相调用，但不能调用 main() 函数。如下面一段程序：

```
void mDelay(unsigned int Delay)
{ ……
  for(;Delay>0;Delay--)
  ……
}
```

上述函数中的 Delay 就是一个形式参数，而在函数调用时：

```
mDelay(1000);
```

其中 1000 就是一个实际参数，在执行该函数时，该值被传递到函数内部。

（2）函数的三种调用方式。在 C 语言中，按函数调用在主调函数中出现的位置，可以将函数调用分为三种方式。

1）函数语句。把函数调用作为主调函数的一条语句，即“函数名 ();”，如：

```
delay10ms();
```

2）函数表达式。函数出现在一个表达式中，要求函数带回一个确定的值来参加表达式的运算，如：

```
result=3*max(a,b);
```

3）函数参数。被调用的函数作为一个函数的实参，如：

```
m=max(max(a,b),c);
```

（3）一个函数调用另一个函数必须具备的条件。

1）被调用的函数必须是已经存在的函数，否则就会出现语法错误。在程序的开头，要对程序中用到的函数进行统一的说明，然后再分别定义有关函数。

2）如果使用库函数，一般还需要在文件开头用 #include 命令将调用库函数所需的有关信息包含到本文件中来，如：

```
#include <reg52.h>
```

3）如果使用用户自己定义的函数，且该函数与调用它的函数（主调函数）在同一个文件中，一般应在主调函数中对被调用函数作声明，除非被调函数的定义在主调函数之前。如果不是在本文件中定义的函数，那么在程序开始处要用 extern 修饰符进行函数原型说明。

3. 函数的返回值

在 C 语言中，一般使用 return 语句由被调用函数向主调函数返回值，该语句有下列用途：

（1）它能立即从所在的函数中退出，返回到调用它的程序中去。

（2）返回一个值给调用它的函数。

返回语句一般有以下 3 种形式：

```
return;
return 表达式;
return(表达式);
```

函数可以返回一个值，也可以没有返回值。

如果函数要返回一个值，在定义这个函数时要定义好这个值的数据类型，如果在定义函数时没有定义返回值的类型，系统默认返回一个 int 型的值。

如果明确知道一个函数将没有返回值，可以将其定义为 void 型，这样，如果在调用函数时错误地使用了“变量名 = 函数名”的方式，编译器就能发现这一错误并指出。

3.5 任务 9 LCD 液晶显示信息牌设计

3.5.1 任务描述

为了进一步掌握 LCD1602 液晶显示模块的使用和编程方法，设计一个基于 LCD1602 的信息显示牌。要求信息显示牌显示的格式为：

（1）第 1 行显示：G10 arrival time（G10 到站时间）。

（2）第 2 行显示：14:08（居中显示时间，由左向右分别为时、分）。

3.5.2 任务分析

1. LCD 液晶显示信息牌电路分析

LCD 液晶显示信息牌电路是由单片机最小系统、驱动电路和 LCD 液晶显示模块组成，如图 3-13 所示。

在图 3-13 中，8 位双向数据线 D0 ～ D7 接 P0 口；寄存器选择 RS、读写信号线 R/W

和控制液晶模块执行命令的使能端 E（或 EN）分别接 P1 口的 P1.0、P1.1 和 P1.2 引脚。

考虑到 P0 口驱动能力，所以在 P0 口与 LCD1602 液晶显示模块之间增加 1 个双向总线收发器 74LS245。

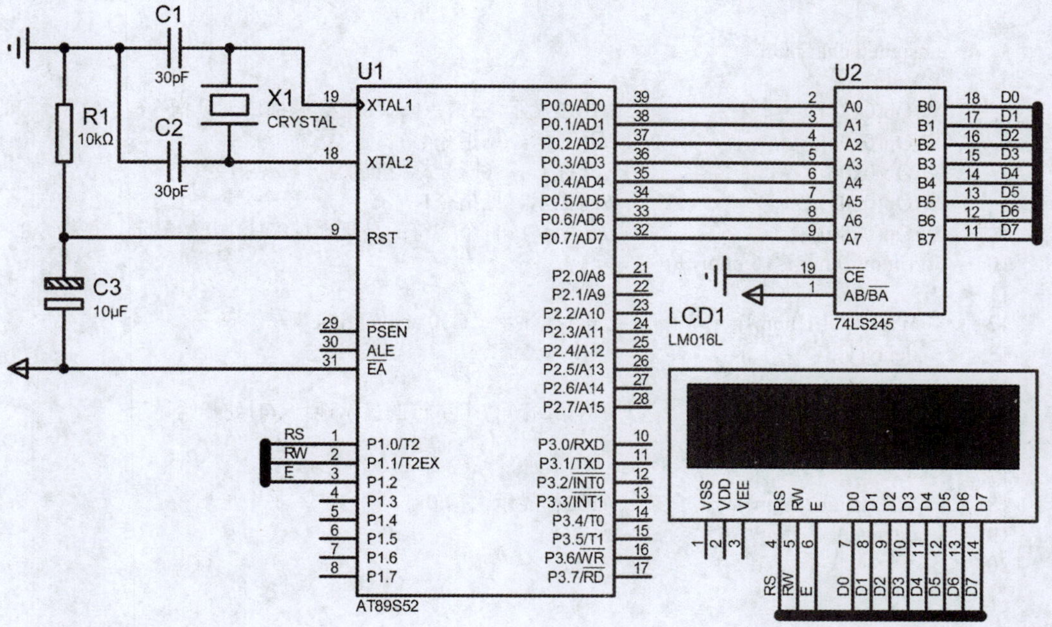

图 3-13 LCD 液晶显示信息牌电路

2. LCD1602 关键函数

LCD1602 关键函数主要有写指令函数 WrOp()、写数据函数 WrDat() 和 LCD1602 初始化函数 LCD_Init()。

（1）写指令函数 WrOp()。WrOp() 函数的功能是把指令写入 LCD1602 的指令寄存器中，此时 RS=0 选择指令寄存器。LCD1602 共有 11 条控制指令，LCD1602 的读写操作、对屏幕和光标的操作都是通过指令编程来实现的。WrOp() 函数代码如下：

```
void WrOp(unsigned char com)
{
   RS=0;                  //选择指令寄存器
   P0=com;                //把指令写入LCD1602的指令寄存器中
   delay(1);
   EN=1;                  //EN为高电平
   delay(1);
   EN=0;                  //EN为低电平，EN由高电平跳变成低电平，LCD1602执行指令
}
```

（2）写数据函数 WrDat()。WrDat() 函数的功能是把数据写入 LCD1602 的数据寄存器中，此时 RS=1 选择数据寄存器。WrDat() 函数代码如下：

```
void WrDat(unsigned char dat)
{
   RS=1;                  //选择数据寄存器
     P0=dat;              //把数据写入LCD1602的数据寄存器中
     delay(1);
     EN=1;
   delay(1);
   EN=0;
}
```

（3）LCD1602 初始化函数 LCD_Init()。LCD_Init() 函数的功能是对 LCD1602 液晶显

示模块进行初始化，设置 LCD1602 液晶显示模块为 16*2 显示、5*7 点阵、8 位数据接口、光标右移等，同时还要完成清除显示处理，并在指定位置显示初始信息。LCD_Init() 函数代码如下：

```
void LCD_Init()
{
  unsigned char num;
  RW=0;
  WrOp(0x38);                //16*2显示，5*7点阵，8位数据接口，见指令6
  WrOp(0x0c);                //开显示，见指令4
  WrOp(0x06);                //光标右移（即光标位置加1），见指令3
  WrOp(0x01);                //清显示，见指令1
  WrOp(0x80);                //从第1行第1个字符的显示地址00H处开始显示，见指令8
  for(num=0;num<16;num++)
  {
    WrDat(tab1[num]);        //第1行显示“G10 arrival time”
    delay(1);
  }
  WrOp(0x80+0x46);           //从第2行第7个字符的显示地址46H处开始显示
  for(num=0;num<5;num++)
  {
    WrDat(tab2[num]);        //第2行显示“14:08”
    delay(1);
  }
}
```

3. LCD 液晶显示模块如何显示信息

根据任务描述，使用 LCD1602 液晶显示模块显示高铁车次和到站时间，那么如何在指定位置显示信息呢？

LCD1602 液晶显示模块可以显示两行，每行显示 16 个字符，共显示 32 个字符。

（1）如何确定每行第一个字符的显示地址。根据图 3-11，第 1 行第一个字符的显示地址是 00H，第 2 行第一个字符的显示地址是 40H。由于 LCD1602 液晶显示模块要求最高位 D7 恒定为高电平“1”，所以每行第一个字符的显示地址还要加 0x80（80H），即：

- 第 1 行第一个字符的显示地址是 00H+80H=80H。
- 第 2 行第一个字符的显示地址是 40H+80H=C0H。

（2）如何确定每行显示起始字符的显示位置。根据以上分析，确定每行显示起始字符的显示位置方法如下：每行第一个字符的显示地址 + 右移 n 个字符。其中，n 的取值为 0 ～ 9、A ～ F。

例如：从第 2 行第 4 个字符处开始显示“Hello!”信息，第 4 个字符相对于第 1 个字符是右移 3 个字符，代码如下：

```
WrOp(0xC0+0x3);              //从第2行第4个字符的显示地址C3H处开始显示
 for(num=0;num<6;num++)      //“Hello!”有6个字符，需要循环6次，写6次数据
 {
   WrDat(tab2[num]);         //第2行显示“Hello!”
   delay(1);
 }
```

3.5.3 任务实施

LCD 液晶显示信息牌电路设计

1. LCD 液晶显示信息牌电路设计

如图 3-13 所示，LCD 液晶显示信息牌电路是由单片机最小系统、驱动电路和 LCD 液晶显示模块组成。

（1）新建设计文件、设置图纸尺寸、设置网格、保存设计文件，文件名为“LCD 液晶显示信息牌”。

（2）从 Proteus 元器件库中选取 AT89C52、CRYSTAL、CAP、CAP-ELEC、RES、74LS245、和 LM016L（LCD1602 液晶显示模块）等元器件。

（3）放置元器件、编辑元器件、放置终端、连线，按图 3-13 所示放置元器件并连线。

（4）编辑元器件属性。

（5）电气规则检测。执行“工具”→“电气规则检查”命令，弹出检查结果窗口，完成电气检测。若检测出错，根据提示修改电路图并保存，直至检测成功。

2. 建立“LCD 液晶显示信息牌”工程项目

新建“LCD 液晶显示信息牌”工程文件，并保存在“任务 9 LCD 液晶显示信息牌”文件夹中，然后选择单片机型号为 Atmel 的 AT89S52。

3. 建立并加载“LCD 液晶显示信息牌 .c”源文件

从任务分析可以看出：LCD1602 液晶显示模块显示高铁车次和到站时间。第 1 行显示“G10 arrival time”（G10 到站时间）；第 2 行显示“14:08”，居中显示时间，由左向右分别为时、分。

LCD 液晶显示信息牌程序设计

建立并加载“LCD 液晶显示信息牌 .c”源文件，源文件代码如下：

```
/**************************************************************
* 功能：LCD液晶显示信息牌
**************************************************************/
#include <AT89X52.H>              //包含AT89X52.H头文件
sbit RS=P1^0;
sbit EN=P1^2;
sbit RW=P1^1;
unsigned char code tab1[]="G10 arrival time";
unsigned char code tab2[]="14:08";
void delay(unsigned int t)
{
   unsigned int x,y;
   for(x=t;x>0;x--)
         for(y=100;y>0;y--);
}
/**************************************************************
* 名称：WrOp()
* 功能：写函数
**************************************************************/
void WrOp(unsigned char com)
{
   RS=0;                          //选择指令寄存器
   P0=com;                        //把指令写入LCD1602的指令寄存器中
      delay(1);
   EN=1;                          //EN为高电平
   delay(1);
      EN=0;                       //EN为低电平，EN由高电平跳变成低电平，LCD1602执行指令
}
/**************************************************************
* 名称：WrDat()
* 功能：写数据函数
**************************************************************/
void WrDat(unsigned char dat)
{
   RS=1;                          //选择数据寄存器
```

```
    P0=dat;                    //把数据写入LCD1602的数据寄存器中
    delay(1);
    EN=1;
  delay(1);
  EN=0;
}
/*************************************************************
* 名称：LCD_Init ()
* 功能：LCD1602初始化函数
*************************************************************/
void LCD_Init()
{
  unsigned char num;
    RW=0;
    WrOp(0x38);                //16*2显示，5*7点阵，8位数据接口，见指令6
    WrOp(0x0c);                //开显示，见指令4
    WrOp(0x06);                //光标右移（即光标位置加1），见指令3
     WrOp(0x01);               //清显示，见指令1
     WrOp(0x80);               //从第1行第1个字符的显示地址00H处开始显示，见指令8
  for(num=0;num<16;num++)
  {
    WrDat(tab1[num]);          //第1行显示“G10 arrival time”
    delay(1);
  }
  WrOp(0x80+0x46);             //从第2行第7个字符的显示地址46H处开始显示
  for(num=0;num<5;num++)
  {
    WrDat(tab2[num]);          //第2行显示“14:08”
  delay(1);
   }
}
/*************************************************************
* 名称：main ()
*************************************************************/
void main()
{
  LCD_Init();
  while(1);
}
```

4. “LCD 液晶显示信息牌”工程配置与编译

工程配置：“目标”标签页的晶振频率栏设为 12MHz，勾选“输出”标签页的“生成 HEX 文件”复选框。

工程编译：完成工程配置后，进行“LCD 液晶显示信息牌”工程编译。若编译发生错误，要进行分析检查，直到编译正确为止。

5. LCD 液晶显示信息牌仿真运行调试

（1）打开 LCD 液晶显示信息牌仿真电路。

（2）加载“LCD 液晶显示信息牌 .hex”HEX 文件。

（3）单击仿真工具栏“运行”按钮 ▶，单片机全速运行程序。

观察 LCD 液晶显示信息牌显示信息是否符合任务要求。若运行结果与任务要求不一致，要对电路和程序进行分析检查，直到运行正确。LCD 液晶显示信息牌运行结果如图 3-14 所示。

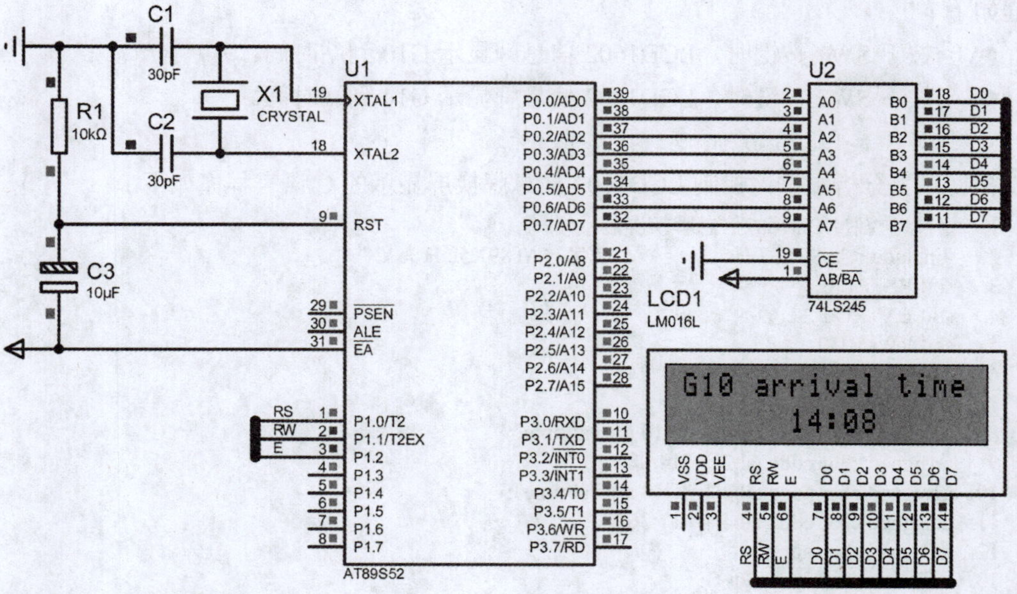

图 3-14　LCD 液晶显示信息牌运行结果

【技能训练 3-4】按键控制 LCD1602 信息牌换屏显示

【技能训练 3-4】按键控制 LCD1602 信息牌换屏显示

在任务 9 的基础上增加两个按键，完成 LCD1602 信息牌换屏显示不同高铁车次和到站时间。

1. 按键控制 LCD1602 信息牌换屏显示电路设计

根据技能训练要求，使用两个按键控制 LCD1602 信息牌换屏显示，其电路主要由单片机最小系统、按键控制电路、驱动电路和 LCD 液晶显示模块组成。在图 3-14 基础上增加两个按键，SW1 按键接 P1.4，SW2 按键接 P1.7，电路如图 3-15 所示。

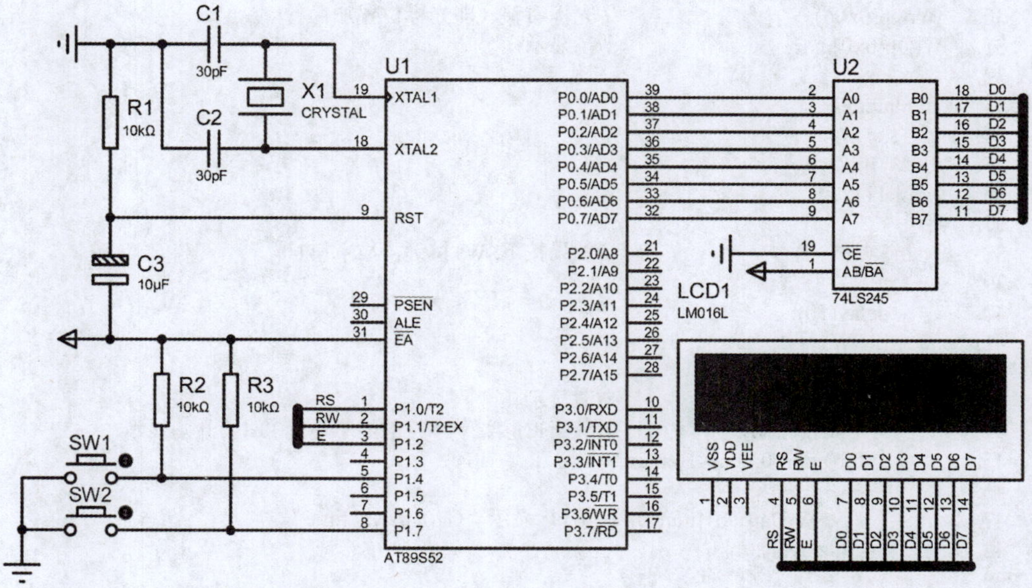

图 3-15　按键控制 LCD 液晶显示信息牌换屏显示电路

2. 按键控制 LCD1602 信息牌换屏显示实现分析

如图 3-15 所示，按键控制 LCD1602 信息牌换屏显示不同高铁车次和到站时间，实现过程如下：

- 当按下 SW1 按键时，LCD1602 信息牌显示 G10 到站时间。
- 当按下 SW2 按键时，LCD1602 信息牌显示 G14 到站时间。

3. 按键控制 LCD1602 信息牌换屏显示程序设计

根据以上分析，按键控制 LCD1602 信息牌换屏显示的 C 语言程序如下：

```
/*按键控制LCD1602信息牌换屏显示*/
#include <AT89X52.H>                  //包含AT89X52.H头文件
sbit RS=P1^0;
sbit EN=P1^2;
sbit RW=P1^1;
sbit SW1=P1^4;
sbit SW2=P1^7;
unsigned char code tab1[]="G10 arrival time";
unsigned char code tab2[]="14:08";
unsigned char code tab3[]="G14 arrival time";
unsigned char code tab4[]="17:36";
unsigned char num;
void delay(unsigned int t)
{
    ……
}
void WrOp(unsigned char com)
{
    ……
}
void WrDat(unsigned char dat)
{
    ……
}
void LCD_Init()
{
  RW=0;
  WrOp(0x38);                         //16*2显示，5*7点阵，8位数据接口
  WrOp(0x0c);                         //开显示
  WrOp(0x06);                         //光标右移（即光标位置加1）
  WrOp(0x01);                         //清显示
}
void main()
{
  LCD_Init();
  while(1)
  {
    if(SW1==0)                        //如果按下SW1按键，显示第1屏
    {
      delay(50);
      if(SW1==0)
      {
        WrOp(0x01);                   //清显示
        WrOp(0x80);                   //从第1行第1个字符的显示地址00H处开始显示
        for(num=0;num<16;num++)
        {
            WrDat(tab1[num]);         //第1行显示“G10 arrival time”
          delay(1);
        }
        WrOp(0x80+0x46);              //从第2行第7个字符的显示地址46H处开始显示
        for(num=0;num<5;num++)
        {
          WrDat(tab2[num]);           //第2行显示“14:08”
          delay(1);
```

```
        }
      }
    }
    if(SW2==0)                      //如果按下SW2按键，显示第2屏
    {
      delay(50);
      if(SW2==0)
      {
        WrOp(0x01);                 //清显示
        WrOp(0x80);                 //从第1行第1个字符的显示地址00H处开始显示
        for(num=0;num<16;num++)
        {
          WrDat(tab3[num]);         //第1行显示“G14 arrival time”
          delay(1);
        }
        WrOp(0x80+0x46);            //从第2行第7个字符的显示地址46H处开始显示
        for(num=0;num<5;num++)
        {
          WrDat(tab4[num]);         //第2行显示“17:36”
          delay(1);
        }
      }
    }
  }
}
```

关键知识点梳理

1. LED数码管

LED数码管内部是由8个LED（简称位段）组成，其中有7个条形LED和1个小圆点LED构成，LED数码管可以分为共阴极和共阳极两种结构。

（1）共阴LED数码管是把所有LED的阴极作为公共端（COM）连起来，接低电平，通常接地，通过控制每一只LED的阳极电平来使其发光或熄灭，阳极为高电平LED发光，为低电平LED熄灭。

（2）共阳LED数码管结构是把所有LED的阳极作为公共端（COM）连起来，接高电平（如+5V），通过控制每一只LED的阴极电平来使其发光或熄灭，阴极为低电平LED发光，为高电平LED熄灭。

2. LED数码管字形编码

要使数码管上显示某个字符，必须使它的8位段选线上加上相应的电平组合，即一个8位数据，这个数据就叫该字符的字形编码（在C51编程时也称为段码）。

3. LED数码管静态显示电路设计方法

静态显示方式是各位LED数码管相互独立，LED数码管静态显示电路的设计方法如下：

（1）共阴LED数码管的公共端恒定接地（共阳LED数码管的公共端恒定接电源+5V）。

（2）每个LED数码管的8个段控制端分别与一个8位I/O口相连。

4. LED数码管静态显示方式

静态显示是指LED数码管显示某一字符时，相应的LED恒定导通或恒定截止。这种显示方式的各位LED数码管相互独立，公共端恒定接地（共阴极）或+5V（共阳极）。每

个 LED 数码管的 8 个位段分别与一个 8 位 I/O 口相连。I/O 口只要有字形编码（也称为段码）输出，LED 数码管就显示给定字符，并保持不变，直到 I/O 口输出新的段码。

5. LED 数码管动态扫描显示电路设计方法

当 LED 数码管显示两位以上时，为了降低成本和功耗，会采用动态扫描显示方式，LED 数码管动态扫描显示电路的设计方法如下：

（1）将 LED 数码管所有位的相同“段选端”都并接起来，由一个 8 位 I/O 口控制，如：LED 数码管的所有 a 段都并接。

（2）各位 LED 数码管的公共端（COM 端）用作“位选端”，分别接另一个 I/O 口的 I/O 引脚，并由“位选端”分别控制各 LED 数码管进行显示。

6. LED 数码管动态扫描显示方式

动态扫描显示是一种一位一位地轮流点亮各位 LED 数码管的显示方式，即在某一时段只选中一位 LED 数码管的“位选端”，并送出相应的段码，在下一时段按顺序选通另外一位 LED 数码管，并送出相应的段码。依此规律循环下去，即可使各位 LED 数码管分别间断地显示出相应的字符。这一过程称为动态扫描显示。

当显示位数较多时，采用动态扫描方式可以节省 I/O 口资源，硬件电路也较简单，但其稳定性不如静态显示方式，并且，由于 CPU 要轮番扫描，占用的 CPU 时间也会更多。若显示位数较少，采用静态扫描显示方式更加简洁。

7. LCD1602 液晶显示模块

LCD1602 液晶显示模块是一个字符型液晶显示模块，能够同时显示 16×2（16 列、2 行）个字符（即可以同时显示两行，每行显示 16 个字符，共显示 32 个字符）。

（1）LCD1602 有 8 位双向数据线 D0 ～ D7、寄存器选择 RS、读写信号控制 R/W 以及使能 E（或 EN）等引脚。

（2）LCD1602 第 1 行第一个字符的显示地址是 80H，第 2 行第一个字符的显示地址是 C0H。

（3）LCD1602 有读写操作、屏幕和光标操作等 11 条指令。

（4）LCD1602 有写指令函数 WrOp()、写数据函数 WrDat()、LCD1602 初始化函数 LCD_Init() 等关键函数。

8. 数组

数组必须由具有相同数据类型的元素构成，这些数据的类型就是数组的基本类型。

数组必须要先定义，后使用。常见的数组是一维数组、二维数组和字符数组。

9. 函数

C 语言程序是由一个个函数构成的。一个 C 语言源程序至少包含一个函数，一个源程序中有且仅有一个主函数 main()。C 语言总是从 main() 函数开始执行，结束也是在 main() 函数。从函数定义的形式上划分，函数有三种形式：无参数函数、有参数函和空函数。

问题与讨论

3-1 填空题

（1）C 语言中的字符串总是以 ________ 作为串的结束符，通常用字符数组来存放字符串。

（2）共阴 LED 数码管的段码和共阳 LED 数码管的段码是 ________ 的。

（3）要把 LED 数码管显示 0 ～ 9 十个数字的段码表定义在程序存储器中，需使用关键字 ________。

（4）LED 数码管显示按显示过程分为 ________ 显示和 ________ 显示两种。

（5）共阳极 8 段数码管显示字符“0”的段代码是 ________。

（6）LCD1602 液晶显示模块是一个字符型液晶显示模块，可以显示两行，每行显示 ________ 个字符，共显示 ________ 个字符。

（7）LCD1602 是一种专门用来显示 ________、________、________ 等的点阵型液晶模块。

（8）LCD1602 液晶显示模块内部的控制器共有 ________ 条控制指令，LCD1602 液晶显示模块的 ________、________ 和 ________ 的操作都是通过指令编程来实现的。

（9）LCD1602 液晶显示模块指令主要有 ________ 个基本操作。在读状态时，主要是读取 ________ 位（即显示模块的忙标志位 BF）。

3-2　选择题

（1）已知 1 只共阴 LED 数码管，其中 a 笔段为字形代码的最低位，若需显示数字 1，则它的字形代码应为（　　）。

A．06H　　B．F9H　　C．30H　　D．CFH

（2）哪种显示方式编程较简单，但是占用 I/O 口线多，其一般使用于显示位数较少的场合。（　　）

A．静态　　B．动态　　C．静态和动态　　D．查询

（3）下面是对一维数组 a 的初始化代码，其中不正确的是（　　）。

A．char a[8]={"good"}；　　B．char a[8]={'g','o','o','d'}；

C．char a[8]=''；　　D．char a[8]="hello"；

（4）在 C 语言中引用数组元素时，其数组下标的数据类型允许是（　　）。

A．整型常量　　B．整型表达式

C．整型常量或整型表达式　　D．任何类型的表达式

3-3　LED 数码管有哪两种结构？是如何实现的？

3-4　请简要说明 LED 数码管静态显示和动态显示的特点，实际设计时应如何选择？

3-5　动态显示的过程是什么？

3-6　在用共阳 LED 数码管显示的电路中，如果直接将共阳 LED 数码管换成共阴 LED 数码管，能否正常显示？为什么？若不能正常显示，应采取什么措施？

3-7　在任务 7 中，如果把计数按键改接到 P1.7，并要求实现 0 ～ 59 循环计数，程序应如何修改？

3-8　在任务 8 中，如果把数码管动态扫描显示程序的延时时间改为 1s，会出现什么情况？

3-9　如何设计使用 3 个按键控制 LCD1602 信息牌，实现 3 个信息显示屏切换？

项目 4　单片机键盘设计

项目描述

键盘是单片机应用系统中人机交流不可缺少的输入设备，用于向单片机应用系统输入数据或控制信息。

本项目从独立式和矩阵式键盘设计入手，首先让读者对键盘有一个初步了解；然后介绍键盘结构、电路设计和按键识别方法，通过独立式键盘焊接制作、步进电机智能控制设计，让读者进一步了解键盘的应用。

能力目标

能完成独立式键盘电路设计与焊接制作，能应用 C 语言程序完成对键盘的按键识别程序设计，实现步进电机智能控制设计、运行及调试。

知识目标

- 了解独立式和矩阵式键盘结构
- 掌握按键按下判断和按键识别的方法
- 掌握键盘的接口电路设计和程序设计的方法
- 掌握 C51 中的位操作及 C 语言语句结构

教学重点

- 独立式和矩阵式键盘电路设计的方法
- 按键延时去抖和按键识别的方法
- C51 中的位操作应用

教学难点

矩阵键盘扫描电路设计和程序设计的方法。

4.1　任务 10　独立式键盘设计

4.1.1　任务描述

使用 AT89S52 单片机，设计一个具有 8 个按键的独立式键盘，每个按键对应一个

LED，电路如图 4-1 所示。

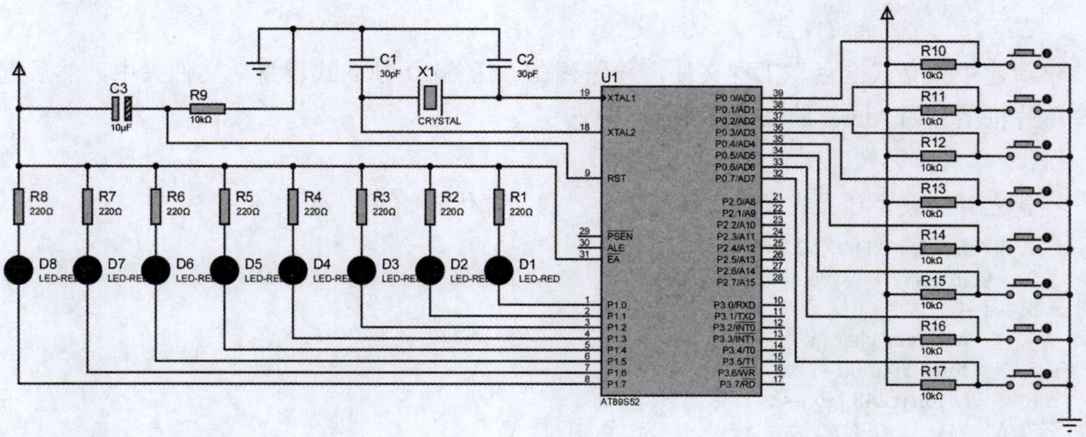

图 4-1 独立式键盘电路

功能要求：无键按下时，所有按键所接单片机引脚输出全为“1”，LED 全部熄灭；有键按下时，按键所接单片机引脚输出为“0”，其所对应 LED 点亮。

4.1.2 任务分析

1. 独立式键盘电路分析

从 4-1 所示可以看出，独立式键盘的特点是每个按键单独占用一根 I/O 口线，每个按键的工作不会影响其他 I/O 线的状态。

独立式键盘的每个按键的一端接地；按键的另一端与 P0 口的一个引脚相连，同时经上拉电阻接电源（+5V）。其中上拉电阻保证了按键在断开时，I/O 线有高电平。

（1）当无键按下时，P0 的 8 个 I/O 口均通过电阻接高电平，信息为“1”。

（2）当有键按下时，将使其对应的 I/O 口通过该键接地，信息为“0”。

2. 独立式键盘程序分析

根据以上分析，我们可以通过程序来检测单片机 P0 口的 8 个 I/O 口线哪个是“0”，这样就可以知道是否有键按下，并能识别出是哪一个键按下。

当程序识别了被按下的按键后，就可以通过 P1 口输出点亮对应的 LED。由于 LED 阳极接高电平，在其阴极所接的端口输出“0”时，LED 被点亮，反之熄灭。

在这里，我们还要注意按键去抖的问题，在后面会有详细介绍。

4.1.3 任务实施

1. 独立式键盘电路设计

独立式键盘电路设计

由图 4-1 所示电路可以看出，独立式键盘电路是由单片机最小系统、按键电路和 LED 电路构成。独立式键盘电路设计过程如下：

（1）新建设计文件、设置图纸尺寸、设置网格、保存设计文件，文件名为“独立式键盘”。

（2）选取 AT89S52、CRYSTAL、CAP、CAP-ELEC、RES、LED-RED 和 BUTTON 等元器件。

（3）放置元器件、编辑元器件、放置终端、连线，按图 4-1 所示放置元器件并连线。

（4）编辑元器件属性。

（5）执行“工具”→“电气规则检查”命令，弹出检查结果窗口，完成电气检测。若检测出错，根据提示修改电路图并保存，直至检测成功。

2. 建立“独立式键盘”工程项目

新建“独立式键盘”工程文件，并保存在“任务 10 独立式键盘”文件夹中，然后选择单片机型号为 Atmel 的 AT89S52。

3. 建立并加载“独立式键盘 .c”源文件

独立式键盘程序设计

建立并加载“独立式键盘 .c”源文件，源文件代码如下：

```
#include <AT89X52.H>
void delay10ms(void)                          //10ms延时函数
{
  unsigned char i,j;
  for(i=20;i>0;i--)
    for(j=248;j>0;j--);
}
void main()
{
  unsigned char x;
  P0=0xff;                                    //P0口作为输入口，P0口全置1
  while(1)
  {
    if(P0!=0xff)                              //判断是否有按键按下
    {
      delay10ms();                            //如果有按键按下，延时10ms去抖动
      if(P0!=0xff)                            //如果无键按下则认为是按键抖动，重新扫描键盘
      {
        x=~P0;                                //读取键盘按键状态，并取反获得按键按下的键值
        switch(x)                             //根据键值点亮对应的LED
        {
          case 0x01: P1=0xfe; break;          //第1个键按下，点亮第1个LED，熄灭其他LED
          case 0x02: P1=0xfd; break;          //第2个键按下，点亮第2个LED，熄灭其他LED
          case 0x04: P1=0xfb; break;          //第3个键按下，点亮第3个LED，熄灭其他LED
          case 0x08: P1=0xf7; break;          //第4个键按下，点亮第4个LED，熄灭其他LED
          case 0x10: P1=0xef; break;          //第5个键按下，点亮第5个LED，熄灭其他LED
          case 0x20: P1=0xdf; break;          //第6个键按下，点亮第6个LED，熄灭其他LED
          case 0x40: P1=0xbf; break;          //第7个键按下，点亮第7个LED，熄灭其他LED
          case 0x80: P1=0x7f; break;          //第8个键按下，点亮第8个LED，熄灭其他LED
          default: break;
        }
      }
    }
  }
}
```

4. “独立式键盘”工程配置与编译

工程配置：“目标”标签页的晶振频率栏设为 12MHz，勾选“输出”标签页的“生成 HEX 文件”复选框。

工程编译：完成工程配置后，进行“独立式键盘”工程编译。若编译发生错误，要进行分析检查，直到编译正确为止。

5. 独立式键盘运行调试

（1）打开独立式键盘仿真电路。

（2）加载“独立式键盘 .hex”HEX 文件。

（3）单击仿真工具栏“运行”按钮▶，单片机全速运行程序。

观察独立式键盘是否与任务要求一致。若运行结果与任务要求不一致，要对电路和程

序进行分析检查，直到运行正确。

【技能训练 4-1】独立式键盘焊接制作

根据图 4-1 所示电路图，在万能板上完成独立式键盘电路焊接制作，元器件清单见表 4-1。

表 4-1 独立式键盘电路元器件清单

元器件名称	参数	数量 / 个	元器件名称	参数	数量 / 个
单片机	STC89C52	1	轻微按键		1
晶振	11.0592MHz	1	电阻	10kΩ	9
瓷片电容	30pF（104）	2	电阻	220Ω	8
电解电容	10μF	1	LED		8
IC 插座	DIP40	1			

【技能训练 4-1】独立式键盘焊接制作

1. 电路板焊接

参考独立式键盘电路图 4-1 完成电路板焊接制作，焊接好的电路板如图 4-2 所示。

图 4-2 独立式键盘焊接电路板

2. 硬件检测与调试

上电后，按下键盘任意一个按键，均能为对应 I/O 口送入低电平。如果不能送入低电平，则检测该按键对地是否断路。

3. 软件下载与调试

通过 STC-ISP 下载软件把“独立式键盘 .hex”文件烧入单片机芯片中。如果每按一个按键均能点亮对应的 LED，并且无键按下时 LED 全部熄灭，说明上面焊接过程和程序均正常，否则需进行调试，直到功能实现。

4.2 认识单片机键盘

4.2.1 键盘结构与分类

键盘结构与分类

1. 键盘结构

键盘由一组规则排列的按键开关组成，一个按键实际上是一个开关元件。

机械触点式按键开关的主要功能是把机械上的通断转换为电气上的逻辑关系（1 和 0），

如图 4-3 所示。

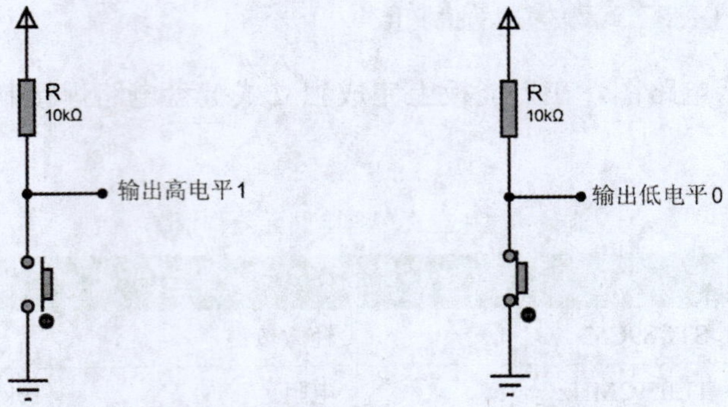

（a）未按下按键　　（b）按下按键

图 4-3　按键通断的逻辑关系

2. 键盘分类

根据结构原理按键可以如下分为以下两类：

- 触点式开关按键，如机械式按键、导电橡胶式按键等。
- 无触点开关按键，如电气式按键、磁感应按键等。前者造价低，后者寿命长。

这里我们主要介绍单片机中常用的触点式开关按键。

根据接口原理按键可以分为以下两类：

- 编码键盘。编码键盘主要通过硬件来实现对按键的识别，硬件结构复杂。
- 非编码键盘。非编码键盘主要是由软件来实现按键的定义与识别，硬件结构简单，软件编程量大。

这两类键盘的主要区别是识别键符及给出相应键码的方法。非编码键盘由于经济实用，较多地应用于单片机应用系统中，这里我们重点介绍非编码键盘。

3. 键盘结构

常见的键盘结构有两种：独立式键盘和矩阵式键盘。

- 独立式键盘的结构简单，但占用的资源多。
- 矩阵式键盘的结构相对复杂些，但占用的资源较少。

因此，当单片机应用系统中只需少数几个功能键时，可以采用独立式键盘结构。而当需要较多按键时，则可以采用矩阵式键盘结构。

4.2.2 键盘防抖动措施

键盘防抖动措施

机械式按键在按下或释放时，由于机械弹性作用的影响，通常伴随有一定时间的触点机械抖动，然后其触点才稳定下来。其抖动过程如图 4-4 所示，抖动时间的长短与开关的机械特性有关，一般为 5 ～ 10ms。

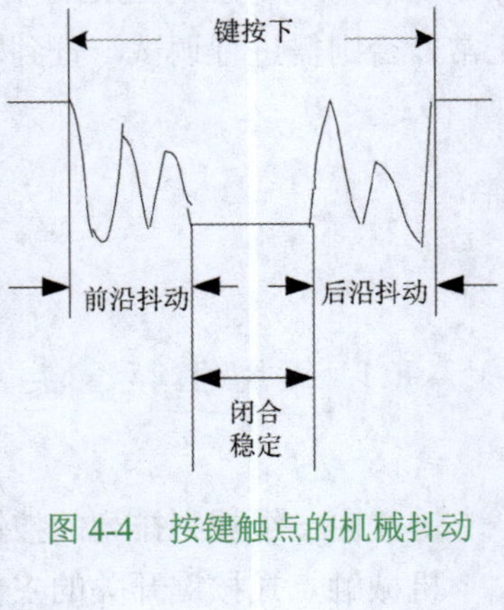

图 4-4　按键触点的机械抖动

若有抖动，按键按下会被错误地认为是多次操作。为了避免单片机多次处理按键的一次闭合，应采取措施消除抖动。

消除抖动常用的方法有：硬件去抖和软件去抖。在按键数较少时，可采用硬件去抖；而当按键数较多时，应采用软件去抖。

1. 硬件去抖

硬件去抖是一种采用硬件滤波的方法。在硬件上可采用在键输出端加 R-S 触发器（双稳态触发器）或单稳态触发器构成去抖动电路。图 4-5 所示是一种由 R-S 触发器构成的去抖动电路。

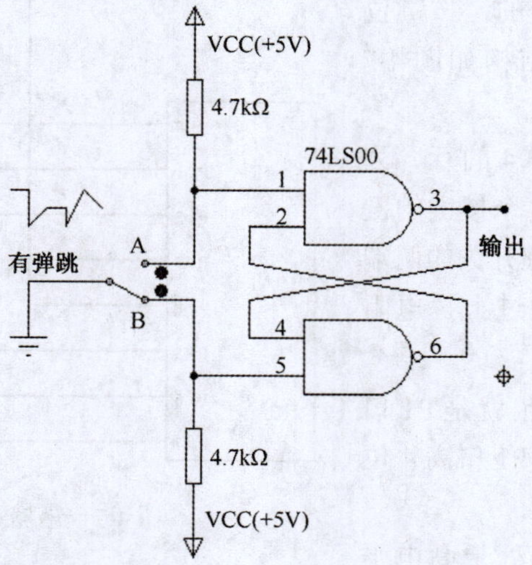

图 4-5 双稳态去抖动电路

图 4-5 中用两个“与非”门构成一个 R-S 触发器。当按键未按下时，输出 1；当键按下时，输出 0。此时，即使按键因弹性抖动而产生瞬时断开（抖动跳开 B），只要按键不返回原始状态 A，双稳态电路的状态也不会改变，输出一直保持为 0，不会产生抖动的波形。也就是说，即使 B 点的电压波形是抖动的，但经双稳态电路后，其输出为正规的矩形波。这一点通过分析 R-S 触发器的工作过程很容易得到验证。

2. 软件去抖

如果按键较多，常用软件方法去抖。在检测到有按键按下时，执行一个 10ms 左右（具体时间应视所使用的按键进行调整）的延时程序后，再确认该按键的电平是否仍保持闭合状态的电平，若仍保持闭合状态的电平，则确认该按键是处于闭合状态。同理，在检测到该按键释放后，也应采用相同的步骤进行确认，从而可消除抖动的影响。软件去抖动的流程如图 4-6 所示。

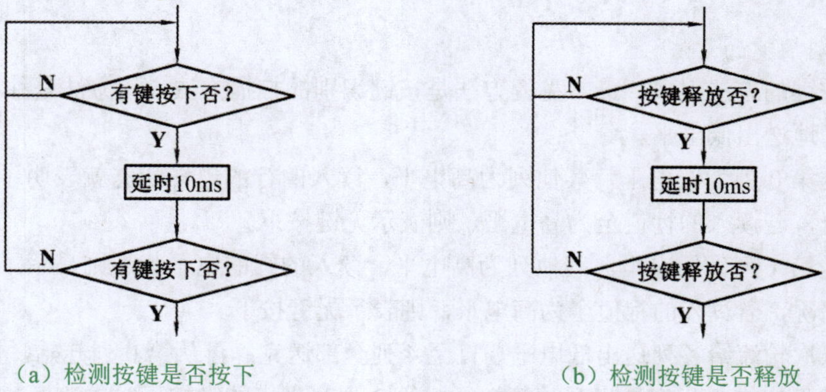

（a）检测按键是否按下　　（b）检测按键是否释放

图 4-6 软件去抖流程

4.2.3 矩阵式键盘结构原理

矩阵式键盘结构原理

1. 矩阵式键盘的结构

在单片机应用系统中，当使用的按键较多时，通常采用矩阵式键盘。矩阵式键盘是由行线和列线组成的，按键位于行、列的交叉点上，其结构如图 4-7 所示。

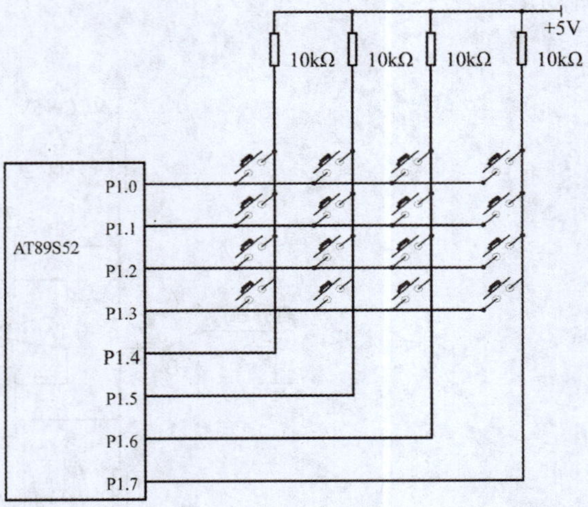

图 4-7 矩阵式键盘的结构

由图 4-7 可知，一个 4×4 的行、列结构，可以构成一个含有 16 个按键的键盘，节省了很多 I/O 口。按键开关的两端分别接行线和列线，列线通过上拉电阻接到 +5V 的电源上。

当 P1 口输出 0x0f 时，也就是 P1 口低 4 位输出高电平（行线），P1 口高 4 位输出低电平（列线）。

若没有按键按下，行线处于高电平状态，列线处于低电平状态；当有按键按下，按键所在的行线和列线导通，此时的行线电平由与该行线相连的列线电平来决定，这是识别按键是否被按下的关键。

2. 判断按键按下的方法

判断是否有键按下的方法如下：

（1）向所有的行线输出高电平，向所有的列线输出低电平（不能为高电平，因为若为高电平，按键按下与否都不会引起行线电平的变化）。

（2）将所有行线的电平状态读入。

（3）判断所有行线是否都保持高电平状态。

若无键按下，所有的行线仍保持高电平状态；若有键按下，行线中至少应有一条线为低电平。例如，在图 4-7 中，如果第 2 行与第 2 列交叉点的键被按下，则第 2 行与第 2 列导通，第 2 行电平被拉低，读入的行信号就为低电平，表示有键按下。然而当第 2 行为低电平时，能否肯定认为是第 2 行第 2 列的键被按下呢？当然是不能的。因为第 2 行上的其他键被按下，同样会使第 2 行为低电平。因此，要具体判断是哪个键按下还要进行按键识别。

3. 识别按键的方法

识别按键的方法很多，最常见的方法是按键识别的扫描方法，该方法是往列线上按顺序一列一列地送出低电平。

（1）送第 0 列为低电平，其他列为高电平，读入的行的电平状态就表明了第 0 列的 4 个键的情况，若读入的行值全为高电平，则表示无键按下。

（2）送第 1 列为低电平，其他列为高电平，读入的行的电平状态则显示了该列上的 4 个按键的情况，若读入的行值全为高电平，则表示无键按下。

（3）依次轮流给各列送出低电平，直至 4 列全部送完，再从第 0 列开始，依此循环。

采用键盘扫描，我们再来观察第 2 行与第 2 列交叉点的键按下时的判断过程：当第 2 列送出低电平时，读第 2 行为低电平，而其他列送出低电平时，读第 2 行却为高电平，由此即可断定按下的键应是第 2 行与第 2 列交叉点的键。

4. 按键编码

由于矩阵式键盘的按键较多，按键的位置又是由行号和列号唯一确定的，因此可以对按键进行编码，并把得到的编码称为键值。键值 = 列号 + 行号 ×4。例如：第 2 行与第 2 列交叉点的键的键值为 0AH（00001010b）。

注意：行和列的编号都是从 0 开始，例如，对 4×4 的键盘，行号为 0 ～ 3，列号为 0 ～ 3。

由以上分析，可以得到矩阵式键盘的编程方法：先判断是否有键按下，若有再判断是哪一个按键按下，然后查表或计算得到键值，最后根据键值转向不同的功能程序。

4.2.4 C51 中的位操作

C51 中的位操作

在对单片机进行编程的过程中，对位的操作是经常遇到的。C51 对位的操控能力是非常强大的。在前面的任务中，大量使用了对位的操作，例如：

```
while(KEY==0);                    //等待计数按键释放
/*十位数BCD码先左移4位(Count/10<<4)，然后再与个位数BCD码(Count%10)相或*/
P2=(Count/10<<4)|(Count%10);
```

这里我们着重介绍 C51 中的位操作及其应用。C51 提供的位操作运算符见表 4-2。

表 4-2 C51 提供的位操作运算符

运算符	名称	优先级	运算符	名称	优先级
~	按位取反	2	&	按位与	8
<<	左移	5	^	按位异或	9
>>	右移	5	|	按位或	10

1. 按位取反“~”

按位取反运算符“~”为单目运算符，即它的操作数只有一个，功能就是对操作数按位取反。

按位取反运算规则是：~1=0；~0=1。

例如在任务 4 中，temp 值取反后送入 P1 口的代码：

```
temp = 0x01;            //第一位为1，即初始控制码为0x01
……
P1 = ~ temp;            //temp值按位取反后送P1口，0x01取反后的值为0xfe
```

在技能训练 3-1 的共阴极数码管循环显示“0 ～ 9”程序中，若使用共阳极数码管定义的 0 ～ 9 十个数字段码，如何实现呢？

由于共阴极和共阳极的段码是反相的（即反码），这时我们可以使用按位取反运算符“~”来实现，代码如下：

```
unsigned char code tab[]={0xC0,0xF9,0xA4,0xB0,0x99,0x92,0x82,0xF8,0x80,0x90};
//共阳极数码管0~9十个数字的段码
……
while(1)
{
for(k=0;k<10;k++)
  {
    P2 = ~tab[k];              //如，“0”的段码0xC0取反后，即为共阴极数码管的段码0x3F
    Delay();
  }
}
```

2. 左移“<<”

左移运算符“<<”用来将一个数的各位全部向左移若干位，最高若干位移出，最低若干位补0。例如：

```
temp=0xf5;                //即temp=0b1111_0101
temp= temp<<1;            //将temp的各位左移1位，最低1位补0，得到temp=0b1110_1010
```

又如：

```
a=0x22;                   //即a=0b0010_0010
a=a<<2;                   //将a的各位左移两位，最低两位补0，得到a=0b1000_1000=0x88
```

从这可以看出，a左移2位后，由0x22变为0x88，是原来的4倍。若左移1位，就为0b01000100，即0x44，是原来的2倍。由此可见，左移n位，就等于乘以2^n了。

3. 右移“>>”

右移运算符“>>”用来将一个数的各位全部向右移若干位，最高若干位补0，最低若干位移出。例如：

```
x=0x48;                   //即x=0b0100_1000
x=x>>1;                   //将x的各位右移1位，最高1位补0，得到x=0b0010_0100=0x24
```

从此可以看出，右移与左移相似，只是位移的方向不同。右移1位相当于除以2，右移n位，就相当于除以2^n。

4. 按位与“&”

按位与运算符“&”是使参加运算的两个数据按二进制的位进行“与”运算（即按位与）。

按位与运算规则：1&1=1；1&0=0；0&1=0；0&0=0。例如：

```
x=0xe7;                   //即x=0b1110_0111
y=0x36;                   //即y=0b0011_0110
temp=x&y;                 //得到temp =0b0010_0110=0x26
```

由上可以看出，我们在单片机的实际应用中，按位与运算经常被用于实现一些特定的功能。

（1）位清零。按位与运算常用来对变量中的某一位或某几位进行清零。例如对无符号字符类型temp的bit5、bit2和bit1三位进行清零，其他位保持不变，如：

```
temp=0xfe;                //即temp =0b1110_1110
temp= temp&0xd9;          //即0b1110_1110&0x1101_1001，得到temp=0b1100_1000=0xc8
```

其中，0xd9的bit5、bit2和bit1都是“0”，其他位都是“1”，通过按位与运算使得bit5、bit2和bit1这三位清零，其他位保持不变，如：

```
a=0xfe;                   //a=0b1111_1110
a=a&0x55;                 //a=0b0101_0100
```

以上代码使得变量a的bit1、bit3、bit5和bit7被清零，其他位保持不变。

（2）位检测。若想知道一个变量中某一位是“1”还是“0”，我们可以通过按位与运算对变量中的某一位值进行检测来获得。例如对无符号字符类型temp的bit4位的值进行检测，代码如下：

```
while(temp&0x10) {……}     //bit4=1，temp&0x10=0x10；bit4=0，temp&0x10=0x00
```

假如KEY0和KEY1按键分别接P1.0和P1.1引脚，LED0和LED1分别接P2.0和P2.1引脚；按下KEY0，LED0点亮，LED1熄灭；按下KEY1，LED1点亮，LED0熄灭。实现上述功能的部分代码如下：

```
sbit LED0= P2^0;
sbit LED1= P2^1;
```

```
if(P1&0x01==0) { LED0=1; LED1=0;}  //如果KEY0键按下，LED0点亮，LED1熄灭
if(P1&0x02==0) { LED0=0; LED1=1;}  //如果KEY1键按下，LED0熄灭，LED1点亮
```

（3）屏蔽和保留变量的某些位。在单片机应用中，我们还经常需要对变量的某些位进行屏蔽和保留操作。例如对变量 temp 高四位清零、保留低四位的操作，代码如下：

```
temp=0x77;                  //temp=0b0111_0111
temp=temp&0x0f;             //temp=0b0000_0111=0x07
```

5. 按位异或“^”

按位异或运算符“^”使参加运算的两个数据按二进制的位进行“异或”运算（即按位异或）。

按位异或运算规则：1^1=0；1^0=1；0^1=1；0^0=0。即相同为 0，不同为 1。例如：

```
a=0x55^0x3f;                //a=(0b0101_0101)^(0b0011_1111)=(0b0110_1010)=0x6a
```

从上可以看出，当一个位与“1”进行异或运算时，此位就被取反（也称为翻转）了，与“0”异或运算保持不变。例如对变量 temp 的低四位进行取反，高四位保持不变，代码如下：

```
temp=0x89;                  //temp=0b1000_1001
temp=temp^0x0f;             //temp=0b1000_0110
```

6. 按位或“|”

按位或运算符“|”使参加运算的两个数据按二进制的位进行“或”运算（即按位或）。

按位或运算规则：1|1=1；1|0=1；0|1=1；0|0=0。也就是说，与“1”相或结果为“1”，与“0”相或保持不变。例如：

```
a=0x30|0x0f;                //a=(0b00110000)|(0b00001111)=(0b00111111)=0x3f
```

在单片机应用中，我们经常用到“按位或”对变量的某些位进行置位（即置“1”）。例如对 temp 的低四位进行置位，高四位保持不变，代码如下：

```
temp=0x54;                  //temp=0b0101_0100
temp= temp|0x0f;            //temp=0b0101_1111
```

注意：

（1）取反“~”、与“&”和或“|”这 3 个逻辑运算符，是按位来操作的；

（2）逻辑非“!”、逻辑与“&&”和逻辑或“||”这 3 个逻辑运算符，是对关系表达式或逻辑量进行操作的。

【技能训练 4-2】一键多功能按键识别设计

【技能训练 4-2】一键多功能按键识别设计

前面介绍了按键如何识别和按键如何防抖设计与实现，那么我们如何实现一键多功能按键识别呢？

1. 一键多功能按键识别电路设计

如图 4-8 所示，按键接在 P3.0 管脚上，在 AT89S52 单片机的 P1 端口接有四个发光二极管。上电的时候，接在 P1.0 管脚上的 D1 闪烁；当按下按键的时候，接在 P1.1 管脚上的 D2 闪烁；再按下按键的时候，接在 P1.2 管脚上的 D3 闪烁；再按下按键的时候，接在 P1.3 管脚上的 D4 闪烁；再按下按键的时候，又轮到 D1 闪烁了。如此轮流下去。

2. 一键多功能按键识别程序设计

通过一个按键来识别不同的功能，我们可以给每个不同的功能模块使用不同的 ID 号进行标识。这样，每按下一次按键，ID 的值是不相同的，所以单片机就很容易识别不同功能的 ID 号（身份）了。

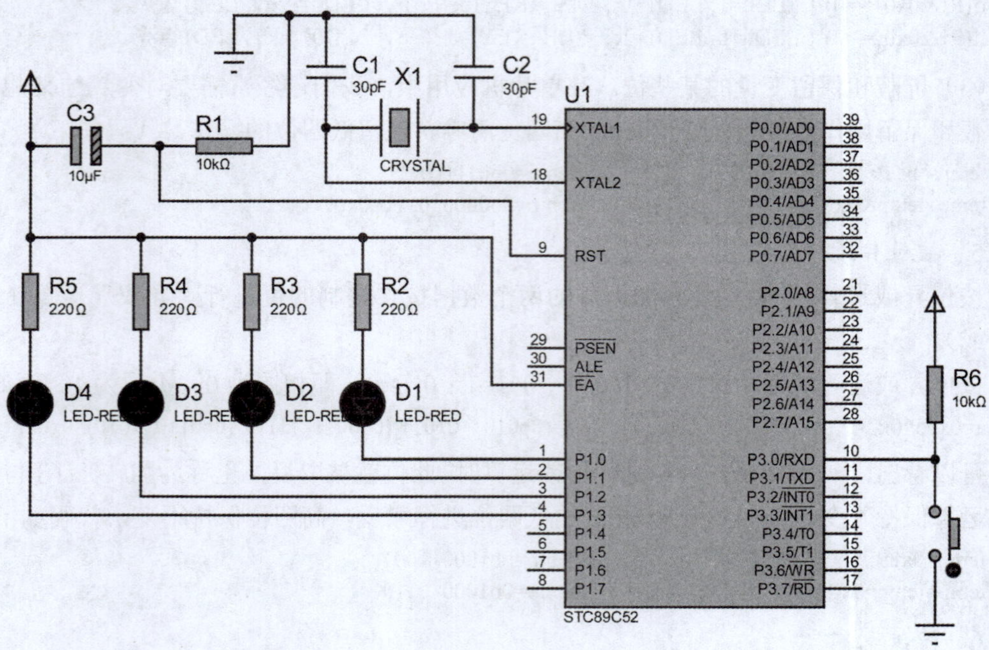

图 4-8 一键多功能按键识别电路

从上面的要求我们可以看出，D1 到 D4 发光二极管点亮的时间是受按键来控制的，我们给 D1 到 D4 点亮的时段定义出不同的 ID 号，D1 点亮时，ID=0；D2 点亮时，ID=1；D3 点亮时，ID=2；D4 点亮时，ID=3。很显然，只要每次按下按键时，给出不同的 ID 号，我们就可以完成上面的任务了。一键多功能按键识别程序如下：

```
#include <AT89X52.H>
unsigned char ID;
void delay10ms(void)
{
   unsigned char i,j;
   for(i=20;i>0;i--)
     for(j=248;j>0;j--);
}
void main(void)
{
   while(1)
   {
     if(P3_0==0)
     {
       delay10ms();
       if(P3_0==0)
       {
         ID++;                    //每按一次键，ID号标识加1
         if(ID==4)
         {
           ID=0;
         }
         while(P3_0==0);          //等待按键释放
       }
     }
     switch(ID)
     {
       case 0: P1=0x0e;break;     //点亮D1，熄灭其他LED
       case 1: P1=0x0d;break;     //点亮D2，熄灭其他LED
       case 2: P1=0x0b;break;     //点亮D3，熄灭其他LED
```

```
        case 3: P1=0x07;break;        //点亮D4，熄灭其他LED
    }  //end switch
  }    //end while
}      //end main
```

4.3 任务 11 矩阵式键盘设计

4.3.1 任务描述

使用 AT89S52 单片机设计一个 4×4 矩阵键盘，16 个键分别对应 0 ～ 9、A ～ F。有键按下时，数码管显示按下键的对应字符；无键按下时，数码管无显示。4×4 矩阵式键盘电路如图 4-9 所示。

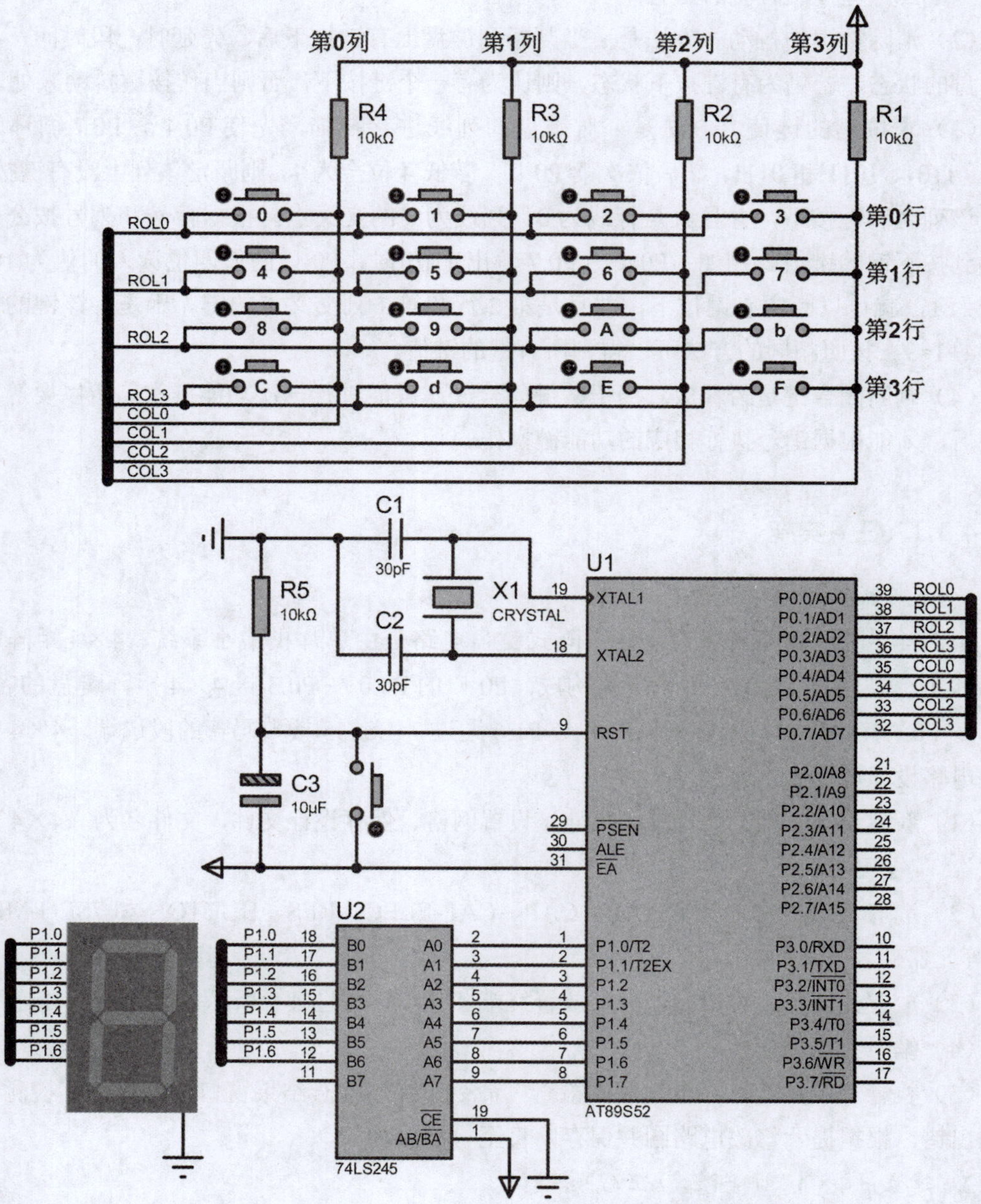

图 4-9 4×4 矩阵式键盘电路

4.3.2 任务分析

1. 矩阵式键盘电路分析

根据图 4-9 所示，4×4 矩阵键盘按键的两端分别接行线和列线，列线通过上拉电阻接到 +5V 的电源上。P0 口的 P0.0 ～ P0.3 接 4×4 矩阵键盘的各行，P0.4 ～ P0.7 接矩阵键盘的各列。

2. 矩阵式键盘扫描程序分析

4×4 矩阵键盘的程序设计，关键是设计键盘扫描程序。本任务采用常见的按键识别的扫描方法。键盘扫描程序包括以下内容。

（1）判断有无键按下。方法是：P0 口输出 0x0f，即 P0.4 ～ P0.7 输出低电平、P0.0 ～ P0.3 输出高电平；然后读 P0 口，若低 4 位 P0.0 ～ P0.3 全为 1，则键盘上没有键按下，若 P0.0 ～ P0.3 不全为 1，则有键按下。

（2）消除按键的抖动。方法是：当判断到键盘上有键按下后，先延时一段时间，再判断键盘的状态，若仍为有键按下状态，则认为有一个键按下，否则当作按键抖动来处理。

（3）求按键的键值。方法是：对键盘的列线进行扫描，先使 P0.4 ～ P0.7 循环输出 1110、1101、1011 和 0111，然后依次读 P0 口，若低 4 位全为 1，则断定该列上没有键按下，否则该列上有键按下，并且就是行线为 0、列线为 0 的交叉点，根据行号和列号按公式计算得到按下键的键值。例如：P0.4 ～ P0.7 输出 1101 时，P0 口的低四位读入的值为 1011，不全为 1，就可以断定有键按下，并且是第 2 行和第 1 列交叉点的键。于是，该键的键值 =2×4+1=9。按照相同的方法可以得到所有键的键值。

（4）判断闭合键是否释放。由于按键闭合一次只能进行一次功能操作，所以要等按键释放后，才能根据键号执行相应的功能键操作。

4.3.3 任务实施

矩阵式键盘电路设计

1. 矩阵式键盘电路设计

由图 4-9 所示电路可以看出，矩阵式键盘电路是由单片机最小系统、4×4 矩阵键盘电路和 1 个共阴极 LED 数码管电路构成。P0 口的 P0.0 ～ P0.3 接 4×4 矩阵键盘的各行，P0.4 ～ P0.7 接矩阵键盘的各列，P1.0 ～ P1.6 通过 74LS245 接数码管的段选端。4×4 矩阵键盘电路设计过程如下：

（1）新建设计文件、设置图纸尺寸、设置网格、保存设计文件，文件名为“4×4 矩阵键盘”。

（2）选取 AT89S52、CRYSTAL、CAP、CAP-ELEC、RES、BUTTON 和 7SEG-MPX6-CC 等元器件。

（3）放置元器件、编辑元器件、放置终端、连线，按图 4-9 所示放置元器件并连线。

（4）编辑元器件属性。

（5）执行“工具”→“电气规则检查”命令，弹出检查结果窗口，完成电气检测。若检测出错，根据提示修改电路图并保存，直至检测成功。

2. 建立“4×4 矩阵键盘”工程项目

新建“4×4 矩阵键盘”工程文件并保存在“任务 11 4×4 矩阵键盘”文件夹中，然后选择单片机型号为 Atmel 的 AT89S52。

3. 建立并加载“4×4 矩阵键盘 .c”源文件

建立并加载“4×4 矩阵键盘 .c”源文件，源文件代码如下：

矩阵式键盘程序设计

```
#include <AT89X52.H>        //包含AT89X52.H头文件
/*定义0～9和A～F十六个字符的字形编码表*/
unsigned char table[]={0x3F,0x06,0x5B,0x4F,0x66,0x6D,0x7D,0x07,0x7F,0x6F,0x77,0x7C,0x39,0x5E,0x79,0x71};
/*10ms延时程序*/
void delay10ms(void)
{
  unsigned char i,j;
  for(i=20;i>0;i--)
    for(j=248;j>0;j--);
}
/*键盘扫描程序*/
unsigned char scan_key(void)
{
  unsigned char scan,col,rol,tmp;
  bit flag=0;                //按键按下标志位，flag=1表示键按下，flag=0表示键未按下
  scan=0xef;                 //键盘列扫描初始码，扫描第0列
  for(col=0;col<4;col++)     //键盘扫描子程序是从0列扫描到3列
  {
    P0=scan;                 //向P0口（高4位）送键盘列扫描码，扫描列为低电平
    tmp=P0;                  //读取键盘的按键状态
    switch(tmp&0x0f)         //高4位清零，保留低4位（即键盘的4行数据）
    {
      case 0x0e: rol=0;flag=1;break; //第0行有键按下，flag=1退出switch循环
      case 0x0d: rol=1;flag=1;break; //第1行有键按下，flag=1退出switch循环
      case 0x0b: rol=2;flag=1;break; //第2行有键按下，flag=1退出switch循环
      case 0x07: rol=3;flag=1;break; //第3行有键按下，flag=1退出switch循环
    }
    if(flag==1) break;       //flag=1表示有键按下，退出for循环
    scan=(scan<<1)+1;        //若该列4行没有键按下，取下一个列扫描码
  }
  P0=0x0f;                   //列（高4位）输出低电平，行（低4位）输出高电平
  while(P0!=0x0f);           //等待按键释放，即判断按下的按键是否释放，直到其释放退出循环
  return(rol*4+col);         //返回按下的按键值
}
void main()
{
  unsigned char key;
  P1=0x00;                   //数码管初始状态：熄灭
  while(1)
  {
    P0=0x0f;                 //列（高4位）输出低电平，行（低4位）输出高电平
    if(P0!=0x0f)             //判断按键是否按下，若有键按下，P0口的值会变的
    {
      delay10ms();           //延时10ms去抖
      if(P0!=0x0f)           //延时去抖后，再次判断按键是否按下
```

```
        {
            key=scan_key( ); //有键按下，调用键盘扫描程序，并把键值送key
            P1=table[key];    //查表或字形编码送P1口，数码管显示按下的按键值
        }
      }
   }
}
```

4. “4×4 矩阵键盘”工程配置与编译

工程配置：“目标”标签页的晶振频率栏设为 12MHz，勾选“输出”标签页的“生成 HEX 文件”复选框。

工程编译：完成工程配置后，进行“4×4 矩阵键盘”工程编译。若编译发生错误，要进行分析检查，直到编译正确为止。

5. 4×4 矩阵键盘运行调试

（1）打开 4×4 矩阵键盘仿真电路。

（2）加载“4×4 矩阵键盘 .hex”HEX 文件。

（3）单击仿真工具栏“运行”按钮▶，单片机全速运行程序。

观察 4×4 矩阵键盘是否与任务要求一致。若运行结果与任务要求不一致，要对电路和程序进行分析检查，直到运行正确。

【技能训练 4-3】n×m 矩阵式键盘扫描程序设计

【技能训练 4-3】n×m 矩阵式键盘扫描程序设计

在单片机电子产品设计中，不仅有 4×4 矩阵键盘，还有 4×3、3×4、3×3 等 n×m 矩阵键盘。在 4×4 矩阵键盘基础上，如何设计一个通用的 n×m 矩阵式键盘扫描程序呢？其中 n（行）和 m（列）的取值分别为：2 ≤ n ≤ 4、2 ≤ m ≤ 4。

1. n×m 矩阵键盘扫描程序设计

参考任务 11 的 4×4 矩阵键盘扫描程序设计，n×m 矩阵式键盘按照第 0 行接 P0 口低 4 位的最低位、第 0 列接 P0 口高 4 位的最低位、其他的行和列按顺序依次连接规则，n×m 矩阵式键盘扫描程序如下：

```
void scan_key(unsigned char n,unsigned char m)   //n×m矩阵式键盘，n为行数，m为列数
{
  bit flag=0;                    //按键按下标志位，flag=1表示键按下，flag=0表示键未按下
  unsigned char scan,col,rol,tmp,rolnum;
  unsigned char roltab[]={0,0,0,0}; //存放n×m矩阵式键盘每行按键按下的判断码
  if(n==2)                       //设置2×m矩阵式键盘每行按键按下的判断码
  {
    roltab[0]=0x02;         //第0行按键按下的判断码
    roltab[1]=0x01;         //第1行按键按下的判断码
    rolnum=0x03;            //控制第0行和第1行为高电平
    scan=0xef;              //键盘列扫描初始码，扫描第0列（低电平），第0行和第1行为高电平
  }
  if(n==3)                  //设置3×m矩阵式键盘每行按键按下的判断码
  {
    roltab[0]=0x06;
    roltab[1]=0x05;
```

```
        roltab[2]=0x03;            //第2行按键按下的判断码
        rolnum=0x07;               //控制第0到第2行为高电平
        scan=0xef;                 //键盘列扫描初始码，扫描第0列（低电平），第0到第2行为高电平
    }
    if(n==4)                       //设置4×m矩阵式键盘每行按键按下的判断码
    {
        roltab[0]=0x0e;
        roltab[1]=0x0d;
        roltab[2]=0x0b;
        roltab[3]=0x07;            //第3行按键按下的判断码
        rolnum=0x0f;               //控制第0到第3行为高电平
        scan=0xef;                 //键盘列扫描初始码，扫描第0列（低电平），第0到第3行为高电平
    }
    scan=0xef;                          //键盘列扫描初始码，扫描第0列（低电平）
    P0=0x0f;                            //列（高4位）输出低电平，行（低4位）输出高电平
    if((P0&rolnum)!=rolnum)             //保留键盘的n行数据，判断是否有键按下，P0口的值会变
    {
        delay10ms();                    //延时10ms去抖
        if((P0&rolnum)!=rolnum)
        {
            tmp=scan;                   //键盘列扫描初始码，扫描第0列
            for(col=0;col<m;col++)      //键盘扫描子程序是从第0列扫描到第m-1列
            {
                P0=tmp;                 //向P0口（高4位）送键盘列扫描码，扫描列为低电平
                for(rol=0;rol<n;rol++)  //从第0行到第n-1行逐行扫描
                {
                    if((P0&rolnum)==roltab[rol])
                    {
                        flag=1;break;   //本行有键按下，flag=1退出内for循环
                    }
                }
                if(flag==1) break;      //flag=1表示有键按下，退出外for循环
                tmp=(tmp<<1)+1;         //若该列第n行没有键按下，取下一个列扫描码
            }
        }
        while((P0&rolnum)!=rolnum); //等待按键释放
        P1=table[rol*m+col];            //按下的按键值的字形编码送P1口，显示按下的按键值
    }
}
```

2. n×m 矩阵键盘电路设计

下面以 10 个键分别对应 0 ～ 9 的 3×4（3×4 表示 3 行 4 列）矩阵键盘、4×3 矩阵键盘为例，完成矩阵键盘电路设计。

（1）3×4 矩阵键盘电路设计。参考任务 11 的 4×4 矩阵键盘电路设计，n×m 矩阵式键盘程序只适用第 0 行接 P0 口低 4 位的最低位、第 0 列接 P0 口高 4 位的最低位，其他的行和列按顺序依次连接。3×4 矩阵键盘电路如图 4-10 所示。

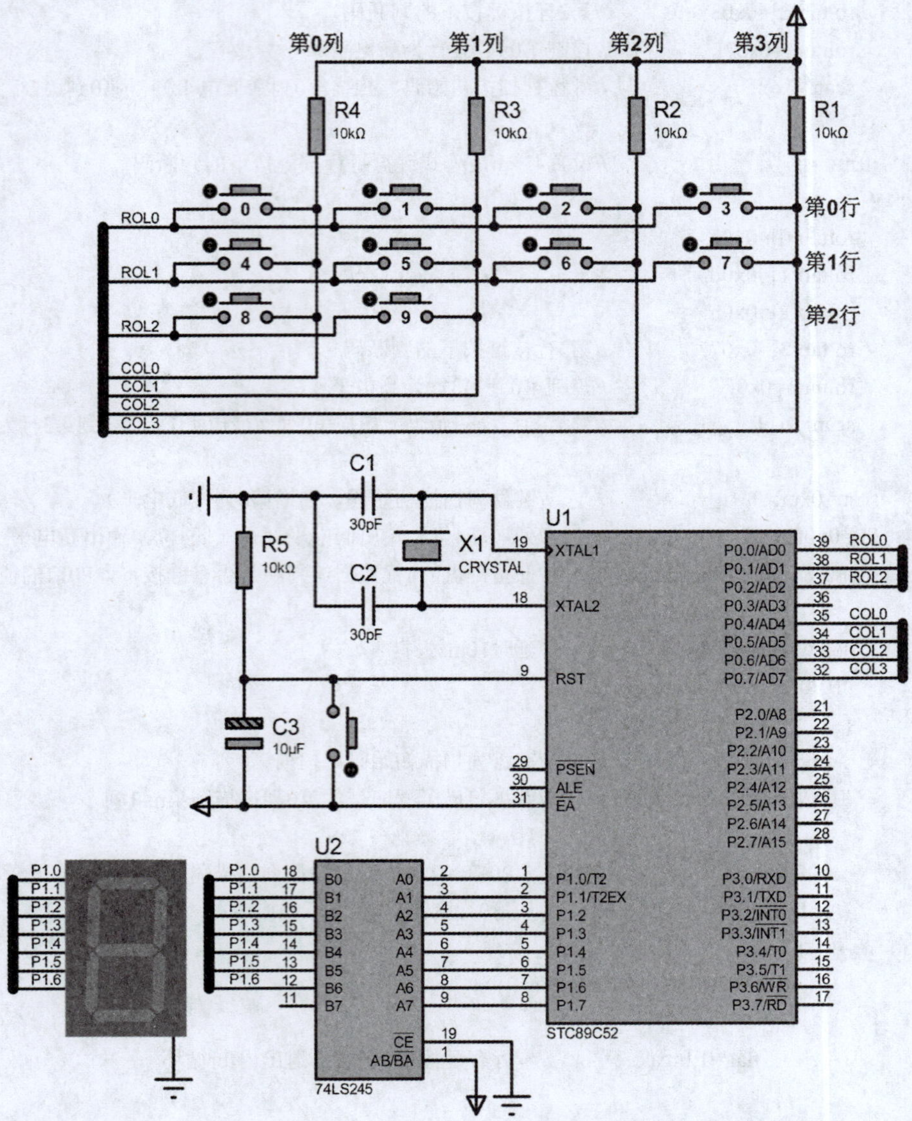

图 4-10　3×4 矩阵式键盘电路

根据图 4-10 中 3×4 矩阵键盘电路，3×4 矩阵键盘主程序（n×m 矩阵式键盘其他的代码省略）如下：

```
void main()
{
  P1=0x00;                    //数码管初始状态：熄灭
  while(1)
  {
    scan_key(3,4);            //n×m矩阵式键盘，n=3（行），m=4（列），即3×4矩阵式键盘
  }
}
```

（2）4×3 矩阵键盘电路设计。参考任务 11 的 4×4 矩阵键盘电路设计，4×3 矩阵键盘电路如图 4-11 所示。

根据图 4-11 中 4×3 矩阵键盘电路，4×3 矩阵键盘主程序如下：

```
void main()
{
  P1=0x00;                    //数码管初始状态：熄灭
  while(1)
```

```
    {
        scan_key(4,3);          //n×m矩阵式键盘，n=4（行），m=3（列），即4×3矩阵式键盘
    }
}
```

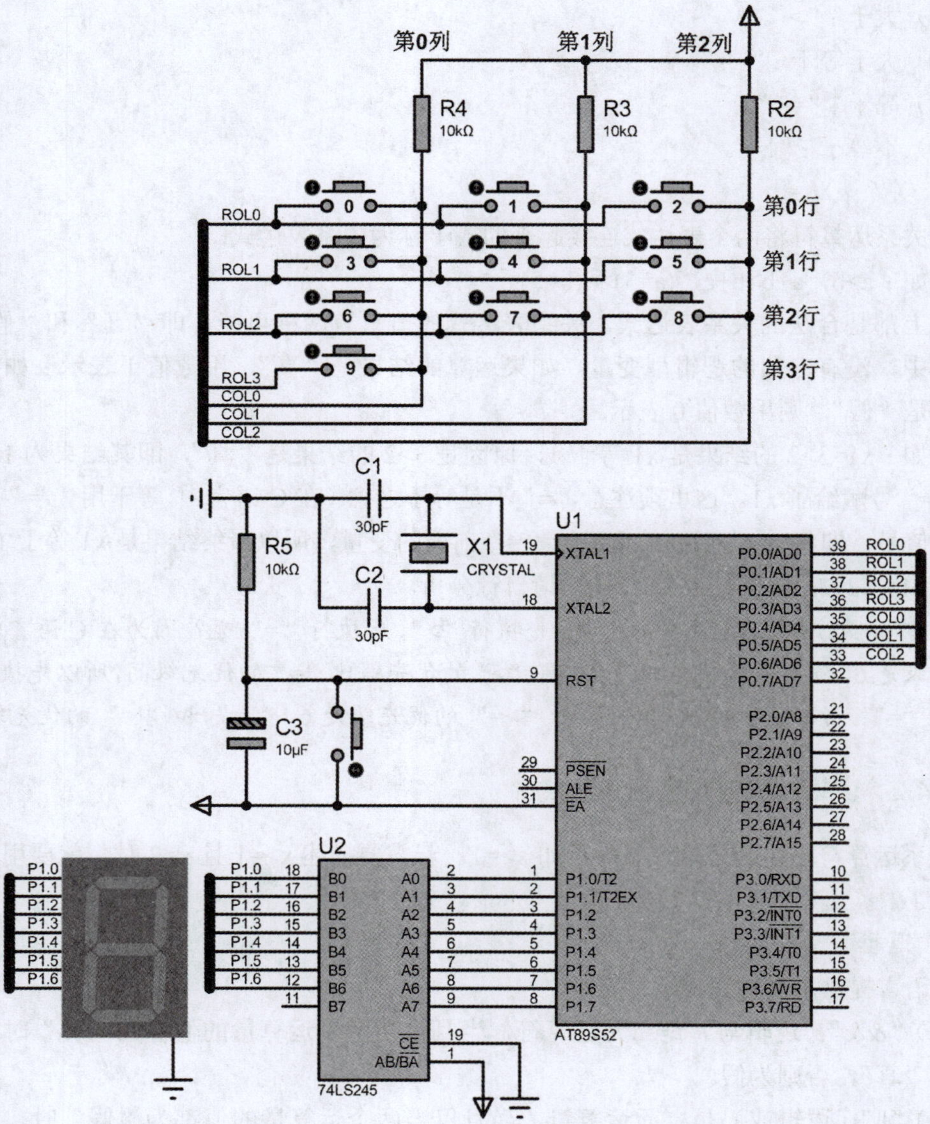

图 4-11　4×3 矩阵式键盘电路

4.4　C 语言语句结构

前面学习了如何建立 Keil C 的编程环境，并了解了一些 C 语言的基础知识，这里将学习 C 语言语句结构。

4.4.1　关系运算符和关系表达式

关系运算符和关系表达式

“关系运算”是将两个值作比较，判断其比较的结果是否符合给定的条件。关系运算的结果只有两种可能，即“真”和“假”。例如：3>2 的结果为真，而 3<2 的结果为假。

1. 关系运算符

C 语言一共提供了 6 种关系运算符：

（1）小于：“<”。

（2）小于等于：“<=”。

（3）大于：“>”。

（4）大于等于：“>=”。

（5）等于：“==”。

（6）不等于：“!=”。

2. 关系表达式

用关系运算符将两个表达式连接起来的式子称为关系表达式。

例如：a>b，a+b>b+c，(a=3)>=(b=5)。

以上都是合法的关系表达式。关系表达式的值只有两种可能，即“真”和“假”。在 C 语言中，没有专门的逻辑型变量。如果运算的结果是“真”，用数值 1 表示；如果运算的结果是“假”，则用数值 0 表示。

例如：x1=3>2 的结果是 x1 等于 1，原因是 3>2 的结果是“真”，即其结果为 1，该结果被“=”号赋给了 x1。这里须注意，“=”不是等于之意（在 C 语言中，等于用“==”表示），而是赋值号，即将“=”后面的值赋给“=”前面的变量，所以最终结果是 x1 等于 1。

又如：x2=3<=2 的结果是 x2=0，请自行分析。

注意：在“x1=3>2”中，为什么先执行“>”，后执行“=”呢？因为在 C 语言中，“>”的优先级是 6，而“=”的优先级是 14，即“>”的优先级比“=”的优先级高，所以先执行“>”后执行“=”。另外，“<”“<=”“>”和“>=”的优先级是 6，“==”和“!=”的优先级是 7。

4.4.2 逻辑运算符和逻辑表达式

逻辑运算符和逻辑表达式

关系运算符描述的是单个条件，如 x>=1。若需要描述 x>=1 且 x<2 时，就要用到逻辑表达式了。

1. 逻辑运算符

C 语言提供了 3 种逻辑运算符：

（1）“&&”（逻辑与）是二元运算符，当且仅当两个运算量的值都为“真”时，运算结果是“真”，否则为假。

（2）“||”（逻辑或）是二元运算符，当且仅当两个运算量的值都为“假”时，运算结果是“假”，否则为真。

（3）“!”（逻辑非）是一元运算符，当运算量的值为“真”时，运算结果是“假”，当运算量的值为“假”时，运算结果是“真”。

2. 逻辑表达式

用逻辑运算符将关系表达式或逻辑量连接起来的式子，称为逻辑表达式。一般逻辑表达式用于描述多个条件的组合。

例如：(x>=1)&&(x<2)、!(x<1)、x||y 等都是逻辑表达式。

又如：设 x=5，则 (x>=1)&&(x<2) 的值为“假”；!(x<1) 的值为“真”；x||(!x) 的值恒为“真”。

C 语言编译系统在给出逻辑运算的结果时，用 1 表示真，而用 0 表示假。但是在判断一个量是否是“真”时，以 0 代表“假”，而以非 0 代表“真”，这一点务必要注意。例如：

（1）若 a=10，则 !a 的值为 0，因为 10 被作为真处理，取反之后为假，系统给出的假的值为 0。

（2）如果 a=-2，结果与上完全相同，原因也同上，初学时常会误以为负值为假，所以这里特别提醒读者注意。

（3）若 a=10，b=20，则 a&&b 的值为 1，a||b 的结果也为 1，因为参于逻辑运算时不论 a 与 b 的值究竟是多少，只要是非零，就被当作是“真”。“真”与“真”相与或者相或，结果都为真，所以系统给出的结果是 1。

（4）在计算逻辑表达式时，有时不是所有的表达式都被求解，只有在必须执行下一个表达式时，才求解该表达式。

1）对于逻辑与运算，若第一个操作数被判定为“假”，系统不再判断或求解第二个操作数。

2）对于逻辑或运算，若第一个操作数被判定为“真”，系统不再判断或求解第二个操作数。

4.4.3 if 语句

if 语句

用 if 语句可构成分支结构。分支结构又称选择结构，体现了程序的判断能力。这种结构根据程序的判断结果来确定某些操作是做还是不做，或者从多个操作中选择一个操作来执行。

1. 单分支 if 语句

单分支 if 语句的基本形式为：

```
if(表达式)语句
```

该语句表示如果表达式的结果为真，则执行语句，否则不执行。其流程图如图 4-12 所示。

2. 双分支 if 语句

双分支 if 语句的基本形式为：

```
if(表达式)语句1
else 语句2
```

该语句表示如果表达式的结果为真，则执行语句 1，否则执行语句 2。其流程图如图 4-13 所示。

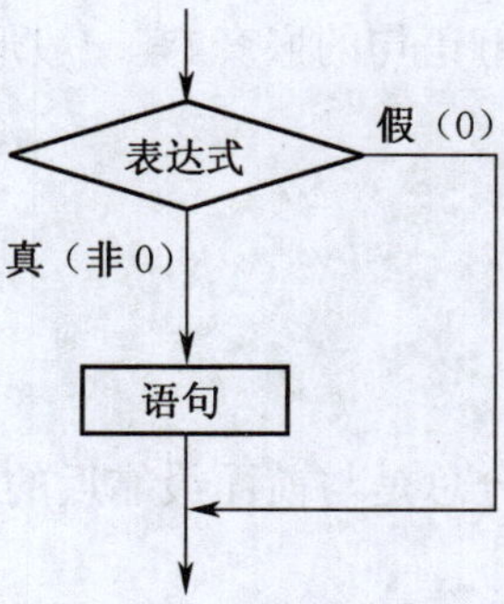

图 4-12　单分支 if 语句

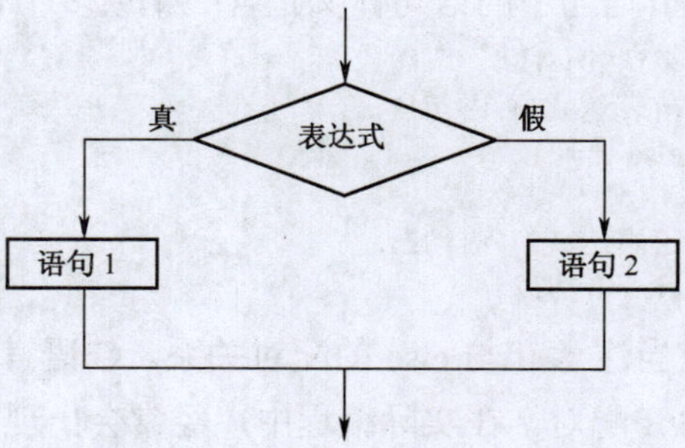

图 4-13　双分支 if 语句

3. 多分支 if 语句

多分支 if 语句的基本形式为：

```
if(表达式 1) 语句1
else if(表达式 2) 语句2
```

```
else if(表达式 3) 语句3
  ……
else if(表达式 m) 语句m
else 语句n
```

上述语句执行的流程图如图 4-14 所示。

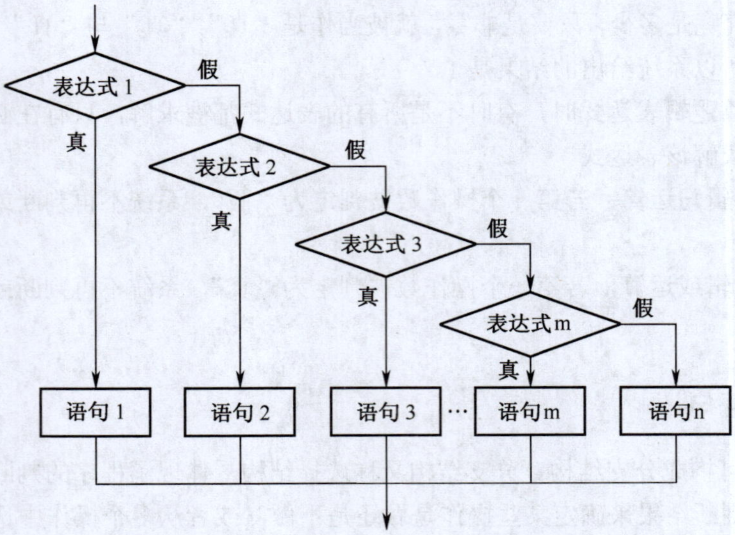

图 4-14 多分支 if 语句

多分支 if 语句是由上而下，依次判断表达式的值。当某个表达式的值为真时，就执行其对应的语句。执行结束后，跳出 if 选择语句之外的下一条语句继续执行。若所有的表达式全为假，则执行 else 后的语句 n。

使用 if 语句应注意以下问题：

（1）if 之后的表达式是判断的“条件”，它不仅可以是逻辑表达式或关系表达式，还可以是其他表达式（如仅是一个变量）。如，if(a) 执行语句是合法的。

（2）在 if 语句中，作为条件的表达式必须用括号括起来，在语句之后必须加分号。

（3）if…else if…else…语句格式，其实就是 if…else…语句的一种嵌套形式，只是将条件语句的嵌套都放在了 else 分支。

4. if 语句的嵌套

当if语句中的语句体又包含一个或多个if语句时，称为if语句的嵌套。其一般形式如下：

```
if(表达式)
  if(表达式1) 语句11
  else 语句12
else
  if(表达式2) 语句21
  else 语句22
```

应当注意 if 与 else 的配对关系。C 语言规定：else 部分总是与前面最靠近的，还没有配对的 if 配对。在实际编程中，经常会出现如下问题：

```
if()
    if()语句1
else
    语句2
```

编程本意是外层的 if 与 else 配对，缩进的 if 语句为内嵌的 if 语句，但实际上 else 将与缩进的那个 if 配对，因为两者最近，从而造成错误。为了避免这种情况，建议编程时使用大括号将内嵌的 if 语句括起来，这样就可以避免类似的问题。

4.4.4 switch 语句

switch 语句

当程序中有多个分支时，可以使用 if 嵌套实现。是当分支较多时，则嵌套的 if 语句层数多，程序冗长而且可读性降低。C 语言提供了 switch 语句，可直接处理多分支选择。switch 的一般形式如下：

```
switch(表达式)
{
  case 常量表达式1：语句1
  case 常量表达式2：语句2
  ……
  case 常量表达式n：语句n
  default：语句n+1
}
```

说明：

（1）switch 后面括号内的“表达式”，ANSI 标准允许它为任何类型。

（2）当表达式的值与某一个 case 后面的常量表达式相等时，就执行此 case 后面的语句；若所有的 case 中的常量表达式的值都没有与表达式值匹配，就执行 default 后面的语句。

（3）每一个 case 的常量表达式的值必须不相同。

（4）各个 case 和 default 的出现次序不影响执行结果。

（5）多个 case 子句可共用统一语句组。

（6）default 子句可以省略（除非有必要）。

另外特别需要说明的是，执行完一个 case 后面的语句后，并不会自动跳出 switch，而是转去执行其后面的语句，如上述例子中如果这么写：

```
switch (x)
{
  case 1: y=1;
  case 2: y=2;
  case 3: y=0;
}
if(y)
{……}
```

假如 x 的值是 1，则在转到此处执行“y=1;”后，并不是转去执行 switch 语句下面的 if 语句，而是从这一行开始，依次执行下面的语句，即“y=1;”“y=2;”和“y=0;”，显然这样不能满足要求，因此，通常在每一段 case 结束后加入“break;”语句，使程序退出 switch 结构，即终止 switch 语句的执行。如：

```
case 1: y=1; break;
```

4.4.5 循环结构控制语句

循环结构控制语句

在一个实用的程序中，循环结构是必不可少的。循环是反复执行某一部分程序行的操作。通过下面 C 语言程序，学习如何利用这些循环语句编写循环程序。

```
void Delay()
{
  unsigned char i, j;
  for (i=0;i<255;i++) {;}
}
void main()
```

```
{
  while(1)
  {……}
}
```

这段程序中有两处用到了循环语句，首先是主程序使用了：

```
while(1)
{……}
```

这样的循环语句写法将导致在 {} 中的所有程序将会不断地循环执行，直到断电为止。程序中还包含了延时程序，其使用了 for 循环语句的形式。下面我们就对循环语句作介绍。

1. while 语句

while 语句是“当”型循环语句，即当给定的条件成立时，执行循环体部分，执行完毕回来再次判断条件，如果条件成立继续循环，否则退出循环。其一般形式如下：

```
while(表达式) 循环体语句
```

其中表达式是循环条件。

注意：循环体有多个语句时，要用“{”和“}”把它们括起来。

“当”型循环执行过程如图 4-15 所示。

当条件表达式为非 0 时，执行一次循环体，再检查条件表达式是否为非 0，为非 0 时，再执行循环体，……，直到有一次执行循环体后条件表达式的值为 0 时，退出循环，然后执行循环体外的语句。如果一开始条件表达式的值就为 0，循环体就不执行了。

while 语句的特点：先判断表达式，后执行语句。

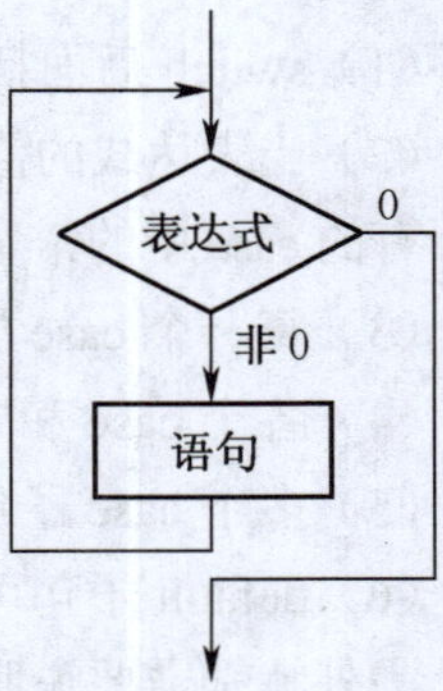

图 4-15　while 语句流程图

2. do…while 语句

do…while 语句是“直到”型循环语句，即先执行循环体，然后判断给定的条件，只要条件成立就继续循环，直到判断出给定的条件不成立时就退出循环。其一般形式如下：

```
do
  循环体语句
while(表达式);
```

同样，循环体有多个语句时，要用“{”和“}”把它们括起来。

do…while 语句的特点是先执行循环体，然后判断循环条件是否成立。这也是它与 while 语句的区别，其执行过程如图 4-16 所示。

对同一个问题，既可以用 while 语句处理，也可以用 do…while 语句处理。do…while 循环至少要执行一次循环语句，因此 do…while 语句比较适用于不论条件是否成立，先执行 1 次循环体语句组的情况。

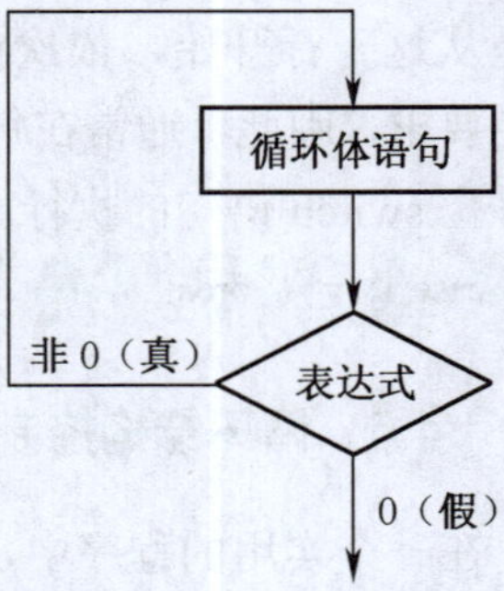

图 4-16　do…while 语句流程图

3. for 语句

C 语言中的 for 语句使用最为灵活，不仅可以用于循环次数已经确定的情况，而且可以用于循环次数不确定而只给出循环结束条件的情况。for 语句的一般形式为：

```
for(表达式1;表达式2;表达式3) 循环体语句
```

在上述语句中，表达式 1 是给循环控制变量赋初值；表达式 2 是一个循环条件，它决定什么时候退出循环；表达式 3 是循环变量增值，规定循环控制变量每循环一次后按什么方式变化。这三个表达式之间用“;”分开，执行过程如图 4-17 所示，步骤如下：

（1）求解表达式 1。

（2）求解表达式 2，其值为真，则执行 for 语句中指定的内嵌套语句（循环体），然后执行第（3）步；如果为假，则结束循环。

（3）求解表达式 3。

（4）转回第 2 步继续执行。

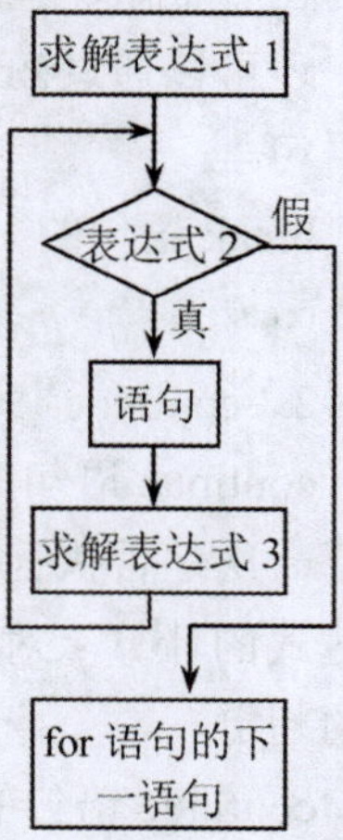

图 4-17 for 语句流程图

for 语句的典型应用形式：for(循环变量初值；循环条件；循环变量增值) 循环体语句。例如：

```
for(j=0;j<125;j++){;}
```

执行这行语句时，首先执行 j=0，然后判断 j 是否小于 125，如果小于 125 则去执行循环体（这里循环体没有做任何工作），然后执行 j++，执行完后再去判断 j 是否小于 125……如此不断循环，直到条件不满足（即 j ≥ 125）为止。

如果用 while 语句来改写上述语句，代码如下：

```
j=0;
while(j<125)
{ j++; }
```

可见，用 for 语句更简单、直观、方便。

for 语句使用说明：

- 如果变量初值在 for 语句前面赋值，则 for 语句中的表达式 1 应省略，但其后的分号不能省略。
- 表达式 2 也可以省略，但是同样不能省略其后的分号，如果省略该式，将不判断循环条件，循环无终止地进行下去，也就是认为表达式始终为真。
- 表达式 3 也可以省略，但此时编程者应该另外设法保证循环能正常结束。
- 表达式 1、2 和 3 都可以省略，即形成如 for(;;) 的形式，它的作用相当于是 while(1)，即构成一个无限循环的过程。

4. 循环的嵌套

循环可以嵌套，如前面编写过的延时程序，就是使用两个 for 语句嵌套构成了二重循环。如果一个循环结构的循环体中又包含一个循环结构，就称为循环的嵌套，或称多重循环。前面学习的三种循环语句，每一种语句的循环体部分都可以再含有循环语句。

按照嵌套层数，循环的嵌套可以分别称作二重循环、三重循环等。处于内部的循环叫作内循环，处于外部的循环叫作外循环。

以二重循环为例。程序执行的过程为：从最外层开始执行，外循环变量每取一个值，内循环就执行一次；内循环结束，回到外循环，外循环变量取下一个值，内循环又开始执行下一个循环；如此继续，直到外循环结束。

4.4.6 break 语句和 continue 语句

break 语句和 continue 语句

为了使循环控制更加方便，C 语言提供了 break 语句和 continue 语句。

1. break 语句

break 语句强行结束循环，转向执行循环语句的下一条语句。

在一个循环程序中，可以通过循环语句中的表达式来控制循环程序是否结束。除此之外，还可以通过 break 语句从循环体内跳出循环体，即提前结束循环，接着执行循环下面的语句。

break 语句的一般形式：

```
break;
```

2. continue 语句

continue 语句的作用是结束本次循环，即跳过循环体中下面尚未执行的语句，接着进行下一次是否执行循环的判定。对于 for 循环，跳过循环体其余语句，转向循环变量增值表达式的计算；对于 while 和 do…while 循环，跳过循环体其余语句，但转向循环继续条件的判定。

continue 语句的一般形式：

```
continue;
```

注意：

（1）break 语句不能用于循环语句和 switch 语句之外的任何其他语句中；break 语句是结束整个循环过程，不再判断执行循环的条件是否成立。

（2）continue 只能用于循环语句中；continue 语句只结束本次循环，而不是终止整个循环的执行。

【技能训练 4-4】用 INTRINS.H 中的 _crol_ 函数实现 LED 循环点亮

在单片机 C 语言程序设计中，如果遇到循环左移、循环右移等方面的编程问题，就会感到麻烦。在这里我们可以利用 INTRINS.H 头文件里面的有关函数来实现。INTRINS.H 头文件内部函数及功能见表 4-3。

表 4-3　INTRINS.H 内部函数

内部函数	功能描述
crol	字符循环左移
cror	字符循环右移
irol	整数循环左移
iror	整数循环右移
lrol	长整数循环左移
lror	长整数循环右移
nop	空操作，8051 NOP 指令
testbit	测试并清零位，8051 JBC 指令

1. _crol_、_irol_ 和 _lrol_ 函数

（1）函数原型。

```
unsigned char _crol_(unsigned char val,unsigned char n);
unsigned int _irol_(unsigned int val,unsigned char n);
unsigned int _lrol_(unsigned int val,unsigned char n);
```

（2）函数功能。_crol_、_irol_ 和 _lrol_ 是以位形式将 val 循环左移 n 位后，将高位补低位，该函数与 8051 “RL A” 指令相关。例如：

```
y=_irol_(y,4);                    //将y左移4位后用高位补低位
```

2. _cror_、_iror_ 和 _lror_ 函数

（1）函数原型。

```
unsigned char _cror_(unsigned char val,unsigned char n);
unsigned int _iror_(unsigned int val,unsigned char n);
unsigned int _lror_(unsigned int val,unsigned char n);
```

（2）函数功能。_cror_、_iror_ 和 _lror_ 是以位形式将 val 循环右移 n 位后，将低位补高位，该函数与 8051“RR A”指令相关。例如：

```
y=_iror_(y,4);                    //将y右移4位后将低位补高位
```

3. _nop_ 函数

（1）函数原型。

```
void _nop_(void);
```

（2）函数功能。_nop_ 产生一个 NOP 指令，是空操作。C51 编译器在 _nop_ 函数工作期间不产生函数调用，即在程序中直接执行了 NOP 指令。

4. _testbit_ 函数

（1）函数原型。

```
bit _testbit_(bit);
```

（2）函数功能。_testbit_ 产生一个 JBC 指令。该函数测试一个位，当置位时返回 1，否则返回 0。

INTRINS.H 头文件如下：

```
#ifndef __INTRINS_H__
#define __INTRINS_H__
extern void _nop_(void);
extern bit _testbit_(bit);
extern unsigned char _cror_(unsigned char, unsigned char);
extern unsigned int _iror_(unsigned int, unsigned char);
extern unsigned long _lror_(unsigned long, unsigned char);
extern unsigned char _crol_(unsigned char, unsigned char);
extern unsigned int _irol_(unsigned int, unsigned char);
extern unsigned long _lrol_(unsigned long, unsigned char);
extern unsigned char _chkfloat_(float);
#endif
```

5. 用 _crol_ 函数实现 LED 循环点亮

用 _crol_ 函数实现 LED 循环点亮程序，这里只给出部分程序，程序其他部分代码和任务 4 一样。

```
#include <AT89X52.H>              //包含AT89X52.H头文件
#include <intrins.h>              //包含INTRINS.H头文件
void main()
{
    unsigned char temp=0xfe;      //初始控制码送temp
    P1 = 0xff;                    //十六进制全1，熄灭所有LED
    while(1)
    {
        P1 = temp;                //temp值送P1口
        Delay();
        temp = _crol_(temp,1);    //temp值循环左移一位
    }
}
```

与任务 4 的 LED 循环点亮程序比较，使用 _crol_ 函数编写的 LED 循环点亮程序简便多了。如果改变 LED 循环点亮方向，用 _cror_ 函数如何实现呢？

关键知识点梳理

1. 键盘

键盘由一组规则排列的按键开关组成，一个按键实际上是一个开关元件。机械触点式按键开关的主要功能是把机械上的通断转换为电气上的逻辑关系（1 和 0）。

键盘通常分为独立式键盘和矩阵式键盘两种。

（1）独立式键盘的结构简单，但占用的资源多。

（2）矩阵式键盘的结构相对复杂些，但占用的资源较少。

当单片机应用系统中只需少数几个功能键时，可以采用独立式键盘结构。而当需要较多按键时，则可以采用矩阵式键盘结构。

2. 键盘防抖动措施

（1）抖动的时间一般为 5 ～ 10ms。机械式按键在按下或释放时，由于机械弹性作用的影响，通常伴随有一定时间的触点机械抖动，然后其触点才稳定下来。

（2）使用机械式按键时应注意去抖。消除抖动常用的方法有下列两种：硬件去抖和软件去抖。在键数较少时，可采用硬件去抖，而当键数较多时，采用软件去抖。

（3）软件方法去抖。在检测到有按键按下时，执行一个 10ms 左右的延时程序后，再确认该按键的电平是否仍保持闭合状态的电平。若仍保持闭合状态的电平，则确认该按键是处于闭合状态。

同样，在检测到该按键释放后，也应采用相同的步骤进行确认，从而可消除抖动的影响。

3. 独立式键盘

独立式键盘的特点是每个按键单独占用一根 I/O 口线，每个按键的工作不会影响其他 I/O 线的状态。其中上拉电阻保证了按键在断开时，I/O 线有高电平。

4. 矩阵式键盘

（1）矩阵式键盘电路设计方法。矩阵式键盘是由行线和列线组成的，按键位于行、列的交叉点上。按键的两端分别接行线和列线，列线通过上拉电阻接到 +5V 的电源上。例如：4×4 矩阵键盘的各行接 P0 口的低 4 位（P0.0 ～ P0.3）、各列接 P0 口的高 4 位（P0.4 ～ P0.7）。

（2）判断按键是否按下的方法。

1）向所有的行线输出高电平，向所有的列线输出低电平（不能为高电平，因为若为高电平，按键按下与否都不会引起行线电平的变化）。

2）将所有行线的电平状态读入。

3）判断所有行线是否都保持高电平状态。

若无键按下，所有的行线仍保持高电平状态；若有键按下，行线中至少应有一条线为低电平。

（3）识别按下按键的方法。最常用的是按键扫描方法，该方法是往列线上按顺序一列一列地送出低电平。下面以 4×4 矩阵键盘为例：

1）送第 0 列为低电平，其他列为高电平，读入的行的电平状态就表明了第 0 列的 4 个按键的情况，若读入的行值全为高电平，则表示无键按下。

2）送第 1 列为低电平，其他列为高电平，读入的行的电平状态则显示了该列上的 4 个按键的情况，若读入的行值全为高电平，则表示无键按下。

3）依次轮流给各列送出低电平，直至 4 列全部送完，再从第 0 列开始，依此循环。

5. 选择结构程序控制语句

（1）if 语句。用 if 语句可构成分支结构。分支结构又称选择结构，体现了程序的判断能力。这种结构根据程序的判断结果来确定某些操作是做还是不做，或者从多个操作中选择一个操作来执行。有单分支、双分支和多分支几种语句。if 语句可以嵌套使用，但要注意：else 总是与它上面的最近的 if 配对。

（2）switch 语句。当程序中有多个分支时，可以使用 if 嵌套实现。但是当分支较多时，则嵌套的 if 语句层数多，程序冗长而且可读性降低。C 语言提供了 switch 语句直接处理多分支选择。执行完一个 case 后面的语句后，并不会自动跳出 switch，而是转去执行其后面的语句。通常在每一段 case 结束后加入“break;”语句，使程序退出 switch 结构，即终止 switch 语句的执行。

6. 循环结构程序控制语句

C 语言中循环控制语句有 3 种：while 语句、do…while 语句、for 语句。其中 for 语句使用最为灵活，for 语句的典型应用形式：for(循环变量初值；循环条件；循环变量增值)。

问题与讨论

4-1 填空题

（1）消除键盘抖动常用两种方法，一是采用硬件去抖电路，用基本 RS 触发器构成；二是采用软件去抖程序，即测试有键输入时需延时 ________ 秒后再测试是否有键输入。

（2）________ 语句一般用在单一条件或分支数目较少的场合，如果编写超过 3 个以上分支的程序，可用多分支选择的 ________ 语句。

（3）下面的循环执行了 ________ 次空语句。

```
i=4;
while(i!=0);
```

（4）下面的延时函数 delay() 执行了 ________ 次空语句。

```
void delay(void)
{
   int i;
   for(i=0;i<1000;i++);
}
```

4-2 选择题

（1）某一单片机应用系统需要扩展 12 个功能键，通常采用（　　）方式更好。

A. 独立式按键　　B. 矩阵式键盘

C. 动态键盘　　D. 静态键盘

（2）在 C 语言的 if 语句中，用作判断的表达式为（　　）。

A. 关系表达式　　B. 逻辑表达式

C. 算术表达式　　D. 任意表达式

（3）在 C 语言中，当 do…while 语句中的条件为（　　）时，结束循环。

A. 0　　B. flase　　C. true　　D. 非 0

（4）下面的 while 循环执行了（　　）次空语句。

```
while(i=5);
```

A. 无限次　　B. 0 次　　C. 5 次　　D. 4 次

（5）以下描述正确的是（　　）。

A．continue 语句的作用是结束整个循环的执行

B．只能在循环体内和 switch 语句体内使用 break 语句

C．在循环体内使用 break 语句或 continue 语句的作用相同

D．以上三种描述都不正确

4-3　如何消除机械式按键组成的键盘的按键抖动？

4-4　独立式按键和矩阵式按键分别有什么特点？适用于什么场合？

4-5　简述矩阵式键盘电路设计方法。

4-6　简述判断矩阵式键盘按键是否按下的方法。

4-7　简述识别按下矩阵式键盘按键的方法及步骤。

4-8　设计一个具有 12 个按键的 3×4 矩阵键盘或 4×3 矩阵键盘。

项目5　中断与定时器/计数器应用设计

项目描述

本项目从8路抢答器设计和生产线自动打包系统设计入手，首先让读者对单片机中断系统、定时器/计数器有一个初步了解；然后介绍中断、定时器/计数器结构以及相关寄存器设置的方法，并介绍中断与定时器/计数器的相关电路和程序设计方法。通过电子钟焊接制作，让读者进一步了解中断、定时器/计数器的应用。

能力目标

能完成电子钟电路设计与焊接制作，能应用C语言程序完成单片机中断、定时器初始化及相关编程控制，实现电子钟的设计、运行及调试。

知识目标

- 了解单片机中断系统、定时器/计数器的基本结构及功能
- 掌握单片机中断系统的中断源
- 掌握定时器/计数器的4种工作方式
- 掌握中断、定时器/计数器的相关寄存器
- 掌握中断、定时器/计数器电路和程序的设计方法

教学重点

- 中断、定时器/计数器的相关寄存器设置
- 定时器/计数器的工作方式
- C51中断服务程序的编写方法
- 中断、定时器/计数器的编程方法

教学难点

定时器/计数器的初值计算，中断、定时器/计数器的初始化及中断服务程序设计。

5.1　任务12　8路抢答器设计

5.1.1　任务描述

使用AT89S52单片机，设计一个具有8个抢答按键的中断方式8路抢答器，电路如图5-1所示。

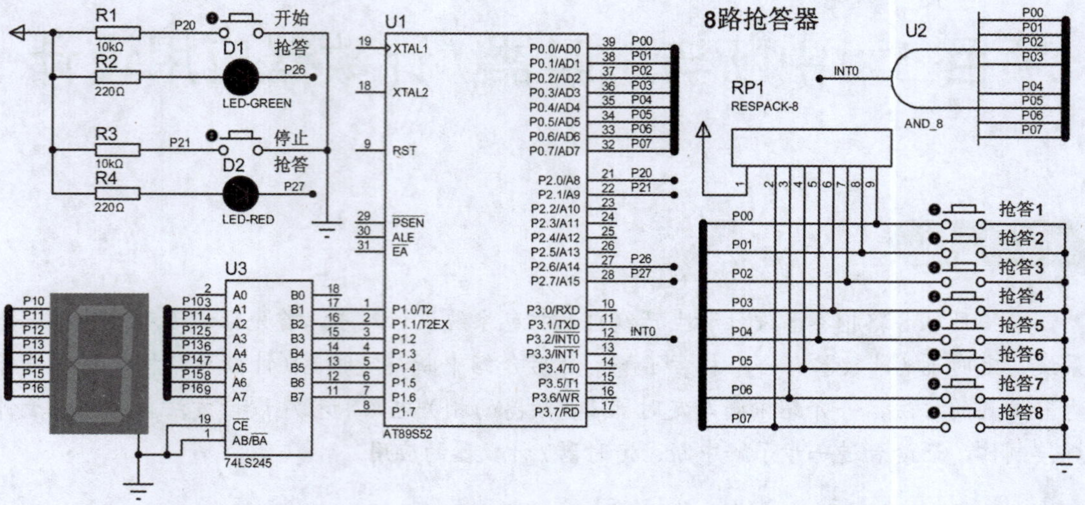

图 5-1　8 路抢答器电路

8 路抢答器功能要求如下：

（1）主持人按下“开始抢答”按键后，允许抢答开始，同时允许抢答的绿色 LED 指示灯点亮。

（2）抢答按键按下后，数码管显示第一个抢答人的号码，并禁止其他抢答人。

（3）主持人按下“停止抢答”按键后，禁止所有人抢答，同时禁止抢答的红色 LED 指示灯点亮。

5.1.2　任务分析

1. 8 路抢答器电路分析

从 5-1 所示电路可以看出，8 路抢答器使用了单片机 P3 口 P3.2 引脚的第二功能，即使用 $\overline{\text{INT0}}$ 外部中断 0 功能。

8 路抢答器有 8 个抢答按键，构成 8 个低电平有效的外部中断源。这时我们可以使用一个 8 输入与门，其 8 个输入端分别连接 8 个外部中断源（抢答按键）；8 个输入端还要并接到单片机 P0 口的 8 个引脚，使单片机能识别出是哪一个抢答成功的；其输出端连接到单片机的外部中断 0（$\overline{\text{INT0}}$）（P3.2）引脚。

这样，只要 8 个抢答按键有 1 个抢答成功，8 输入与门就会输出低电平到 $\overline{\text{INT0}}$（P3.2）引脚，从而向单片机发出中断请求，单片机就会按照功能要求执行抢答处理程序。

2. 8 路抢答器程序分析

根据图 5-1 所示，当没有抢答按键按下时，“与”门各输入端均为高电平，输出端输出高电平，不产生中断，不执行抢答处理程序；当有抢答按键按下时，“与”门输入端不全为高电平，则输出低电平，就会在 $\overline{\text{INT0}}$ 引脚上产生一个下降沿跳变，向单片机发出中断请求，单片机响应中断，执行能完成抢答处理的中断服务程序。

根据 8 路抢答器功能要求，编程思路如下：

（1）主持人按下“开始抢答”按键前，关断中断（禁止抢答），熄灭数码管。

（2）主持人按下“开始抢答”按键后，打开中断（允许抢答），同时点亮允许抢答的绿色 LED 指示灯，数码管清屏。

（3）抢答按键按下后，执行外部中断 0 的中断服务程序。在中断服务程序中，首先要关断中断，禁止其他抢答人，然后判断是哪一个抢答，并在数码管中显示第一个抢答人的号码。

（4）主持人按下“停止抢答”按键后，关断中断，禁止所有人抢答，同时点亮禁止抢答的红色 LED 指示灯，抢答人的号码继续显示。

5.1.3 任务实施

8 路抢答器设计

1. 8 路抢答器电路设计

由图 5-1 所示电路可以看出，8 路抢答器电路是由单片机最小系统、外部中断电路、按键电路、数码管显示电路和 LED 电路构成。8 路抢答器电路设计如下：

（1）新建设计文件、设置图纸尺寸、设置网格、保存设计文件，文件名为“8 路抢答器”。

（2）选取 AT89S52、CRYSTAL、CAP、CAP-ELEC、RES、AND_8（8 输入与门）、LED-GREEN（绿色 LED）、LED-RED（红色 LED）和 BUTTON 等元器件。

（3）放置元器件、编辑元器件、放置终端、连线，按图 5-1 所示放置元器件并连线。

（4）编辑元器件属性。

（5）执行“工具”→“电气规则检查”命令，弹出检查结果窗口，完成电气检测。若检测出错，根据提示修改电路图并保存，直至检测成功。

2. 建立“8 路抢答器”工程项目

新建“8 路抢答器”工程文件，并保存在“任务 12 8 路抢答器”文件夹中，然后选择单片机型号为 Atmel 的 AT89S52。

3. 建立并加载“8 路抢答器 .c”源文件

建立并加载“8 路抢答器 .c”源文件，源文件代码如下：

```
#include <AT89X52.H>
/*定义0～9，A～F十六个字符的字形编码表*/
unsigned char table[]={0x3F,0x06,0x5B,0x4F,0x66,0x6D,0x7D,0x07,0x7F,0x6F,0x77,0x7C,0x39,0x5E,0x79,0x71};
sbit sartkey=P2^0;
sbit stopkey=P2^1;
sbit sartled=P2^6;
sbit stopled=P2^7;
void delay10ms(void)                //10ms延时子程序
{
  unsigned char i,j;
  for(i=20;i>0;i--)
     for(j=248;j>0;j--);
}
void main()
{
  P1=0x0;
  EA=0;                             //关总中断
  EX0=0;                            //关外部中断0中断
  IT0=0;                            //设定外部中断0为电平触发方式
  while(1)                          //等待按键按下（外部中断0中断）
  {
    if(sartkey==0)                  //按下开始键
    {
      delay10ms();                  //延时10ms去抖
      if(sartkey==0)                //再次判断按键是否按下
      {
        sartled=0;                  //点亮开始LED，熄灭停止LED
        stopled=1;
        EA=1; EX0=1;                //开总中断和外部中断0中断，允许抢答
        P1=0x0;                     //数码管清屏
```

```
            }
        }
        if(stopkey==0)                  //按下停止键
        {
            delay10ms();                //延时10ms去抖
            if(sartkey==0)              //再次判断按键是否按下
            {
                sartled=1;              //熄灭开始LED，点亮停止LED
                stopled=0;
                EA=0; EX0=0;            //关总中断和外部中断0中断，停止抢答
            }
        }
    }
}
void key_led(void) interrupt 0          //外部中断0的中断服务程序（中断服务函数）
{
    unsigned char temp;
    delay10ms();                        //延时10ms去抖
    if(P0!=0xff)                        //判断是否有键按下
    {
        EA=0; EX0=0;                    //关外部中断0中断，停止抢答
        temp=P0;
        switch(~temp)                   //根据键值显示抢答的数字
        {
            case 0x01: P1=table[1]; break;          //显示“1”
            case 0x02: P1=table[2]; break;          //显示“2”
            case 0x04: P1=table[3]; break;          //显示“3”
            case 0x08: P1=table[4]; break;          //显示“4”
            case 0x10: P1=table[5]; break;          //显示“5”
            case 0x20: P1=table[6]; break;          //显示“6”
            case 0x40: P1=table[7]; break;          //显示“7”
            case 0x80: P1=table[8]; break;          //显示“8”
            default: break;
        }
    }
}
```

其中，外部中断 0 中断服务函数的主要功能是禁止其他人抢答、数码管显示第一个抢答人的号码。

4. “8 路抢答器”工程配置与编译

工程配置：“目标”标签页的晶振频率栏设为 12MHz，勾选“输出”标签页的“生成 HEX 文件”复选框。

工程编译：完成工程配置后，进行“8 路抢答器”工程编译。若编译发生错误，要进行分析检查，直到编译正确为止。

5. 8 路抢答器运行调试

（1）打开 8 路抢答器仿真电路。

（2）加载“8 路抢答器 .hex”HEX 文件。

（3）单击仿真工具栏“运行”按钮▶，单片机全速运行程序。

观察 8 路抢答器是否与任务要求一致。若运行结果与任务要求不一致，要对电路和程序进行分析检查，直到运行正确。

5.2 单片机中断系统

中断系统在单片机应用中起着十分重要的作用。一个功能强大的中断系统能大大地提

高单片机处理事件的能力，提高效率，增强实时性。

5.2.1 单片机中断源

51 单片机提供 5 个中断源，其中有 2 个外部中断，其余的均为内部中断。这些中断源可以分为 3 类，分别是外部中断、定时器溢出中断和串行口中断。

1. 认识中断

认识中断

当单片机正在执行某个程序时，由单片机内部或外部的原因引起的紧急事件，发出请求处理的信号，在允许的情况下单片机响应请求处理信号，暂时停止正在执行的程序，保护好断点处的现场，转向执行一个用于处理该紧急事件的程序，处理完后又返回被中止的程序断点处，继续执行源程序，这一过程就称为中断。中断过程如图 5-2 所示。

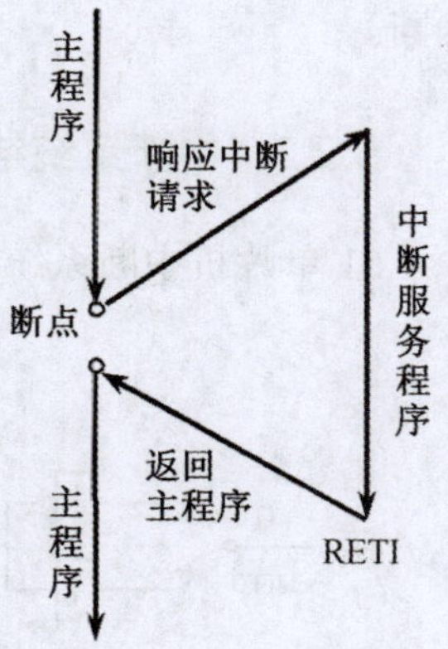

图 5-2 中断过程

在日常生活中，“中断”的现象也比较普遍。例如，我正在打扫卫生，突然电话铃响了，我立即“中断”正在做的事转去接电话，接完电话，回头接着打扫卫生。在这里，接电话就是随机而又紧急的事件，必须要去处理。

根据图 5-2 所示，我们给出几个与中断有关的基本概念。

（1）主程序：原来正在运行的程序称为主程序。

（2）断点：主程序被中断的位置（或地址）称为断点。

（3）中断源：向单片机发出中断请求的来源，或引起中断的原因称为中断源。

（4）中断请求：中断源要求服务的请求称为中断请求。

（5）中断服务程序：单片机响应中断之后，转去执行的处理程序称为中断服务程序。

（6）中断系统：实现中断功能的硬件和软件称为中断系统。

在单片机实时控制系统中，现场的各种实时参数和信息均会随时间不断变化，这些外界的变化需要及时地反馈给单片机，以保证单片机对系统实施正确的调节和控制。引入中断技术之后，被控对象就可以向单片机发出中断申请，请求单片机进行处理。当满足中断响应条件时，单片机就会及时进行相应的处理，从而实现实时处理。

中断还能提高单片机的工作效率、进行异常处理。比如：掉电、运算溢出等都可以通过中断向单片机发出中断请求，由单片机转向相应的处理程序进行处理。

2. 外部中断

单片机中断源

（1）外部中断 0（$\overline{INT0}$）。外部中断 0 中断请求由 P3.2 引脚输入。由定时器控制寄存器 TCON 中的 IT0 位，决定中断请求信号是低电平有效还是下降沿有效。一旦输入信号有效，即向 CPU 申请中断，并且硬件自动使 IE0 置 1。

（2）外部中断 1（$\overline{INT1}$）。外部中断 1 中断请求由 P3.3 引脚输入。由定时器控制寄存器 TCON 中的 IT1 位，决定中断请求信号是低电平有效还是下降沿有效。一旦输入信号有效，即向 CPU 申请中断，并且硬件自动使 IE1 置 1。

3. 定时器溢出中断

（1）定时器 / 计数器 0（TF0）。定时器 / 计数器 0 溢出中断请求。当定时器 0 产生溢出时，定时器 0 中断请求标志位（TCON.5）置位（由硬件自动执行），请求中断处理。

（2）定时器 / 计数器 1（TF1）。定时器 / 计数器 1 溢出中断请求。当定时器 1 产生溢出时，定时器 1 中断请求标志位（TCON.7）置位（由硬件自动执行），请求中断处理。

4. 串行口中断——TI 或 RI

串行口中断请求是为接收或发送串行数据而设置的。当串行口完成一帧数据发送或接收时，内部串行口中断请求标志 TI（SCON.1）或 RI（SCON.0）置位（由硬件自动执行），请求中断处理。

计算机中断系统有两种不同类型的中断：一类为非屏蔽中断，一类为可屏蔽中断。对于非屏蔽中断，用户不能用软件的方法加以禁止，一旦有中断请求，计算机必须予以响应。对于可屏蔽中断，用户可以通过软件方法来控制计算机是否响应该中断源的中断请求，允许中断称为中断开放，不允许中断称为中断屏蔽。51 单片机的 5 个中断源均为可屏蔽中断。

中断系统结构

5.2.2 中断系统结构

51 单片机中断系统的结构如图 5-3 所示。

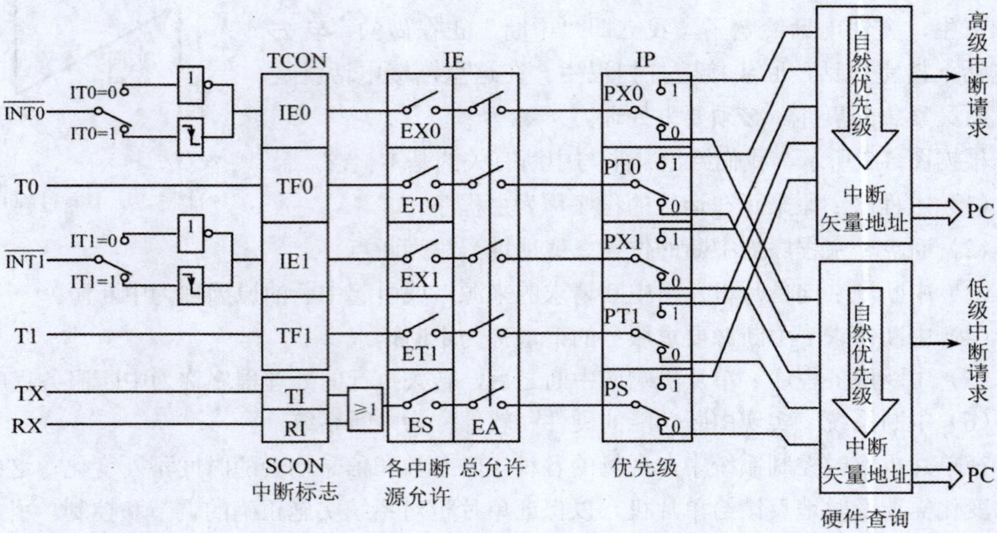

图 5-3 51 单片机中断系统结构

51 单片机的中断系统主要由与中断相关的 4 个特殊功能寄存器和硬件查询电路等组成。

4 个特殊功能寄存器分别为：定时器 / 计数器控制寄存器 TCON、串行口控制寄存器 SCON、中断允许控制寄存器 IE 和中断优先级控制寄存器 IP。

硬件查询电路和中断优先级控制寄存器共同决定了 5 个中断源的自然优先级别。

与中断有关的 4 个特殊功能寄存器

5.2.3 与中断有关的 4 个特殊功能寄存器

1. 定时器 / 计数器控制寄存器 TCON

在 51 单片机中，5 个中断源的中断请求信号并不是寄存在一个独立的寄存器中，而是分别存放在两个不同的寄存器中。外部中断 0/1 和定时器 0/1 的中断请求信号寄存在 TCON 中，串行口中断请求信号寄存在 SCON 中。

定时器 / 计数器控制寄存器 TCON 的作用是：控制定时器的启动与停止；保存定时器 0、定时器 1 的溢出中断标志和外部中断 $\overline{INT0}$ 和 $\overline{INT1}$ 的中断标志等。

TCON 的格式如下：

TCON	8FH	8EH	8DH	8CH	8BH	8AH	89H	88H
(88H)	TF1	TR1	TF0	TR0	IE1	IT1	IE0	IT0

各位的功能说明：

（1）TF1（TCON.7）：定时器1（T1）溢出标志位。定时器1被启动计数后，从初始值开始进行加1计数，当定时器1计满溢出时，由硬件自动使TF1置“1”，并向单片机发出中断请求，一直保持到单片机响应此中断时，才由硬件自动清零。

注意：也可用软件查询该标志，并由软件清零。

（2）TR1（TCON.6）：定时器1启/停控制位。该位通过软件置“1”或清“0”，用于控制定时器1的启动或停止。

（3）TF0（TCON.5）：定时器0（T0）溢出标志位，其功能同TF1。

（4）TR0（TCON.4）：定时器0启/停控制位，其功能同TR1。

（5）IE1（TCON.3）：外部中断1（$\overline{\text{INT1}}$）请求标志位。IE1=1表示外部中断1向单片机申请中断。当单片机响应外部中断1的中断请求时，由硬件自动使IE1清零（在边沿触发方式时）。

（6）IT1（TCON.2）：外部中断1触发方式选择位。

1）当IT1取0时，表示外部中断1为电平触发方式。单片机在每个机器周期的S5P2期间，采样$\overline{\text{INT1}}$（P3.3）引脚。当采到低电平时，硬件自动使IE1置1，向单片机提出中断申请；若采到高电平，认为无中断申请或中断申请已撤除，硬件自动使IE1清零。

注意：在电平触发方式中，外部中断源必须保持低电平有效，直到该中断被单片机响应为止，同时单片机响应中断后硬件不能自动使IE1清零，也不能由软件使IE1清零，所以在中断返回前必须撤销$\overline{\text{INT1}}$引脚上的低电平，使IE1置0，否则将产生另一次中断请求，造成出错。

2）当IT1取1时，表示外部中断1为边沿触发方式。单片机在每个机器周期的S5P2期间采样$\overline{\text{INT1}}$（P3.3）引脚。

若在连续两个机器周期采样，前一次采样为高电平，后一次采样为低电平，则硬件自动使IE1置1，向单片机提出中断申请，直到该中断被单片机响应，才由硬件自动使IE1清零。

在边沿触发方式下，为保证单片机在两个机器周期内检测到先高后低的负跳变，输入高低电平的持续时间至少要保持12个时钟周期。

（7）IE0（TCON.1）：外部中断0（$\overline{\text{INT0}}$）请求标志位，其功能同IE1。

（8）IT0（TCON.0）：外部中断0触发方式选择位，其功能同IT1。

2. 串行口控制寄存器SCON

SCON为串行口控制寄存器。SCON的低两位TI和RI锁存串行口的接收中断标志和发送中断标志。

SCON的格式如下：

SCON	9FH	9EH	9DH	9CH	9BH	9AH	99H	98H
(98H)	SM0	SM1	SM2	REN	TB8	RB8	T1	RI

中断标志位功能说明：

（1）TI（SCON.1）：串行口发送中断标志位。单片机将一个字节数据写入发送缓冲器 SBUF 后启动发送，每发送完一帧数据，硬件自动使 TI 置位。但单片机响应中断后，硬件并不能自动清除 TI，必须由软件使 TI 清零。

（2）RI（SCON.0）：串行口接收中断标志位。在串行口允许接收时，每接收完一个串行帧，硬件自动使 RI 置位。同样，单片机响应中断后，硬件并不能自动使 RI 清零，必须由软件使 RI 清零。

3. 中断允许寄存器 IE

MCS-51 单片机的中断源均属于可屏蔽中断。中断允许寄存器 IE 就是用于控制单片机对中断的开放或屏蔽，也就是控制每个中断源是否允许中断。

IE 的格式如下：

IE	AFH			ACH	ABH	AAH	A9H	A8H
	EA	-	-	ES	ET1	EX1	ET0	EX0

(A8H)

各位的功能说明：

（1）EA（IE.7）：单片机的中断总允许标志位。EA=1，单片机允许中断，即开总中断，但每个中断源是被允许还是被禁止，分别由各中断源的中断允许位确定；EA=0，单片机屏蔽所有的中断要求，即关中断。

（2）ES（IE.4）：串行口中断允许位。ES=1，允许串行口中断；ES=0，禁止串行口中断。

（3）ET1（IE.3）：定时器 1（T1）中断允许位。ET1=1，允许定时器 1 中断；ETl=0，禁止定时器 1 中断。

（4）EX1（IE.2）：外部中断 1（$\overline{\text{INT1}}$）中断允许位。EX1=1，允许外部中断 1 中断；EX1=0，禁止外部中断 1 中断。

（5）ET0（IE.1）：定时器 0（T0）中断允许位。ET0=1，允许定时器 0 中断；ET0=0，禁止定时器 0 中断。

（6）EX0（IE.0）：外部中断 0（$\overline{\text{INT0}}$）中断允许位。EX0=1，允许外部中断 0 中断；EX0=0，禁止外部中断 0 中断。

由上可见，51 单片机的中断响应为两级控制，EA 为总的中断响应控制位，各中断源还有响应的中断响应控制位。单片机系统复位后，IE 寄存器中各中断允许位均被清零，即禁止所有中断。开放中断只要置相应的中断允许位为 1 即可，开放中断可以采用如下的 C 语言语句：

```
EA=1;          //开放总允许中断
EX1=1;         //开放外部中断1
ET1=1;         //开放定时器1溢出中断
```

开放中断也可以用下面一条语句来实现：

```
IE=0x8C;       //IE=10001100B，同时开放总允许中断、外部中断1中断和定时器1溢出中断
```

同理，若要关中断，就要用语句清相应的中断允许位。

4. 中断优先级寄存器 IP

51 单片机有两个中断优先级，分别为高优先级和低优先级。这两个中断优先级可由软件设定。由于单片机有两个中断优先级，故可实现两级中断嵌套。

（1）正在执行的低优先级中断服务程序可被高优先级的中断源所中断，但不能被同级

或低级别的中断源所中断。

（2）正在执行的高优先级的中断服务程序不能被任何中断源所中断。

每一个中断源均可以通过软件对中断优先级寄存器IP中的相应位进行设置，置1为高优先级，清零为低优先级。

中断优先级寄存器IP的作用是设定各中断源的优先级别，IP的每一位均可以由软件来置1或清零。

IP的格式如下：

IP (B8H)			BCH	BBH	BAH	B9H	B8H
-	-	-	PS	PT1	PX1	PT0	PX0

各位的含义如下：

1）PS（IP.4）：串行口中断优先级控制位。PS=1，设置串行口为高优先级中断；PS=0，设置串行口为低优先级中断。

2）PT1（IP.3）：定时器/计数器1中断优先级控制位。PT1=1，设置定时器1中断为高优先级中断；PTl=0，设置定时器1中断为低优先级中断。

3）PX1（IP.2）：外部中断1（$\overline{INT1}$）中断优先级控制位。PX1=1，设置外部中断1为高优先级中断；PXl=0，设置外部中断1为低优先级中断。

4）PT0（IP.1）：定时器/计数器0中断优先级控制位。PT0=1，设置定时器0中断为高优先级中断；PT0=0，定时器0中断为低优先级中断。

5）PX0（IP.0）：外部中断0（$\overline{INT0}$）中断优先级控制位。PX0=1，设置外部中断0为高优先级中断；PX0=0，设置外部中断0为低优先级中断。

当系统复位后，IP低5位全部清零，所有中断源均设定为低优先级中断。

如果几个同一优先级别的中断源同时向单片机请求中断，单片机将通过单片机内部的硬件查询逻辑，首先响应自然优先级较高的中断源的中断请求。自然优先级由硬件形成，排列如下：

中断源	自然优先级
外部中断0	最高级
定时器T0中断	↓
外部中断1	↓
定时器T1中断	↓
串行口中断	最低级

5.2.4 中断处理过程

中断处理过程可以分为三个阶段：中断响应、中断处理、中断返回。不同的计算机因中断系统的硬件结构不完全相同，因而中断响应的方式也有所不同。在这里，我们主要介绍51单片机的中断处理过程。

1. 中断响应

中断响应是单片机对中断源发出的中断请求进行的响应，包括保护断点和把程序转向中断服务程序的入口地址。

（1）响应中断的条件。单片机并不是在任何时刻都响应中断请求，而是在条件满足之后才会响应。响应中断的条件是：

- 有中断源发出中断请求。
- 总中断开启，即中断总允许位 EA=1。
- 申请中断的中断源的中断允许位为 1。

在满足以上条件的基础上，单片机一般都会响应中断。但若有下列任何一种情况存在，中断响应都会受到阻断。

- 单片机正在响应一个同级或更高优先级的中断。
- 当前指令尚未执行完。
- 正在执行中断返回或访问专用寄存器 IE、IP 的指令。单片机在执行完上述指令之后，要再执行一条指令，才能响应中断请求。

若上述任一种情况存在，中断查询结果即被取消，单片机不会响应中断，而在下一个机器周期继续查询各标志位。

（2）中断响应过程。在满足中断响应条件时，单片机响应中断，自动执行下列操作：

1）中断系统通过硬件自动生成指令，把断点地址压入堆栈保护（但不保护状态寄存器 PSW 及其他寄存器里的内容）。

2）将中断源对应的中断服务程序的入口地址装入程序计数器 PC，使程序转向该中断入口地址，找到并执行中断服务程序。

单片机中断服务程序的入口地址（称为中断矢量）由单片机硬件电路决定，5 个中断源分别对应 5 个固定的中断入口地址，如表 5-1 所列。

表 5-1　中断入口地址

中断源	中断入口地址
外部中断 0	0003H
定时器 T0 中断	000BH
外部中断 1	0013H
定时器 T1 中断	001BH
串行口中断	0023H

2. 中断处理

中断处理就是执行中断服务程序。中断服务程序从中断入口地址开始执行，直到函数结束为止。中断处理一般包括三部分内容：一是保护现场；二是完成中断源请求的服务；三是恢复现场。

通常，主程序和中断服务程序都会用到累加器 A、状态寄存器 PSW 及其他一些寄存器。在单片机执行中断服务程序时若用到上述寄存器，会破坏原先存储在这些寄存器中的内容，一旦中断返回，将会造成主程序的混乱。因此，在进入中断服务程序后，一般要先保护现场，然后再执行中断服务程序，在返回主程序之前，再恢复现场。

在编写中断服务程序时要注意以下几个方面：

（1）若要在执行当前中断服务程序时禁止其他更高优先级中断请求，应先用软件关闭单片机中断或禁止更高优先级的中断，在中断返回前再开放中断。

（2）在保护现场和恢复现场时，为了不使现场数据受到破坏或造成混乱，一般要求单片机不再响应新的中断请求。因此，在保护现场之前要关中断，在保护现场之后再开中断；同样在恢复现场之前关中断，在恢复现场之后再开中断。

（3）中断服务程序的调用过程类似于一般的 C 语言函数调用，但它们也是有区别的。区别在于一般函数的调用在程序中是事先安排好的，而何时调用中断服务程序事先却无法确定，因为中断的发生是由外部因素决定的，程序中无法事先安排调用语句。因此，调用中断服务程序的过程是由硬件自动完成的。

3. 中断返回

中断返回是指中断服务完成后，单片机返回到原来程序的断点（即原来断开的位置），继续执行原来的程序。

4. 中断请求的撤销

中断响应后，TCON 和 SCON 的中断请求标志位应及时撤销。否则意味着中断请求仍然存在，有可能造成中断的重复查询和响应，因此需要在中断响应完成后撤销其中断标志。

（1）定时中断请求的撤销。硬件自动把 TF0（TF1）清零，不需要用户参与。

（2）串行中断请求的撤销。单片机响应中断后，硬件不能自动清除串行中断标志，需要在中断服务程序中用软件清零。

（3）外部中断请求的撤销。

1）边沿触发方式的外部中断请求撤销。中断标志位的清零是由硬件自动完成的，边沿脉冲信号过后就不存在了，因此撤销也是自动的。

2）电平触发方式的外部中断请求撤销。中断标志位的清零是自动的，但是如果低电平持续存在，在以后的机器周期采样时，又会把中断请求标志位（IE 0 /IE 1）置位。所以，在单片机响应中断后，应立即撤除外部中断请求引脚上的低电平，否则会引起重复中断而导致错误。由于单片机无法控制外部中断请求引脚上的信号，为此，需要外加电路，把中断请求信号从低电平强制为高电平，相应的电路如图 5-4 所示。

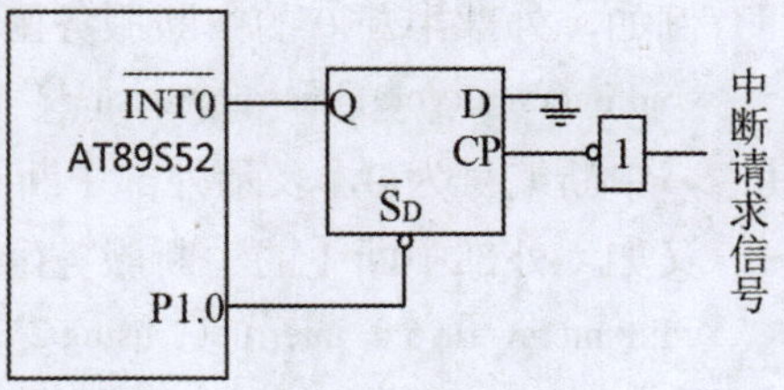

图 5-4　撤销电平触发方式的外中断请求

由图 5-4 可知，外部中断请求信号不直接加在 $\overline{\text{INT0}}$ 引脚上，而是通过非门取反后加在 D 触发器的 CP 端，触发器 D 端接地。当外部中断请求信号的负脉冲信号出现时，非门直接使中断请求信号强制从低电平变为高电平，Q 端输出为 0，$\overline{\text{INT0}}$ 为低电平，向单片机发出中断请求。再利用 P1 口的 P1.0 作为应答线。当 CPU 响应中断后，可在中断服务程序中采用以下两条语句来撤销外部中断请求：

```
P1=P1&0xfe;
P1=P1|0x01;
```

5. 中断初始化步骤

中断初始化步骤

在中断使用之前，一般都要对中断进行初始化，中断初始化步骤如下：

（1）开放单片机中断和有关中断源的中断允许，设置中断允许寄存器 IE 中相应的位。

（2）根据需要确定各中断源的优先级别，设置中断优先级寄存器 IP 中相应的位。

（3）根据需要确定外部中断的触发方式，设置定时器控制寄存器 TCON 中相应的位。

5.2.5　C51 中断服务函数

C51 中断服务函数

在 C51 的程序设计中，C51 编译器支持对中断服务函数进行编程。

1. 中断服务函数

定义中断服务函数的语法如下：

```
void 函数名(void) [interrupt n] [using m]
```

其中，n 对应中断源的编号，C51 编译器允许有 0 ～ 31 个中断，n 的取值范围为 0 ～ 31；m 对应寄存器组号，取值范围是 0 ～ 3。

51 单片机提供了 5 个中断源所对应的中断源编号，见表 5-2。

表 5-2　中断源编号

中断编号	中断源
0	外部中断 0
1	定时器 / 计数器 0 溢出中断
2	外部中断 1
3	定时器 / 计数器 1 溢出中断
4	串行口中断

2. 寄存器组切换

为进行中断的现场保护，单片机除了采用堆栈技术外，还独特地采用寄存器组的方式。在 51 单片机中一共有 4 组名称均为 R0 ～ R7 的工作寄存器。中断产生时，可以通过简单地设置 RS0、RS1 来切换工作寄存器组，这使得保护工作非常简单和快速。

使用汇编语言编程时，内存的使用均由编程者设定，编程时通过设置 RS0、RS1 来选择切换工作寄存器组。但使用 C 语言编程时，内存是由编译器分配的，因此不能简单地通过设置 RS0、RS1 来切换工作寄存器组，否则会造成内存使用的冲突。

例如，外部中断 0 的中断服务函数：

```
void intersvr0(void) interrupt 0 using 1
```

其中，中断编号为 0，表示外部中断 0；寄存器组号为 1，表示使用第 1 组工作寄存器。

又如，外部中断 1 的中断服务函数：

```
void intersvr1(void) interrupt 2 using 2
```

其中，中断编号为 2，表示外部中断 1；寄存器组号为 2，表示使用第 2 组工作寄存器。

3. 编写中断服务函数遵循的原则

（1）无返回值。如果定义返回值为整型值，编译器不会产生错误信息，因为整型值是默认的类型，编译器不能清楚地识别中断服务函数和普通函数；如果定义为其他类型的返回值，将产生错误。所以，一般用 void 声明中断服务函数的类型。

（2）无参数传递。如果定义中断服务函数时，有形式参数，编译器将产生一个错误信息。

（3）在任何情况下都不能直接调用中断服务函数，否则会出错。

（4）在中断服务函数中调用的函数，该函数所使用的寄存器组必须与中断服务函数是同一组，这是由于 C 语言编译器不会检查二者是否相同，而当函数中没有使用 using 时，编译器会自动选择一个寄存器组来使用，因此在编程时必须保证按要求使用相应的寄存器组。

【技能训练 5-1】中断方式矩阵式键盘设计

前面介绍的 51 单片机仅有两个外部中断请求输入端 $\overline{INT0}$ 和 $\overline{INT1}$。在中断方式矩阵式键盘设计中，使用的外部中断源超过了两个。那么我们如何扩展外部中断源，实现中断方式矩阵式键盘设计呢？

1. 外部中断源的扩展方法

在实际应用中，若需要的外部中断源超过两个，则需要扩展外部中断源。常用的扩展方法有定时器扩展法和中断加查询扩展法。

（1）定时器扩展法。51 单片机内部设有两个 16 位可编程定时器 / 计数器。在工作于计数方式时，定时器 0 外部输入端（P3.4）或定时器 1 外部输入端（P3.5）作为计数脉冲输入端，在计数输入脉冲的下降沿到来时进行加 1 计数。当定时器 / 计数器计满后，若再有脉冲到来，定时器 / 计数器将产生溢出中断。

在外部中断源个数不太多并且定时器的两个中断标志 TF0 或 TF1、外部计数引脚 T0（P3.4）或 T1（P3.5）没有被使用的情况下，一般可采用定时器扩展法进行外部中断源的扩展。方法如下：

将定时器 / 计数器设置为计数方式，计数初值设置为满量程。当外部计数输入端 T0（P3.4）或 T1（P3.5）引脚发生下降沿跳变时，计数器加 1 产生溢出中断，将立即向单片机发出中断请求。在满足单片机的中断响应条件的情况下，单片机将执行相应的中断服务程序。利用此特性，可把 T0 或 T1 引脚作为外部中断请求信号输入端，把计数器的溢出中断标志作为外部中断请求标志。

例如：将定时器 0 扩展为外部中断源。

分析如下：将定时器 0 设定为方式 2（初值自动重载工作方式），TH0 和 TL0 的初值均设为 0FFH，允许定时器 0 中断，单片机开放中断。代码如下：

```
TMOD=0x06;                    //设定定时器的工作方式为方式2，计数方式
TH0=0xff;                     //设置计数初值为满量程
TL0=0xff;
TR0=1;                        //启动定时器0
ET0=1;                        //定时器0中断允许
EA=1;                         //CPU总中断允许
```

（2）中断加查询扩展法。利用单片机的两个外部中断请求信号输入引脚，每个外部中断源都可以通过或非门（或通过与门）连接多个外部中断源；同时，利用 I/O 口作为多个外部中断源的识别线，以达到扩展外部中断源的目的。

例如：现有 4 个外部中断源（高电平有效），扩展中断源电路怎么设计呢？我们可以将 4 输入或非门的输入端连接 4 个外部中断源，同时接到单片机 P2 口的 P2.0 ～ P2.3 引脚；4 输入或非门的输出端连接单片机的外部中断 0（$\overline{\text{INT0}}$）（P3.2）引脚，如图 5-5 所示。

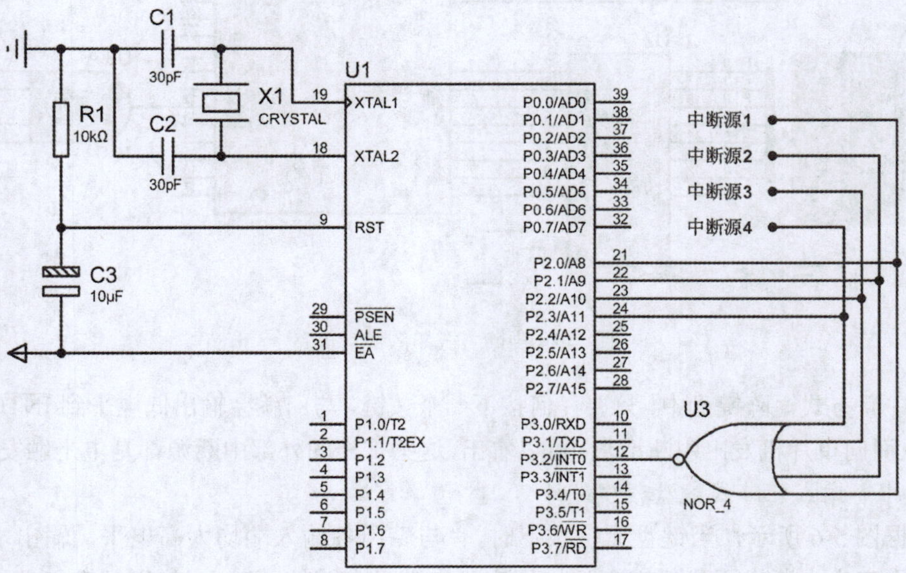

图 5-5　1 个外部中断扩展成 4 个外部中断电路

从图 5-5 可以看出，4 个外部扩展中断源中若有 1 个或几个为高电平，则输出为 0，则使 $\overline{\text{INT0}}$（P3.2）为低电平，从而向单片机发出中断请求。

中断加查询扩展法比较简单，可以用于外部中断源较多的场合。它的缺点是：因查询时间较长，不能满足实时控制的要求。

【技能训练 5-1】中断方式矩阵式键盘电路设计

2. 中断方式矩阵式键盘电路设计

参考图 4-9 和图 5-5 电路，在任务 11 电路的基础上，增加一个 4 输入与门 74LS21 电路，用于产生按键中断，其输入端与 4×4 键盘的行线相连，输出端接至单片机的外部中断输入端 $\overline{\text{INT0}}$。中断方式矩阵键盘电路如图 5-6 所示。

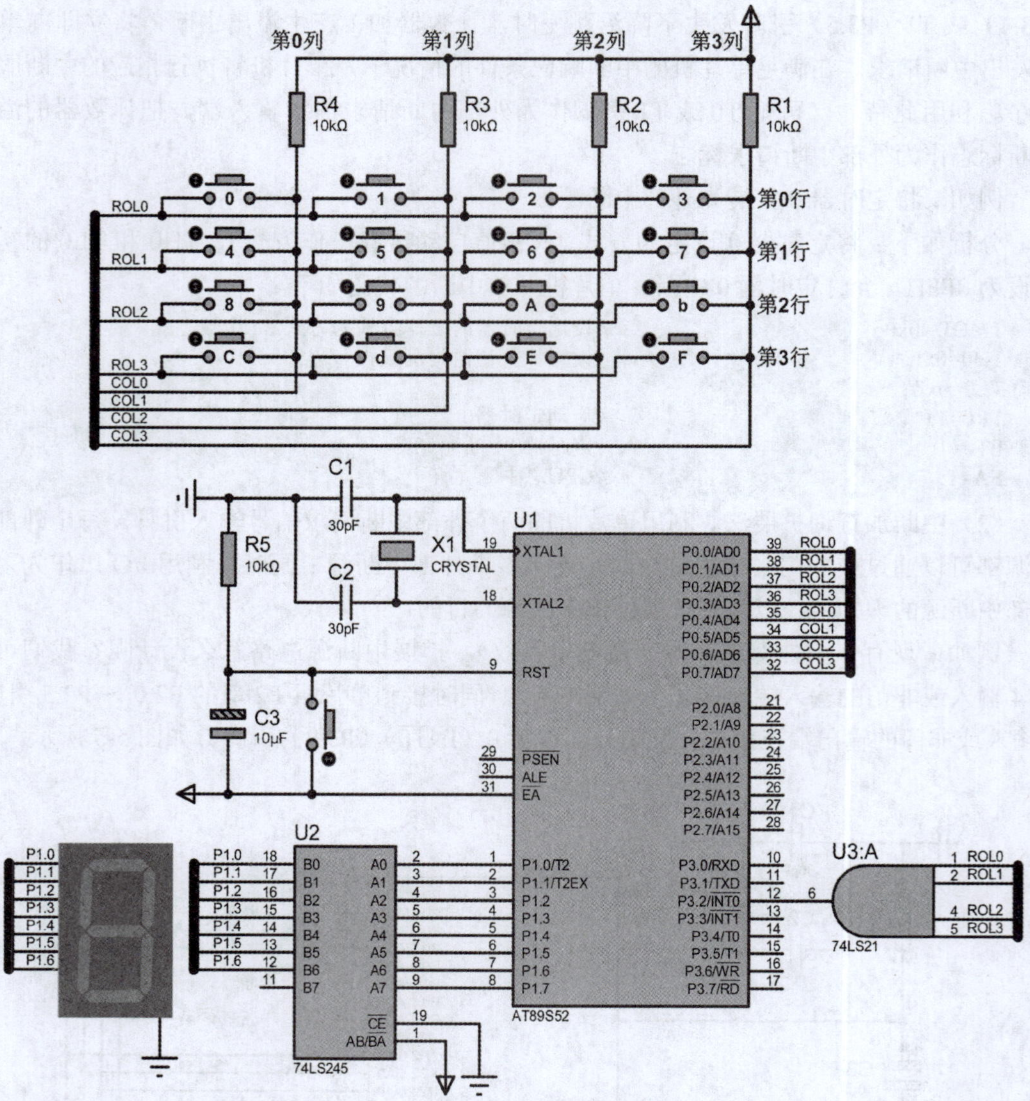

图 5-6 中断方式矩阵键盘电路

在中断方式矩阵键盘中，只要任何按下一个按键，与门就会输出低电平到 $\overline{\text{INT0}}$（P3.2）引脚，从而向单片机发出中断请求。可以看出，这些扩充的外部中断源都是电平触发方式的。

【技能训练 5-1】中断方式矩阵式键盘程序设计

3. 中断方式矩阵式键盘程序设计

根据图 5-6 所示，当键盘无键按下时，“与”门各输入端均为高电平，输出端输出高电平，不产生中断，不执行键盘扫描程序；当键盘有键按下时，“与”门输入端不全为高电平，则输出低电平，就会在 $\overline{\text{INT0}}$ 引脚上产生一个下降沿跳变，向单片机发出中断请求，单片机响应中断，执行能完成键盘扫描及显示的中断服务程序。

下面给出主程序和中断服务程序，其他代码见任务 11。

（1）主程序。在主程序中，要开单片机的总中断和外部中断 0 中断，设定外部中断 0 为边沿触发方式。中断方式矩阵键盘主程序如下：

```
void main()
{
    P1=0x00;
    EA=1;                   //开总中断
    EX0=1;                  //开外部中断0中断
    IT0=1;                  //设定外部中断0为边沿触发方式
    P0=0x0f;                //P0口高四位为0，用于检测是否有键按下
    while（1）;             //等待外部中断0中断
}
```

（2）中断服务程序。外部中断 0 中断服务程序能完成扫描键盘、识别按键以及数码管显示被按下键对应的字符等任务。外部中断 0 中断服务程序如下：

```
void key_led(void) interrupt 0
{
    unsigned char key;
    delay10ms();            //延时10ms去抖
    P0=0x0f;                //列输出低电平，行输出高电平
    if(P0!=0x0f)            //再次判断是否有键按下
    {
        key=scan_key( );    //有键按下，调用键盘扫描程序，并把键值送key
        P1=table[key];      //查表或字形编码送P1口，数码管显示按下的按键值
    }
}
```

5.3 任务 13 生产线自动打包系统设计

5.3.1 任务描述

如图 5-7 所示，由单片机控制系统通过光电传感器对传送带上的零件进行统计，当计数达到 100 个零件时，由单片机发出控制信号，对上述 100 个零件进行打包处理。

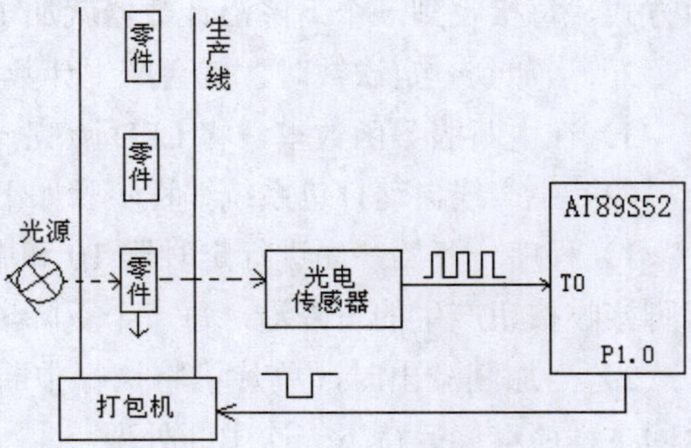

图 5-7 生产线自动打包系统

5.3.2 任务分析

1. 生产线自动打包控制电路分析

根据任务描述，在一个工业生产线上，零件通过一个装有光电传感器的传输带传送，每当零件通过传感器时，传感器向单片机发出一个脉冲信号，每通过 100 个零件，单片机发出控制信号，生产线自动将 100 个零件打包。

生产线自动打包控制电路如图 5-8 所示。在这里，生产线自动打包控制电路设计实现如下：

（1）使用 LED 模拟打包机。

（2）用按键模拟通过一个装有光电传感器的传输带传送零件，产生一个脉冲信号，向单片机发出一个计数脉冲信号。

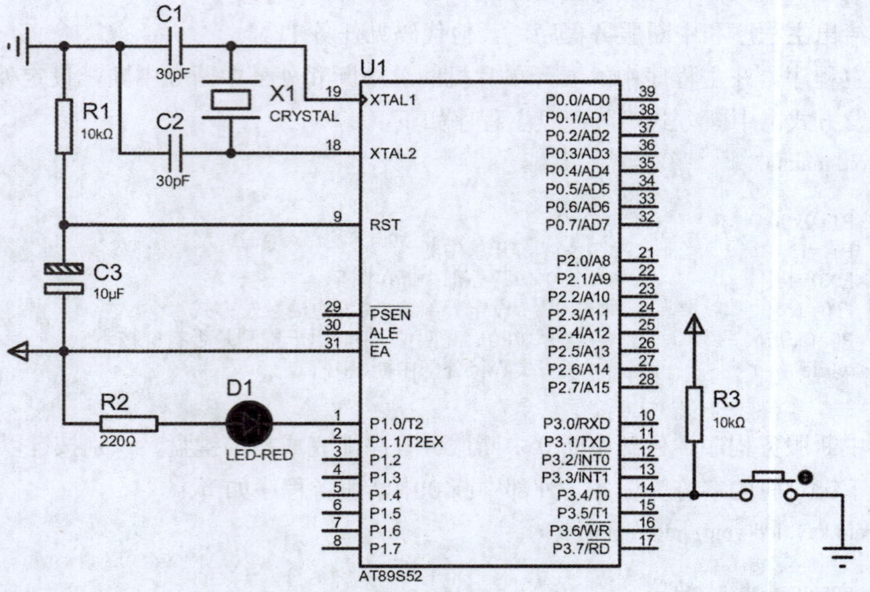

图 5-8　生产线自动打包控制电路

通过与定时器 T0 计数输入端（P3.4）相连的按键电路，为单片机控制系统模拟光电传感器对传送带上零件的监测信号。用按键按下时产生的负脉冲，模拟零件从光源与传感器之间通过。

当每达到规定的零件数（100 个）时，通过 P1.0 送出低电平让 LED 点亮一段时间来表示对 100 个零件进行打包处理。

2. 生产线自动打包控制程序分析

（1）根据任务描述和图 5-8 所示，生产线自动打包系统工作过程如下：

1）每按一次按键，都会在定时器 T0 的引脚 P3.4 产生一个下降沿。由于 T0 工作于计数方式，每接收到一个下降沿计数器就加 1。

2）当加到一定次数时，就会产生计数溢出，向单片机申请中断（需要打包）。

3）在中断服务函数里，将 LED 点亮一段时间（即打包）。

（2）生产线自动打包系统编程步骤如下：

1）程序一开始，先进行定时器 T0 和中断的初始化操作，启动定时器后就开始从 P3.4 引脚接收按钮产生的下降沿，每一个下降沿计数器加 1。

2）当加满溢出时，单片机将执行中断服务程序，开始打包、延时、结束打包，中断返回主程序继续等待下一次中断处理。

5.3.3 任务实施

生产线自动打包控制电路设计

1. 生产线自动打包控制电路设计

由图 5-8 所示电路可以看出，生产线自动打包控制电路是由单片机最小系统、按键模拟光电传感器电路和 LED 模拟打包机电路构成。按键接单片机 P3 口的 P3.4 引脚（定时器 T0 计数输入端）；LED 接 P1 口的 P1.0 引脚。

生产线自动打包控制电路设计过程如下：

（1）新建设计文件、设置图纸尺寸、设置网格、保存设计文件，文件名为“生产线自动打包”。

（2）选取 AT89S52、CRYSTAL、CAP、CAP-ELEC、RES、BUTTON 和 LED-RED 等元器件。

（3）放置元器件、编辑元器件、放置终端、连线，按图 5-8 所示放置元器件并连线。

（4）编辑元器件属性。

（5）执行“工具”→“电气规则检查”命令，弹出检查结果窗口，完成电气检测。若检测出错，根据提示修改电路图并保存，直至检测成功。

2. 建立“生产线自动打包”工程项目

新建“生产线自动打包”工程文件，并保存在“任务 13 生产线自动打包”文件夹中，然后选择单片机型号为 Atmel 的 AT89S52。

3. 建立并加载“生产线自动打包 .c”源文件

生产线自动打包控制程序设计

建立并加载“生产线自动打包 .c”源文件，源文件代码如下：

```
/**************************************************************
自动打包主程序
**************************************************************/
#include <AT89X52.H>
sbit P10=P1^0;
void main(void)
{
   TMOD=0x06;                          //设置T0方式2，计数功能
   TH0=246;                            //送计数100的初值
   TL0=246;
   IE=0x82;                            //允许T0中断
   P10=1;                              //设置打包信号无效
   TR0=1;                              //启动T0计数
   while(1);                           //等待中断
}
/**************************************************************
T0中断服务程序（打包控制程序）
**************************************************************/
void timer0(void)  interrupt 1 using 1
{
   unsigned char i,j;
   P10=0;                              //输出打包控制信号，启动打包机
   for(i=0;i<200;i++)                  //软件延时约0.1s
      for(j=0;j<248;j++);
   P10=1;                              //打包控制信号无效
}
```

4. “生产线自动打包”工程配置与编译

工程配置：“目标”标签页的晶振频率栏设为 12MHz，勾选“输出”标签页的“生成 HEX 文件”复选框。

工程编译：完成工程配置后，进行“生产线自动打包”工程编译。若编译发生错误，要进行分析检查，直到编译正确为止。

5. 生产线自动打包运行调试

（1）打开生产线自动打包仿真电路。

（2）加载“生产线自动打包 .hex”HEX 文件。

（3）单击仿真工具栏“运行”按钮，单片机全速运行程序。

观察生产线自动打包是否与任务要求一致。若运行结果与任务要求不一致，要对电路和程序进行分析检查，直到运行正确。

5.4 单片机定时器 / 计数器

5.4.1 认识定时器 / 计数器

认识定时器 / 计数器

一般单片机内部设有两个 16 位可编程定时器 / 计数器，简称定时器 0（T0）和定时器 1（T1）。16 位的定时器 / 计数器实质上是一个加 1 计数器，可实现定时和计数两种功能，其功能由软件进行控制和切换。定时器 / 计数器属硬件定时和计数，是单片机中效率高而且工作灵活的部件。

1. 定时功能

计数器的加 1 信号由振荡器的 12 分频信号产生，每过一个机器周期，计数器加 1，直至计满溢出，即对机器周期数进行统计。因此，计数器每加 1 就代表 1 个机器周期的时间长短。

定时器的定时时间与系统的时钟频率有关。因一个机器周期等于 12 个时钟周期，所以计数频率应为系统时钟频率的 1/12（即机器周期）。如晶振频率为 12MHz，则机器周期为 1ms。通过改变定时器的定时初值，并适当选择定时器的长度（8 位、13 位或 16 位），可以调整定时时间长短。

2. 计数功能

计数就是对来自单片机外部的事件进行计数，为了与请求中断的外部事件区分开，称这种外部事件为外部计数事件。外部计数事件由脉冲引入，单片机的 P3.4（T0）和 P3.5（T1）为外部计数脉冲输入端。也就是说，计数就是对外部的有效计数脉冲进行计数。

外部的有效计数脉冲指的是单片机在每个机器周期的 S5P2 状态下，对 P3.4（T0）进行采样。若在一个机器周期采样到高电平，在连续的下一个机器周期采样到低电平，即得到一个有效的计数脉冲，计数寄存器在下一个机器周期自动加 1。为了确保给定电平在变化前至少被采样一次，外部计数脉冲的高电平与低电平保持时间均需在一个机器周期以上。也就是说单片机要想识别 1 个计数脉冲，至少需要 2 个机器周期的时间，因此外部计数脉冲的频率不能高于晶振频率的 1/24。

3. 定时器 / 计数器主要应用在以下几个方面

（1）定时与延时控制方面。一是用于产生定时中断信号，以设计出各种不同频率的信号源；二是用于产生定时扫描信号，对键盘进行扫描以获得控制信号，对显示器进行扫描以不间断地显示数据。

（2）测量外部脉冲方面。对外部脉冲信号进行计数可测量脉冲信号的宽度、周期，也可实现自动计数。

（3）监控系统工作方面。对系统进行定时扫描，当系统工作异常时，使系统自动复位，重新启动以恢复正常工作。

5.4.2 定时器 / 计数器结构

51 单片机内设两个 16 位可编程定时器 / 计数器 T0 和 T1，其逻辑结构如图 5-9 所示。

由图 5-9 可知，定时器 / 计数器的主要部件有以下几个部分。

（1）两个 16 位可编程定时器 / 计数器 T0 和 T1。它们分别由两个 8 位特殊功能寄存器组成，即 T0 由 TH0 和 TL0 组成；T1 由 TH1 和 TL1 组成。它们用于存放定时或计数初始设定值。

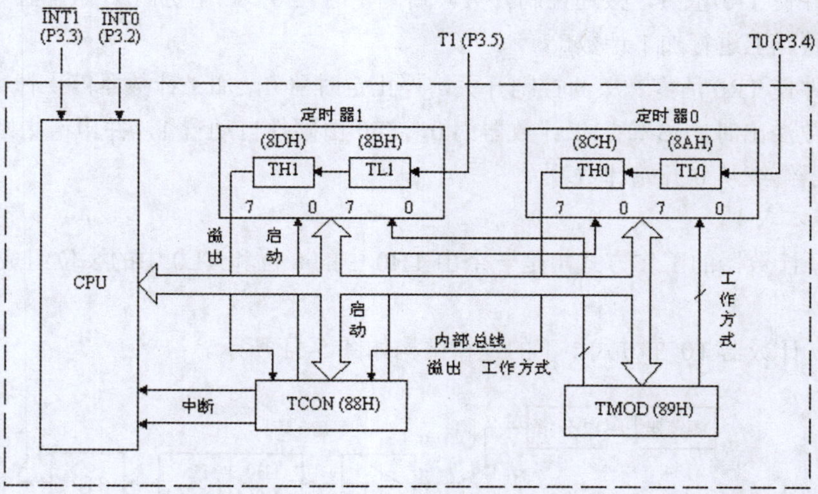

图 5-9 51 单片机逻辑结构图

（2）工作方式控制寄存器 TMOD。每个定时器都可由软件设置成定时器模式或计数器模式，在这两种模式下，又可单独设定为方式 0、方式 1、方式 2、方式 3 四种工作方式。

（3）控制寄存器 TCON。由软件通过 TCON 来控制定时器/计数器的启动/停止。定时器/计数器的实质是一个二进制的加 1 寄存器，当启动后就开始从所设定的计数初始值开始加 1 计数，寄存器计满回零时能够自动产生溢出中断请求。但是定时与计数两种模式下的计数方式却不相同。

定时器/计数器工作方式

5.4.3 定时器/计数器工作方式

定时器/计数器 T0 和 T1 通过 C/$\overline{T}$ 可设置成定时或计数两种工作模式。在每种模式下通过对 M1、M0 的设置又有 4 种不同的工作方式，T0 和 T1 在方式 0、方式 1、方式 2 下工作的情况是相同的，只有在方式 3 工作时，两者情况不同。

下面将详细介绍 4 种工作方式下的定时器/计数器逻辑结构及工作情况。

1. 工作方式 0

定时器/计数器的工作方式 0 称为 13 位定时器/计数器方式。它由 TL（0/1）的低 5 位和 TH（0/1）的 8 位构成 13 位的计数器，此时 TL（0/1）的高 3 位未用。以 T0 为例，方式 0 下的逻辑结构图如图 5-10 所示。

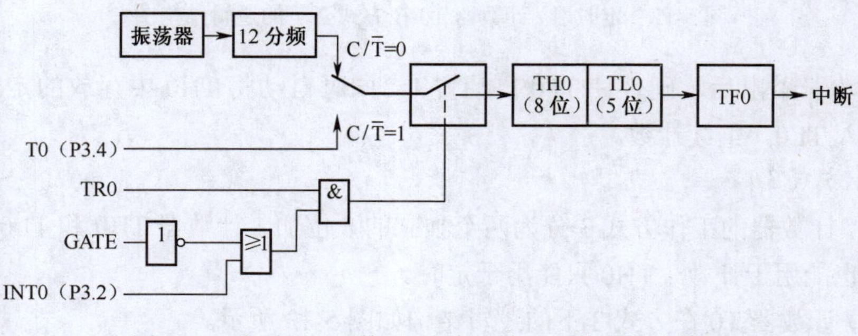

图 5-10 定时器/计数器 T0 在方式 0 下的逻辑结构图

当门控位 GATE=0 时，或门输出始终为 1，与门被打开，由 TR0 控制定时器/计数器的启动和停止。

定时器 / 计数器 T0 在方式 0 下的工作过程如下：

（1）软件使 TR0 置 1，接通控制开关，启动定时器 0，13 位加 1 计数器在定时初值或计数初值的基础上进行加 1 计数。

（2）软件使 TR0 清零，关断控制开关，停止定时器 0，加 1 计数器停止计数。

（3）计数溢出时，13 位加 1 计数器为 0，TF0 由硬件自动置 1，并申请中断，同时 13 位加 1 计数器继续从 0 开始计数。

2. 工作方式 1

定时器 / 计数器的工作方式 1 是一个由 TH0 中的 8 位和 TL0 中的 8 位组成的 16 位加 1 计数器。

定时器 / 计数器 T0 在方式 1 下的逻辑结构如图 5-11 所示。

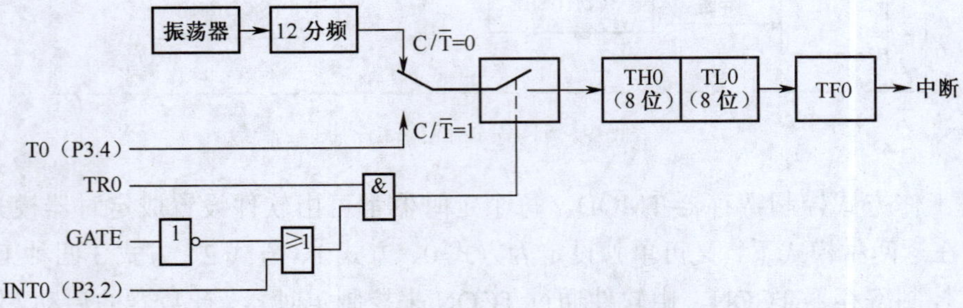

图 5-11 定时器 / 计数器 T0 在方式 1 下的逻辑结构图

方式 1 与方式 0 的工作情况基本相似，最大的区别是方式 1 的加 1 计数器位数是 16 位。

3. 工作方式 2

定时器 / 计数器的工作方式 2 是一个能自动装入初值的 8 位加 1 计数器，TH0 中的 8 位用于存放定时初值或计数初值，TL0 中的 8 位用于加 1 计数器。

定时器 / 计数器 T0 在方式 2 下的逻辑结构如图 5-12 所示。

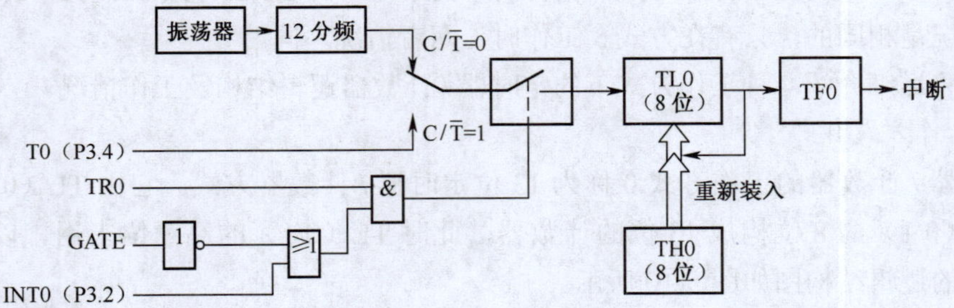

图 5-12 定时器 / 计数器 T0 在方式 2 下的逻辑结构图

加 1 计数器溢出后，硬件使 TF0 自动置 1，同时自动将 TH0 中存放的定时初值或计数初值再装入 TL0，继续计数。

4. 工作方式 3

定时器 / 计数器的工作方式 3 分为两个独立的 8 位加 1 计数器 TH0 和 TL0。TL0 既可用于定时，也能用于计数；TH0 只能用于定时。

定时器 / 计数器 T0 在方式 3 下的逻辑结构如图 5-13 所示。

加 1 计数器 TL0 占用了 T0 除 TH0 外的全部资源，原 T0 的控制位和信号引脚的控制功能与方式 0、方式 1 相同；与方式 2 相比，只是不能自动将定时初值或计数初值再装入 TL0，而必须用程序来完成；加 1 计数器 TH0 只能用于简单的内部定时功能，它占用了原

T1 的控制位 TR1 和 TF1，同时占用了 T1 中断源。

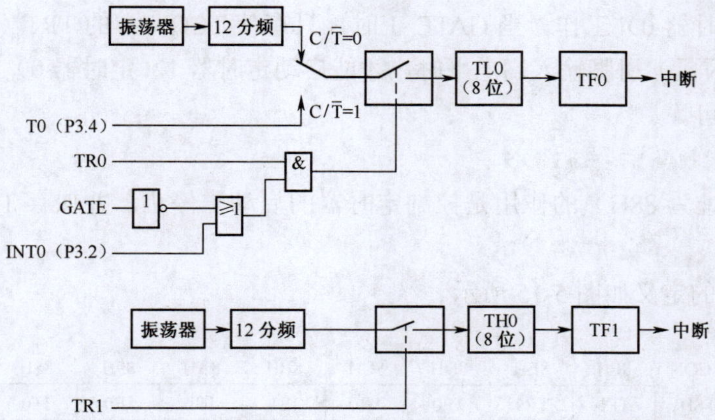

图 5-13　定时器 / 计数器 T0 在方式 3 下的逻辑结构图

T1 不能工作在方式 3 下，因为当 T0 工作在方式 3 下时，T1 的控制位 TR1、TF1 和中断源被 T0 占用；T1 可工作在方式 0、方式 1、方式 2 下，但其输出直接送入串行口。

设置好 T1 的工作方式，T1 就自动开始计数；若要停止计数，可将 T1 设为方式 3。T1 通常用作串行口波特率发生器，以方式 2 工作会使程序简单一些。

与定时器 / 计数器有关的寄存器

5.4.4　与定时器 / 计数器有关的寄存器

T0 和 T1 工作于计数器模式还是定时器模式，以何种方式工作，以及工作的启 / 停，都是由软件控制的。由图 5-9 可知，用于控制的专用寄存器是 TMOD 和 TCON。我们对定时器 / 计数器控制的实质就是通过软件编程读 / 写这些专用寄存器。

1. 工作方式寄存器 TMOD

TMOD（地址为 89H）的作用是设置 T0、T1 的工作方式。低 4 位用于控制 T0，高 4 位用于控制 T1。TMOD 各位的定义如图 5-14 所示。

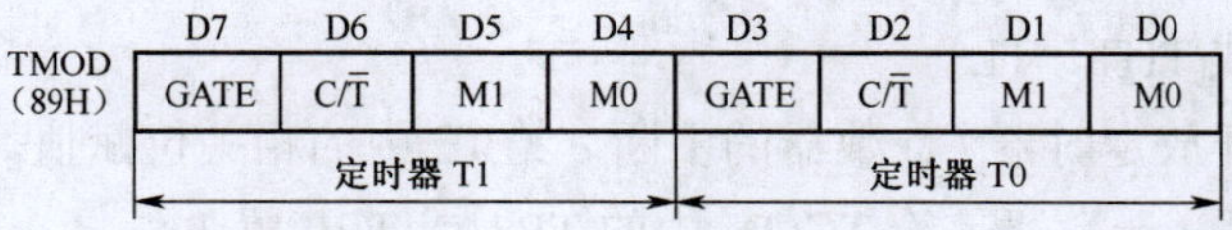

图 5-14　工作方式寄存器 TMOD 格式

TMOD 各位的控制功能说明如下。

（1）M0、M1：工作方式控制位。此两位可形成 4 种组合的二进制码，可控制产生 4 种工作方式，见表 5-3。

表 5-3　T0、T1 的工作方式选择

M1　M0	工作方式	功能描述
0　0	方式 0	13 位计数器
0　1	方式 1	16 位计数器
1　0	方式 2	自动重装初值 8 位计数器
1　1	方式 3	定时器 0：分为两个独立的 8 位计数器 定时器 1：无中断的计数器

（2）C/$\overline{T}$：模式控制选择位。C/$\overline{T}$=0 为定时器模式；C/$\overline{T}$=1 为计数器模式。

（3）GATE：门选通位。当 GATE=0 时，只要使 TCON 中的 TR1（TR0）置 1 即可启动定时器 1（定时器 0）工作。当 GATE=1 时，只有使 TCON 中的 TR1（TR0）置 1 且外部中断 $\overline{\text{INT0}}$（$\overline{\text{INT1}}$）引脚输入高电平时，才能启动定时器 1（定时器 0）工作。一般使用时，GATE=0 即可。

2. 定时器控制寄存器 TCON

TCON（地址为 88H）的作用是控制定时器的启动与停止，并保存 T0、T1 的溢出和中断标志。

TCON 各位的定义如图 5-15 所示。

TCON	8FH	8EH	8DH	8CH	8BH	8AH	89H	88H
(88H)	TF1	TR1	TF0	TR0	IE1	IT1	IE0	IT0

图 5-15 定时器控制寄存器 TCON 格式

TCON 各位的作用如下：

（1）TF1（TCON.7）——T1 溢出标志位。0：T1 无溢出；1：T1 溢出中断。

（2）TF0（TCON.5）——T0 溢出标志位。0：T0 无溢出；1：T0 溢出中断。

（3）TR1（TCON.6）——T1 运行控制位。0：停 T1 计数；1：T1 启动。

（4）TR0（TCON.4）——T0 运行控制位。0：停 T0 计数；1：T0 启动。

（5）IE1、IT1、IE0 和 IT0（TCON.3 ～ TCON.0）——外部中断 $\overline{\text{INT1}}$、$\overline{\text{INT0}}$ 请求标志位及触发方式选择位。

51 单片机复位后，TCON 的所有位被清零。

3. 定时器 / 计数器的初始化步骤

定时器 / 计数器的初始化步骤及初值计算

定时器 / 计数器是一种可编程部件，在使用定时器 / 计数器前，一般都要对其进行初始化，以确定其以特定的方式进行工作。初始化的步骤如下：

（1）确定定时器 / 计数器的工作方式：确定方式控制字，并写入 TMOD。

（2）预置定时初值或计数初值：根据定时时间或计数次数，计算定时初值或计数初值，并写入 TH0、TL0 或 TH1、TL1。

（3）根据需要开放定时器 / 计数器的中断：给 IE 中的相关位赋值。

（4）启动定时器 / 计数器：给 TCON 中的 TR1 或 TR0 置 1。

4. 定时初值或计数初值的计算方法

不同工作方式的定时初值或计数初值的计算方法，见表 5-4。

表 5-4 定时初值或计数初值的计算方法

工作方式	计数位数	最大计数值	最大定时时间	定时初值计算公式	计数初值计算公式
方式 0	13	2^{13}=8192	$2^{13}\times T_{机}$	X=2^{13}-T/$T_{机}$	X=2^{13}- 计数值
方式 1	16	2^{16}=65536	$2^{16}\times T_{机}$	X=2^{16}-T/$T_{机}$	X=2^{16}- 计数值
方式 2	8	2^{8}=256	$2^{8}\times T_{机}$	X=2^{8}-T/$T_{机}$	X=2^{8}- 计数值

注：T 表示定时时间，$T_{机}$表示机器周期。

【技能训练 5-2】0 ～ 59s LED 数码管显示

利用 LED 数码管动态扫描显示和定时器的定时功能，完成 0 ～ 59s 数码显示（定时器）

的设计与实现。

1. 0～59s 数码显示电路设计

LED 动态扫描显示电路的两个共阴极数码管（7SEG-MPX2-CC）的 a～g 七个位段控制引脚，经过 74LS245 芯片分别接在单片机 P0 口的 P1.0～P1.6 七个引脚，数码管的公共端分别接在 P1 口的 P1.0 和 P1.1 引脚上，电路设计如图 5-16 所示。

【技能训练 5-2】0～59s 数码显示电路设计

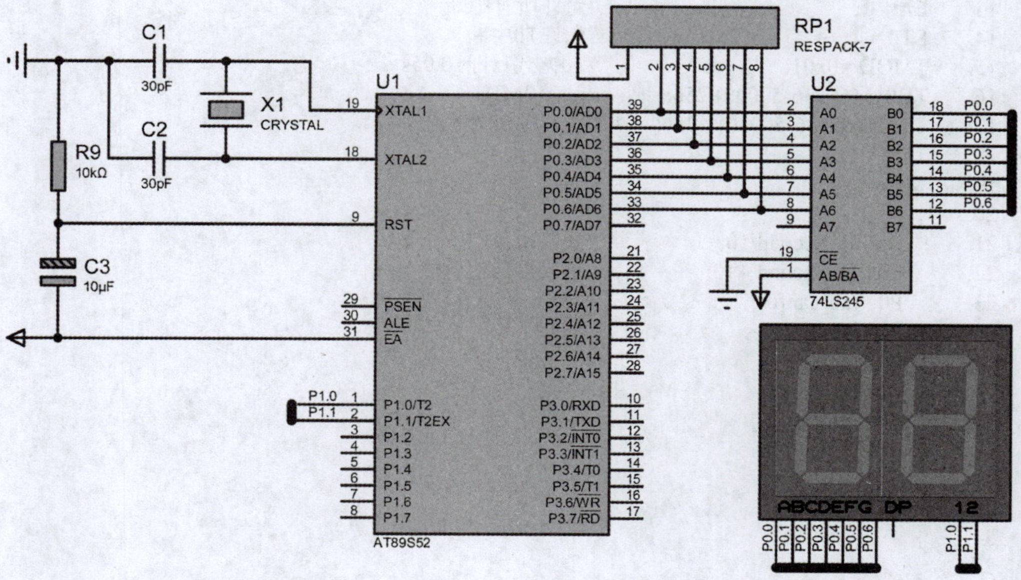

图 5-16　0～59s 数码显示电路

2. 如何实现 1s 定时

本技能训练使用的晶振频率为 12MHz，即一个机器周期是 1μs（微秒）。

设置 T0（定时器 0）为工作方式 1，根据表 5-4 可知，最大计数值是 2^{16}=65536，最大定时时间是 $2^{16}\times T_{机}$=65536μs=65.536ms（毫秒）。

为了方便地实现 1s 定时，T0 定时时间取 50ms，即定时初值取 50000=3CB0H。这样，我们通过 20 次的 50ms 定时就可以实现 1s 定时。设置 50ms 定时的代码如下：

```
TH0=0x3C;                    //设置T0定时50ms的初值3CB0H（十六进制）
TL0=0xB0;                    //初值的低8位送TL0、高8位送TH0
```

还有一种设置 50ms 定时的方法。根据表 5-4 设置定时初值：

$$X=2^{16}-T/T_{机}=（65536-50000）μs/1μs=65536-50000$$

由此设置 50ms 定时的代码如下：

```
TH0 = (65536-50000)/256;     //初值的高8位送TH0，对256整除获得高8位
TL0 = (65536-50000)%256;     //初值的低8位送TL0，对256求余获得低8位
```

还可以进一步简化代码如下：

```
TH0 = -50000/256;
TL0 = -50000%256;
```

3. 0～59s 数码显示程序设计

0～59s 数码显示的格式为：×× 由左向右分别为十位和个位。0～59s 数码显示程序如下：

【技能训练 5-2】0～59s 数码显示程序设计

```
#include <AT89X52.h>
unsigned char code
Tab[]={0x3F,0x06,0x5B,0x4F,0x66,0x6D,0x7D,0x07,0x7F,0x6F};
unsigned char Dat[]={0,0,0,0,0,0};
```

```
unsigned char Second,t;
void Delay()
{
  unsigned char i;
  for(i=0;i<250;i++);
}
void main()
{
  EA = 1;                          //允许所有中断
  ET0 = 1;                         //允许T0中断
  TMOD =0x01;                      //T0方式1计时0.05s
  TH0 = (65536-50000)/256;         //fosc=12MHz
  TL0 = (65536-50000)%256;
  TR0 = 1;
  while(1)
  {
    Dat[0]=Second/10;              //获取秒数的十位数
    Dat[1]=Second%10;              //获取秒数的个位数
    P0=Tab[Dat[0]];
    P1=0xfe;
    Delay();
    P1=0xff;
    P0=Tab[Dat[1]];
    P1=0xfd;
    Delay();
    P1=0xff;
  }
}
/* 定时器0中断服务子程序 */
void intserv1 (void) interrupt 1 using 1
{
  TH0= (65536-50000)/256;          //50ms定时时间到，重装定时初值
  TL0= (65536-50000)%256;
  t++;                             //每次50ms定时时间到，定时次数计数器t加1
  if(t==20)                        //判断计数器t是否到20，若到20即表示1s定时时间到
  {
    t=0;                           //1s定时时间到，对定时次数计数器t清零
    Second++;                      //每次1s定时时间到，秒计数器Second加1
    if(Second>=60) Second=0;       //秒计数器Second到60时进行清零
  }
}
```

5.5 任务14 基于LED数码管的电子钟设计

5.5.1 任务描述

为了进一步掌握定时器的使用和编程方法以及掌握中断处理程序的编程方法，利用单片机的定时器和6个LED数码管动态扫描显示电路，设计一个电子时钟。要求电子时钟显示的格式为：×× ×× ×× 由左向右分别为：时、分、秒。

5.5.2 任务分析

1. 基于LED数码管的电子钟电路分析

按照任务描述，该电路用6个LED数码管来分别显示时、分、秒；同时，由于所用数码管较多，本次电路采用数码管动态扫描显示技术；考虑到P0口驱动能力，在P0口与

LED 数码管之间加了一个 8 路双向总线收发器 74LS245。基于 LED 数码管的电子钟电路如图 5-17 所示。

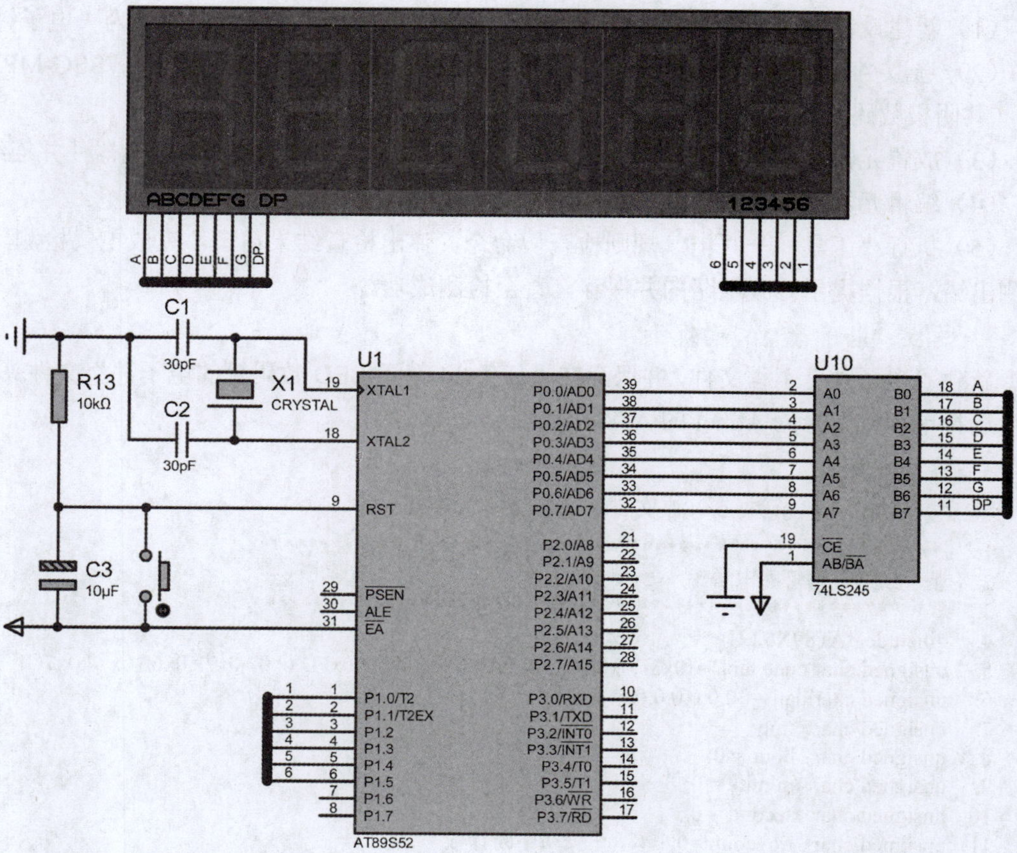

图 5-17　基于 LED 数码管的电子钟电路

2. 基于 LED 数码管的电子钟程序分析

根据任务描述和图 5-17 所示，基于 LED 数码管的电子钟程序设计分析如下：

（1）工作方式选择位，设置为方式 2。

（2）计数 / 定时方式选择位，设置为定时器工作方式。

（3）定时器定时时间是 50ms（晶振频率为 12MHz），设置定时器初值方法见技能训练 5-2。

（4）定时器每 50ms 中断一次，在中断服务程序中，对中断次数进行计数，50ms 计数 20 次就是 1s。

（5）对秒计数到 60 得到分值，对分计数到 60 得到小时值。

（6）把秒、分和小时值拆分为个位数和十位数，并送入显示缓冲区。

（7）在单片机 P0 口输出字段码、P1 口输出位码，显示时间。

以上（1）～（3）和（7）是在主函数 main() 中完成，其他的是在定时器的中断服务函数中完成。

5.5.3　任务实施

1. 基于 LED 数码管的电子钟电路设计

由图 5-17 所示电路可以看出，生产线自动打包控制电路是由单片机最小系统和 LED

基于 LED 数码管的电子钟电路设计

数码管显示电路构成。电子钟的 6 个 LED 数码管段码引脚通过 74LS245 接单片机 P0 口；6 个 LED 数码管公共端引脚接 P1 口。

基于 LED 数码管的电子钟电路设计过程如下：

（1）新建设计文件、设置图纸尺寸、设置网格、保存设计文件，文件名为“电子钟”。

（2）选取 AT89S52、CRYSTAL、CAP、CAP-ELEC、RES、74LS245 和 7SEG-MPX6-CC（共阴极数码管）等元器件。

（3）放置元器件、编辑元器件、放置终端、连线，按图 5-17 所示放置元器件并连线。

（4）编辑元器件属性。

（5）执行“工具”→“电气规则检查”命令，弹出检查结果窗口，完成电气检测。若检测出错，根据提示修改电路图并保存，直至检测成功。

2. 建立“电子钟”工程项目

新建“电子钟”工程文件，并保存在“任务 14 基于 LED 数码管的电子钟”文件夹中，然后选择单片机型号为 Atmel 的 AT89S52。

3. 建立并加载“电子钟 .c”源文件

建立并加载“电子钟 .c”源文件，源文件代码如下：

基于 LED 数码管的电子钟程序设计

```
/************************************************************
基于LED数码管的电子钟
************************************************************/
#include <AT89X52.H>
unsigned char code tab[]={0x3F,0x06,0x5B,0x4F,0x66,0x6D,0x7D,0x07,0x7F,0x6F,0x77,0x7C};
unsigned char dat[]={0,0,0,0,0,0};
unsigned char j,tmp;
unsigned char  hour = 0;
unsigned char  minute = 0;
unsigned char  second = 0;
unsigned char  irq_count=0;              //中断计数
void Delay()
{
   unsigned char i;
   for(i=0;i<20;i++);
}
void main(void)
{
   EA=1; ET0=1;                          //开总中断、T0中断
   TMOD=0x01;                            // T0方式1计时
   TH0=0x3C;                             //晶振：12MHz
   TL0=0xB0;
   TR0=1;                                //启动定时器T0
   while(1)
   {
      tmp=0x01;
      for(j=0;j<6;j++)
      {
         P0=tab[dat[j]];
         P1=~tmp;
         tmp=tmp<<1;
         Delay();
         P1=0xff;
      }
   }                                     // end while
}                                        // end main
/* 定时计数器0的中断服务函数 */
void timer0(void)  interrupt 1 using 1   // 50ms中断一次
{
```

```
    TH0=0x3C;                         //晶振：12MHz
    TL0=0xB0;
    irq_count++;
    if (irq_count>=20)                // 1s时间到，中断次数计数器清零，秒计数器加1
    {
      irq_count = 0;
      second++;
      if (second >= 60)               // 1 分钟时间到，秒计数器清零，分计数器加1
      {
        second = 0;
        minute++;
        if (minute >= 60)             // 1小时时间到，分计数器清零，小时计数器加1
        {
          minute = 0;
          hour++;
          if (hour >= 24) hour = 0;   // 24小时时间到，小时计数器清零
        }                             // end if(minute >= 60)
      }                               // end if (second >= 60)
      dat[5]=hour/10;                 // 小时的十位数
      dat[4]=hour%10;                 // 小时的个位数
      dat[3]=minute/10;               // 分的十位数
      dat[2]=minute%10;               // 分的个位数
      dat[1]=second/10;               // 秒的十位数
      dat[0]=second%10;               // 秒的个位数
    }                                 // end if (irq_count>=20)
}
```

4. “电子钟”工程配置与编译

工程配置：“目标”标签页的晶振频率栏设为12MHz，勾选“输出”标签页的“生成HEX文件”复选框。

工程编译：完成工程配置后，进行“电子钟”工程编译。若编译发生错误，要进行分析检查，直到编译正确为止。

5. 电子钟运行调试

（1）打开电子钟仿真电路。

（2）加载“电子钟.hex”HEX文件。

（3）单击仿真工具栏“运行”按钮▶，单片机全速运行程序。

观察电子钟是否与任务要求一致。若运行结果与任务要求不一致，要对电路和程序进行分析检查，直到运行正确。

【技能训练5-3】电子钟电路焊接制作

根据图5-17所示电路图，在万能板上完成电子钟电路焊接制作，元器件清单见表5-5。

表5-5 电子钟电路元器件清单

元器件名称	参数	数量/个	元器件名称	参数	数量/个
单片机	STC89C52	1	轻微按键		1
晶振	11.0592MHz	1	电阻	10kΩ	1
瓷片电容	30pF（104）	2	驱动器	74LS245	1
电解电容	10μF	1	LED数码管	4位	1
IC插座	DIP40	1	LED数码管	2位	1

1. 电路板焊接

参考电子钟电路完成电路板焊接制作，焊接好的电路板如图5-18所示。

图5-18 电子钟电路板

2. 硬件检测与调试

参照“数码管循环显示0～9电路焊接制作”进行硬件检测与调试。

3. 软件下载与调试

通过STC-ISP下载软件把“电子钟.hex”文件烧入单片机芯片中，观察时、分、秒的显示规律是否与设计要求相符。如果相符，说明上面焊接过程和程序均正常，否则需进行调试，直到功能实现。

关键知识点梳理

1. 51单片机的中断源

51单片机一般有5个中断源，分别是外部中断两个、定时中断两个和串行中断一个，具体如下：

（1）外部中断0（$\overline{INT0}$），由P3.2提供。

（2）外部中断1（$\overline{INT1}$），由P3.3提供，外部中断有两种信号方式，即电平方式和脉冲方式。

（3）T0溢出中断，由片内定时器/计数器0提供。

（4）T1溢出中断，由片内定时器/计数器1提供。

（5）串行口中断RI/TI，由片内串行口提供。

2. 51单片机的中断系统

51单片机的中断系统主要由与中断相关的4个特殊功能寄存器和硬件查询电路等组成。

（1）4个特殊功能寄存器分别为定时器/计数器控制寄存器TCON、串行口控制寄存器SCON、中断允许控制寄存器IE和中断优先级控制寄存器IP。

（2）硬件查询电路和中断优先级控制寄存器共同决定了5个中断源的自然优先级别。

3. 与中断有关的4个特殊功能寄存器

（1）与中断源标志有关的寄存器TCON和SCON。在51单片机中，5个中断源的中断请求信号并不是寄存在一个独立的寄存器中，而是分别存放在两个不同的寄存器中。外部中断0/1和定时器0/1的中断请求信号寄存在TCON中，串行口中断请求信号寄存在SCON中。

（2）中断允许寄存器 IE。51 单片机的中断源均属于可屏蔽中断。中断允许寄存器 IE 就是用于控制单片机对中断的开放或屏蔽每个中断源是否允许中断的。单片机系统复位后，IE 寄存器中各中断允许位均被清零，即禁止所有中断。

（3）中断优先级寄存器 IP。51 单片机有两个中断优先级：高优先级和低优先级。中断优先级寄存器 IP 的作用是设定各中断源的优先级别，IP 的每一位均可以由软件来置 1 或清零。当系统复位后，IP 低 5 位全部清零，所有中断源均设定为低优先级中断。

自然优先级由硬件形成，排列如下：

中断源	自然优先级
外部中断 0	最高级
定时器 T0 中断	↓
外部中断 1	↓
定时器 T1 中断	↓
串行口中断	最低级

如果几个同一优先级别的中断源同时向单片机请求中断，单片机将通过内部的硬件查询逻辑，首先响应自然优先级较高的中断源的中断请求。

4. 中断处理过程

中断处理过程包括中断响应、中断处理和中断返回三个阶段。

（1）中断响应是在满足单片机的中断响应条件之后，单片机对中断源中断请求的回答。由于设置了优先级，中断可实现两级中断嵌套。

（2）中断处理就是执行中断服务程序，包括保护现场、处理中断源的请求和恢复现场三部分内容。

（3）中断返回是指中断服务完成后，返回到原程序的断点，继续执行原来的程序；在返回前，要撤销中断请求，不同中断源中断请求的撤销方法不一样。

5. C51 中断服务函数

定义中断服务函数的语法如下：

```
函数类型 函数名 (形式参数) [interrupt n] [using m]
```

其中，n 对应中断源的编号，C51 编译器允许 0 ～ 31 个中断，n 的取值范围为 0 ～ 31，表 5-2 给出了 51 单片机所提供的 5 个中断源所对应的中断源编号；m 对应寄存器组号，取值范围是 0 ～ 3。

6. 定时器 / 计数器

（1）AT89S52 共有 3 个可编程的定时器 / 计数器，分别称为定时器 / 计数器 T0、T1 和 T2，其中 T0 和 T1 都是 16 位的加 1 计数器。51 单片机一般只有 2 个可编程的定时器 / 计数器 T0 和 T1。

（2）定时器是对单片机的机器周期进行计数。

（3）计数器是对单片机外部脉冲进行计数。

7. 定时器 / 计数器的工作方式

定时器 / 计数器有 4 种工作方式。方式 0 是 13 位计数器；方式 1 是 16 位计数器；方式 2 是自动重装初值 8 位计数器；工作在方式 3 时，定时器 0 被分为两个独立的 8 位计数器，定时器 1 是无中断的计数器，此时定时器 1 一般用作串行口波特率发生器。

8. 定时器 / 计数器初始化步骤及初值计算

（1）确定定时器 / 计数器的工作方式：确定方式控制字并写入 TMOD。

（2）预置定时初值或计数初值：根据定时时间或计数次数，参考表5-4的定时初值或计数初值的计算方法进行初值计算，并分别写入TH0、TL0或TH1、TL1。

（3）根据需要开放定时器/计数器的中断：给IE中的相关位赋值。

（4）启动定时器/计数器：给TCON中的TR1或TR0置1。

9. 定时器/计数器工作过程

（1）当定时器/计数器T0或T1计数溢出时，由硬件对TF0或TF1置1，在中断方式下向单片机请求中断服务，中断响应时TF0或TF1由硬件清零。

（2）也可以在不允许中断的时候查询TF0或TF1的状态，捕捉到计数溢出后，必须由软件对TF0或TF1进行清零。

问题与讨论

5-1 填空题

（1）51单片机一般有________个中断源，可分为________个优先级。中断源的允许是由________寄存器决定的，________寄存器决定中断源的优先级别。上电复位时，________中断源的优先级别最高。

（2）当51单片机响应中断后，程序将自动转移到该中断源所对应的入口地址处，并从该地址开始继续执行程序。其中INT0的入口地址为________，T1的入口地址为________。

（3）51单片机的外部中断请求有两种触发方式，一种是________触发，另一种是________触发。

（4）51单片机有两个16位可编程定时器/计数器，其中定时作用是指对单片机________脉冲进行计数，而计数作用是指对单片机________脉冲进行计数。

（5）由于执行每条指令都要占用单片机的时间，因此采用循环结构并多次重复执行某些指令可实现软件延时。硬件延时一般是采用单片机的________，再通过软件编程来实现。

（6）单片机有两个定时器，定时器的工作方式由________寄存器决定，定时器的启动与溢出由________寄存器控制。

（7）51单片机定时器/计数器的工作方式是由工作方式寄存器TMOD的位状态字（GATE、C/T、M1、M0、GATE、C/T、M1、M0）决定的。当定时器T1以方式1对内定时，定时器T0不工作时其状态字应为________；当定时器T1以方式1对内定时，同时定时器T0以方式1对外记数，其状态字应为________。

5-2 选择题

（1）在C51的5个中断源中，可通过软件确定各中断源中断级别的高或低，但在同一级别中，按硬件排队的优先级别最高的是（　　）中断。

A．定时器T0　B．定时器T1　C．外部中断INT0

D．外部中断INT1　E．串行口

（2）在中断允许寄存器中，中断控制寄存器EA位的作用是（　　）。

A．总中断允许控制位　B．中断请求总标志位

C．各中断源允许控制位　D．串行口中断允许位

（3）当计数器T0向单片机发出中断请求时，若单片机允许并接收中断时，程序计数

器 PC 的内容将被自动修改为（　　）。

A．0003H　　B．000B　　C．0013H

D．001BH　　E．0023H

（4）（　　）不是 51 单片机响应中断的必要条件。

A．TCON 或 SCON 寄存器内的有关中断标志位为 1

B．IE 中断允许寄存器内的有关中断允许位置 1

C．IP 中断优先级寄存器内的有关位置 1

D．当前一条指令执行完

（5）51 单片机的定时器 / 计数器共有 4 种操作模式，并由 TMOD 寄存器中 M1 和 M0 的状态决定，当 M1 和 M0 的状态为 10 时，定时器 / 计数器被设定为（　　）。

A．13 位定时器 / 计数器

B．16 位定时器 / 计数器

C．自动重装 8 位定时器 / 计数器

D．T0 为两个独立的 8 位定时器 / 计数器，T1 停止工作

（6）51 单片机的定时器 / 计数器是否计满，可采用等待中断的方法进行判断，也可采用查询的方法通过（　　）进行判断。

A．OV 标志　　B．CY 标志

C．中断标志　　D．奇偶标志

（7）定时器 T0 的溢出标志 TF0，在单片机响应中断后（　　）。

A．由软件清零　　B．由硬件清零

C．随机状态　　D．AB 都可以

（8）在 51 单片机中，定时器 / 计数器在工作方式 1 下，计数器是由 TH 的全部 8 位和 TL 的 8 位组成，因此其计数范围是（　　）。

A．1 ～ 8192　　B．0 ～ 8191

C．0 ～ 8192　　D．1 ～ 65536

5-3　什么叫中断？中断有什么优点？

5-4　什么叫中断源？51 单片机一般有几个中断源？各中断标志是如何产生的？又是如何清零的？CPU 响应中断时，它们的中断矢量地址分别是多少？

5-5　外部中断有哪两种触发方式？对触发脉冲或电平有什么要求？如何选择和设定？

5-6　51 单片机的中断系统中有几个优先级？如何设定？

5-7　51 单片机响应中断有哪些条件？在什么情况下中断响应会受阻？

5-8　51 单片机中断处理的过程如何描述？

5-9　定时器 / 计数器有哪几种工作方式？各有什么特点？

5-10　控制寄存器 TMOD 和 TCON 各位的定义是什么？怎样确定各定时器 / 计数器的工作方式？

5-11　在工作方式 3 中，定时器 / 计数器 T0 和 T1 的应用有什么不同？

5-12　定时器 / 计数器作定时器用时，其定时时间与哪些因素有关？作计数器时，对外界计数频率有何限制？

5-13　当定时器 T0 工作于方式 3 时，如何使运行中的定时器 T1 停止下来？

5-14　晶振 f_{osc}=6MHz，T0 工作在方式 1，最大定时等于多少？

5-15　如何使用C语言书写定时器1中断的中断服务程序的首部？要求使用寄存器组2。

5-16　已知单片机时钟频率 f_{osc}=12MHz，当要求定时时间为 50ms 和 25ms 时，试编写定时器 / 计数器的初始化程序。

5-17　已知 AT89S52 时钟频率 f_{osc}=6MHz，试利用定时器编写程序，使 P1.0 输出一个占空比为 1/4 的脉冲波。

5-18　试用定时器中断技术设计一个秒闪电路，要求使 LED 每秒闪亮 400ms，设时钟频率为 6MHz。

项目 6　模拟量输入输出设计

项目描述

在单片机实时控制系统中，外界物理量和执行机构的控制量通常都是模拟信号，而单片机内均是数字信号,因此在单片机的输入输出端需要模数（A/D）和数模（D/A）的转换。

本项目从模拟量 / 数字量转换设计入手，首先让读者对 A/D、D/A 转换有一个初步了解；然后介绍模数转换器 ADC0809、数模转换器 DAC0832 的功能及设计的方法；并介绍 A/D、D/A 转换的相关电路和程序设计方法。通过 A/D 转换电路焊接制作，让读者进一步了解 A/D、D/A 转换的应用。

能力目标

能完成 A/D 转换控制电路设计与焊接制作，能应用 C 语言程序完成模数转换器 ADC0809、数模转换器 DAC0832 的相关编程，实现数字电压表和信号发生器的设计、运行及调试。

知识目标

- 了解 A/D、D/A 转换及应用
- 掌握 ADC0809、DAC0832 的结构和引脚功能
- 掌握 ADC0809、DAC0832 的工作过程
- 掌握 ADC0809、DAC0832 的电路和程序设计

教学重点

- ADC0809、DAC0832 的电路设计方法
- ADC0809、DAC0832 的工作过程及编程方法

教学难点

ADC0809、DAC0832 的编程步骤及程序设计。

6.1　任务 15　模数转换 LED 显示

6.1.1　任务描述

使用 AT89S52 单片机，通过 ADC0809（可用 ADC0808 代替）模数转换器把模拟量转换为数字量，把转换结果送到 8 个 LED 进行显示（即二进制显示）。模数转换 LED 显

示电路如图 6-1 所示。

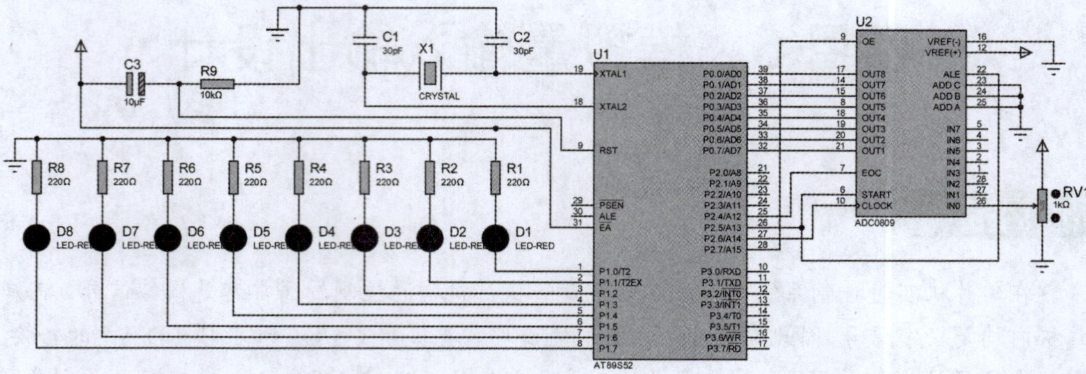

图 6-1　模数转换 LED 显示电路

6.1.2　任务分析

1. 模数转换 LED 显示电路分析

从图 6-1 所示电路可以看出，模拟量是由电位器模拟产生的；然后通过模数转换器 ADC0809 将电位器上的模拟量（模拟电压）转换为数字量，其数字量与采集电压的大小相对应；最后根据所采电压的大小来控制与 P1 口相连的 8 个 LED 的亮灭（即二进制显示）。

每个 LED 亮代表二进制的“1”、灭代表二进制的“0”。通过 LED 的亮灭所表示的二进制的大小来反映模拟量的大小（即电位器上分压的高低）。

2. 模数转换 LED 显示程序分析

模数转换 LED 显示编程步骤如下：

（1）在 ADC0809 的 START 端上升沿时将模数转换器复位。

（2）当下降沿到来时启动 A/D 转换，之后 EOC 输出信号变低，指示转换正在进行，直到 A/D 转换完成。

（3）当 P2.4 检测到 EOC 变为高电平后，表明 A/D 转换结束，此时通过 P2.7 将 OE 端置 1，使 ADC0809 输出三态门打开，通过单片机的 P0 口即可读出转换的结果。

（4）把转换的结果送到 P1 口，通过 LED 来显示模拟量的大小。

6.1.3　任务实施

1. 模数转换 LED 显示电路设计

模数转换 LED 显示电路设计

由图 6-1 所示电路可以看出，模数转换 LED 显示电路是由单片机最小系统、LED 电路（LED 采用共阴极接法）、ADC0809 模数转换电路和电位器等构成。模数转换 LED 显示电路设计步骤如下所述。

（1）新建设计文件、设置图纸尺寸、设置网格、保存设计文件，文件名为“模数转换 LED 显示”。

（2）选取 AT89S52、CRYSTAL、CAP、CAP-ELEC、RES、LED-RED、ADC0809（可用 ADC0808 代替）、POT-HG（电位器）等元器件。

（3）放置元器件、编辑元器件、放置终端、连线，按图 6-1 所示放置元器件并连线。

（4）编辑元器件属性。

（5）执行“工具”→“电气规则检查”命令，弹出检查结果窗口，完成电气检测。若检测出错，根据提示修改电路图并保存，直至检测成功。

2. 建立“模数转换 LED 显示”工程项目

新建“模数转换 LED 显示”工程文件，并保存在“任务 15 模数转换 LED 显示”文件夹中，然后选择单片机型号为 Atmel 的 AT89S52。

3. 建立并加载“模数转换 LED 显示 .c”源文件

模数转换 LED 显示
程序设计

建立并加载“模数转换 LED 显示 .c”源文件，源文件代码如下：

```
#include <AT89X52.H>
#include <INTRINS.h>
sbit  EOC=P2^4;                    //定义ADC0809转换结束信号
sbit  START=P2^5;                  //定义ADC0809启动转换命令
sbit  CLOCK=P2^6;                  //定义ADC0809时钟脉冲输入位
sbit  OE=P2^7;                     //定义ADC0809数据输出允许位
unsigned char temp;
void main(void)
{
  TMOD=0x02;
  TH0=206;
  TL0=206;
  EA=1;
  ET0=1;
  TR0=1;
  while(1)
  {
    START=0;
    START=1;                       //启动A/D转换
    START=0;
    while(EOC==0);                 //等待A/D转换结束
    OE=1;                          //数据输出允许
    temp=P0;                       //读取A/D转换结果
    P1=temp;                       //将A/D转换结果送LED显示
    _nop_();
    _nop_();
  }
}
void  t0(void) interrupt 1 using 0
{
  CLOCK=~CLOCK;                    //产生ADC0809时钟脉冲信号
}
```

其中，定时器 T0 中断服务函数的主要功能是为模数转换器 ADC0809 产生一个时钟脉冲信号，保证 ADC0809 能正常运行起来。

4. “模数转换 LED 显示”工程配置与编译

工程配置：“目标”标签页的晶振频率栏设为 12MHz，勾选“输出”标签页的“生成 HEX 文件”复选框。

工程编译：完成工程配置后，进行“模数转换 LED 显示”工程编译。若编译发生错误，要进行分析检查，直到编译正确为止。

5. 模数转换 LED 显示运行调试

（1）打开模数转换 LED 显示仿真电路。

（2）加载“模数转换 LED 显示 .hex”HEX 文件。

（3）单击仿真工具栏“运行”按钮▶，单片机全速运行程序。

观察模数转换 LED 显示是否与任务要求一致。若运行结果与任务要求不一致，要对电路和程序进行分析检查，直到运行正确。

【技能训练 6-1】模数转换 LED 显示电路焊接制作

根据图 6-1 所示电路图，在万能板上完成模数转换 LED 显示电路焊接制作，元器件清单见表 6-1。

表 6-1 模数转换 LED 显示电路元件器清单

元器件名称	参数	数量 / 个	元器件名称	参数	数量 / 个
单片机	STC89C52	1	轻微按键		1
晶振	11.0592MHz	1	电阻	10kΩ	1
瓷片电容	30pF（104）	2	电阻 1K	220Ω	8
电解电容	10μF	1	电位器	1kΩ	1
IC 插座	DIP40	1	LED		8
模数转换器	ADC0809	1			

1. 电路板焊接

参考模数转换 LED 显示电路完成电路板焊接制作，焊接好的电路板如图 6-2 所示。

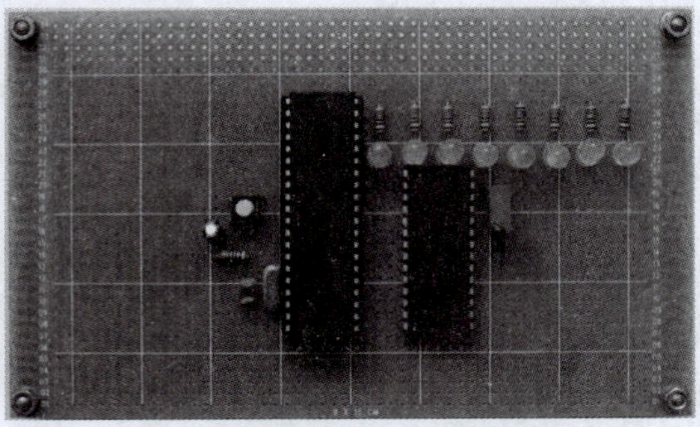

图 6-2 模数转换 LED 显示电路板

2. 硬件检测与调试

上电后，按下复位按键，检测 STC89C52 单片机 P1 口应为高电平，8 个 LED 应点亮。如果运行结果与上所述相同，说明单片机和 LED 电路工作均正常。改变电位器时，IN0 输入端电压应在 0 ～ 5V 范围内连续变化，8 个 LED 的亮灭也随着变化。

3. 软件下载与调试

通过 STC-ISP 下载软件把“模数转换 LED 显示 .hex”文件烧入单片机芯片中，观察 LED 的显示是否与设计要求相符。例如，当 IN0 输入电压为 3V 时，OUT1 ～ OUT8 输出端为 10011001（十进制数为 153），所以，LED1、LED4、LED5 和 LED8 点亮，其余 LED 熄灭。

6.2 ADC0809 模数转换器

在生产环节中，单片机的控制量可能是各种模拟信号。例如单片机对温度信号进行采集和温度控制，通常温度信号是典型的连续变化的模拟信号，而单片机只能够处理数字信号，因此在采集的前端电路，必须将模拟信号转化为数字信号。

在另一些系统中，除了信号的采集和显示之外，还涉及单片机的控制。例如在电烤箱的温度控制系统中，单片机还应能够根据采集的温度和设定温度的对比，控制加热器的工作。此时，在单片机的输出部分，还涉及把单片机输出的数字信号转化为控制加热器工作的模拟信号。

6.2.1 认识 ADC0809 模数转换器

认识 ADC0809 模数转换器

A/D 转换器是一种将模拟量转换为与之成比例的数字量的器件，用 ADC 表示。按转换原理可分为 4 种：计数式 A/D 转换器、双积分式 A/D 转换器、逐次逼近式 A/D 转换器和并行式 A/D 转换器。

1. 常见的 A/D 转换器

目前最常用的 A/D 转换器是双积分式 A/D 转换器和逐次逼近式 A/D 转换器。前者的主要优点是转换精度高、抗干扰性能好、价格便宜，但转换速度较慢，一般用于速度要求不高的场合。后者是一种速度较快、精度较高的转换器，其转换时间大约在几微秒到几百微秒之间。逐次逼近式 A/D 转换器在精度、速度和价格上比较适中，是目前最常用的 A/D 转换器。

单片集成逐次逼近 A/D 转换器芯片主要有：ADC0801 ～ 0805（8 位，单通道输入），ADC0809（8 位，8 输入通道），ADC0816/0817（8 位，16 输入通道）等。

2. A/D 转换器 ADC0809

ADC0809 是美国国家半导体（NS）公司生产的逐次逼近 A/D 转换器，是目前单片机应用系统中使用最广泛的 A/D 转换器。ADC0809 主要特性有以下几个方面。

（1）8 路 8 位 A/D 转换器，即分辨率为 8 位。

（2）具有转换起停控制端。

（3）转换时间为 100μs。

（4）单个 +5V 电源供电。

（5）模拟输入电压范围为 0 ～ +5V，不需零点和满刻度校准。

（6）工作温度范围为 -40 ～ +85℃。

（7）功耗低，约为 15mW。

6.2.2 ADC0809 结构及引脚

ADC0809 结构及引脚

1. ADC0809 内部逻辑结构

ADC0809 内部逻辑结构如图 6-3 所示，主要由输入通道、逐次逼近式 A/D 转换器和三态输出锁存器 3 部分组成。

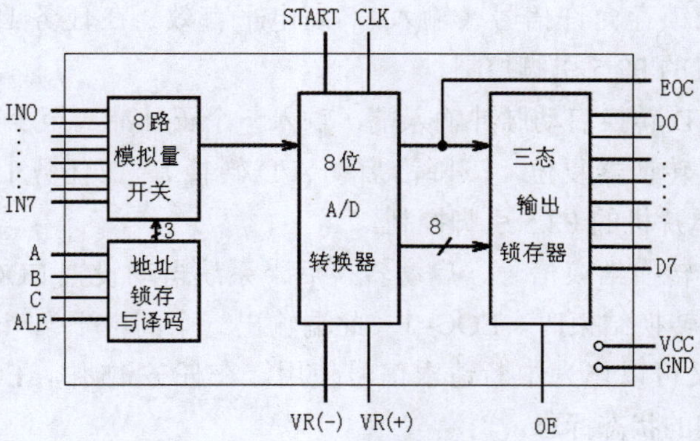

图 6-3 ADC0809 结构框图

（1）输入通道包括8路模拟量开关和地址锁存与译码电路。8路模拟量开关分时选通8路模拟通道，由地址锁存与译码电路的三个输入A、B、C来确定选择哪一个通道，通道选择见表6-2。

表6-2 通道选择表

地址码CBA	选择的通道
000	IN0
001	IN1
010	IN2
011	IN3
100	IN4
101	IN5
110	IN6
111	IN7

（2）8路模拟输入通道共同使用一个逐次逼近式A/D转换器进行转换，在同一时刻只能对采集的8路模拟量其中的一路通道进行转换。

（3）转换后的8位数字量被锁存到三态输出锁存器中，在输出允许的情况下，可以从8条数据线D7～D0上读出。

2. 引脚功能

ADC0809芯片有28条引脚，采用双列直插式封装，如图6-4所示。各引脚功能如下：

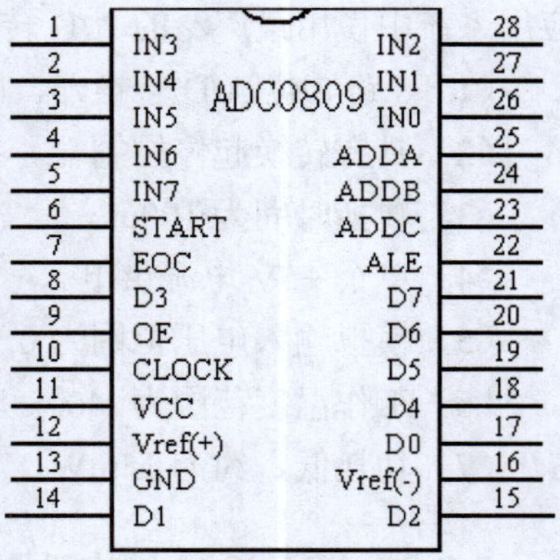

图6-4 ADC0809芯片引脚图

（1）IN0～IN7：8路模拟量输入通道。在任务15中，我们使用电位器产生0～5V模拟电压输入，通过IN0通道进行A/D转换。

（2）D7～D0：数据输出线，为三态缓冲输出形式，可以和单片机的数据线直接相连。在任务15中，A/D转换器的D7～D0直接与单片机的P0口相连。

（3）ADDA、ADDB、ADDC：3位地址输入线，用于选通8路模拟输入中的1路，ADDA为低位地址，ADDC为高位地址，通道选择见表6-2。在任务15中，我们直接把A/D转换器的ADDA、ADDB、ADDC接地，选择IN0通道。

（4）ALE：地址锁存允许信号（输入），高电平有效。在任务15中，A/D转换器的ALE信号是由单片机的P2.5引脚控制。

（5）START：A/D转换启动脉冲输入端，输入一个正脉冲（至少100ns宽）使其启动（脉冲上升沿使A/D转换器复位，下降沿启动A/D转换）。在任务15中，A/D转换器的START信号也是由单片机的P2.5引脚控制。

（6）EOC：A/D转换结束信号。启动转换后，系统自动设置EOC=0（转换期间一直为低电平）；当A/D转换结束时，EOC=1（此端输出一个高电平）。该状态信号既可作为查询的状态标志，又可以作为中断请求信号使用。在任务15中，EOC信号接单片机的P2.4引脚，作为查询的状态标志。

（7）OE：数据输出允许信号（输入），高电平有效。当A/D转换结束时，此端输入一个高电平才能打开输出三态门，输出数字量。在任务 15 中，A/D 转换器的 OE 信号是由单片机的 P2.7 引脚控制。

（8）CLK：时钟脉冲输入端，时钟频率不高于 640kHz。ADC0809 的内部没有时钟电路，所需时钟信号由外界提供，因此有时钟信号引脚，通常使用频率为 500kHz 的时钟信号。在任务 15 中，是由单片机的 P2.6 引脚将时钟信号送给 A/D 转换器的时钟脉冲输入端 CLK。

（9）REF(+)、REF(-)：基准电压，用来与输入的模拟信号进行比较，作为逐次逼近的基准电压，其典型值为 +5V［Vref (+) =+5V，Vref(-) =0V］。

ADC0809 工作过程及编程方法

6.2.3 ADC0809 工作过程及编程方法

1. ADC0809 工作过程

ADC0809 工作过程如下：

（1）输入 3 位地址并使 ALE=1，将地址存入地址锁存器中。

（2）此地址经译码选通 8 路模拟输入之一到比较器。

（3）START 上升沿将逐次逼近寄存器复位。

（4）下降沿启动 A/D 转换，之后 EOC 输出信号变低，指示转换正在进行。

（5）A/D 转换完成，EOC 变为高电平，指示 A/D 转换结束，结果数据已存入锁存器，这个信号可用作中断申请。

（6）当 OE 输入高电平时，输出三态门打开，转换结果的数字量输出到数据总线上。

2. ADC0809 编程步骤

根据 ADC0809 的工作过程，单片机与 A/D 转换器接口程序设计主要有以下 4 个步骤：

（1）启动 A/D 转换，START 引脚得到下降沿。

（2）查询 EOC 引脚状态，EOC 引脚由 0 变 1，表示 A/D 转换过程结束。

（3）允许读数，将 OE 引脚设置为 1 状态。

（4）读取 A/D 转换结果。

相应代码举例如下：

```
START=0;
START=1;                              //启动A/D转换
START=0;
while(EOC==0);                        //等待A/D转换结束
OE=1;                                 //数据输出允许
temp=P0;                              //读取A/D转换结果
```

3. 转换完成确认和数据传送编程方法

A/D 转换后得到的是数字量的数据，这些数据应传送给单片机进行处理。数据传送的关键问题是如何确认 A/D 转换完成，因为只有确认数据转换完成后才能进行传送。为此，可采用以下 3 种方式：

（1）定时传送方式。对于一种 A/D 转换器来说，转换时间作为一项技术指标是已知的和固定的。例如，若 ADC0809 转换时间为 128μs，相当于 12MHz 的 MCS-51 单片机共 128 个机器周期。可据此设计一个延时子程序，A/D 转换启动后即调用这个延时子程序，延迟时间一到，转换肯定已经完成了，接着就可进行数据传送。

（2）查询方式。A/D 转换芯片有表示转换完成的状态信号，ADC0809 的 EOC 端就是转换结束指示脚。因此可以用查询方式，通过软件测试 EOC 的状态，即可知道转换是否完成。确定转换完成后便可进行数据传送。在任务 15 中，采用的就是查询方式。

（3）中断方式。把转换完成的状态信号（EOC）作为中断请求信号，将 EOC 信号经过反相器后送到单片机的 $\overline{\text{INT0}}$ 或 $\overline{\text{INT1}}$，以中断方式进行数据传送。

6.2.4 C 语言结构体类型

C 语言结构体类型

C 语言结构体与前面介绍过的数组一样，是一种构造类型的数据。它是将若干个不同类型的数据变量有序地组合在一起，而形成的一种数据的集合体。

组成该集合体的各个数据变量称为结构体成员，整个集合体使用一个单独的结构体变量名。一般来说结构体中的各个变量之间是存在某些关系的，比如时间数据中的时、分、秒等。由于结构体是将一组相关联的数据变量作为一个整体来处理的，因此，在程序中使用结构体数据，有利于对一些复杂而又有内在联系的数据进行有效管理。

1. 结构体类型的定义

定义一个结构体类型的一般形式为：

```
struct 结构体名
{
  成员列表
};
```

其中，struct 是定义结构体类型的关键字；“结构体名”由用户自行定义；“成员列表”为该结构体中的各个成员。由于结构体可以由不同类型的数据组成，因此对结构体中各成员都要进行数据类型的说明。

2. 结构体类型变量的定义

结构体定义好以后，就可以指明该结构体的具体对象，即定义该种类型的变量。结构体类型变量的定义主要有以下 3 种方式。

（1）先定义结构体类型，再定义变量名。例如：定义一个表示时间的结构体类型。

```
struct time
{
  unsigned char hour;
  unsigned char minute;
  unsigned char second;
};
```

定义好一个结构体后，就可以用它来定义结构体变量。一般格式为：

```
struct 结构体名 结构体变量名1, 结构体变量名2, ...结构体变量名n;
```

例如，可以用结构体 time 来定义时间的结构体变量：

```
struct time time1;
```

这样结构体变量 time1 便具有 struct time 类型的结构，即可以使用该结构体中的数据。

（2）在定义结构体类型的同时定义结构体变量名。一般格式如下：

```
struct 结构体名
{
  成员列表
}结构体变量名1, 结构体变量名2, ...结构体变量名n;
```

（3）直接定义结构体变量。一般格式如下：

```
struct
{
  成员列表
}结构体变量名1, 结构体变量名2, ...结构体变量名n;
```

上述第 3 种方法直接省略了结构体名，一般不提倡。

3. 结构体变量的引用

定义了一个结构体变量之后，就可以对它进行引用，即可以进行赋值、存取和运算，一般情况下，结构体变量的引用是通过对其成员的引用来实现的。

（1）引用结构体变量中的成员的一般格式为：

```
结构体变量名.成员名
```

其中，“.”是引用结构体成员的运算符。例如：

```
time1.hour = 20;
```

表示给结构体变量 time1 中的成员 hour 赋值。

（2）对结构体变量中的各个成员可以像普通变量一样进行赋值、存取和运算。

4. 结构体变量的初始化

和其他类型的数据一样，可以在定义的时候对结构体变量进行初始化，也可以在定义后对各个成员单独进行初始化。例如：

```
time1.hour = 20;                //结构体成员赋初值
time1.minute = 35;
time1.second = 55;
```

5. 使用结构体变量需要注意的地方

（1）结构体类型与结构体变量是两个不同的概念。定义一个结构体类型时只给出了该结构体的组织形式，并没有给出具体的组织成员。因此结构体不占用任何存储空间，也不能对一个结构体名进行赋值、存取和运算操作；而结构体变量则是一个结构体中的具体对象，编译器会给具体的结构体变量名分配确定的存储空间，因此可以对结构体变量名进行赋值、存取和运算。

（2）一个变量定义为标准数据类型与定义为结构体类型会有所不同。前者只需要用类型说明符指出变量的类型即可；后者不仅要求用 struct 指出该变量为结构体类型，还要求指出该变量是哪种特定的结构类型，即要求指出它所属的特定结构类型的名字。

（3）一个结构体中的成员还可以是另外一个结构体类型中的变量，即可以形成结构体的嵌套。

6.2.5 结构体数组

结构体数组

一个结构体变量中可以存放一组数据（如，字符显示数据结构有显示内容、段码数据等数据）。如果数码管显示为 0 ～ 9，就要有 0 ～ 9 的段码数据，显然应该使用数组，这就是结构体数组。

结构体数组与以前介绍过的数值型数组的不同之处在于，每个数组元素都是一个结构体类型的数据，它们都分别包括各个成员项。

1. 定义结构体数组

和定义结构体变量的方法一样，定义结构体数组只需说明其为数组即可。例如，定义一个共阴极数码管字符显示的结构体类型的代码如下：

```
/*------字符显示数据结构------*/
struct typNumber
{
   uchar Index[1];
   uchar Msk[1];
};
```

2. 结构体数组的初始化

与其他类型的数组一样，对结构体数组可以初始化。即先声明结构体类型，然后定义数组为该结构体类型，在定义数组时初始化。结构体数组初始化的一般形式是在定义数组的后面加上“=｛初值表列｝;”，例如：

```
struct typNumber code duanma[] =
{ //段码数据
"0",0x3f,"1",0x06,"2",0x5b,"3",0x4f,"4",0x66,
"5",0x6d,"6",0x7d,"7",0x07,"8",0x7f,"9",0x6F,
};
```

以上代码定义了一个数组 duanma[]，数组有 10 个元素，均为 struct typNumber 类型数据。其中 code 表示数组 duanma[] 存放在程序存储器中。

【技能训练 6-2】采用中断方式完成模数转换 LED 显示

任务 15 是采用查询方式完成模数转换 LED 显示的，如何采用中断方式实现模数转换 LED 显示呢？

1. 中断方式模数转换电路设计

【技能训练 6-2】中断方式模数转换电路设计

把转换完成的状态信号（EOC）作为中断请求信号，经过反相器后送到单片机的 INT0 引脚，电路其他部分与任务 15 一样，如图 6-5 所示。

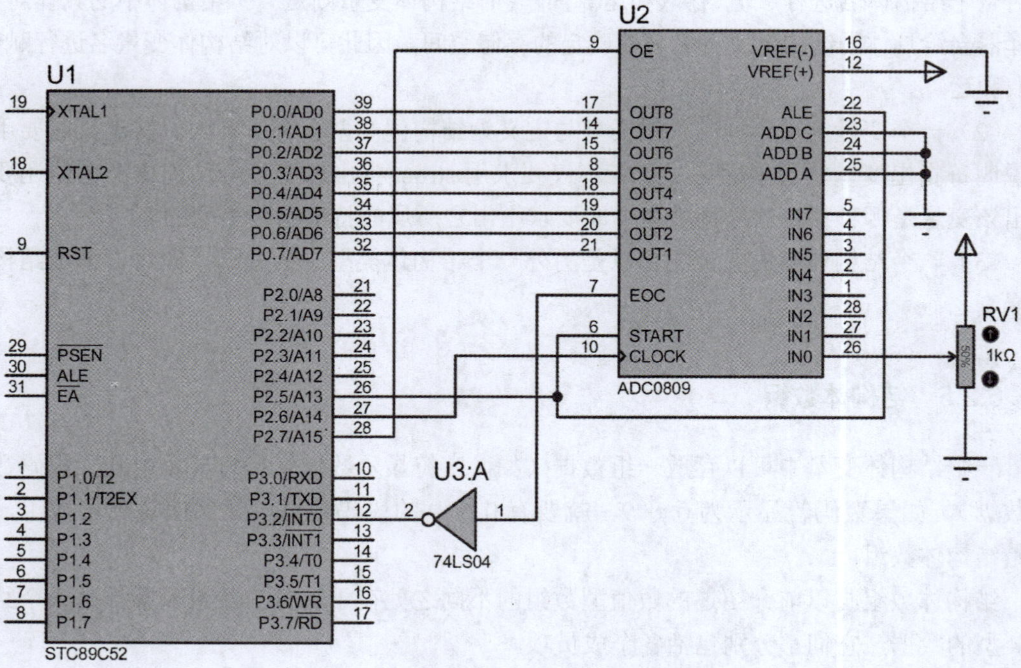

图 6-5 中断方式模数转换电路

2. 中断方式模数转换程序设计

【技能训练 6-2】中断方式模数转换程序设计

中断方式模数转换程序代码如下：

```
#include<AT89X52.H>
#include <INTRINS.h>
sbit  START=P2^5;              //定义ADC0809启动转换命令
sbit  CLOCK=P2^6;              //定义ADC0809时钟脉冲输入位
sbit  OE=P2^7;                 //定义ADC0809数据输出允许位
```

```
bit F;                              //数据传送标志，F=1表示数据传送完成
unsigned char temp;
void main(void)
{
  TMOD=0x02;
  TH0=206;
  TL0=206;
  EA=1;
  ET0=1;
  EX0=1;
  PT0=1;                            //T0为高优先级
  TR0=1;
  while(1)
  {
    F=0;
    START=0;
    START=1;                        //启动A/D转换
    START=0;
    while(F==0);                    //等待数据传送完成
  }
}
void  t0(void) interrupt 1 using 0
{
  CLOCK=~CLOCK;                     //产生AD0809时钟脉冲信号
}
void  int0(void) interrupt 0 using 0
{
  OE=1;                             //数据输出允许
  temp=P0;                          //读取A/D转换结果
  P1=temp;                          //A/D转换结果送LED显示
  _nop_();
  _nop_();
  F=1;                              //数据传送完成
}
```

注意：在采用中断方式实现模数转换 LED 显示中，使用了外部中断 0 和定时器 0 中断两个中断，为什么定时器 0 中断要设置为高优先级呢？

为了保证 ADC0809 正常运行，必须为模数转换器 ADC0809 提供一个不能间断的时钟脉冲信号。所以要把定时器 0 中断设置为高优先级、外部中断 0 设置为低优先级，这样定时器 0 中断就不能被外部中断 0 打断了。

6.3　任务 16　数字电压表设计

6.3.1　任务描述

在测量仪器中，我们经常使用数字电压表。在这里，使用 AT89S52 单片机，采用动态显示的方式把 ADC0809 模数转换器采样到的电压值经单片机处理后由数码管显示出来，量程为 0 ～ 5V，显示格式为：×.×××。数字电压表电路如图 6-6 所示。

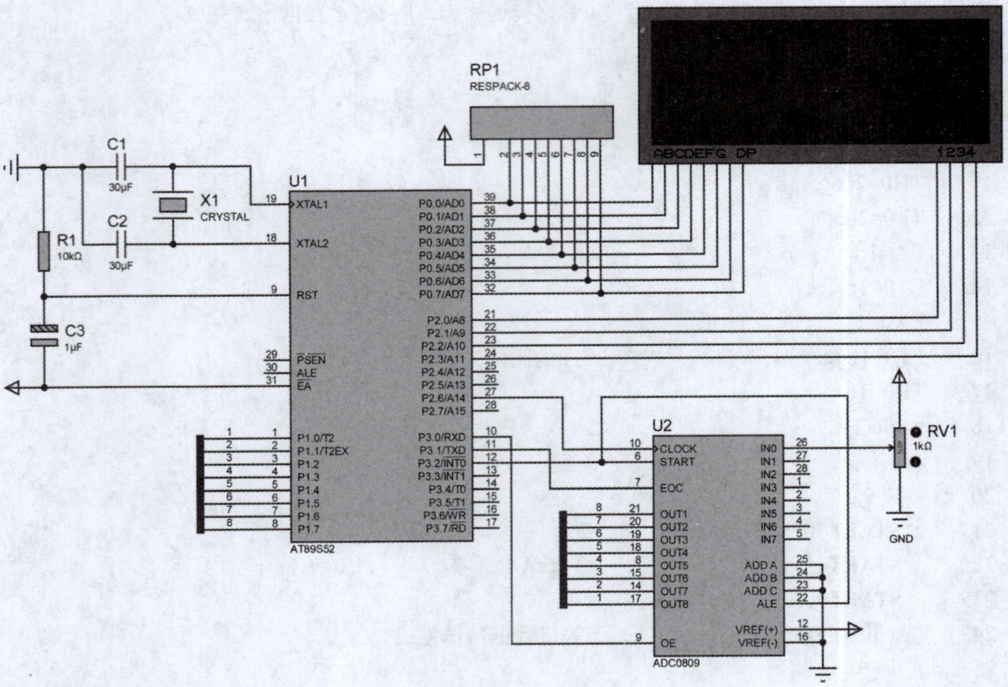

图 6-6　数字电压表电路

6.3.2　任务分析

1. 数字电压表电路分析

由于显示位数较多，数码管采用动态扫描显示方式，节省I/O口线。P0口接共阴极数码管的字码端，同时外接了上拉电阻来确保显示工作正常；P2口的低4位控制数码管的公共端，控制数码管的亮灭次序。

模数转换电路采用了ADC0809的IN0通道，ADDA、ADDB、ADDC需要全部接地，转换后的数字量OUT1～OUT8通过单片机的P1口送至单片机内，处理后由P0口送数码管显示模块。

2. 数字电压表程序分析

（1）采集电压数据处理。根据任务描述和图6-6所示，0～5V电压采集是通过8位模数转换器ADC0809完成的，其分辨率为$5\times1/2^8$ V，即19.6mV。

通过模数转换电路，把0～5V的电压转换为其对应的数据，这个数据还需要处理成电压值用于显示，代码如下：

```
tmp=adc*196;                          //乘以19.6mV分辨率。数据处理，用于显示
```

（2）显示数据拆分。采用整除和求余相结合的方式获得待显示的各位数字（即拆分要显示的数据），并送到显示缓冲区中，代码如下：

```
dat[3]=tmp/10000;                     //最高位
dat[2]=tmp/1000%10;
dat[1]=tmp/100%10;
dat[0]=tmp/10%10;                     //最低位
```

6.3.3　任务实施

1. 数字电压表电路设计

数字电压表电路设计

根据图6-6所示，数字电压表电路是由单片机最小系统、数码管显示电路以及模数转

换电路组成。数字电压表电路设计过程如下：

（1）新建设计文件、设置图纸尺寸、设置网格、保存设计文件，文件名为“数字电压表”。

（2）选取 AT89S52、CRYSTAL、CAP、CAP-ELEC、RES、POT-HG、7SEG-MPX4-CC-BLUE（4 位数码管）和 ADC0809 等元器件。

（3）放置元器件、编辑元器件、放置终端、连线，按图 6-6 所示放置元器件并连线。

（4）编辑元器件属性。

（5）执行“工具”→“电气规则检查”命令，弹出检查结果窗口，完成电气检测。若检测出错，根据提示修改电路图并保存，直至检测成功。

2. 建立“数字电压表”工程项目

新建“数字电压表”工程文件，并保存在“任务 16 数字电压表设计”文件夹中，然后选择单片机型号为 Atmel 的 AT89S52。

3. 建立并加载“数字电压表 .c”源文件

建立并加载“数字电压表 .c”源文件，源文件代码如下：

数字电压表程序设计

```
#include <AT89X52.H>
sbit OE=P3^0;                    //ADC0809的OE端
sbit EOC=P3^1;                   //ADC0809的EOC端
sbit CLOCK=P2^6;                 //定义ADC0809时钟脉冲输入位
sbit ST=P3^2;                    //ADC0809的START和ALE端
sbit LED4=P2^3;
sbit LED3=P2^2;
sbit LED2=P2^1;
sbit LED1=P2^0;
unsigned char code
tab[]={0x3F,0x06,0x5B,0x4F,0x66,0x6D,0x7D,0x07,0x7F,0x6F};
unsigned char dat[]={0,0,0,0};   //显示缓冲区
unsigned char adc;               //存放转换后的数据
unsigned int  tmp;
void Delay(void)
{
  unsigned char i;
  for(i=0;i<250;i++);
}
void main(void)
{
  EA=1;
  ET0=1;
  TMOD=0x02;                     //T0方式2计时
  TH0=206;
  TL0=206;
  TR0=1;                         //开中断，启动定时器
  while(1)
  {
    ST=0;
    ST=1;
    ST=0;                        //启动转换
    while(!EOC);                 //等待转换结束
    OE=1;                        //允许输出
    adc=P1;                      //取转换结果
    /*数据处理，用于显示*/
    tmp=adc*196;                 //乘以19.6mV
    dat[3]=tmp/10000;
    dat[2]=tmp/1000%10;
```

```
        dat[1]=tmp/100%10;
        dat[0]=tmp/10%10;
        /*数码管显示转换结果*/
        LED1=0;
        P0=tab[dat[3]]+0x80;            //最高位加小数点
        Delay();
        LED1=1;
        LED2=0;
        P0=tab[dat[2]];
        Delay();
        LED2=1;
        LED3=0;
        P0=tab[dat[1]];
        Delay();
        LED3=1;
        LED4=0;
        P0=tab[dat[0]];
        Delay();
        LED4=1;
    }                                   //end while
}                                       //end main
/* 定时计数器0的中断服务子程序 */
void timer0(void)  interrupt 1 using 1
{
    CLOCK=~CLOCK;
}
```

4. “数字电压表”工程配置与编译

工程配置：“目标”标签页的晶振频率栏设为 12MHz，勾选“输出”标签页的“生成 HEX 文件”复选框。

工程编译：完成工程配置后，进行“数字电压表”工程编译。若编译发生错误，要进行分析检查，直到编译正确为止。

5. 数字电压表运行调试

（1）打开数字电压表仿真电路。

（2）加载“数字电压表 .hex”HEX 文件。

（3）单击仿真工具栏“运行”按钮，单片机全速运行程序。

观察数字电压表是否与任务要求一致。若运行结果与任务要求不一致，要对电路和程序进行分析检查，直到运行正确。

【技能训练 6-3】基于 LCD1602 液晶显示的数字电压表设计

【技能训练 6-3】基于 LCD1602 液晶显示的数字电压表设计

任务 16 是采用 LED 数码管动态扫描显示来完成数字电压表设计的。下面设计一个基于 LCD1602 液晶显示的数字电压表，电路图如图 6-7 所示。

1. 基于 LCD1602 液晶显示的数字电压表电路设计

基于 LCD1602 液晶显示的数字电压表电路设计可参考任务 9 的 LCD1602 液晶显示电路和任务 16 的 ADC0809 模数转换电路。

2. 基于 LCD1602 液晶显示的数字电压表程序设计

基于 LCD1602 液晶显示的数字电压表程序设计同样要参考任务 9 的 LCD1602 液晶显示程序和任务 16 的 ADC0809 模数转换程序，代码如下：

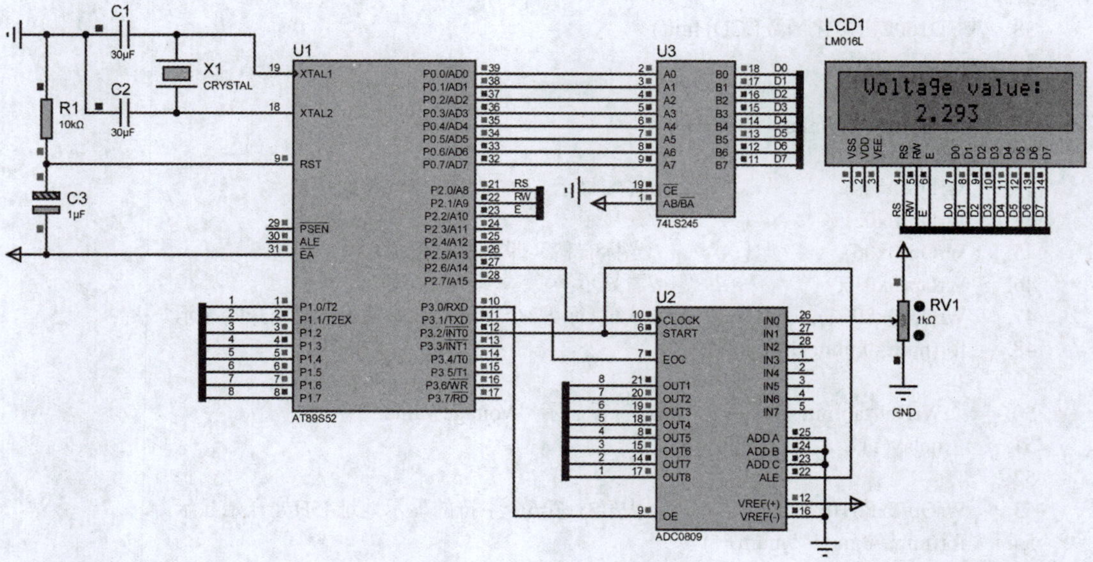

图 6-7 基于 LCD1602 液晶显示的数字电压表电路

```
#include <AT89X52.h>
sbit OE=P3^0;                     //ADC0809的OE端
sbit EOC=P3^1;                    //ADC0809的EOC端
sbit CLOCK=P2^6;
sbit ST=P3^2;                     //ADC0809的START和ALE端
sbit RS=P2^0;
sbit RW=P2^1;
sbit EN=P2^2;
unsigned char adc;                //存放转换后的数据
unsigned int  tmp;
unsigned char code tab[]="Voltage value:";      //LCD1602显示的第1行是电压值
unsigned char dat[]="0.000";      //LCD1602显示的第2行的显示缓冲区
void delay(unsigned int t)
{
  unsigned int x,y;
  for(x=t;x>0;x--)
    for(y=100;y>0;y--);
}
//写函数WrOp()
void WrOp(unsigned char com)
{
  P0=com;                         //把指令写入LCD1602的指令寄存器中
  delay(1);
  EN=1;                           //EN为高电平
  delay(1);
  EN=0;                           //EN为低电平，EN由高电平跳变成低电平，LCD1602执行指令
}
//写数据函数WrDat()
void WrDat(unsigned char dat)
{
  RS=1;                           //选择数据寄存器
  P0=dat;                         //把数据写入LCD1602的数据寄存器中
  delay(1);
  EN=1;
  delay(1);
  EN=0;
```

```
}
//LCD1602初始化函数LCD_Init()
void LCD_Init()
{
  unsigned char num;
  RW=0;
  WrOp(0x38);                    //16*2显示，5*7点阵，8位数据接口
  WrOp(0x0c);                    //开显示
  WrOp(0x06);                    //光标右移（即光标位置加1）
  WrOp(0x01);                    //清显示
  WrOp(0x80+1);                  //从第1行第2个字符的显示地址01H处开始显示
  for(num=0;num<16;num++)
  {
    WrDat(tab[num]);             //第1行显示“Voltage value:”
    delay(1);
  }
  WrOp(0x80+0x45);               //从第2行第6个字符的显示地址45H处开始显示
  for(num=0;num<5;num++)
  {
    WrDat(dat[num]);             //第2行显示电压值“0.000”
    delay(1);
  }
}
void main(void)
{
  unsigned char num;
  EA=1; ET0=1;                   //开中断
  TMOD=0x02;                     // T0方式2计时
  TH0=0x206;
  TL0=0x206;
  TR0=1;                         //启动定时器0
  LCD_Init();
  //ADC0809转换
  while(1)
  {
    ST=0;
    ST=1;
    ST=0;                        //启动转换
    while(!EOC);                 //等待转换结束
    OE=1;                        //允许输出
    adc=P1;                      //取转换结果
    //数据处理，用于显示
    tmp=adc*196;                 //乘以19.6mV
    dat[0]=tmp/10000+0x30;       //加0x30是把数字转换为字符
    dat[2]=tmp/1000%10+0x30;
    dat[3]=tmp/100%10+0x30;
    dat[4]=tmp/10%10+0x30;
    WrOp(0x80+0x45);             //从第2行第6个字符的显示地址45H处开始显示
    for(num=0;num<5;num++)
    {
      WrDat(dat[num]);           //第2行显示“×.×××”电压值
      delay(1);
    }
  }          //end while
}           //end main
//定时计数器0的中断服务子程序
```

```
void timer0(void)  interrupt 1 using 1
{
  CLOCK=~CLOCK;
}
```

6.4 DAC0832 数模转换器

6.4.1 认识 DAC0832 数模转换器

DAC0832 数模转换器

D/A 转换器是一种将数字量转换为模拟量输出的器件，用 DAC 表示。

由于实现这种转换的原理和电路结构及工艺技术有所不同，因而出现各种各样的 D/A 转换器。目前，国外市场已有上百种产品出售，它们在转换速度、转换精度、分辨率以及使用价值上都各具特色。

1．常见的 D/A 转换器

单片机应用系统中均采用集成芯片形成的 D/A 转换器。通常这类芯片具有数字输入锁存功能，带有数据存储器和 D/A 转换控制器，CPU 可直接控制数字量的输入和输出。

近期推出的 D/A 转换芯片不断将外围器件集成到芯片内部，比如：内部带有参考电压源，大多数芯片有输出放大器，可实现模拟电压的单极性或双极性输出。

但数字－模拟转换部分通常由电阻网络组成，电路形式有：加权电阻网络及 R-2R 电阻网络两种。相关知识在数字电子技术的数模转换相关著作中都有详细介绍，本书在此不加详述，读者可参阅相关著作。下面将以 DAC0832 为例，介绍 D/A 转换器的应用。

2．DAC0832 主要特性

DAC0832 是 8 位的 D/A 转换集成芯片。DAC0832 芯片以其价格低廉、接口简单、转换控制容易等优点，在单片机应用系统中得到广泛的应用。D/A 转换器由 8 位输入锁存器、8 位 DAC 寄存器、8 位 D/A 转换电路及转换控制电路构成。DAC0832 的主要特性如下：

（1）分辨率为 2^{-8} 位，即 DAC0832 分辨率是 1/256。数字量的位数越多，分辨率就越高，转换器对输入量变化的敏感程度就越高。

（2）电流稳定时间为 1ms。

（3）可单缓冲、双缓冲或直接数字输入。

（4）只需在满量程下调整其线性度。

（5）单一电源供电（+5V ～ +15V）。

（6）低功耗（20mW）。

6.4.2 DAC0832 引脚功能

DAC0832 芯片有 20 条引脚，采用双列直插式封装，如图 6-8 所示。

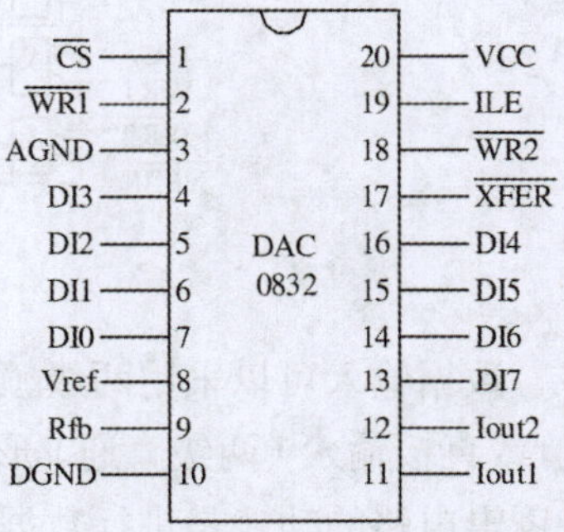

图 6-8 DAC0832 芯片引脚

DAC0832 芯片引脚定义如下：

（1）D0 ～ D7：8 位数据输入线，TTL 电平，有效时间应大于 90ns（否则锁存器的数据会出错）。

（2）ILE：数据锁存允许控制信号输入线，高电平有效。

（3）$\overline{CS}$：片选信号输入线（选通数据锁存器），低电平有效。

（4）$\overline{\text{WR1}}$：数据锁存器写选通输入线，负脉冲（脉宽应大于 500ns）有效。由 ILE、$\overline{\text{CS}}$、$\overline{\text{WR1}}$ 的逻辑组合产生 LE1，当 LE1 为高电平时，数据锁存器状态随输入数据线变换，LE1 负跳变时将输入数据锁存。

（5）$\overline{\text{XFER}}$：数据传输控制信号输入线，低电平有效，负脉冲（脉宽应大于 500ns）有效。

（6）$\overline{\text{WR2}}$：DAC 寄存器选通输入线，负脉冲（脉宽应大于 500ns）有效。由 $\overline{\text{WR1}}$、$\overline{\text{XFER}}$ 的逻辑组合产生 LE2，当 LE2 为高电平时，DAC 寄存器的输出随寄存器的输入而变化，LE2 负跳变时将数据锁存器的内容打入 DAC 寄存器并开始 D/A 转换。

（7）Iout1：电流输出端 1，其值随 DAC 寄存器的内容线性变化。

（8）Iout2：电流输出端 2，其值与 Iout1 值之和为一常数。

（9）Rfb：反馈信号输入线，改变 Rfb 端外接电阻值可调整转换满量程精度。

（10）VCC：电源输入端，VCC 的范围为 +5V ～ +15V。

（11）Vref：基准电压输入线，Vref 的范围为 -10V ～ +10V。

（12）AGND：模拟信号地。

（13）DGND：数字信号地。

DAC0832 是电流输出，为了取得电压输出，需在电压输出端接运算放大器，Rfb 即为运算放大器的反馈电阻端。运算放大器的接法如图 6-9 所示。

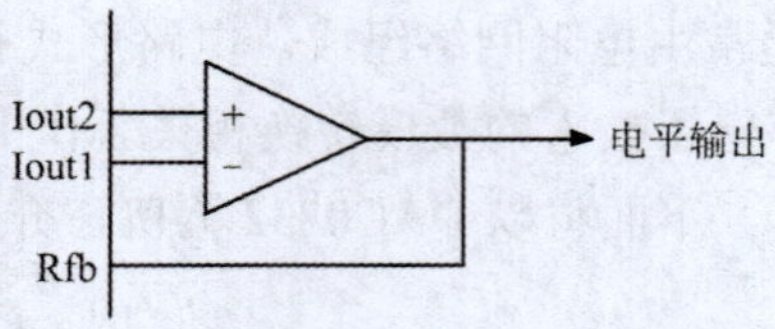

图 6-9　运算放大器的接法

6.4.3　DAC0832 工作方式

DAC0832 由输入寄存器和 DAC 寄存器构成两级数据输入锁存，内部结构如图 6-10 所示。

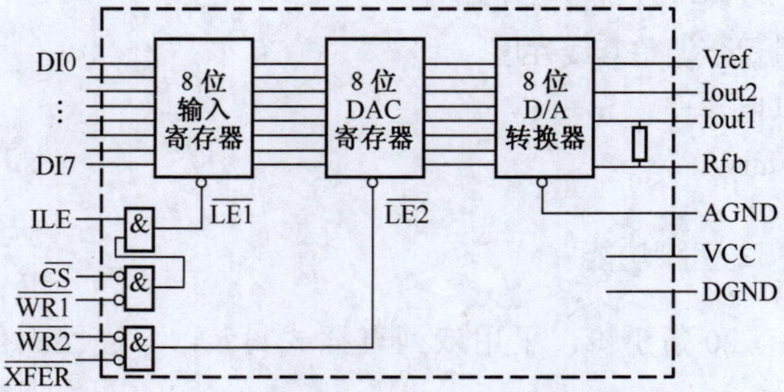

图 6-10　DAC0832 内部结构图

数据输入可以采用两级锁存（双锁存）形式或单级锁存（一级锁存，另一级直通）形式，或直接输入（两级直通）形式。此外，由三个与门电路可组成寄存器输出控制逻辑电路，该逻辑电路的功能是进行数据锁存控制。当寄存器输出控制逻辑电路的输出为 0 时，输入数据被锁存；为 1 时，锁存器的输出跟随输入的数据。

根据对 DAC0832 的数据锁存器和 DAC 寄存器的不同的控制方式，DAC0832 有 3 种工作方式：直通方式、单缓冲方式和双缓冲方式。

（1）直通方式。当 ILE 接高电平，$\overline{CS}$、$\overline{WR1}$、$\overline{WR2}$ 和 $\overline{XFER}$ 都接数字地时，DAC 处于直通方式，8 位数字量一旦到达 DI7 ～ DI0 输入端，就立即加到 8 位 D/A 转换器，被转换成模拟量。

（2）单缓冲方式。单缓冲方式就是使 DAC0832 的两个输入寄存器中的一个处于直通方式，而另一个处于受控的锁存方式，或者说两个输入寄存器同时受控的方式，如图 6-11 所示。在实际应用中，如果只有一路模拟量输出，或虽有几路模拟量但并不要求同步输出的情况，就可采用单缓冲方式。

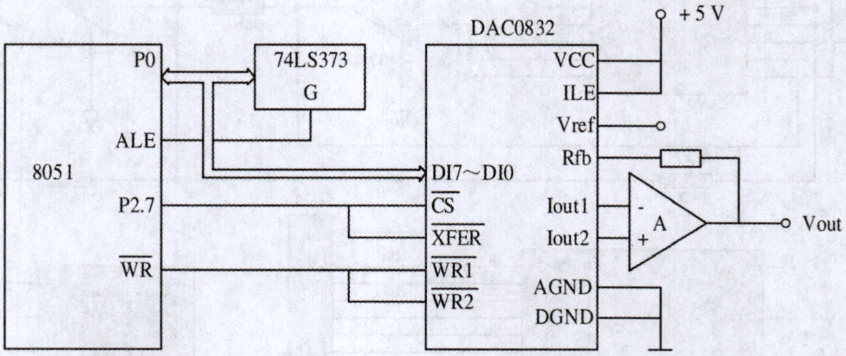

图 6-11　DAC0832 单缓冲方式接口

（3）双缓冲方式。双缓冲方式就是把 DAC0832 的两个锁存器都接成受控锁存方式。DAC0832 的双缓冲方式连接如图 6-12 所示。双缓冲方式用于多路数 / 模转换系统，以实现多路模拟信号同步输出的目的。

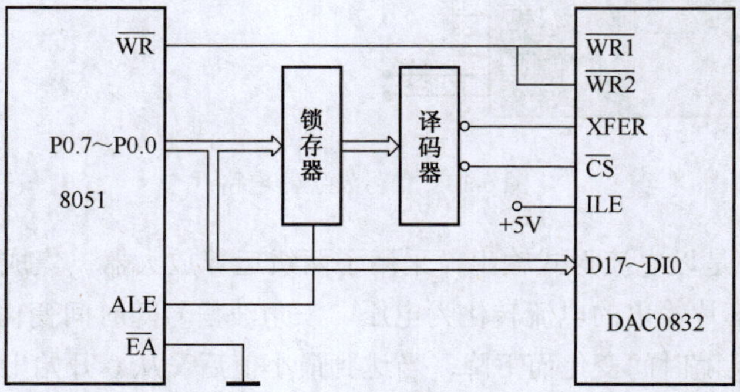

图 6-12　DAC0832 的双缓冲方式连接

6.5　任务 17　信号发生器设计

6.5.1　任务描述

利用 AT89S52 单片机和数模转换芯片 DAC0832 设计波形发生器电路，编写 C 语言程序实现三角波模拟量的输出。

6.5.2 任务分析

1. 信号发生器电路分析

采用 AT89S52 单片机的 P0 口和 P3 口与 DAC0832 进行连接，ILE 接高电平、$\overline{\mathrm{WR2}}$、$\overline{\mathrm{XFER}}$ 接地、$\overline{\mathrm{CS}}$ 接 STC89C52 的 P3.7、$\overline{\mathrm{WR1}}$ 接 P3.6。在这种处理下只有 $\overline{\mathrm{CS}}$ 和 $\overline{\mathrm{WR1}}$ 可控，实现了单缓冲连接方式，电路如图 6-13 所示。

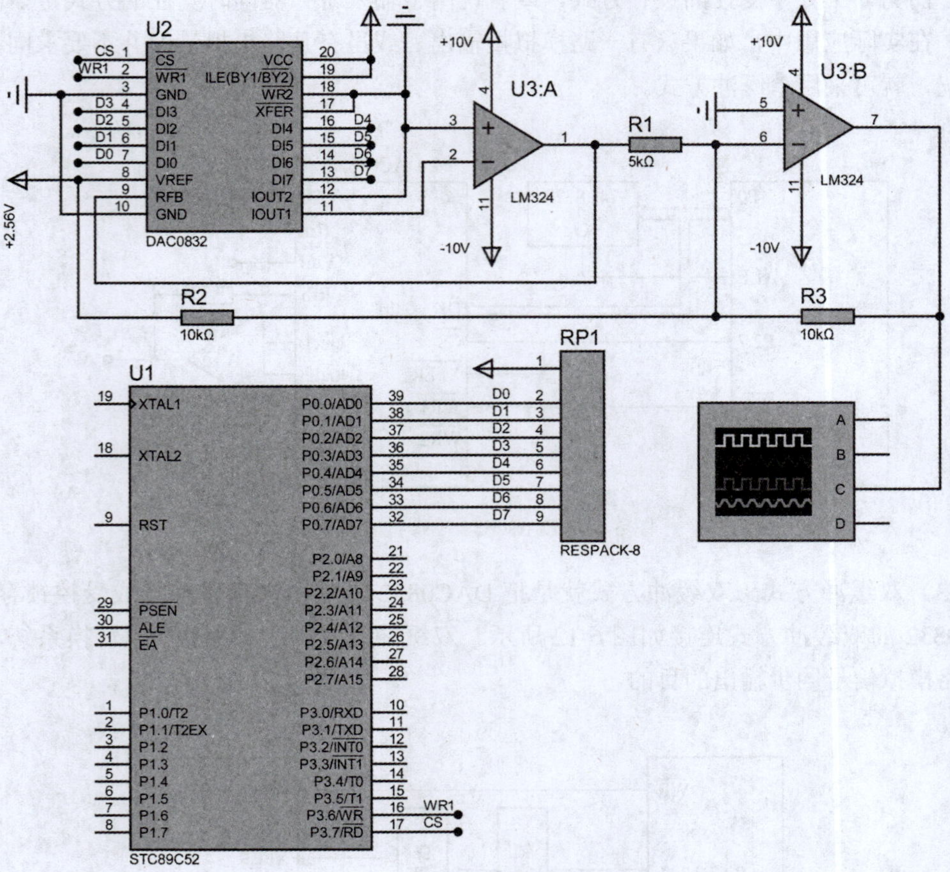

图 6-13 信号发生器电路

由于 DAC0832 是以电流形式输出，采用了两级运算放大器，集成运放在电路中的作用就是把数模转换芯片输出的电流转化为电压。三角波信号随时间变化而上升，当达到最大值后三角波信号又随时间变化而下降，当达到最小值后又从 0 开始上升，周期往复。

2. 信号发生器程序分析

根据三角波的特点，三角波按照一定的斜率线性上升，当到达最大值后三角波又按照一定的斜率线性下降，当达到最小值后又从 0 开始上升，周期往复就可以得到三角波了。

由此可以看出，只要送给 DAC0832 的二进制数每隔一定的时间加 1，当加到设定的最大值时，再每隔一定的时间减 1，当减到设定的最小值（一般是为“0”）时，让其从最小值重新开始前面的操作，这样再通过放大电路就可输出一个周期性的三角波。

6.5.3 任务实施

信号发生器电路设计

1. 信号发生器电路设计

由图 6-13 所示电路可以看出，信号发生器电路是由单片机最小系统、DAC0832 数模转换电路以及仿真示波器组成。信号发生器电路设计过程如下：

（1）新建设计文件、设置图纸尺寸、设置网格、保存设计文件，文件名为“信号发生器”。

（2）选取 AT89S52、CRYSTAL、CAP、CAP-ELEC、RES、DAC0832、LM324 等元器件。

（3）放置元器件、编辑元器件、放置终端、连线，按图 6-13 所示放置元器件并连线。

（4）编辑元器件属性。

（5）执行“工具”→“电气规则检查”命令，弹出检查结果窗口，完成电气检测。若检测出错，根据提示修改电路图并保存，直至检测成功。

2. 建立“信号发生器”工程项目

新建“信号发生器”工程文件，并保存在“任务 17 信号发生器”文件夹中，然后选择单片机型号为 Atmel 的 AT89S52。

3. 建立并加载“信号发生器 .c”源文件

建立并加载“信号发生器 .c”源文件，源文件代码如下：

```
#include <AT89X52.H>
sbit CS=P3^7;
sbit WR1=P3^6;
void delay(unsigned int m)
{
  while(m--);
}
main()
{
  int i;
  CS=0;                          //CS和WR1为0，实现了单缓冲连接方式
  WR1=0;
  while(1)
  {
    for(i=0;i<=255;i++)          //三角波的上升边输出
    {
      P0=i;                      //DA转换输出
      delay(100);                //改变延时函数的参数值可以改变三角波的斜率
    }
    for(i=255;i>=0;i--)          //三角波的下降边输出
    {
      P0=i;
      delay(100);
    }
  }
}
```

信号发生器程序设计

4. “信号发生器”工程配置与编译

工程配置：“目标”标签页的晶振频率栏设为 12MHz，勾选“输出”标签页的“生成 HEX 文件”复选框。

工程编译：完成工程配置后，进行“信号发生器”工程编译。若编译发生错误，要进行分析检查，直到编译正确为止。

5. 信号发生器运行调试

（1）打开信号发生器仿真电路。

（2）加载“信号发生器 .hex”HEX 文件。

（3）单击仿真工具栏“运行”按钮▶，单片机全速运行程序。

通过仿真示波器观察信号发生器电路产生的波形是否与任务要求一致，如图 6-14 所示。

若运行结果与任务要求不一致，要对电路和程序进行分析检查，直到运行正确。

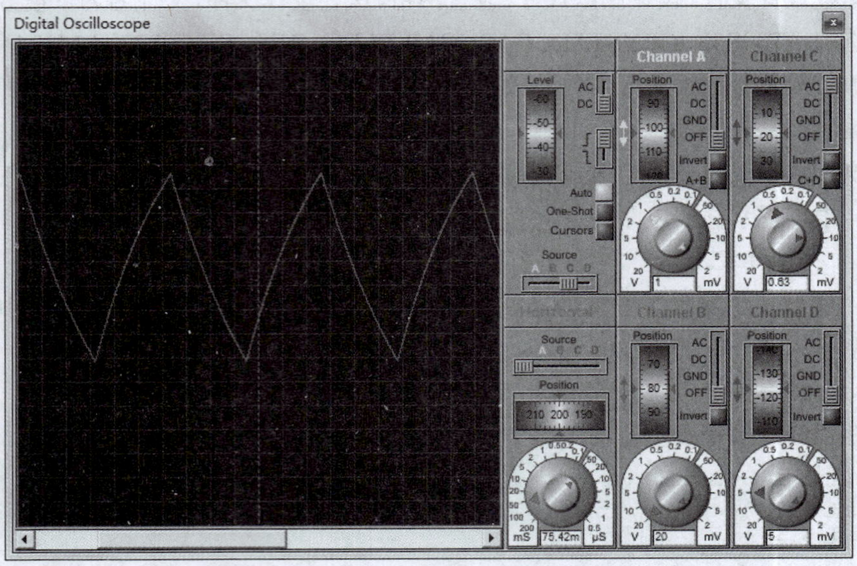

图 6-14　三角波仿真波形图

【技能训练 6-4】正弦波发生器设计

任务 17 设计的信号发生器是输出三角波，那么如何使用信号发生器实现输出正弦波呢？

正弦波发生器电路同任务 17 的信号发生器电路一样。正弦波发生器程序设计代码如下：

```
#include<AT89X52.H>
sbit CS=P3^7;
sbit WR1=P3^6;
unsigned char code  sin_tab[] =        //正弦波输出表
{
   0x80,0x83,0x86,0x89,0x8D,0x90,0x93,0x96,
   0x99,0x9C,0x9F,0xA2,0xA5,0xA8,0xAB,0xAE,
   0xB1,0xB4,0xB7,0xBA,0xBC,0xBF,0xC2,0xC5,
   0xC7,0xCA,0xCC,0xCF,0xD1,0xD4,0xD6,0xD8,
   0xDA,0xDD,0xDF,0xE1,0xE3,0xE5,0xE7,0xE9,
   0xEA,0xEC,0xEE,0xEF,0xF1,0xF2,0xF4,0xF5,
   0xF6,0xF7,0xF8,0xF9,0xFA,0xFB,0xFC,0xFD,
   0xFD,0xFE,0xFF,0xFF,0xFF,0xFF,0xFF,0xFF,
   0xFF,0xFF,0xFF,0xFF,0xFF,0xFF,0xFE,0xFD,
   0xFD,0xFC,0xFB,0xFA,0xF9,0xF8,0xF7,0xF6,
   0xF5,0xF4,0xF2,0xF1,0xEF,0xEE,0xEC,0xEA,
   0xE9,0xE7,0xE5,0xE3,0xE1,0xDF,0xDD,0xDA,
   0xD8,0xD6,0xD4,0xD1,0xCF,0xCC,0xCA,0xC7,
   0xC5,0xC2,0xBF,0xBC,0xBA,0xB7,0xB4,0xB1,
   0xAE,0xAB,0xA8,0xA5,0xA2,0x9F,0x9C,0x99,
   0x96,0x93,0x90,0x8D,0x89,0x86,0x83,0x80,
   0x80,0x7C,0x79,0x76,0x72,0x6F,0x6C,0x69,
   0x66,0x63,0x60,0x5D,0x5A,0x57,0x55,0x51,
   0x4E,0x4C,0x48,0x45,0x43,0x40,0x3D,0x3A,
   0x38,0x35,0x33,0x30,0x2E,0x2B,0x29,0x27,
   0x25,0x22,0x20,0x1E,0x1C,0x1A,0x18,0x16,
   0x15,0x13,0x11,0x10,0x0E,0x0D,0x0B,0x0A,
   0x09,0x08,0x07,0x06,0x05,0x04,0x03,0x02,
   0x02,0x01,0x00,0x00,0x00,0x00,0x00,0x00,
   0x00,0x00,0x00,0x00,0x00,0x00,0x01,0x02,
```

```
    0x02,0x03,0x04,0x05,0x06,0x07,0x08,0x09,
    0x0A,0x0B,0x0D,0x0E,0x10,0x11,0x13,0x15,
    0x16,0x18,0x1A,0x1C,0x1E,0x20,0x22,0x25,
    0x27,0x29,0x2B,0x2E,0x30,0x33,0x35,0x38,
    0x3A,0x3D,0x40,0x43,0x45,0x48,0x4C,0x4E,
    0x51,0x55,0x57,0x5A,0x5D,0x60,0x63,0x66,
    0x69,0x6C,0x6F,0x72,0x76,0x79,0x7C,0x7E
};
void delay(unsigned int m)
{
    while(m--);
}
main()
{
    int i;
    CS=0;                           //和为0，实现了单缓冲连接方式
    WR1=0;
    while(1)
    {
      for(i=0;i<=255;i++)           //正弦波输出
      {
        P0=sin_tab[i];;             //DA转换输出
        delay(100);                 //改变延时函数的参数值可以改变正弦波的周期
      }
    }
}
```

正弦波发生器电路程序设计好以后，打开“信号发生器”Proteus 电路，加载“正弦波发生器 .hex”文件。进行仿真运行，通过仿真示波器观察信号发生器电路产生的波形是否与设计要求相符，如图 6-15 所示。

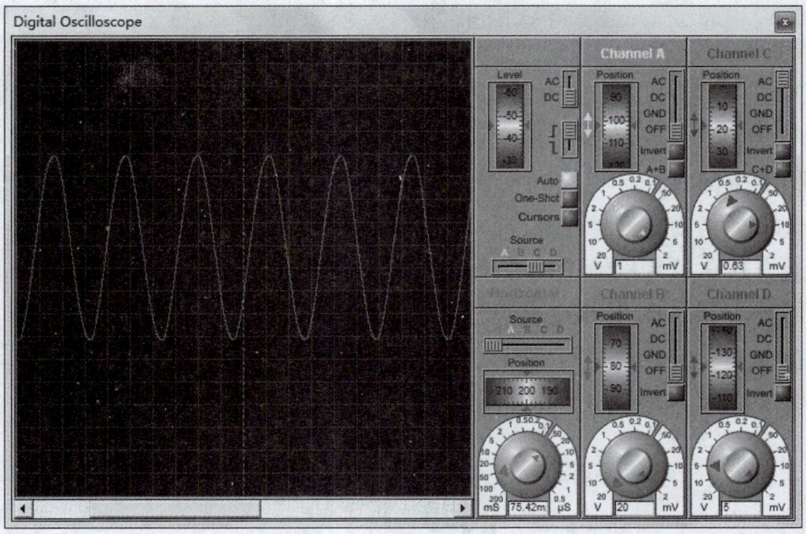

图 6-15 正弦波仿真波形图

关键知识点梳理

1. A/D 和 D/A 转换

A/D 转换就是把模拟量转变成数字量，以适应单片机对其进行处理；D/A 转换就是把单片机输出的数字量转变成模拟量，以驱动外围部件。

双积分式 A/D 转换器的主要优点是转换精度高、抗干扰性能好、价格便宜，但转换速度较慢，一般用于速度要求不高的场合。

逐次逼近式 A/D 转换器是一种速度较快、精度较高的转换器，其转换时间大约在几微秒到几百微秒之间。逐次逼近式 A/D 转换器在精度、速度和价格上比较适中，是目前最常用的 A/D 转换器。

2. 模数转换 ADC0809 的工作步骤

（1）启动 A/D 转换，START 引脚得到下降沿。

（2）查询 EOC 引脚状态，EOC 引脚由 0 变 1，表示 A/D 转换过程结束。

（3）允许读数，将 OE 引脚设置为 1 状态。

（4）读取 A/D 转换结果。

3. 模数转换 ADC0809 的接口方式

（1）查询方式。

（2）中断方式。

（3）等待延时方式。

4. C51 的结构体类型

结构体是一种构造类型的数据，它是将若干个不同类型的数据变量有序地组合在一起而形成的一种数据的集合体。组成该集合体的各个数据变量称为结构成员，整个集合体使用一个单独的结构变量名。

定义一个结构体类型的一般形式为：

```
struct 结构体名
{
  成员列表
};
```

5. 数模转换 DAC0832

DAC0832 是 8 位的 D/A 转换集成芯片。DAC0832 芯片具有价格低廉、接口简单、转换控制容易等优点。D/A 转换器由 8 位输入锁存器、8 位 DAC 寄存器、8 位 D/A 转换电路及转换控制电路构成。

6. DAC0832 有三种工作方式

（1）直通方式。单片机输出的数字量可以被数模转换器直接转换输出。

（2）单缓冲方式。DAC0832 的两个输入寄存器中有一个处于直通方式，而另一个处于受控的锁存方式；或者说是两个输入寄存器同时受控的方式。

（3）双缓冲方式。把 DAC0832 的两个锁存器都设置成受控锁存方式。

问题与讨论

6-1　填空题

（1）ADC0809 是 ________ 通道 8 位 ________。DAC0832 是 ________ 位 D/A 转换器。

（2）D/A 转换的作用是将 ________ 量转换为 ________ 量。

（3）ADC0809 的参考电压为 +5V，则分辨率为 ________V。

（4）DAC0832 利用 ________ 控制信号可以构成 3 种不同的工作方式。

（5）ADC0809 的转换时钟一般为 ________Hz，可采用单片机的 ________ 信号，再

经过 ________ 的方法获得。

6-2 A/D 和 D/A 转换器的作用分别是什么？各在什么场合下使用？

6-3 D/A 转换器的主要性能指标有哪些？设某 DAC 有二进制 12 位，满量程模拟输出电压 10V，试问它的分辨率和转换精度各为多少？

6-4 决定 ADC0809 模拟电压输入路数的引脚有哪几条？

6-5 试述 ADC0809 的特性。

6-6 ADC0809 的时钟如何提供？通常采用的频率是多少？

6-7 简述 DAC0832 的用途和特性。

6-8 DAC0832 和 51 单片机接口时有哪 3 种工作方式？各有什么特点？适合在什么场合下使用？

6-9 编程输出 10kHz 的方波、锯齿波。

项目 7　单片机串行通信设计

项目描述

在实际的生产控制中，出现很多控制电路部分和执行电路部分分开设计的现象，控制电路安排在集中控制间，而执行电路在生产现场。这就需要通过单片机串行通信技术实现远程监控。

本项目从单片机点对点数据传输入手，首先让读者对单片机串行通信有一个初步了解；然后介绍单片机串行口结构以及相关寄存器设置的方法，并介绍单片机串行通信的相关电路和程序设计方法。通过水塔水位单片机远程监控系统焊接制作、单片机一对多数据传输，让读者进一步了解单片机串行通信的应用。

能力目标

能完成单片机串行通信电路设计与焊接制作，能应用 C 语言程序完成单片机串行通信初始化及相关编程控制，实现对单片机远程监控的设计、运行及调试。

知识目标

- 了解串行通信的基本概念
- 熟悉串行口的基本结构和相关寄存器
- 掌握串行口的 4 种工作方式和串行通信设置
- 掌握多机通信的原理
- 会利用 C 语言对串行通信进行编程

教学重点

- 单片机串行通信的电路设计
- 单片机串行通信的相关寄存器和串行通信设置
- 单片机串行通信发送和接收的 C 语言程序设计方法

教学难点

单片机点对点和一对多的寄存器设置、初始化和中断服务程序设计。

7.1　任务 18　单片机点对点数据传输设计

7.1.1　任务描述

用两片 AT89S52 单片机实现点对点数据传输，硬件电路如图 7-1 所示。

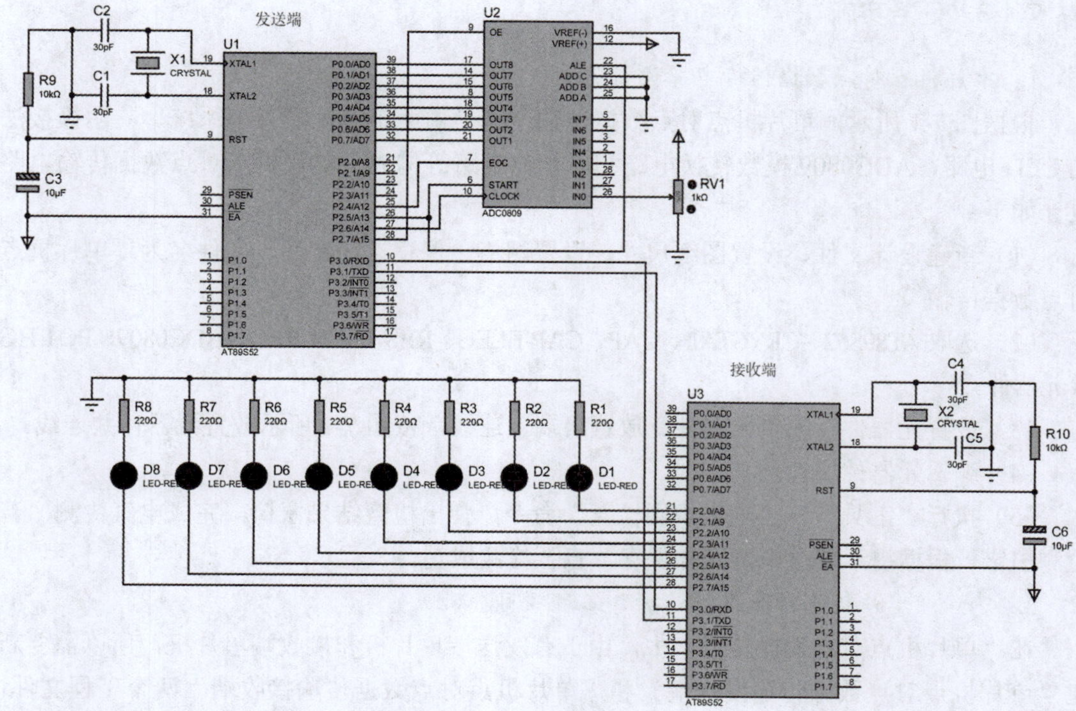

图 7-1　单片机点对点数据传输电路

单片机点对点数据传输实现功能如下：

（1）发送端（即下位机）将 ADC0809 采样到的模拟电压信号转换成数字量，然后通过单片机串行口发送到上位机。

（2）接收端（即上位机）通过单片机串行口收到数据后，把接收到的数据送到 8 个 LED 进行显示（二进制显示）。

7.1.2　任务分析

1. 单片机点对点数据传输电路分析

从图 7-1 所示电路可以看出，单片机点对点数据传输使用了单片机 P3 口 P3.0 和 P3.1 两个引脚的第二功能。P3.0 引脚第二功能是串行口输入 RXD，P3.1 引脚第二功能是串行口输出 TXD。

（1）发送时，下位机 AT89S52 单片机将数据通过 P3.1 引脚发送给上位机 AT89S52 单片机。

（2）接收时，上位机通过 P3.0 引脚接收下位机发送来的数据。

这样，我们只要把下位机的 P3.1 引脚（TXD）和上位机的 P3.0 引脚（RXD）进行连接，把下位机的 P3.0 引脚（RXD）和上位机的 P3.1 引脚（TXD）进行连接，即可完成数据传输电路设计。

2. 单片机点对点数据传输程序分析

双机异步通信程序通常采用两种方法：查询方式和中断方式。单片机点对点数据传输编程步骤如下：

（1）下位机通过 ADC0809 完成的模数转换程序设计同任务 15 一样，发送数据采用的是串口查询方式。

（2）上位机接收数据采用的是串口中断方式，LED 显示程序设计同任务 15 一样。

7.1.3 任务实施

单片机点对点数据传输电路设计

1. 单片机点对点数据传输电路设计

根据图 7-1 所示，单片机点对点数据传输电路是由两个单片机最小系统、共阴极接法的 LED 电路、ADC0809 模数转换电路和串行口电路等构成。单片机点对点数据传输电路设计如下：

（1）新建设计文件、设置图纸尺寸、设置网格、保存设计文件，文件名为“单片机点对点数据传输”。

（2）选取 AT89S52、CRYSTAL、CAP、CAP-ELEC、RES、LED-RED、ADC0809、POT-HG 等元器件。

（3）放置元器件、编辑元器件、放置终端、连线，按图 7-1 所示放置元器件并连线。

（4）编辑元器件属性。

（5）执行“工具”→“电气规则检查”命令，弹出检查结果窗口，完成电气检测。若检测出错，根据提示修改电路图并保存，直至检测成功。

2. 建立“单片机点对点数据传输”工程项目

在“单片机点对点数据传输”中，由于有发送端单片机和接收端单片机，所以需要新建“单片机点对点数据传输发送端”和“单片机点对点数据传输接收端”两个工程文件，并都保存在“任务 18 单片机点对点数据传输”文件夹中，然后选择单片机型号为 Atmel 的 AT89S52。

3. 建立并加载发送端和接收端两个源文件

单片机点对点数据传输发送端程序设计

（1）建立“单片机点对点数据传输发送端 .c”源文件，并加载到其对应的工程里面，源文件代码如下：

```
#include <AT89X52.H>
sbit EOC=P2^4;                    //定义ADC0809转换结束信号
sbit START=P2^5;                  //定义ADC0809启动转换命令
sbit CLOCK=P2^6;                  //定义ADC0809时钟脉冲输入位
sbit OE=P2^7;                     //定义ADC0809数据输出允许位
unsigned char adc;                //存放转换后的数据
void main(void)
{
  EA=0;
  TMOD=0x22;                      // T0、T1为方式2
  TH0=0x206;
  TL0=0x206;
  TH1=0xE7;                       //波特率为625b/s
  TL1=0xE7;
  IE=0x82;
  TR0=1;                          //开中断，启动定时器
  TR1=1;
  SCON=0x40;                      //设串口为方式1
  //ADC0809转换
  while(1)
  {
    START=0;
    START=1;
    START=0;                      //启动转换
    while(!EOC);                  //等待转换结束
    OE=1;                         //允许输出
    adc=P0;                       //取转换结果
    SBUF=adc;                     //发送采集的数据
    while(!TI);                   //等待发送数据结束（数据发送完，TI由硬件置位）
```

```
        TI=0;                   //TI复位
    }
}
/* 定时计数器1的中断服务子程序 */
void timer0(void)  interrupt 1 using 1
{
    CLOCK=~CLOCK;  //产生ADC0809时钟脉冲信号
}
```

（2）建立“单片机点对点数据传输接收端 .c”源文件，并加载到其对应的工程里面，源文件代码如下：

```
#include <AT89X52.H>
unsigned char tmp;              //存放接收数据
void main(void)
{
    TMOD=0x20;                  // T1为方式2
    TH1=0xE7;                   //波特率为625b/s
    TL1=0xE7;
    PCON=0;                     //电源控制寄存器
    IE=0x90;                    //开启串行口中断
    TR1=1;
    SCON=0x40;                  //设串口为方式1
    IP=0x10;                    //设置串行口中断为高优先级
    SCON=0x50;                  //设串口为方式1、允许串行口接收
    while(1);                   //等待接收数据
}
/* 定时计数器1的中断服务子程序 */
void serial(void)  interrupt 4 using 1
{
    if(RI==1)
    {
      RI=0;                     //接收中断标志位复位
      tmp=SBUF;                 //接收发送端传送来的数据
      P2=tmp;                   //送显示器LED显示
    }
}
```

单片机点对点数据传输接收端程序设计

4. “单片机点对点数据传输”两个工程配置与编译

工程配置：“目标”标签页的晶振频率栏设为 12MHz，勾选“输出”标签页的“生成 HEX 文件”复选框。

工程编译：完成工程配置后，对“单片机点对点数据传输”两个工程进行编译。若编译发生错误，要进行分析检查，直到编译正确为止。

5. 单片机点对点数据传输运行调试

（1）打开单片机点对点数据传输仿真电路。

（2）分别加载“单片机点对点数据传输发送端 .hex”和“单片机点对点数据传输接收端 .hex”到其对应的单片机中。

（3）单击仿真工具栏“运行”按钮▶，单片机全速运行程序。

观察单片机点对点数据传输是否与任务要求一致。若运行结果与任务要求不一致，要对电路和程序进行分析检查，直到运行正确。

【技能训练 7-1】单片机串行口扩展 I/O 口

采用 74LS164 实现 AT89S52 单片机串行口对 I/O 接口进行扩展。串行数据从 RXD（P3.0）端输出，同步移位脉冲由 TXD（P3.1）送出，完成 8 个 LED 的左移和右移循环点亮。

单片机串行口在方式 0 下作同步移位寄存器使用，其波特率固定为 $f_{osc}/12$。通过单片机串行口对 I/O 接口进行扩展，首先要确定，是扩展并行输入端口，还是扩展并行输出端口。下面我们分别介绍有关串行移位芯片。

1. 74LS165 芯片

74LS165 芯片用于扩展 I/O 口输入，是一个 8 位并行输入、串行输出移位寄存器。RXD 为串行输入引脚，与 74LS165 的串行输出端相连；TXD 为移位脉冲输出端，与 74LS165 芯片移位脉冲输入端相连，如图 7-2 所示。

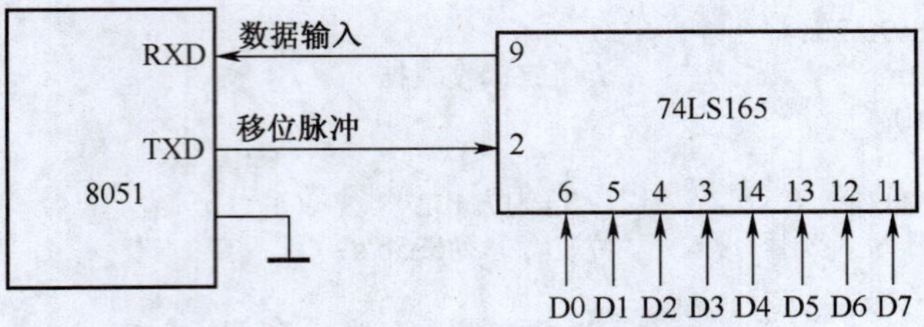

图 7-2　方式 0 用于扩展 I/O 口输入

2. 74LS164 芯片

74LS164 芯片用于扩展 I/O 口输出，是一个 8 位并行输出、串行输入移位寄存器。RXD 为串行输出引脚，与 74LS164 的串行输入端相连；TXD 为移位脉冲输出端，与 74LS164 芯片移位脉冲输入端相连，如图 7-3 所示。

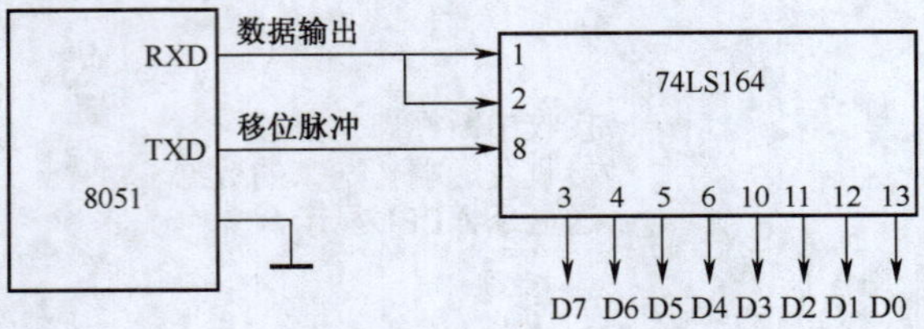

图 7-3　方式 0 用于扩展 I/O 口输出

3. 单片机串行口扩展 I/O 口电路设计

【技能训练 7-1】单片机串行口扩展 I/O 口电路设计

该电路是由单片机最小系统、串口移位芯片 74LS164 及 8 个 LED 构成。单片机的 P3.1 引脚接 74LS164 的第 8 引脚（时钟端），其为 74LS164 提供移位脉冲；P3.0 引脚同时接到 74LS164 的第 1 引脚和第 2 引脚（串行输入端），LED 的亮灭状态数据由 P3.0 引脚串行输出到 74LS164 的寄存器，如图 7-4 所示。

4. 单片机串行口扩展 I/O 口程序设计

【技能训练 7-1】单片机串行口扩展 I/O 口程序设计

单片机采用串口方式 0，即通过 P3.1（TXD）送出的时钟频率为晶振频率的 1/12，单片机每发送完一个字节的数据后，单片机响应中断并进行处理（把 TI 清零），为发送下一个数据作发送前的准备。通过单片机串行口扩展 I/O 口，实现 8 个 LED 的左移和右移循环点亮的程序代码如下：

```
#include<AT89X52.H>
#define uchar unsigned char
void  delay(void)
{
  uchar  i,j,k;
    for(i=0;i<255;i++)
      for(j=0;j<255;j++)
```

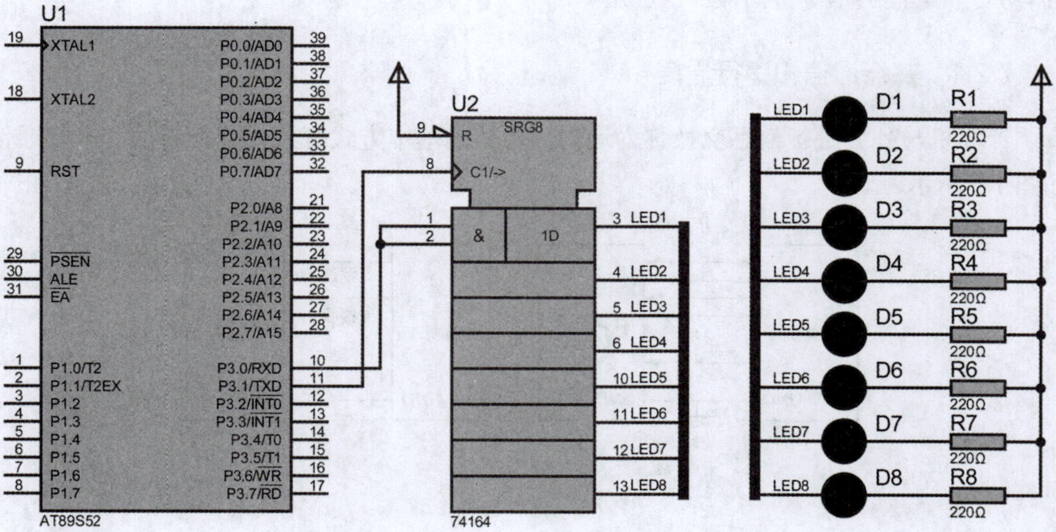

图 7-4 单片机串行口扩展 I/O 口电路

```
        for(k=0;k<5;k++);
}
void main()
{
    uchar temp,i;
    TI=0;
    SCON=0x00;                  //串口方式0
    IE=0x90;                    //开启中断允许
    while(1)
    {
       /* 串行左移 */
       temp=0xfe;
       for(i=0;i<8;i++)
       {
          SBUF=temp;            //启动串行数据发送
          delay();
          temp=(temp<<1)|0x01;
       }
       /* 串行右移 */
       temp=0x7f;
       for( i=0;i<8;i++)
       {
          SBUF=temp;            //启动串行数据发送
          delay();
          temp=(temp>>1)|0x80;
       }
    }
}
/*串行口中断函数*/
void serial() interrupt 4 using 1
{
    TI=0;                       //软件把标志位清零
}
```

7.2 串行通信基本知识

串行通信基本知识

串行通信是单片机与外界进行信息交换的一种方式，它在单片机双机、多机以及单片机与 PC 机之间通信等方面被广泛应用。

7.2.1 并行通信和串行通信

计算机与外界进行信息交换称为通信，通信的基本方式可分为并行通信和串行通信，如图 7-5 所示。

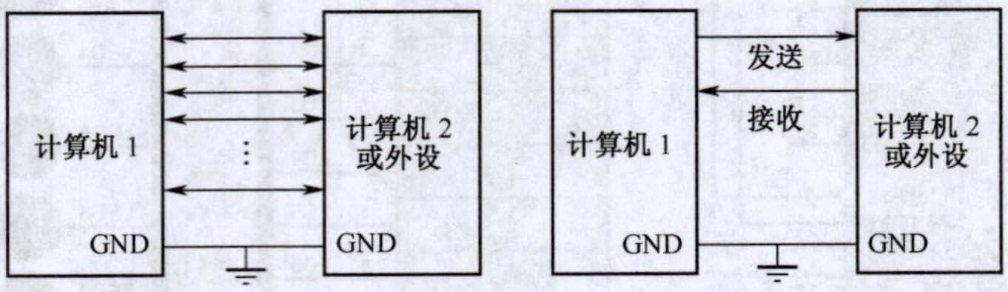

（a）并行通信　　（b）串行通信

图 7-5　两种通信方式

1. 并行通信

并行通信是指将待发送数据的各位同时传送，如图 7-5（a）所示。并行通信控制简单，传输速度快，由于传输线较多，长距离传送时成本高，不适于长距离通信，所以一般只适用于要求实时性强，传送速率较高的控制系统中。

2. 串行通信

串行通信则将数据一位一位地按顺序传送，如图 7-5（b）所示。串行通信的优点是传输线少，长距离传送时成本低，且可以利用电话网等现成的设备。串行通信的缺点是控制复杂，速度较并行通信慢。

7.2.2 异步通信和同步通信

按照串行数据的时钟控制方式，串行通信可以分为异步通信和同步通信。

1. 异步通信

在异步通信中，数据通常是以字符为单位组成字符帧进行传送的。字符帧由发送端一帧一帧地发送，每一帧数据是低位在前、高位在后，通过传输线被接收端一帧一帧地接收。发送端和接收端可以由各自独立的时钟来控制数据的发送和接收，这两个时钟彼此独立，互不同步。

在异步通信中，接收端是依靠字符帧格式来判断发送端是何时开始发送、何时结束发送的。字符帧格式是异步通信的一个重要指标。

（1）字符帧。字符帧也叫数据帧，由起始位、数据位、奇偶校验位和停止位等 4 部分组成，格式如图 7-6 所示。

- 起始位：位于字符帧开头，只占一位，为逻辑 0 低电平，用于向接收设备表示发送端开始发送一帧信息。
- 数据位：紧跟起始位之后，用户根据情况可取 5 位、6 位、7 位或 8 位，低位在前高位在后。
- 奇偶校验位：位于数据位之后，仅占一位，用来表征串行通信中采用奇校验还是偶校验，由用户决定。
- 停止位：位于字符帧最后，为逻辑 1 高电平。通常可取 1 位、1.5 位或 2 位，用于向接收端表示一帧字符信息已经发送完，也为发送下一帧作准备。

在串行通信中，两相邻字符帧之间可以没有空闲位，也可以有若干空闲位，这由用户来决定。图 7-6（a）表示没有空闲位的字符帧格式，图 7-6（b）表示有 3 个空闲位的字符帧格式。

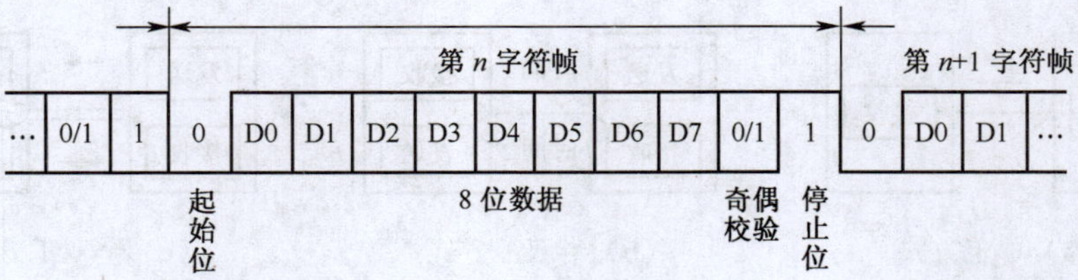

（a）无空闲位字符帧

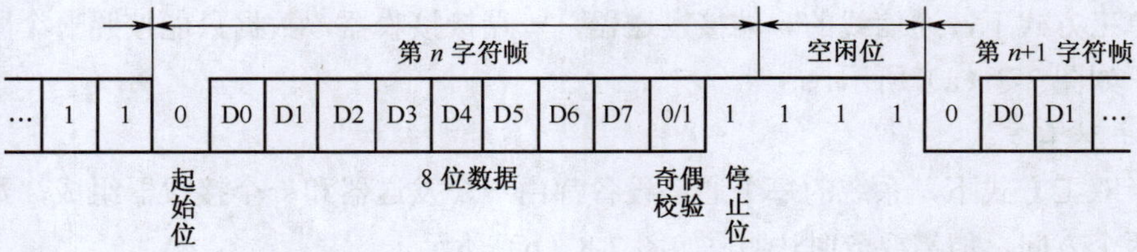

（b）有空闲位字符帧

图 7-6 异步通信的字符帧格式

（2）波特率。异步通信的另一个重要指标为波特率。波特率为每秒钟传送二进制数码的位数，也叫比特数，单位为 b/s，即位 / 秒。波特率用于表征数据传输的速度，波特率越高，数据传输速度越快。但波特率和字符的实际传输速率不同，字符的实际传输速率是每秒内所传字符帧的帧数，和字符帧格式有关。

通常，异步通信的波特率为 50 ～ 19200b/s。

异步通信的优点是不需要传送同步时钟，字符帧长度不受限制，故设备简单。缺点是因字符帧中包含起始位和停止位而降低了有效数据的传输速率。

2. 同步通信

同步通信是一种连续串行传送数据的通信方式，一次通信只传输一帧信息。这里的信息帧和异步通信的字符帧不同，通常有若干个数据字符，如图 7-7 所示。

图 7-7（a）为单同步字符帧结构，图 7-7（b）为双同步字符帧结构，但它们均由同步字符、数据字符和校验字符 CRC 三部分组成。在同步通信中，同步字符可以采用统一的标准格式，也可以由用户约定。

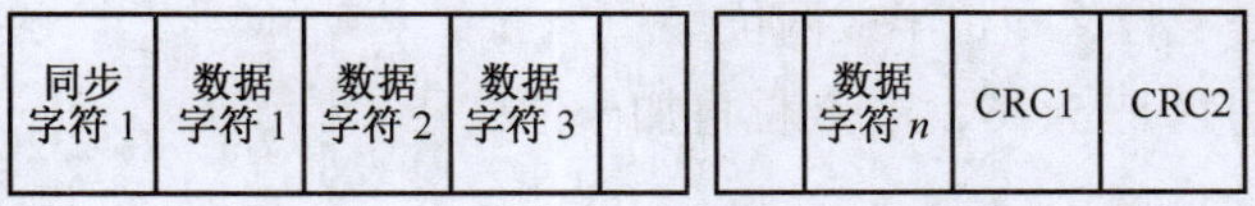

（a）单同步字符帧格式

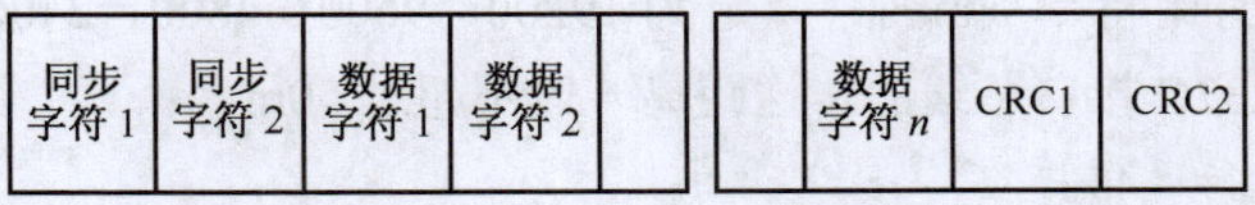

（b）双同步字符帧格式

图 7-7 同步通信的字符帧格式

7.2.3 串行通信方式

串行通信根据数据传输的方向及时间关系可分为：单工、半双工和全双工。三种通信方式如图 7-8 所示。

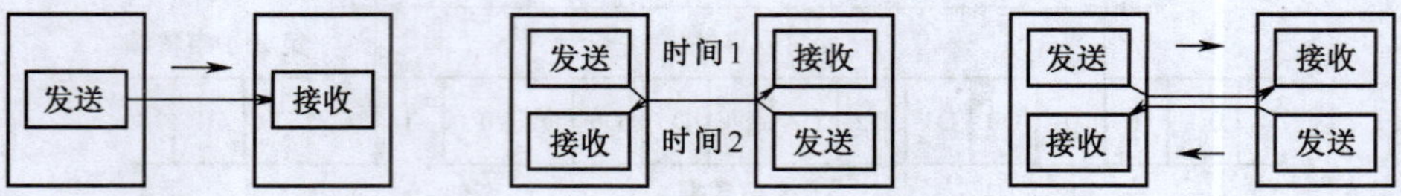

（a）单工方式　　（b）半双工方式　　（c）全双工方式

图 7-8　三种通信方式

1. 单工方式

在单工方式下，通信线的一端接发送器，一端接接收器，数据只能按照一个固定的方向传送，如图 7-8（a）所示。

2. 半双工方式

在半双工方式下，系统的每个通信设备都由一个发送器和一个接收器组成，数据传送可以沿两个方向，但需要分时进行，如图 7-8（b）所示。

3. 全双工方式

在全双工方式下，系统的每端都有发送器和接收器，可以同时发送和接收数据，即数据可以在两个方向上同时传送，如图 7-8（c）所示。

在实际应用中，尽管多数串行通信接口电路具有全双工功能，但一般情况下，只工作于半双工制式下，这种用法简单、实用。

RS-232C 串行接口

7.2.4 RS-232C 串行接口

RS-232C 是使用最早、应用最多的一种异步串行通信总线标准。它主要用来定义计算机系统的一些数据终端设备（DTE）和数据电路终接设备（DCE）之间的接口的电气特性。由于 51 单片机本身有一个异步串行通信接口，因此 51 单片机用 RS-232C 串行接口总线极为方便。

1. RS-232C 串行通信

RS-232C 采用按位串行方式。RS-232C 数据传输格式如图 7-9 所示，传递信息的格式标准对所传递的信息规定如下。

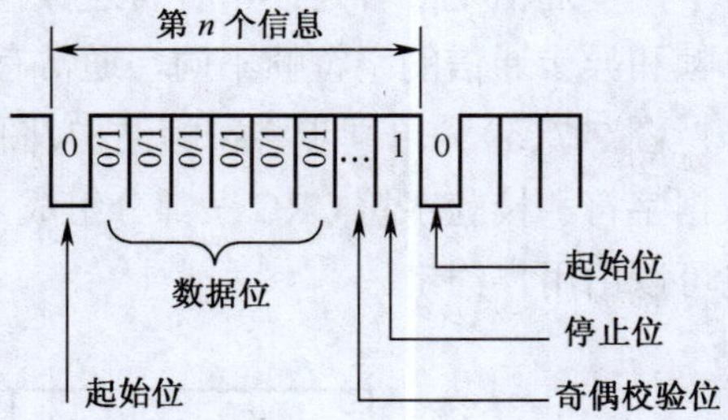

图 7-9　RS-232C 数据传输格式

（1）信息的开始为起始位；信息的结尾为停止位。停止位可以是一位、一位半或两位。

（2）信息本身可以是 5、6、7、8 位再加一位奇偶校验位。

（3）如果两个信息之间无信息，则应写“1”，表示空。

RS-232C 传送的比特率（bit/s）规定为 19200、9600、4800、2400、600、300、150、110、75、50，RS-232C 接口总线的传送距离一般不超过 50m。

2. RS-232C 串行通信接口

由于 RS-232C 的电平不是 +5V 和地，而是使用下面的负逻辑：

- 低电平“0”：+5 ～ +15V。

● 高电平“1”：-5～-15V。

因此，RS-232C 不能和 TTL 电平直接相连，必须加上适当的接口，否则将使 TTL 电路烧毁。实际使用时，RS-232C 和 TTL 电平之间必须进行电平转换，可采用 MAX232 集成电路进行转换。

3. 认识 MAX232

MAX232 芯片是美信（MAXIM）公司专为 RS-232C 标准串口设计的单电源电平转换芯片，使用 +5V 单电源供电。MAX232 引脚图如图 7-10 所示。

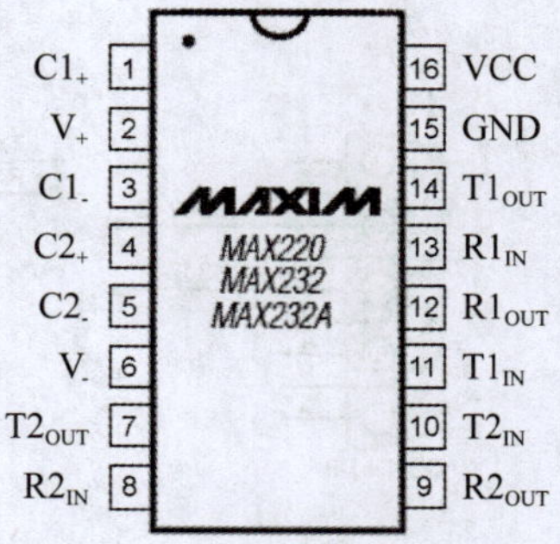

图 7-10 MAX232 连接器引脚

（1）MAX232 芯片功能。当单片机和 PC 机通过串口进行通信时，尽管单片机有串行通信的功能，但单片机提供的信号电平和 RS232 的标准不一样，因此要通过 MAX232 这类的芯片进行电平转换。

MAX232 芯片可以将单片机输出的 TTL 电平转换成 PC 机能接收的 RS-232C 电平，或将 PC 机输出的 RS-232C 电平转换成单片机能接收的 TTL 电平。

（2）MAX232 内部结构和引脚功能。MAX232 是一种双组驱动器 / 接收器，片内集成了两个 RS-232C 驱动器、两个 RS-232C 接收器以及 1 个电容性电压发生器，以便在单 5V 电源供电时提供 RS-232C 电平。MAX232 内部结构如图 7-11 所示。

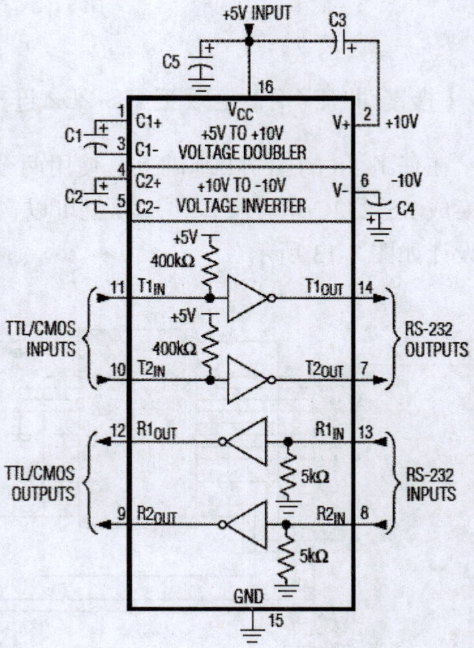

图 7-11 MAX232 内部结构

MAX232 芯片是由升压电路和数据转换通道两部分组成，这两部分功能如下：

1）升压电路是由 1、2、3、4、5、6 引脚和 4 只电容构成。其功能是产生 +12V 和 -12V 两个电源，提供给 RS-232C 串口电平使用。

2）数据转换通道是由 7、8、9、10、11、12、13、14 引脚构成两个数据通道，其中：13 引脚（$R1_{IN}$）、12 引脚（$R1_{OUT}$）、11 引脚（$T1_{IN}$）、14 引脚（$T1_{OUT}$）为第一数据通道；8 引脚（$R2_{IN}$）、9 引脚（$R2_{OUT}$）、10 引脚（$T2_{IN}$）、7 引脚（$T2_{OUT}$）为第二数据通道；15 引脚是 GND；16 引脚是 VCC（+5V）。

（3）RS-232C 和 TTL 电平转换电路。RS-232C 和 TTL 电平转换电路是由 MAX232 芯片和 4 个电容组成，如图 7-12 所示。

图 7-12 中的 RS-232C 串口插头 DB9 和 MAX232 芯片在 Proteus 中分别为 CONN-D9M（图 7-12 中标为 CONN-D9F）和 MAX232。RS-232C 和 TTL 电平转换电路工作过程如下：

1）TTL 数据从 11 引脚（$T1_{IN}$）、10 引脚（$T2_{IN}$）输入，转换成 RS-232C 数据后，从 14 脚（$T1_{OUT}$）、7 脚（$T2_{OUT}$）送到电脑 DB9 插头。

2）DB9 插头的 RS-232C 数据从 13 引脚（$R1_{IN}$）、8 引脚（$R2_{IN}$）输入，转换成 TTL 数据后，从 12 引脚（$R1_{OUT}$）、9 引脚（$R2_{OUT}$）输出。

图 7-12 中只画出了其中的一路。

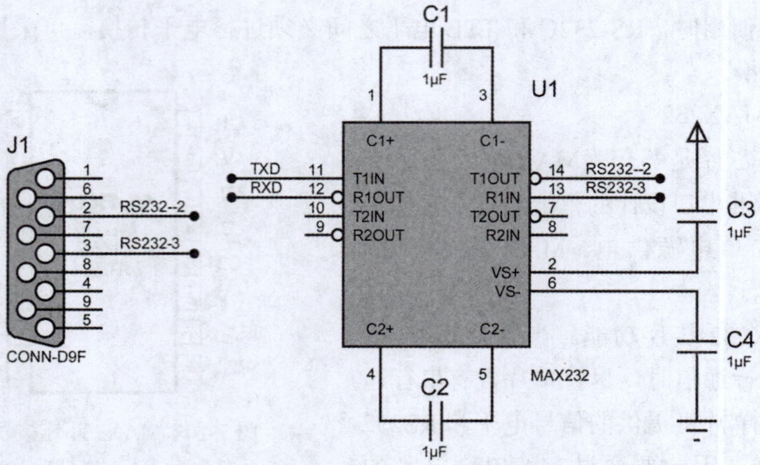

图 7-12　MAX232 转换电路

【技能训练 7-2】全双工 RS-232C 连接电路设计

【技能训练 7-2】全双工 RS-232 连接电路设计

在任务 18 的图 7-1 基础上，使用两个 MAX232 芯片，将上位机和下位机的串行接口转换成 RS-232C 串行接口，这样就可以实现数据远程传送和接收。全双工 RS-232 连接电路设计如图 7-13 所示。

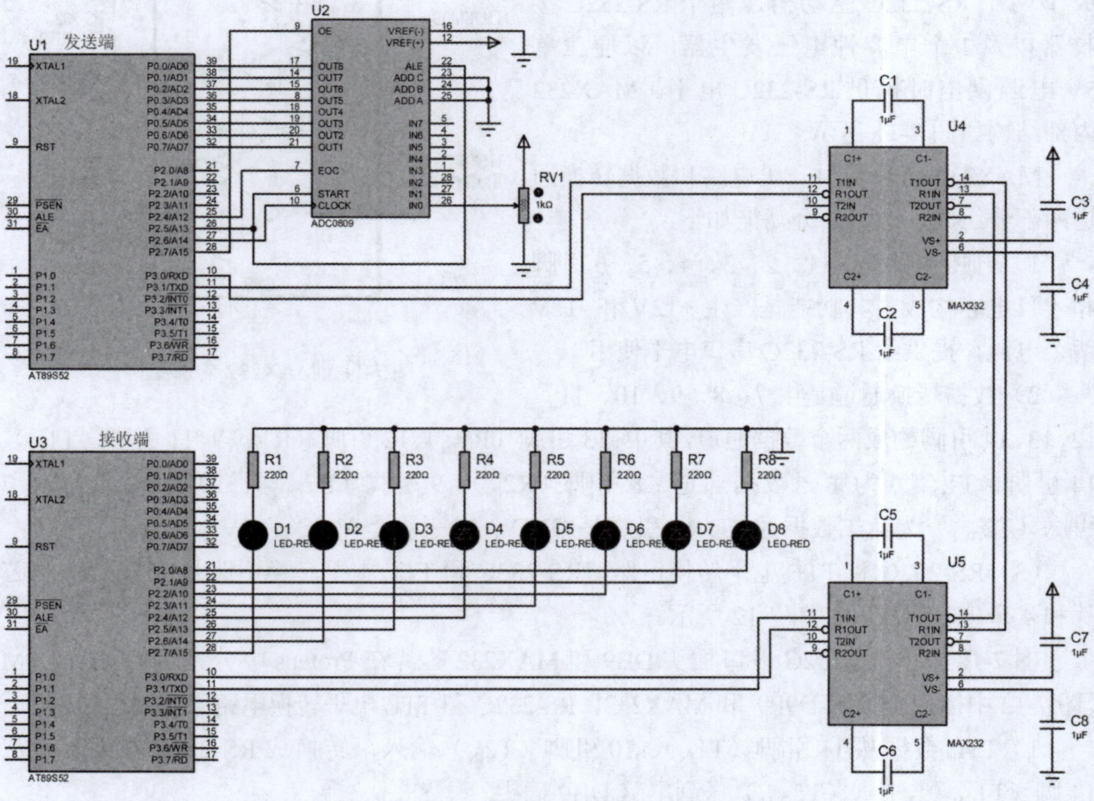

图 7-13　全双工 RS-232 连接电路

全双工 RS-232 连接电路设计好后，加载任务 18 的“单片机点对点数据传输 .hex”文件。

进行仿真运行，调节电位器观察 LED 亮灭规律，检查与设计要求是否相符。

7.3　任务 19　水塔水位单片机远程监控设计

7.3.1　任务描述

用两片 AT89S52 单片机实现水塔水位远程自动监控，电路图如图 7-14 所示。

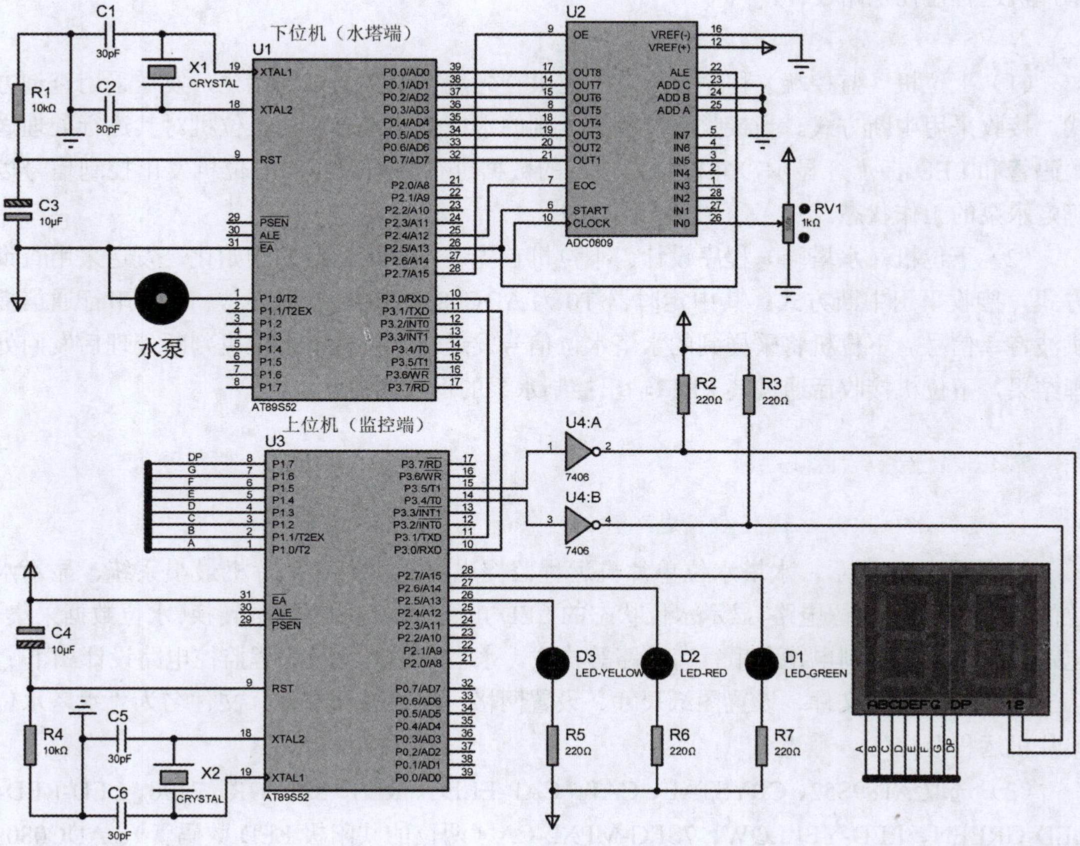

图 7-14　水塔水位单片机远程监控电路

水塔水位单片机远程监控实现功能如下：

（1）下位机通过 ADC0809 采集水塔水位的高低，同时发送给上位机进行数码显示并判断处理。

（2）上位机把处理之后的结果发送回下位机，再由下位机负责水泵的启动与停止，同时控制水塔水位状态的 3 个 LED 指示灯，3 个水位状态分别为水位低于水位下限、水位高于水位上限和水位正常。

7.3.2　任务分析

1. 水塔水位单片机远程监控电路分析

从图 7-14 所示电路可以看出，水塔水位单片机远程监控电路主要是由上位机电路（监控端）和下位机电路（水塔端）两部分组成。

（1）上位机（监控端）电路。上位机电路由 AT89S52 单片机最小系统、共阳极 LED 数码管显示电路和水位状态 LED 显示电路组成。水位状态 LED 显示：黄灯表示水位低于水位下限；红灯表示水位高于水位上限；绿灯表示水位正常。

（2）下位机（水塔端）电路。下位机电路由 AT89S52 单片机最小系统、水位数据采集电路和水泵运行控制电路组成。水塔水位由电位器模拟产生，电机转动表示水泵加水，电机不动表示水泵停止加水。

我们只要把下位机的 P3.1 引脚（TXD）和上位机的 P3.0 引脚（RXD）进行连接，把下位机的 P3.0 引脚（RXD）和上位机的 P3.1 引脚（TXD）进行连接，即可完成水塔水位单片机远程监控电路设计。

2. 水塔水位单片机远程监控程序分析

（1）上位机（监控端）程序分析。上位机首先进行双工通信初始化，发送采用查询方式，接收采用中断方式。当接收下位机采样到的水塔水位信号后，上位机对其进行处理送数码管和 LED 指示灯显示，并根据处理后的数据进行判断后，向下位机发出控制信号以确定水泵的工作状态。

（2）下位机（水塔端）程序设计。下位机首先进行双工通信的初始化，发送采用查询方式，接收采用中断方式。其中定时器 T0 为 ADC0809 提供时钟信号，T1 为串行通信提供波特率信号。下位机将采样到的水塔水位信号发送给上位机，上位机判断处理后发回处理结果，下位机接收后通过其 P1 口输出控制水泵的运行与停止。

7.3.3 任务实施

水塔水位单片机远程监控电路设计

1. 水塔水位单片机远程监控电路设计

根据图 7-14 所示，水塔水位单片机远程监控电路是由两个单片机最小系统、显示水位的 LED 数码管水位电路、显示水位状态的 LED 电路、ADC0809 模数转换（水位数据采集）电路、水泵运行控制电路和串行口电路等构成。水塔水位单片机远程监控电路设计如下：

（1）新建设计文件、设置图纸尺寸、设置网格、保存设计文件，文件名为“水塔水位单片机远程监控”。

（2）选取 AT89S52、CRYSTAL、CAP、CAP-ELEC、RES、MOTOR、7406、LED-RED、LED-GREEN、LED-YELLOW、7SEG-MPX2-CA（两位的共阳极 LED 数码管）、ADC0809 和 POT-HG 等元器件。

（3）放置元器件、编辑元器件、放置终端、连线，按图 7-14 所示放置元器件并连线。

（4）编辑元器件属性。

（5）执行“工具”→“电气规则检查”命令，弹出检查结果窗口，完成电气检测。若检测出错，根据提示修改电路图并保存，直至检测成功。

2. 建立“水塔水位单片机远程监控”工程项目

在“水塔水位单片机远程监控”中，由于有上位机监控端单片机和下位机水塔端单片机，所以需要新建“上位机监控端”和“下位机水塔端”两个工程文件，并将其都保存在“任务 19 水塔水位单片机远程监控”文件夹中，然后选择单片机型号为 Atmel 的 AT89S52。

3. 建立并加载上位机监控端和下位机水塔端两个源文件

水塔水位单片机远程监控上位机监控端程序设计

（1）建立“上位机监控端 .c”源文件，并加载到其对应的工程里面，源文件代码如下：

```
#include <AT89X52.H>
unsigned char code table[]={0xC0,0xF9,0xA4,0xB0,0x99,0x92,0x82,0xF8,0x80, 0x90};
unsigned char tmp;                    //存放接收数据
```

```
sbit smg1=P3^4;
sbit smg10=P3^5;
void delay10ms(void)
{
  unsigned char i,j;
  for(i=20;i>0;i--)
    for(j=200;j>0;j--);
}
void main(void)
{
  TMOD=0x20;                    // T1为方式2
  TH1=0xE7;                     //波特率为625b/s
  TL1=0xE7;
  PCON=0;                       //电源控制寄存器
  IE=0x90;                      //开启串行口中断
  TR1=1;
  F0=0;
  SCON=0x50;                    //双工通信，串口为方式1，允许串行口接收
  while(1)
  {
    P1=table[tmp%10];           //送显示器LED显示
    smg1=0;
    delay10ms();
    P1=0xFF;
    smg1=1;
    P1=table[tmp/10]+0x80;      //送显示器LED显示
    smg10=0;
    delay10ms();
    P1=0xFF;
    smg10=1;
    if(tmp>45)
    {
      F0=0;
      P2=0xBF;                  //红灯亮
      SBUF=0xFD;                //送水泵停止控制信号到下位机
    }
    else if(tmp<5)
    {
      F0=1;
      P2=0xDF;                  //黄灯亮
      SBUF=0xFE;                //送水泵启动控制信号到下位机
    }
    else
    {
      P2=0x7F;                  //水位正常，绿灯亮
      if(F0==0) SBUF=0xFF;      //水位下降过程中，水泵停止工作
      else SBUF=0xFE;           //进水过程中，水泵工作
    }
    while(!TI);                 //等待发送数据结束（数据发送完，TI由硬件置位）
    TI=0;                       //TI复位
  }
}
/* 串行口的中断服务子程序 */
void serial(void)  interrupt 4 using 1
{
  if(RI==1)
  {
    RI=0;                       //接收中断标志位复位
    tmp=SBUF/5;                 //接收发送端传送来的数据
  }
}
```

水塔水位单片机远程监控
下位机水塔端程序设计

（2）建立“下位机水塔端 .c”源文件，并加载到其对应的工程里面，源文件代码如下：

```
#include <AT89X52.H>
sbit EOC=P2^4;                  //定义ADC0809转换结束信号
sbit START=P2^5;                //定义ADC0809启动转换命令
sbit CLOCK=P2^6;                //定义ADC0809时钟脉冲输入位
sbit OE=P2^7;                   //定义ADC0809数据输出允许位
unsigned char tmp;              //存放接收数据
unsigned char adc;              //存放转换后的数据
void main(void)
{
  EA=0;
  TMOD=0x22;                    // T0、T1为方式2
  TH0=0x14;
  TL0=0x14;
  TH1=0xE7;                     //波特率为625b/s
  TL1=0xE7;
  IE=0x92;                      //开启串行口，T0中断
  IP=0x02;                      //设置T0中断为高优先级
  SCON=0x50;                    //双工通信，串口为方式1，允许串行口接收
  TR0=1;
  TR1=1;
  while(1)
  {
    START=0;
    START=1;
    START=0;                    //启动转换
    while(!EOC);                //等待转换结束
    OE=1;                       //允许输出
    adc=P0;                     //取转换结果
    SBUF=adc;                   //发送采集的数据
    while(!TI);                 //等待发送数据结束（数据发送完，TI由硬件置位）
    TI=0;                       //TI复位
  }
}
/* 定时计数器T0的中断服务子程序 */
void timer0(void)  interrupt 1 using 1
{
  CLOCK=~CLOCK;                 //产生ADC0808/0809时钟脉冲信号
}
/* 串行口接收中断服务子程序 */
void  serial(void) interrupt 4 using 0
{
  RI=0;                         //接收中断标志位复位
  tmp=SBUF;                     //接收上位机对水泵的控制信号
  P1=tmp;                       //送水泵控制信号
}
```

4. “水塔水位单片机远程监控”两个工程配置与编译

工程配置：“目标”标签页的晶振频率栏设为 12MHz，勾选“输出”标签页的“生成 HEX 文件”复选框。

工程编译：完成工程配置后，对“水塔水位单片机远程监控”两个工程进行编译。若编译发生错误，要进行分析检查，直到编译正确为止。

5. 水塔水位单片机远程监控运行调试

（1）打开水塔水位单片机远程监控仿真电路。

（2）分别加载“上位机监控端 .hex”和“下位机水塔端 .hex”到其对应的单片机中。

（3）单击仿真工具栏“运行”按钮，单片机全速运行程序。

观察水塔水位单片机远程监控是否与任务要求一致。若运行结果与任务要求不一致，

要对电路和程序进行分析检查，直到运行正确。

【技能训练 7-3】水塔水位单片机远程监控焊接制作

根据图 7-14 所示电路图，在万能板上完成水塔水位单片机远程监控焊接制作，元器件清单见表 7-1。

表 7-1　水塔水位单片机远程监控元器件清单

元器件名称	规格	数量 / 个	元器件名称	规格	数量 / 个
单片机	STC89C52	2	轻微按键		2
反相器	7406	1	电阻	10kΩ	2
晶振	11.0592MHz	2	电阻	220Ω	5
瓷片电容	30pF（104）	4	电位器	1kΩ	1
电解电容	10μF	2	LED		3
IC 插座	DIP40	2	舵机	模拟水泵运行	1
IC 插座	DIP16	1	数码管	JM-S03021C-D	1
ADC0809	DIP28	1			

1. 电路板焊接

参考模数转换 LED 显示电路完成电路板焊接制作，焊接好的电路板如图 7-15 所示。焊接时，上位机监控端与下位机水塔端要预留排针，用于上位机与下位机串行通信。

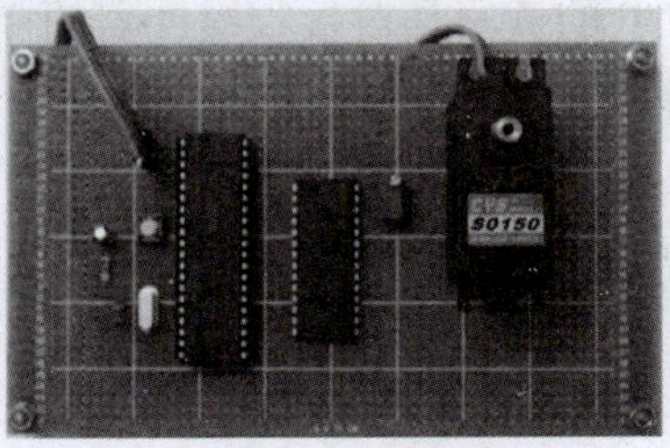

（a）下位机水塔端

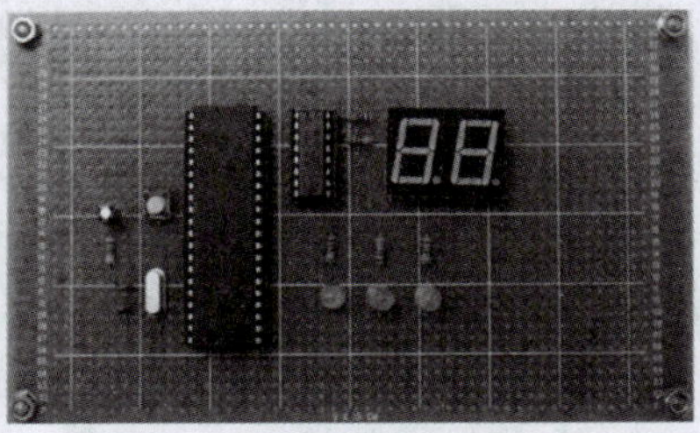

（b）上位机监控端

图 7-15　水塔水位单片机远程监控焊接电路板

2. 硬件检测与调试

下位机检测与调试，可参考项目 6 的模数转换 LED 显示焊接制作。按下上位机复位按键，数码管两个位选控制端应为低电平，而字段端均为高电平，D1、D2 和 D3 水位状态指示灯应点亮。

3. 软件下载与调试

通过 STC-ISP 下载软件把“上位机监控端 .hex”和“下位机水塔端 .hex”文件烧入其对应的单片机中，观察数码管显示、LED 指示与水泵运行规律是否与设计相符。

7.4　单片机串行口

51 单片机内部含有一个可编程全双工串行通信接口，具有 UART（Universal Asynchronous Receiver/Transmitter）的全部功能。该接口电路不仅能同时进行数据的发送和接收，也可作为一个同步移位寄存器使用。该串行口具有 4 种工作方式，帧格式有 8 位、10 位和 11 位，并能设置各种波特率。

7.4.1 单片机串行口结构

单片机串行口结构

51 单片机内部有两个独立的接收、发送缓冲器 SBUF。SBUF 属于特殊功能寄存器。发送缓冲器只能写入不能读出，接收缓冲器只能读出不能写入，二者共用一个字节地址（99H）。串行口的结构如图 7-16 所示。

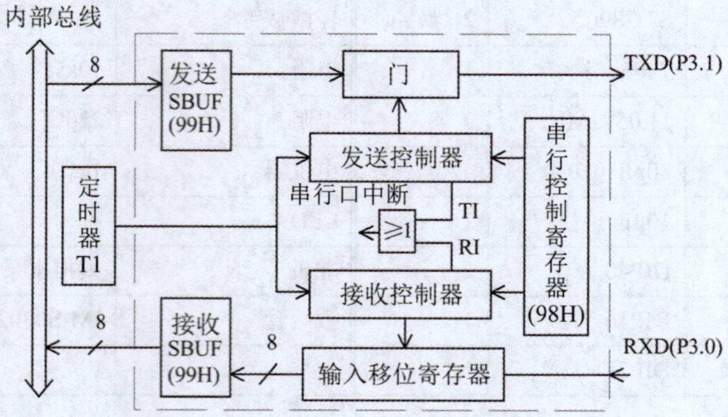

图 7-16 串行口结构

1. 串行口数据缓冲器 SBUF

SBUF 是两个在物理上独立的接收、发送缓冲器，可同时发送、接收数据。两个缓冲器共用一个字节地址 99H，可通过指令来区别对 SBUF 的读写是对接收缓冲器的操作还是对发送缓冲器的操作。单片机在写 SBUF 时，就是修改发送缓冲器；读 SBUF 时，就是读接收缓冲器。例如：

```
SBUF=send[i];                    //发送第i个数据
buffer[j]=SBUF;                  //接收第j个数据
```

2. 串行口控制寄存器 SCON

SCON 寄存器用来控制串行口的工作方式和状态。它可以是位寻址。在复位时所有位被清零，字地址为 98H。其各位定义见表 7-2。

表 7-2 SCON 各位定义

位地址	9F	9E	9D	9C	9B	9A	99	98
位符号	SM_0	SM_1	SM_2	REN	TB_8	RB_8	TI	RI

各位定义说明如下：

（1）SM_0、SM_1：串行口工作方式选择位，具体定义见表 7-3。

表 7-3 串行口工作方式选择位

SM_0	SM_1	工作方式	功能	波特率
0	0	方式 0	8 位同步移位寄存器	$f_{osc}/12$
0	1	方式 1	10 位 UART	可变
1	0	方式 2	11 位 UART	$f_{osc}/64$ 或 $f_{osc}/32$
1	1	方式 3	11 位 UART	可变

（2）SM_2：多机通信控制位。SM_2 主要用于工作方式 2 和工作方式 3。当串行口以方式 2 和方式 3 接收时，如 SM_2=1，则只在当接收到的第 9 位数据（RB_8）为 1 时才将接收到的前 8 位数据送入 SBUF，并置位 RI 产生中断请求，否则将接收到的前 8 位数据丢弃；而当 SM_2=0 时，则不论第 9 位数据是 0 还是 1，都将前 8 位数据装入 SBUF 中，并产生中断请求。在方式 0 时，SM_2 必须为 0。

（3）REN：允许接收控制位，由软件置位或复位。REN=0 时，禁止串行口接收数据；REN=1 时，允许串行口接收数据。在任务 19 中，由于上位机和下位机都可以接收数据，所以 REN=1，允许上位机和下位机接收数据。

（4）TB_8：发送数据位。在方式 2 或方式 3 中，TB_8 是发送数据的第 9 位，根据发送数据的需要由软件置位或复位。它可在单机通信中作为奇偶校验位，也可在多机通信中作为发送地址帧或数据帧的标志位。多机通信时，一般约定：发送地址帧时，设置 TB_8=1；发送数据帧时，设置 TB_8=0。在方式 0 和方式 1 中，该位未用。

（5）RB_8：接收数据位。用于在方式 2 和方式 3 时存放接收数据第 9 位。其他同发送位 TB_8。

（6）TI：发送中断标志位。方式 0 时，发送端发送完第 8 位数据时，TI 由硬件置位；在其他方式下，TI 在发送端开始发送停止位时置位，这就是说，TI 在发送前必须由软件复位，发送完一帧后由硬件置位。

（7）RI：接收中断标志位。方式 1 时，RI 在接收端接收到第 8 位数据时由硬件置位；在其他方式下，RI 是在接收端接收到停止位的中间位置时置位的，RI 也可供单片机查询，以决定单片机是否需要从 SBUF 中提取接收到的字符或数据。RI 也必须由软件进行复位。

在进行串行通信时，当一帧发送完毕时，发送中断标志置位，向单片机请求中断；当一帧接收完毕时，接收中断标志置位，也向单片机请求中断。若单片机允许中断，则要进入中断服务程序。

注意：单片机事先并不能区分是 RI 请求中断还是 TI 请求中断，只有在进入中断服务程序后，通过查询进行区分，然后进入相应的中断处理程序。进行区分的代码如下：

```
if(RI==1) {……}                    //串行口中断是由接收产生
else {……}                         //串行口中断是由发送产生
```

3. 电源控制寄存器 PCON

PCON 寄存器主要是为 CHMOS 型单片机的电源控制设置的专用寄存器，单元地址为 87H，不能位寻址。其各位定义见表 7-4。

表 7-4　PCON 各位定义

位序	8E	8D	8C	8B	8A	89	88	87
位符号	SMOD	-	-	-	GF1	GF0	PD	IDL

其中，PCON 低 4 位是 CHMOS 单片机掉电方式控制位：

（1）GF1、GF0：通用标志位，由软件置位、复位。

（2）PD：掉电方式控制位，PD=1，则进入掉电方式。

（3）IDL：待机方式控制位，IDL=1，则进入待机方式。

（4）SMOD：串行口波特率的倍增位。单片机工作在方式 1、方式 2 和方式 3 时，当 SMOD=1 时，串行口波特率提高一倍；SMOD=0，则波特率不加倍。系统复位时 SMOD=0。

7.4.2 串行口工作方式设置

51 单片机的串行口有 4 种工作方式，它是由 SCON 中的 SM_1 和 SM_0 来决定的，下面就对这 4 种方式分别介绍。

串行口工作方式设置与波特率设置

1. 方式 0

串行接口工作方式 0 为同步移位寄存器方式，其波特率是固定的，为 f_{osc}（振荡频率）的 1/12。

（1）方式 0 发送。数据从 RXD 引脚串行输出，TXD 引脚输出同步脉冲。当一个数据写入串行口发送缓冲器时，串行口将 8 位数据以 $f_{osc}/12$ 的固定波特率从低位到高位从 RXD 引脚输出。发送后置中断标志 TI 为 1，请求中断，在再次发送数据之前，必须用软件将 TI 清零。

在技能训练 7-1 中，就是使用串行接口工作方式 0，也就是通过同步移位寄存器方式来实现单片机串行口扩展 I/O 口的。

（2）方式 0 接收。在满足 REN=1 和 RI=0 的条件下，串行口处于方式 0 输入。此时，RXD 为数据输入端，TXD 为同步信号输出端，接收器也以 $f_{osc}/12$ 的波特率对 RXD 引脚输入的数据信息采样。当接收器接收完 8 位数据后，置中断标志 RI=1，请求中断，在再次接收数据之前，必须用软件将 RI 清零。

在方式 0 工作时，必须使 SCON 寄存器中的 SM_2 位为“0”，这并不影响 TB_8 位和 RB_8 位。方式 0 发送或接收完数据后由硬件置位 TI 或 RI，单片机在响应中断后要用软件清除 TI 或 RI 标志。

2. 方式 1

在方式 1 时，串行口被设置为波特率可变的 8 位异步通信接口。

（1）方式 1 发送。串行口以方式 1 发送时，数据位由 TXD 端输出，发送 1 帧信息为 10 位，其中 1 位起始位、8 位数据位（先低位后高位）和 1 位停止位“1”。单片机执行 1 条将数据写入发送缓冲器 SBUF 的指令，就启动发送器发送。当发送完数据，就置中断标志 TI 为 1。方式 1 发送的波特率取决于定时器溢出率和特殊功能寄存器 PCON 中 SMOD 的值。

（2）方式 1 接收。当串行口设置为方式 1，且 REN=1 时，串行口处于方式 1 的输入状态。当检测到起始位有效时，开始接收 1 帧的其余信息。1 帧信息为 10 位，其中 1 位起始位、8 位数据位（先低位后高位）和 1 位停止位“1”。

在方式 1 接收时，必须同时满足以下两个条件：若 RI=0 和停止位为 1 或 SM_2=0 时，则接收数据有效，8 位数据进入 SBUF，停止位进入 RB_8，并置中断请求标志 RI 为 1。若上述两个条件不满足，则该组数据丢失，不再恢复。这时将重新检测 RXD 上 1 到 0 的负跳变，以接收下一帧数据。中断标志也必须由用户在中断服务程序中清零。

3. 方式 2

在方式 2 时，串行口被定义为 9 位异步通信接口。

（1）方式 2 发送。发送数据由 TXD 端输出，发送 1 帧信息为 11 位，其中 1 位起始位（0）、8 位数据位（先低位后高位）、1 位可控位为 1 或 0 的第 9 位数据和 1 位停止位“1”。附加的第 9 位数据为 SCON 中的 TB_8，它由软件置位或清零，可作为多机通信中地址 / 数据信息的标志位，也可作为数据的奇偶校验位。

（2）方式 2 接收。当串行口置为方式 2 时，且 REN=1，串行口以方式 2 接收数据。方式 2 的接收与方式 1 基本相似。数据由 RXD 端输入，接收 11 位信息，其中，1 位起始位（0）、8 位数据位（先低位后高位）、1 位可控位为 1 或 0 的第 9 位数据和 1 位停止位“1”。

当采样到 RXD 端由 1 到 0 的负跳变，并判断起始位有效后，便开始接收 1 帧信息。当接收器接收到第 9 位数据后，当 RI=0 且 SM_2=0 或接收到的第 9 位数据位为 1 时，将收到的数据送入 SBUF（接收数据缓冲器），第 9 位数据送入 RB_8，并对 RI 置 1，若以上两个条件不满足，接收信息丢失。

4. 方式 3

在方式 3 时，串行口为波特率可变的 9 位异步通信方式，除了波特率有所区别之外，其余都与方式 2 相同。

7.4.3 串行口波特率设置

串行口的通信波特率是串行传输数据的速率。通信波特率的选用，不仅和所选通信设备、传输距离有关，还受传输线状况所制约。用户应根据实际需要加以正确选用。

1. 方式 0 的波特率设置

在方式 0 下，串行口通信的波特率是固定的，其值为 $f_{osc}/12$（f_{osc} 为晶振频率）。

2. 方式 2 的波特率设置

在方式 2 下，通信波特率为 $f_{osc}/32$ 或 $f_{osc}/64$。用户可以根据 PCON 中的 SMOD 位来选择串行口工作在哪个波特率下。其波特率的计算公式为：

$$\text{波特率}=\frac{2^{\text{SMOD}}}{64}\times f_{osc}$$

这就是说，若 SMOD=0，则所选波特率为 $f_{osc}/64$；若 SMOD=1，则波特率为 $f_{osc}/32$。

3. 方式 1 或方式 3 的波特率设置

在这 2 种方式下，串行口波特率是由定时器的溢出率决定的，因而波特率也是可变的。其波特率的计算公式为：

$$\text{波特率}=\frac{2^{\text{SMOD}}}{32}\times \text{定时器 T1 溢出率}$$

其中，定时器 T1 溢出率的计算公式为：

$$\text{定时器 T1 溢出率}=\frac{f_{osc}}{12}\times\left(\frac{1}{2^k-\text{初值}}\right)$$

公式中，k 为定时器 T_1 的位数，它和定时器 T_1 设置的工作方式有关。即：

- 若定时器 T1 为方式 0，则 k=13。
- 若定时器 T1 为方式 1，则 k=16。
- 若定时器 T1 为方式 2 或 3，则 k=8。

一般情况下，定时器 T1 通常采用方式 2。因为定时器 T1 在方式 2 下工作，TH1 和 TL1 分别设定为两个 8 位重装计数器（当 TL1 从全“1”变为全“0”时，TH1 重装 TL1）。这种方式不仅可使操作方便，也可避免因重装初值（时间常数初值）而带来的定时误差。

由上述两个公式可知，在方式 1 或方式 3 下所选的波特率，需要通过计算来确定初值，因为该初值是要在定时器 T1 初值化时使用的。

4. 串行口初始化步骤

（1）确定定时器 T1 的工作方式：写 TMOD 寄存器。

（2）计算定时器 T1 的初值：装载初值。

（3）启动定时器 T1：TR1 置位。

（4）确定串口的工作方式：写 SCON 寄存器。

（5）使用串口中断方式时：开启中断源、确定中断优先级。

7.4.4 RS-485 串行接口

RS-485 串行接口

智能仪表随着 80 年代初单片机技术的成熟而发展起来，现在世界仪表市场基本被智能仪表所垄断，这归结于企业信息化的需要。企业在仪表选型时的一个必要条件就是仪表要具有联网通信接口。最初仪表接口是 RS-232C 接口，这种接口可以实现点对点的通信方式，但这种方式不能实现联网功能，随后出现的 RS-485 解决了这个问题。

在技能训练 7-2 中，我们使用了 AT89S52 单片机，通过 RS-232C 接口总线进行数据传送。由于 RS-232C 接口总线的传送距离有限，传送距离一般不超过 50m。那么，我们如何实现数据远程传送呢？

1. RS-485 串行接口与 RS-232C 串行接口比较

（1）RS-485 接口逻辑“1”以两线间的电压差为 +2 ～ +6V 表示；逻辑“0”以两线间的电压差为 -2 ～ -6V 表示；RS-232C 接口逻辑“1”对应的电压范围为 -3 ～ -15V，逻辑“0”为 +3 ～ +15V。

RS-485 接口信号电平比 RS-232C 降低了，这样就不容易损坏接口电路的芯片，且该电平与 TTL 电平兼容，可方便与 TTL 电路连接。

（2）RS-485 接口是采用平衡驱动器和差分接收器的组合，抗噪声干扰性强；RS-232C 接口使用一根信号线和一根信号返回线而构成共地的传输形式，抗噪声干扰性弱。

（3）RS-485 接口的传输距离为 1200m 左右；RS-232C 接口传输距离有限，传输距离在 50m 左右。

（4）RS-232C 接口在总线上只允许连接 1 个收发器，即单站能力；RS-485 接口具有多站能力，允许连接多达 128 个收发器。

2. RS-485 接口芯片

在要求通信距离为几十米到上千米时，广泛采用 RS-485 串行总线标准。RS-485 采用平衡发送和差分接收，因此具有抑制共模干扰的能力。加上总线收发器具有高灵敏度，能检测低至 200mV 的电压，故传输信号能在千米以外得到恢复。

RS-485 接口芯片已广泛应用于工业控制、智能仪器仪表、物联网应用、机电一体化产品等诸多领域。RS-485 接口芯片有很多品种和型号，如：SN75179 差分总线收发器用于全双工 RS-485 连接、SN75176 差分总线收发器用于半双工 RS-485 连接等。SN75179 差分总线收发器引脚和逻辑图如图 7-17 所示。

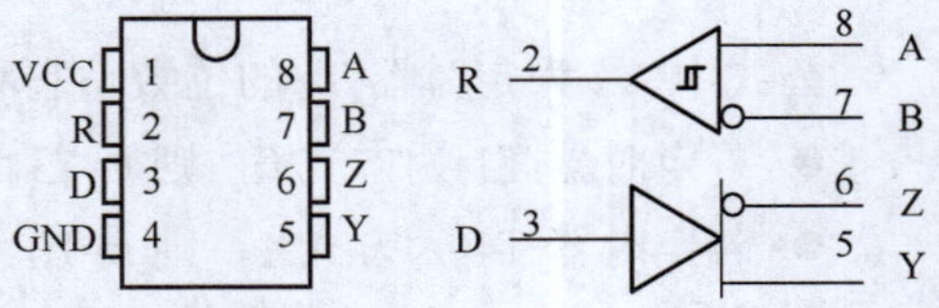

（a）引脚　（b）逻辑图

图 7-17　SN75179 引脚和逻辑图

SN75179 差分总线收发器功能见表 7-5。

表 7-5　SN75179 功能表

DRIVER		RECEIVER	
INPUT	OUTPUT	DIFFERENTIAL INPUT	OUTPUT
D	Y　Z	A-B	R
H	H　L	VID ≥ 0.2V	H
L	L　H	VID ≤ -0.2V	L

注：H= 高电平，L= 低电平。

【技能训练 7-4】全双工 RS-485 连接电路设计与实现

在任务 19 的图 7-14 基础上，使用两个 SN75179 芯片，将上位机和下位机的串行接口转换成 RS-485 串行接口，这样就可以实现数据远程传送和接收。全双工 RS-485 连接电路设计如图 7-18 所示。

【技能训练 7-4】全双工 RS-485 连接电路设计

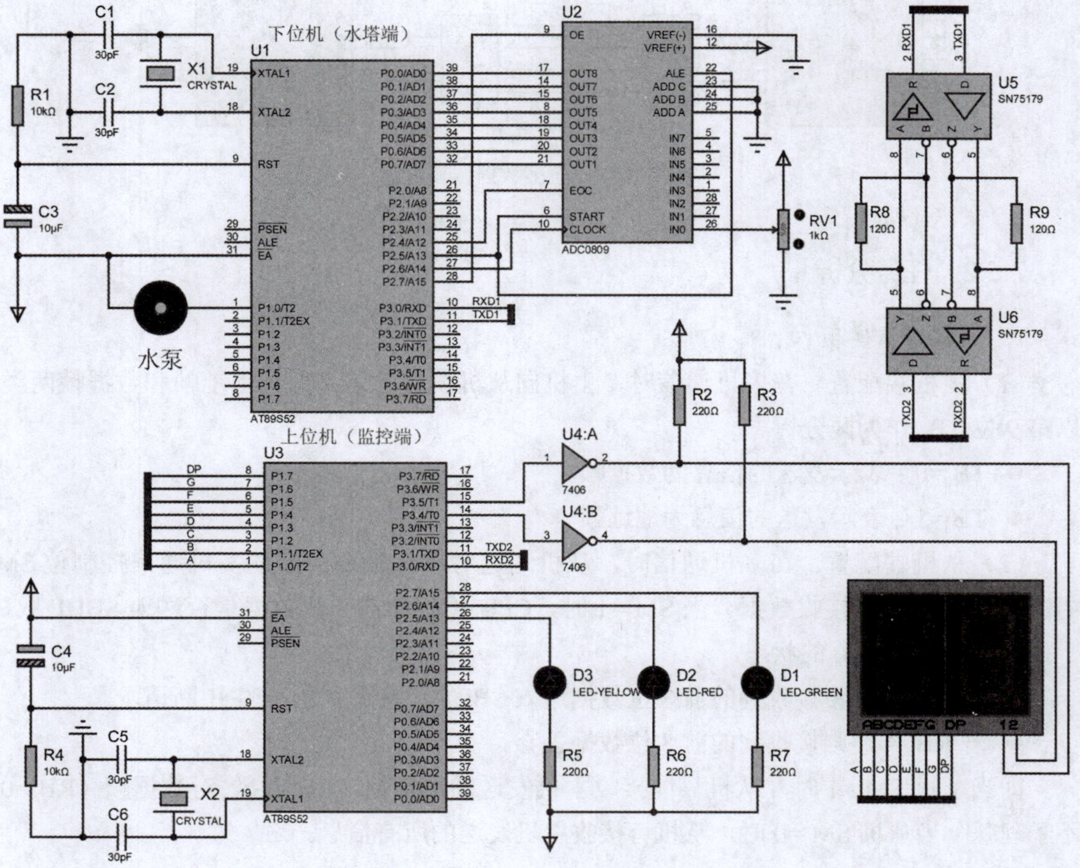

图 7-18　全双工 RS-485 连接电路

图 7-18 中的 120Ω 电阻是终端电阻。在设备少、距离短的情况下，不加终端电阻整个网络也能很好地工作。全双工 RS-485 连接电路设计好后，加载任务 19 的水塔水位单片机远程监控的两个 HEX 文件进行仿真运行，观察是否与技能训练要求相符。

7.5　任务 20　基于 RS-485 的单片机一对多数据传输设计

7.5.1　任务描述

前面介绍了 RS-232C 串行接口具有单站能力，即只能实现点对点通信；RS-485 串行接口具有多站能力，可以实现一对多通信。

采用多个 AT89S52 单片机，使用 RS-485 串行接口，实现一主机多从机的通信。主机发送的信息传到指定的从机，各从机发送的信息只能被主机接收。一对多数据传输电路如图 7-19 所示。

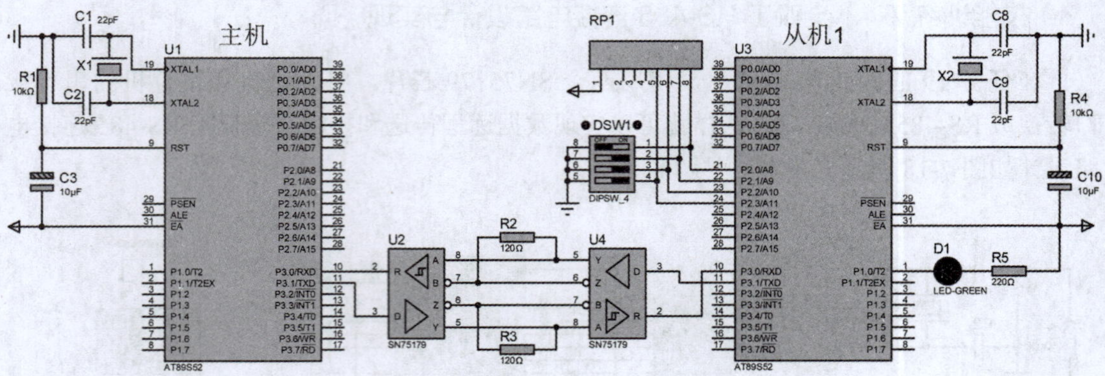

图 7-19　一对多数据传输电路

7.5.2　任务分析

1. 多机通信实现

（1）主机端配置。在多机通信时，主机向从机发送的信息分为地址帧和数据帧两类，以第 9 位 TB_8 作为区分标志。

- TB_8=0：表示发送的信息为数据帧。
- TB_8=1：表示发送的信息为地址帧。

（2）从机端配置。在多机通信时，从机通过对单片机 SCON 的多机通信控制位 SM_2 的配置来实现从机接收数据。当 SM_2=1 时，CPU 接收的前 8 位数据是否送入 SBUF 取决于接收的第 9 位 RB_8 的状态。

- 若 RB_8=1，将接收到的前 8 位数据送入 SBUF，并置位 RI 产生中断请求。
- 若 RB_8=0，则接收到的前 8 位数据丢弃。

即当从机 SM_2=1 时，从机只能接收主机发送的地址帧（RB_8=1），对数据帧（RB_8=0）不予理睬；当从机 SM_2=0 时，从机可接收主机发送的所有信息。

2. 多机通信过程

多机通信开始时，主机首先发送地址帧。由于各从机的 SM_2=1 和 RB_8=1，所以各从机均分别发出串行接收中断请求，通过串行中断服务程序来判断主机发送的地址与本从机地址是否相符。

如果相符，则把自身的 SM_2 清零，以准备接收随后传送来的数据帧。其余从机由于地址不符，则仍保持 SM_2=1 状态，因而不能接收主机传送来的数据帧。

这就是多机通信中主、从机一对一的通信情况。这种通信只能在主、从机之间进行，如果想在两个从机之间进行通信，则要通过主机作中介才能实现。

3. 多机通信编程步骤

（1）串口初始化。主机、从机工作方式通常设置为方式 3（即波特率可变，也可以设置为方式 2），主机置 SM_2=0，REN=1；从机置 SM_2=1，REN=1。

（2）主机置位 TB_8=1，向从机发送寻址地址帧，各从机因满足接收条件（SM_2=1，RB_8=1），从而可以接收到主机发来的地址，并与本机地址进行比较。

（3）地址一致的从机（被寻址机）将 SM_2 清零，并向主机返回地址（或应答信号），供主机核对。地址不一致的从机（未被寻址机）保持 SM_2=1。

（4）主机核对返回的地址（或应答信号），若与此前发出的地址一致则准备发送数据；

若不一致则返回第 2 步重新发送地址帧。

（5）主机向从机发送数据，此时主机的 TB_8=0，只有被选中的那台从机能接收到该数据，其他从机则舍弃该数据。

（6）本次通信结束后，从机重新置 SM_2=1，等待下次通信。

4. 一对多数据传输程序分析

单片机一对多数据传输程序设计，需要分开编写主机程序和从机程序。首先设串行传输波特率为 9600b/s，计算定时器 T1 的定时初值；然后对主机和从机串口进行初始化；最后按照任务要求和多机通信的编程步骤完成程序。

串口的波特率设置如下：

要求采用时钟频率 f_{osc}=11.0592MHz，SMOD=1，定时器 T1 方式 2 且串行传输波特率为 9600b/s。根据前面的波特率计算公式，可变换为计算定时器 T1 的定时初值公式：

$$初值=2^k-\frac{f_{osc}\times 2^{SMOD}}{波特率\ \times 32\times 12}$$

根据以上条件可得初值为 250。

7.5.3 任务实施

1. 一对多数据传输电路设计

根据图 7-19 所示，单片机一对多数据传输主机电路是由单片机最小系统、转换电路构成。转换电路可以完成 TTL 电平与 RS-485 电平之间的转换，由 SN75179 芯片实现。单片机一对多数据传输从机电路是由单片机最小系统、转换电路、从机地址设置电路以及 LED 指示电路构成。

一对多数据传输电路设计

单片机一对多数据传输电路设计如下：

（1）新建设计文件、设置图纸尺寸、设置网格、保存设计文件，文件名为“一对多数据传输”。

（2）选取 AT89S52、CRYSTAL、CAP、CAP-ELEC、RES、LED-GREEN、DIPSW_4、RESPACK-7 和 SN75179 等元器件。

（3）放置元器件、编辑元器件、放置终端、连线，按图 7-19 所示放置元器件并连线。

（4）编辑元器件属性。

（5）执行“工具”→“电气规则检查”命令，弹出检查结果窗口，完成电气检测。若检测出错，根据提示修改电路图并保存，直至检测成功。

2. 建立“一对多数据传输”工程项目

在“一对多数据传输”系统中，由于有主机单片机和从机单片机，所以需要新建“一对多数据传输主机”和“一对多数据传输从机”两个工程文件，并都保存在“任务 20 一对多数据传输主机”文件夹中，然后选择单片机型号为 Atmel 的 AT89S52。

3. 建立并加载一对多数据传输主机和一对多数据传输从机两个源文件

（1）建立“一对多数据传输主机 .c”源文件，并加载到其对应的工程里面，源文件代码如下：

一对多数据传输程序设计

```
#include <AT89X52.H>
#define uchar unsigned char
#define uint  unsigned int
/*串口初始化*/
void  init_serial()
{
```

```
    TMOD=0x20;                   //T1为方式2
    TH1=250;                     //波特率为9600b/s
    TL1=250;
    PCON=0x80;                   //设置电源控制寄存器SMOD=1
    TR1=1;
    SCON=0xd0;                   //设串口为方式3、允许串行口接收
}
void main(void)
{
    uchar temp;                  //存放接收数据
    uchar addr;
    init_serial();               //串口初始化
    while(1)
    {
        /*发送从机地址*/
        TB8=1;                   //设置TB8为1，发送的是地址
        addr=0x01;               //设置从机地址
        SBUF=addr;
        while(!TI );
        TI=0;
        /*接收从机返回的地址*/
        RI=0;
        while(!RI);
        temp=SBUF;
        RI=0;
        /*如果从机返回的地址正确，则准备发送数据*/
        if(temp==addr)
        {
            TI = 0;
            TB8 = 0;             //设置TB8为0，发送的是数据
            SBUF=0xfe;           //如果校验正确，则发送点亮二极管的数据
            while(!TI);
            TI=0;
        }
    }
}
```

（2）建立“一对多数据传输从机 .c”源文件，并加载到其对应的工程里面，源文件代码如下：

```
#include <AT89X52.H>
#define uchar unsigned char
#define uint  unsigned int
void delay(uint t)
{
    uint i;
    while(t--)
    {
    for (i=0;i<150;i++);
    }
}
/*串口初始化*/
void  init_serial()
{
    TMOD=0x20;              //T1为方式2
    TH1=250;                //波特率为9600b/s
    TL1=250;
    PCON=0x80;              //设置电源控制寄存器SMOD=1
    TR1=1;
    SCON=0xf0;              //设串口为方式3、允许串行口接收，其中SM2=1允许多机通信
}
```

```
void main(void)
{
    uchar n;
    uchar temp;                    //存放接收数据
    uchar addr;                    //存放接收从机地址
    init_serial();                 //串口初始化
    while(1)
    {
        /*接收从机地址 */
        RI=0;
        while(!RI);                //接收主机发送从机的地址
        temp=SBUF;
        P2=0x0f;                   //读取从机地址
        addr=P2;
        RI=0;
        if(addr==temp)             //若主机访问的是该机，则开始接收数据
        {
            SM2=0;
            TI=0;
            SBUF=addr;
            while(!TI);
            TI=0;
            /*数据校验地址后，LED闪烁*/
            RI=0;
            while(!RI);            //LED闪烁表示通信成功
            for(n=0;n<10;n++)
            {
                P1=SBUF;
                delay(200);
                P1=0x01;
                delay(200);
            }
            RI=0;
            SM2=1;
        }
    }
}
```

4. “一对多数据传输”两个工程配置与编译

工程配置：“目标”标签页的晶振频率栏设为 12MHz，勾选“输出”标签页的“生成 HEX 文件”复选框。

工程编译：完成工程配置后，对“一对多数据传输”两个工程进行编译。若编译发生错误，要进行分析检查，直到编译正确为止。

5. 一对多数据传输运行调试

（1）打开一对多数据传输仿真电路。

（2）分别加载“一对多数据传输主机 .hex”和“一对多数据传输从机 .hex”到其对应的单片机中。

（3）单击仿真工具栏“运行”按钮▶，单片机全速运行程序。

观察一对多数据传输是否与任务要求一致。若运行结果与任务要求不一致，要对电路和程序进行分析检查，直到运行正确。

【技能训练 7-5】CAN 总线连接电路设计

如何使用 CAN 总线控制器 SJA1000 和 CAN 总线收发器 PCA82C250，设计一个 CAN

总线连接电路。

1. CAN 总线特点

CAN 是 Controller Area Network 的缩写，即控制器局域网，是 ISO 国际标准化的串行通信协议，CAN 总线是该协议的简称，也是国际上应用最广泛的现场总线之一。

1986 年德国电气商博世公司开发出面向汽车的 CAN 通信协议，开发此通信协议的目的主要是减少汽车电子设备线束，同时满足高速、安全等要求。此后，CAN 通过 ISO11898 及 ISO11519 进行了标准化，目前在欧洲已是汽车网络的标准协议。

现在，CAN 的高性能和可靠性已被认同，并被广泛地应用于工业自动化、船舶、医疗设备、工业设备等方面。现场总线是当今自动化领域技术发展的热点之一，被誉为自动化领域的计算机局域网。它的出现为分布式控制系统实现各节点之间实时、可靠的数据通信提供了强有力的技术支持。CAN 总线具有如下几个特点：

（1）多主控制。在总线空闲时，所有单元都可以发送消息（多主控制），也就是每一个设备都可以主动发送消息。

（2）通信机制。在 CAN 协议中，所有的消息都以固定的格式发送，先发送的设备即先得到发送优先权。

当多个单元同时发送时，根据消息优先级决策发送优先权。即优先级低的避让优先级高的，不会对通信线路造成堵塞。

（3）系统的适用性。在 CAN 总线通信中，没有类似于“地址”的信息，即不存在地址的概念。因此在总线上增加单元时，连接在总线上的其他单元的软硬件及应用层都不需要改变。

（4）通信速度较快、通信距离远。在同一网络中，所有单元必须设定成统一的通信速度，通信速度最高可达到 1Mb/s（距离小于 40m），通信距离最远可达 10km（速率低于 5kb/s）。

（5）具有错误检测能力。所有单元都可以检测错误，检测出错误的单元会立即同时通知其他所有单元。正在发送消息的单元一旦检测出错误，会强制结束当前的发送。强制结束发送的单元，会不断反复地重新发送此消息直到成功发送为止。也就是能够检测总线上的错误，从而进行设备管理，调整总线通信。

（6）连接节点多。CAN 总线是可同时连接多个单元的总线，可连接的单元总数理论上是没有限制的。实际上，可连接的单元数受总线上的时间延迟及电气负载的限制。降低通信速度，可连接的单元数增加；提高通信速度，则可连接的单元数减少。

由于 CAN 总线具有这些特点，CAN 总线特别适合工业过程监控设备的互连，越来越受到工业界的重视。

注意： CAN 协议经过 ISO 标准化后有 ISO11898 和 ISO11519-2 两个标准。

- ISO11898 是针对通信速率为 125kb/s ~ 1Mb/s 的高速通信标准。
- ISO11519-2 是针对通信速率为 125kb/s 以下的低速通信标准。

2. CAN 总线通信方式

CAN 总线有 ISO11898 和 ISO11519-2 两种通信方式。

（1）CAN 总线 ISO11898 通信方式。CAN 总线连接采用闭环模式，最大通信距离是 40m 时，最大通信速度是 1Mb/s。闭环模式的 CAN 总线连接图如图 7-20 所示。

在图 7-20 中，CAN 总线的起止端各有一个 120Ω 左右的终端电阻，用来作阻抗匹配，以减少回波反射。

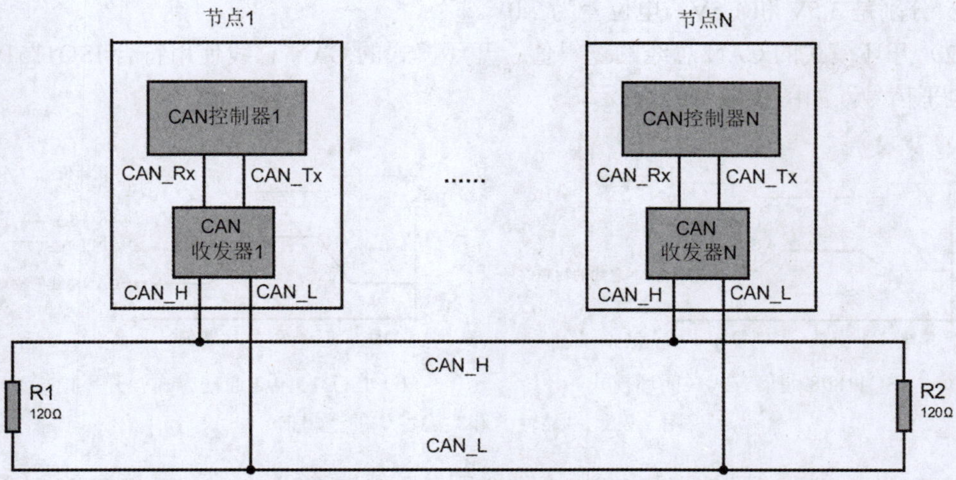

图 7-20 闭环模式的 CAN 总线连接图

（2）CAN 总线 ISO11519-2 通信方式。CAN 总线连接采用开环模式，最大通信距离是 1km 时，最大通信速度是 125kb/s。开环模式的 CAN 总线连接图如图 7-21 所示。图 7-21 中的终端电阻为 2.2kΩ。

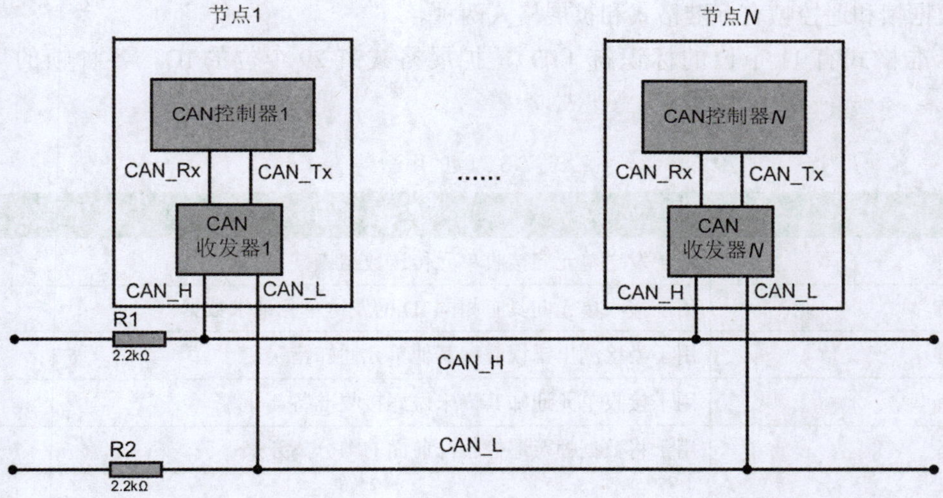

图 7-21 开环模式的 CAN 总线连接图

3. CAN 总线的逻辑值

CAN 信号使用差分电压传送，两条信号线分别称为 CAN_H 和 CAM_L，差分电压定义如下：

Vdiff = CAN_H - CAN_L

在 CAN 规范中，并未定义代表逻辑电平的物理状态，只定义了 CAN 总线的“显性”和“隐性”两种状态，“显性”代表“0”，“隐性”代表“1”。

（1）闭环模式的 CAN 总线的逻辑值。闭环模式的 CAN 总线使用符合 ISO11898 标准的电平信号，如图 7-22（a）所示。

- CAN 总线为“隐性”状态时，“隐性”表示逻辑“1”，CAN_H 和 CAN_L 的电平为 2.5V，电位差为 0V。
- CAN 总线为“显性”状态时，“显性”表示逻辑“0”，CAN_H 和 CAN_L 的电平分别是 3.5V 和 1.5V，电位差为 2.0V。

（2）开环模式的 CAN 总线的逻辑值。开环模式的 CAN 总线使用符合 ISO11519-2 标准的电平信号，如图 7-22（b）所示。

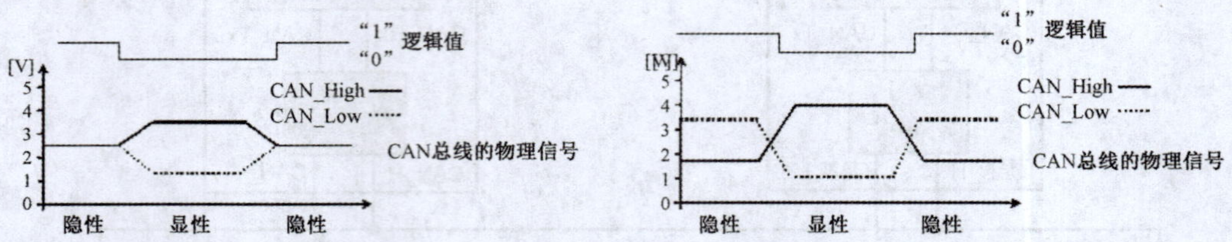

（a）ISO11898 通信方式（闭环模式）　　（b）ISO11519-2 通信方式（开环模式）

图 7-22　“显性”和“隐性”的逻辑值

- CAN 总线为“隐性”状态时，“隐性”表示逻辑“1”，CAN_H 和 CAN_L 的电平分别为 1.75V 和 3.25V，电位差为 -1.5V。
- CAN 总线为“显性”状态时，“显性”表示逻辑“0”，CAN_H 和 CAN_L 的电平分别为 4.0V 和 1.0V，电位差为 3.0V。

4. CAN 协议

CAN 协议是通过数据帧、遥控帧、错误帧、过载帧和帧间隔 5 种类型的帧进行的，其中数据帧和遥控帧有标准格式和扩展格式两种。

标准格式有 11 个位的标识符（ID），扩展格式有 29 个位的 ID。各种帧的用途见表 7-6。

表 7-6　帧的用途

帧	帧用途
数据帧	用于发送单元向接收单元传送数据
遥控帧	用于接收单元向具有相同 ID 的发送单元请求数据
错误帧	用于当检测出错误时向其他单元通知错误
过载帧	用于接收单元通知其尚未做好接收准备
帧间隔	用于将数据帧及遥控帧与前面的帧分离开来

在这里，主要对数据帧进行详细介绍。

CAN 协议数据帧一般是由帧起始（表示数据帧开始的段）、仲裁段（表示该帧优先级的段）、控制段（表示数据的字节数及保留位的段）、数据段（数据的内容，一帧可发送 0 ～ 8 个字节的数据）、CRC 段（检查帧的传输错误的段）、ACK 段（表示确认正常接收的段）以及帧结束（表示数据帧结束的段）7 个段构成。

CAN 协议数据帧的标准格式及说明如图 7-23 所示。CAN 协议数据帧的扩展格式及说明如图 7-24 所示。

（1）帧起始，标准帧和扩展帧都是由 1 个位的显性电平表示帧起始。

（2）仲裁段，表示数据优先级的段，标准帧和扩展帧格式在本段有所区别，具体如图 7-23 和图 7-24 所示。

- 标准格式的 ID 有 11 个位。从 ID28 到 ID18 被依次发送。禁止高 7 位都为隐性（禁止设定：ID=1111111XXXX）。
- 扩展格式的 ID 有 29 个位。基本 ID 从 ID28 到 ID18，扩展 ID 由 ID17 到 ID0 表

示。基本 ID 和标准格式的 ID 相同。禁止高 7 位都为隐性（禁止设定：基本 ID=1111111XXXX）。

图 7-23 中，RTR 位用于标识是否是远程帧（0 表示数据帧；1 表示远程帧）；IDE 位为标识符选择位（0 表示使用标准标识符；1 表示使用扩展标识符）；SRR 位为代替远程请求位，为隐性位，它代替了标准帧中的 RTR 位。

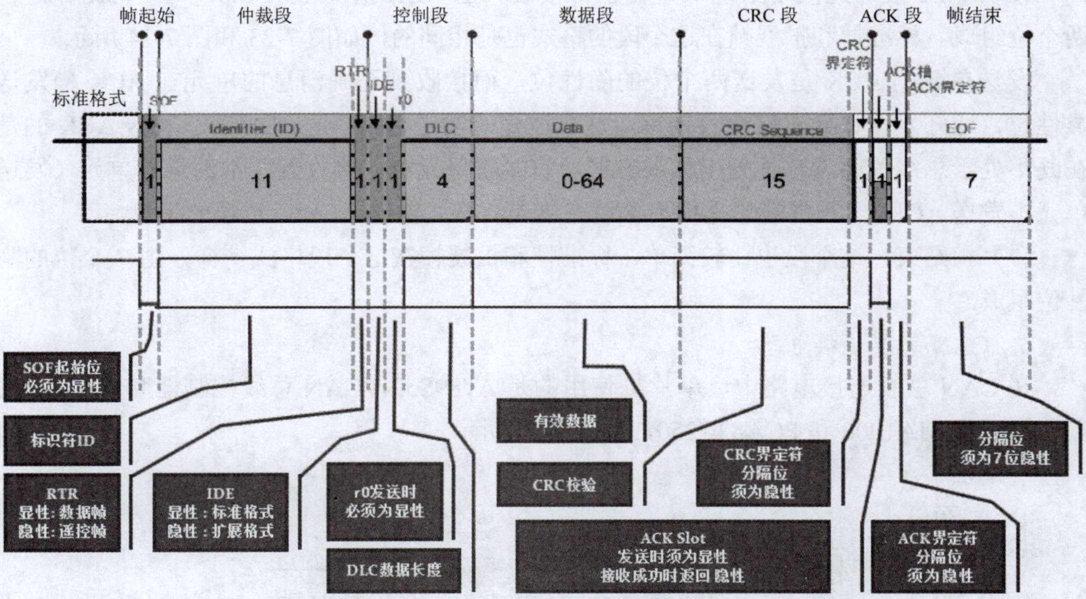

图 7-23　CAN 协议数据帧的标准格式

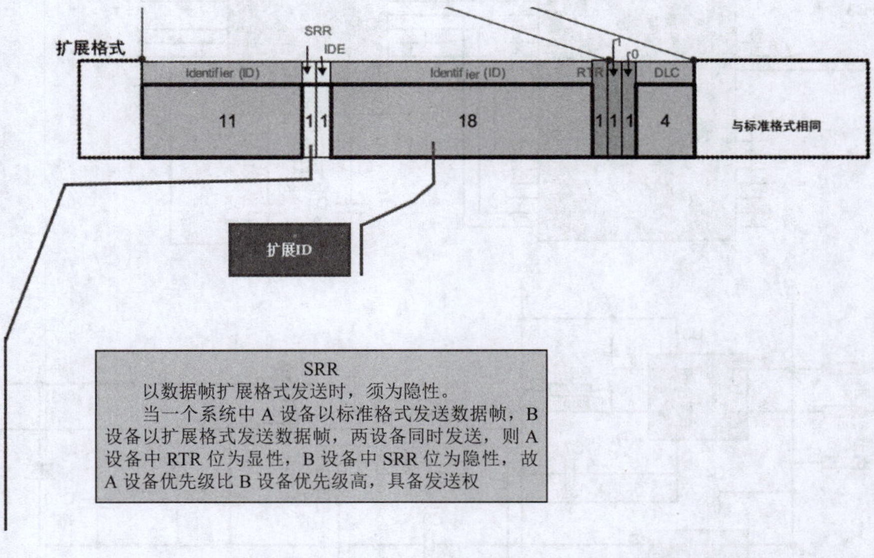

图 7-24　CAN 协议数据帧的扩展格式

（3）控制段，由 6 个位构成，表示数据段的字节数。标准帧和扩展帧的控制段稍有不同，具体如图 7-23 和图 7-24 所示。

r0 和 r1 为保留位，必须全部以显性电平发送，但是接收端可以接收显性、隐性及任意组合的电平。DLC 段为数据长度表示段，高位在前，DLC 段有效值为 0 ～ 8，但是接收方接收到 9 ～ 15 的时候并不认为是错误。

（4）数据段，该段可包含 0 ～ 8 个字节的数据。从最高位（MSB）开始输出，标准帧和扩展帧在这个段的定义都是一样的，如图 7-23 和图 7-24 所示。

（5）CRC 段，该段用于检查帧传输错误。由 15 个位的 CRC 顺序和 1 个位的 CRC 界定符（用于分隔的位）组成。标准帧和扩展帧在这个段的格式也是相同的，如图 7-23 和图 7-24 所示。此段 CRC 值的计算范围包括：帧起始、仲裁段、控制段、数据段。接收方以同样的算法计算 CRC 值并进行比较，不一致时会通报错误。

（6）ACK 段，此段用来确认是否正常接收。由 ACK 槽（ACK Slot）和 ACK 界定符两个位组成。标准帧和扩展帧在这个段的格式也是相同的，如图 7-23 和图 7-24 所示。

发送单元的 ACK 是发送两个位的隐性位，而接收到正确消息的单元在 ACK 槽发送显性位，通知发送单元正常接收结束，这个过程叫发送 ACK/ 返回 ACK。发送 ACK 的是在既不处于总线关闭态也不处于休眠态的所有接收单元中，接收到正常消息的单元（发送单元不发送 ACK）。正常消息是指不含填充错误、格式错误、CRC 错误的消息。

（7）帧结束，这个段也比较简单，标准帧和扩展帧在这个段格式一样，由 7 个位的隐性位组成。

5. CAN 总线连接电路

在 CAN 总线连接电路中，单片机使用的是 AT89S52，CAN 总线控制器和 CAN 收发器分别采用 SJA1000 和 PCA82C250，如图 7-25 所示。

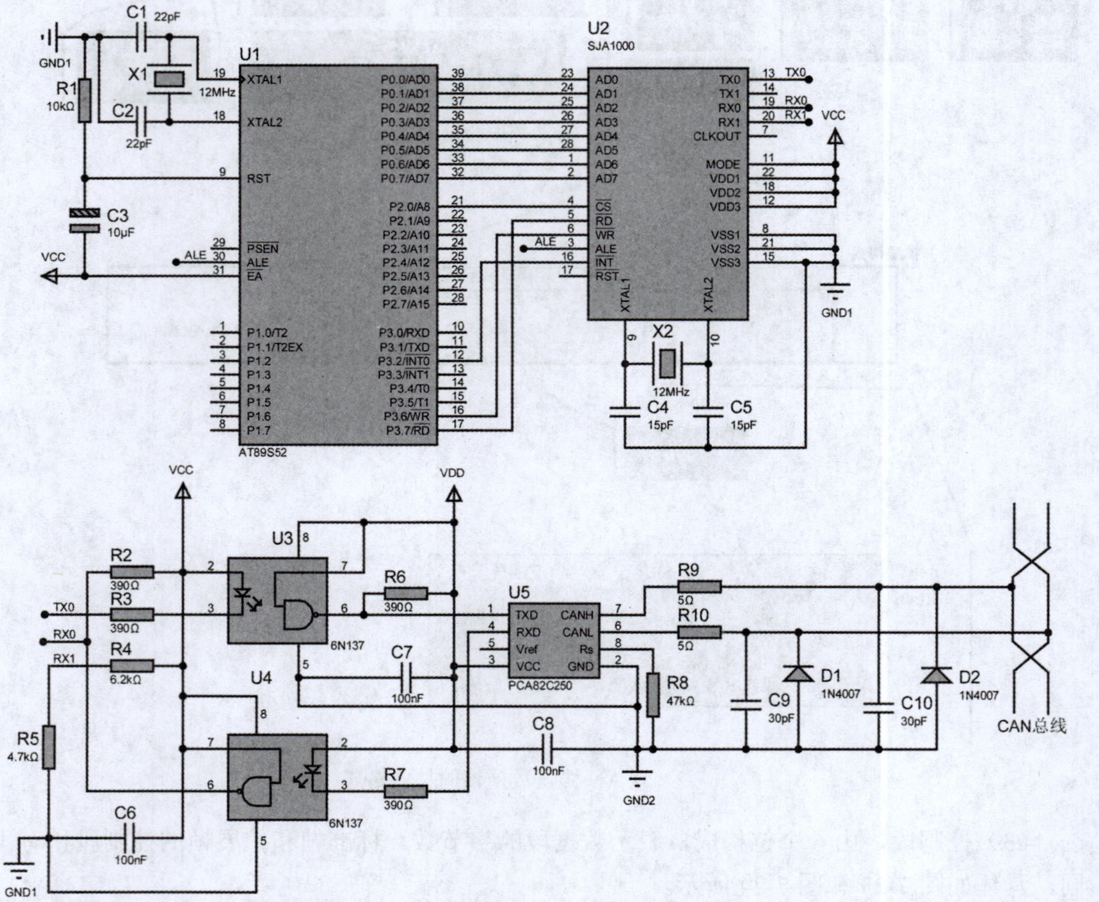

图 7-25　CAN 总线连接电路

CAN 总线连接电路说明如下：

（1）CAN 总线是通过 CAN 收发器 PCA82C250 的 CANH 和 CANL 输入输出引脚与物

理总线相连，实现对电平信号的传送，完成通信传输。其中，CANH 端的状态只能是高电平或悬浮状态，CANL 端只能是低电平或悬浮状态。

PCA82C250 是 CAN 总线控制器与物理总线间的接口，可以提供对总线的差动发送和接收能力，与 ISO11898 标准完全兼容。

（2）SJA1000 的收发引脚（RX0、TX0）与 PCA82C250 的收发引脚（RXD、TXD）是通过高速光耦合器 6N137 连接起来的，PCA82C250 的 TXD、RXT 就对应接上 6N137 的输出脚 OUT 和输入脚 IN，6N137 可以实现总线上 CAN 节点的电气隔离。

注意：6N137 电路采用的两个电源 VCC 和 VDD 必须完全隔离，否则采用 6N137 也就失去了意义。

（3）Rs 引脚作为斜率控制电阻输入端，电阻阻值的大小可以根据总线通信速度进行适当调整，一般在 16kΩ ~ 140kΩ 之间。本电路的 Rs 取值为 47kΩ，分流之后接地。

（4）在中断允许且有中断发生时，SJA1000 的中断请求信号 INT 是由高电平跳变到低电平的。SJA1000 的中断请求信号 INT 与 AT89S52 的 INT0 直接相连。

（5）片选信号 $\overline{CS}$ 和单片机引脚 P2.0 相连，当 $\overline{CS}$ 为低电平时，SJA1000 被选中，单片机可以对 SJA1000 进行读 / 写操作。

（6）为了增强 CAN 总线节点的抗干扰能力，SJA1000 的 TX1 引脚悬空，RX1 引脚的电位必须通过分压，维持的电压大约是 VCC 的一半以下，否则将不能形成 CAN 协议要求的电平逻辑。

6. 如何制作 SJA1000 和 PCA82C250

在 Proteus 中，元器件分为原理图元件、PCB 封装和原理图仿真模型三大类。

由于 Proteus 没有 SJA1000 和 PCA82C250 元器件，下面以制作 SJA1000 为例，介绍如何制作 CAN 总线控制器 SJA1000 原理图元件。

这里的原理图元件是指绘图模型，只有外形符号及引脚，不包括仿真功能。制作原理图元件步骤如下所述。

（1）绘制 SJA1000 的矩形外框。通过 Proteus 编辑界面左侧的 2D 矩形模式的 COMPONET 绘出 SJA1000 的矩形外框（主体部分）。

（2）绘制 SJA1000 的引脚。通过元器件引脚模式的 DEFAULT 绘制出 SJA1000 的引脚。

在选择元器件引脚时，应根据元器件引脚实际功能进行选择。引脚有普通引脚（DEFAULT）、低电平有效引脚（INVERT）、上升沿有效的时钟输入引脚（POSCLK）、下降沿有效的时钟输入引脚（NEGCLK）、短引脚（SHORT）、总线（BUS）等 6 种基本形式。

注意：在摆放引脚时应将有叉的一端朝外（放在外侧），因为那是用于连接导线用的。

（3）SJA1000 引脚设置。当引脚放置完后，右键单击引脚，在弹出的下拉列表中选择"Edit Properties"（属性编辑）命令，在弹出的对话框中输入引脚名称、引脚编号、引脚电气类型等，然后单击 Next 按钮或 OK 按钮退出。将所有引脚按上述方法进行设置，如图 7-26 所示。

注意：在名称前加 $ 符号可显示上横线，表示低电平有效。

（4）SJA1000 入库。先用鼠标左键拖拉选择整个绘制好的元件，然后执行菜单命令"Library"→"Make Device"，打开"Make Device"对话框，如图 7-27 所示。

在图 7-27 中，填写元器件名称"SJA1000"，填写引用前缀（放置元器件时的默认名称）"U"，然后单击"Next"按钮。

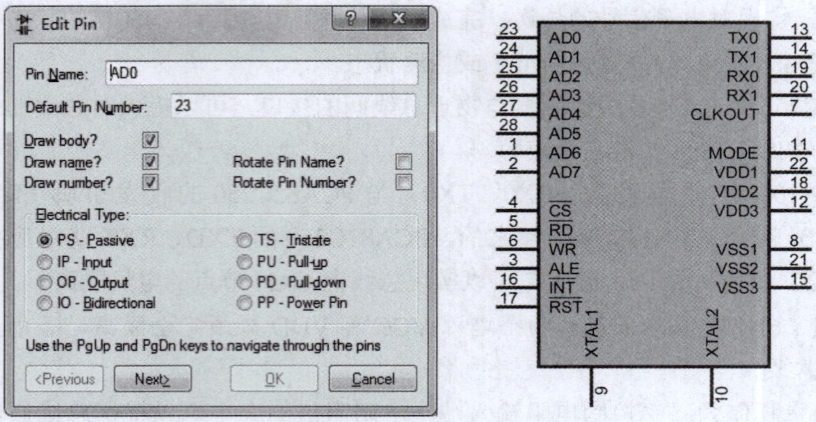

图 7-26　SJA1000 引脚设置

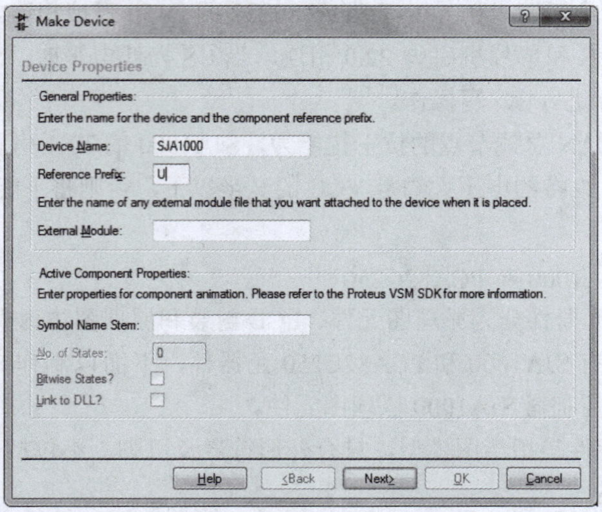

图 7-27　“Make Device”对话框

在弹出的对话框中为元器件添加封装。单击 Add 按钮，选择一个封装类型，这里选择的是“DIP28X”封装形式，如图 7-28 所示。

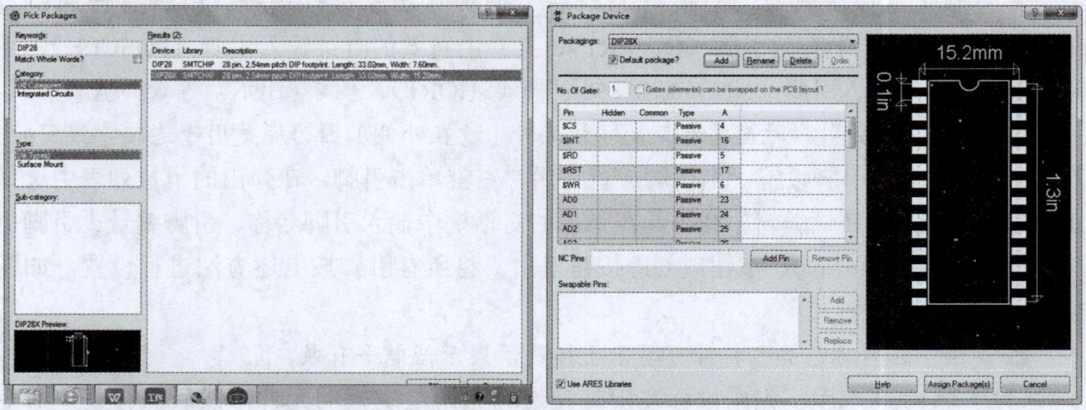

图 7-28　选择“DIP28X”封装

选择好封装之后，查看 SJA1000 的引脚是否正确，然后单击“Assign Package”按钮。继续单击 Next 按钮，直到弹出如图 7-29 所示的“索引和库选择”对话框。

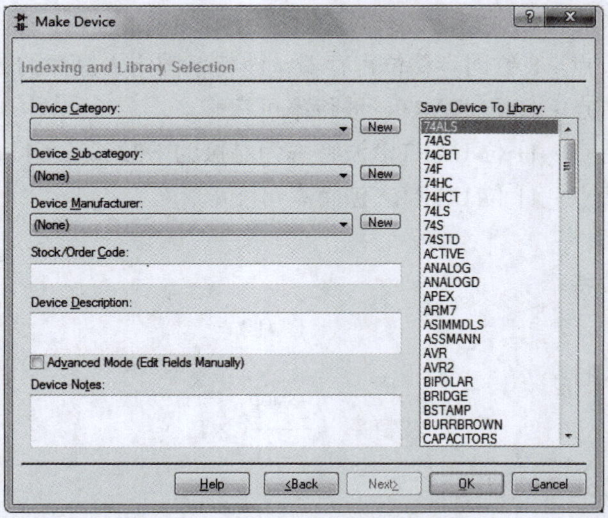

图 7-29　“索引和库选择”对话框

在图 7-29 中，先单击器件类“Device Category”右边的 New 按钮，新建一个保存 SJA1000 的库，在相应的文本框中填写 MyLib；然后单击器件子类“Device Sub_Category”右边的 New 按钮，在相应的文本框中填写 CAN，如图 7-30 所示。

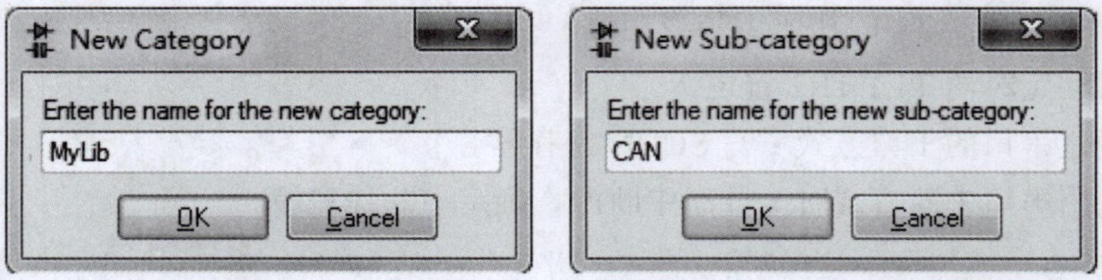

图 7-30　新建保存 SJA1000 的库

到此就完成了 SJA1000 器件制作，可以在“MyLib”库中找到。PAC82C250 器件制作与 SJA1000 器件制作方法一样，不再复述。

关键知识点梳理

1. 串行通信

串行通信将数据一位一位地按顺序传送。串行通信的优点是传输线少，长距离传送时成本低。串行通信的缺点是控制复杂，速度较并行通信慢。

（1）同步通信。同步通信是一种连续串行传送数据的通信方式，一次通信通常有若干个数据字符。

（2）异步通信。数据通常是以字符为单位组成字符帧传送的。字符帧由发送端一帧一帧地发送，每一帧数据是低位在前、高位在后，通过传输线被接收端一帧一帧地接收。发送端和接收端可以由各自独立的时钟来控制数据的发送和接收，这两个时钟彼此独立，互不同步。

2. 波特率

波特率为每秒钟传送二进制数码的位数，也叫比特数，单位为 b/s，即位 / 秒。波特率用于表征数据传输的速度，波特率越高，数据传输速度越快。

3. 串行口的工作方式的特点

（1）方式 0 的特点：8 位同步移位寄存器，波特率固定为晶振的 1/12。

（2）方式 1 的特点：10 位 UART，波特率可变。

（3）方式 2 的特点：11 位 UART，波特率为晶振的 1/32 或 1/64。

（4）方式 3 的特点：11 位 UART，波特率可变。

4. 串行口的波特率

（1）方式 0 的波特率：

$$f_{osc}/12$$

（2）方式 2 的波特率：

$$波特率=\frac{2^{SMOD}}{64}\times f_{osc}$$

（3）方式 1 或方式 3 的波特率：

$$波特率=\frac{2^{SMOD}}{32}\times 定时器T1的溢出率$$

$$定时器T1溢出率=\frac{f_{osc}}{12}\times(\frac{1}{2^k-初值})$$

5. 串行口初始化步骤

（1）确定定时器 T1 的工作方式：写 TMOD 寄存器。

（2）计算定时器 T1 的初值：装载初值。

（3）启动定时器 T1：TR1 置位。

（4）确定串口的工作方式：写 SCON 寄存器。

（5）使用串口中断方式时：开启中断源、确定中断优先级。

6. 多机通信过程

（1）主机、从机工作于方式 2 或方式 3，主机置 SM_2=0，REN=1；从机置 SM_2=1，REN=1。

（2）主机置位 TB_8=1，向从机发送寻址地址帧，各从机因满足接收条件（SM_2=1，RB_8=1），从而接收到主机发来的地址，并与本机地址进行比较。

（3）地址一致的从机（被寻址机）将 SM_2 清零，并向主机返回地址，供主机核对。地址不一致的从机（未被寻址机）保持 SM_2=1。

（4）主机核对返回的地址，若与此前发出的地址一致则准备发送数据；若不一致则返回第 2 步重新发送地址帧。

（5）主机向从机发送数据，此时主机的 TB_8=0，只有被选中的那台从机能接收到该数据，其他从机则舍弃该数据。

（6）本次通信结束后，从机重新置 SM_2=1，等待下次通信。

问题与讨论

7-1 选择题

（1）在进行串行通信时，若两机的发送与接收可以同时进行，则称为（　　）。

A．半双工传送　B．单工传送　C．双工传送　D．全双工传送

（2）串行口的工作方式由（　　）寄存器决定。

A．SBUF　B．PCON　C．SCON　D．RI

（3）MCS-51 系列单片机串行通信口的传输方式是（　）。

A．单工　B．半双工　C．全双工　D．不可编程

（4）表示串行数据传输速度的指标为（　）。

A．USART　B．UART　C．字符帧　D．波特率

（5）串行口的发送数据端为（　）。

A．RI　B．RXD　C．REN　D．TXD

（6）单片机输出信号为（　）电平。

A．RS-232C　B．TTL　C．RS-232　D．RS-485

（7）当设置串行口工作为方式 2 时，采用（　）指令。

A．SCON=0x80　B．SCON=0x10

C．PCON=0x10　D．PCON=0x80

（8）串行口的发送数据端和接收数据端分别为（　）。

A．TXD 和 RXD　B．TB8 和 RB8

C．REN　D．TI 和 RI

7-2　串行数据传送与并行数据传送相比的主要优点是什么？其用途是什么？

7-3　简述 51 单片机串行口 4 种工作方式的接收和发送数据的过程。

7-4　串行口有几种工作方式？各工作方式的波特率如何确定？

7-5　定时器 1 做串行口波特率发生器时，为什么常采用方式 2？

7-6　使用 AT89S52 的串行口按工作方式 1 进行串行数据通信，假定波特率为 2400b/s，以中断方式传送数据，请编写全双工通信程序。

7-7　简述串口通信初始化步骤。

7-8　简述多机通信的过程。

项目 8　基于 LCD1602 的电机监控设计

项目描述

电机控制是指对电机的启动、加速、运转、减速及停止进行的控制。使用单片机控制电机，可移植性好、速度快，已被广泛应用于机电一体化、工业控制、智能仪表等领域。

本项目通过基于 LCD1602 的电机监控设计，首先让读者了解步进电机和直流电机的结构和关键的控制技术，然后介绍步进电机和直流电机的电路和程序设计的方法，最后通过 C 语言程序实现键盘控制步进电机和直流电机的速度和方向，让读者进一步了解单片机对电机控制的应用。

能力目标

能完成单片机对步进电机和直流电机控制的相关电路设计，能应用 C 语言程序完成单片机对步进电机和直流电机控制，实现对步进电机和直流电机控制的设计、运行及调试。

知识目标

- 了解单片机产品开发的流程
- 了解步进电机和直流电机结构和工作原理
- 掌握步进电机和直流电机速度、方向控制关键技术
- 掌握电机速度、方向控制的电路设计和编程方法
- 会利用单片机 I/O 口实现电机速度、方向控制

教学重点

- 步进电机和直流电机的速度、方向控制关键技术
- 使用 L298 设计步进电机和直流电机控制电路的方法
- 控制步进电机和直流电机速度、方向的编程方法

教学难点

步进电机和直流电机控制电路设计、控制速度和方向程序设计。

8.1　电机控制关键技术

8.1.1　单片机产品开发

单片机产品开发是为完成某项任务而研制开发的单片机应用系统，是以单片机为核心，配以外围电路和软件，能实现确定任务、功能的实际应用系统。根据不同的用途和要求，

单片机产品的系统配置及软件也有所不同，但它们的开发流程和方法大致相同。

1. 单片机产品结构

单片机产品是由硬件和软件组成的。硬件是指单片机、扩展的存储器、输入输出设备等硬件部件，软件是各种工作程序的总称。一个典型单片机产品结构如图 8-1 所示。

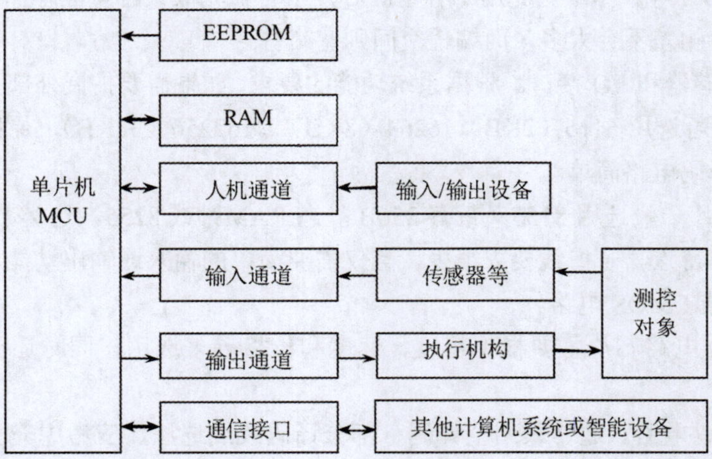

图 8-1　典型单片机产品结构

从图 8-1 不难看出，单片机产品所需要的一般配置如下：

（1）单片机。如 STC89C52、STC12C5A60S2、AT89C52 以及 AT89S52 等单片机。

（2）人机交流设备。输入设备有键盘和按键等，输出设备有数码管、液晶显示模块和指示灯等。

（3）信号采集的输入通道。如汽车的测距、测速装置，温控系统的温度传感器，洗衣机的水位测量等设备。

（4）向操作对象发出各种控制信号的输出通道。如空调启动压缩机的开关电路，控制电机速度和方向等的接口电路。

（5）与其他计算机系统或智能设备实现信息交换还需配置通信接口电路，如 RS-232C、RS-485 等。

（6）有时还需扩展外部 RAM、ROM，用于存放数据。如数据采集系统中需要存放大量数据和表格的存储器。

2. 单片机产品开发流程

单片机产品开发流程一般有以下几个过程：

（1）确定功能技术指标。单片机产品开发流程是以确定产品的功能和技术指标开始的。首先要细致分析、研究实际问题，明确各项任务与要求，综合考虑系统的先进性、可靠性、可维护性以及成本、经济效益，拟订出合理可行的技术性能指标。

（2）单片机产品总体设计。在对单片机产品进行总体设计时，应根据单片机产品提出的各项技术性能指标拟订出性价比最高的一套方案。

1）应根据任务的繁杂程度和技术指标要求选择机型。选定机型后，再选择产品中要用到的其他外围元器件，如传感器、执行器件等。

2）在总体方案设计过程中，对软件和硬件进行分工是一个首要的环节。原则上，能够由软件来完成的任务就尽可能用软件来实现，以降低硬件成本，简化硬件结构。同时，还要求大致规定各接口电路的地址、软件的结构和功能、上位机和下位机的通信协议、程序的驻留区域及工作缓冲区等。总体方案一旦确定，系统的大致规模及软件的基本框架就确定了。

（3）硬件设计。硬件设计是指应用系统的电路设计，包括主机、控制电路、存储器、I/O 接口、A/D 和 D/A 转换电路等。硬件设计时，应考虑留有充分余量，电路设计力求正确无误，因为在系统调试中不易修改硬件结构。硬件电路设计时应注意以下几个问题：

1）程序存储器。一般可选用容量较大的 EPROM 芯片，如 27128（16KB）、27256（32KB）或 27512（64KB）等。尽量避免用小容量的芯片组合扩充成大容量的存储器，程序存储器容量大些，价格相差不会太多，而编程空间则宽裕些。

2）数据存储器和 I/O 接口。根据系统功能的要求，如果需要扩展外部 RAM 或 I/O 口，那么 RAM 芯片可选用 6116（2KB）、6264（8KB）或 62256（32KB），原则上应尽量减少芯片数量，使译码电路简单。

I/O 接口芯片一般选用 8155（带有 256B 静态 RAM）或 8255。这类芯片具有口线多、硬件逻辑简单等特点。若口线要求很少，且仅需要简单的输入或输出功能，则可用不可编程的 TTL 电路或 CMOS 电路。

A/D 和 D/A 电路芯片主要根据精度、速度和价格等来选用，同时还要考虑与系统的连接是否方便。

3）地址译码电路。通常采用全译码、部分译码或线选法，应考虑充分利用存储空间和简化硬件逻辑等方面的问题。

51 单片机有充分的存储空间，包括 64KB 程序存储器和 64KB 数据存储器，所以在一般的控制应用系统中，主要是考虑简化硬件逻辑。当存储器和 I/O 芯片较多时，可选用专用译码器 74S138 或 74LS139 等。

4）总线驱动能力。51 单片机的外部扩展功能很强，但 4 个 8 位并行口的负载能力是有限的。P0 口能驱动 8 个 TTL 电路，P1 ～ P3 口各只能驱动 4 个 TTL 电路。

在实际应用中，这些端口的负载不应超过总负载能力的 70%，以保证留有一定的余量。如果满载，会降低系统的抗干扰。在外接负载较多的情况下，如果负载是 MOS 芯片，因负载消耗电流很小，所以影响不大。如果驱动较多的 TTL 电路，则应采用总线驱动电路，以提高端口的驱动能力和系统的抗干扰能力。

数据总线宜采用双向 8 路三态缓冲器 74LS245 作为总线驱动器，地址和控制总线可采用单向 8 路三态缓冲区 74LS244 作为单向总线驱动器。

5）系统速度匹配。51 单片机时钟频率可在 2 ～ 12MHz 之间任选。在不影响系统技术性能的前提下，时钟频率选择低一些为好，这样可降低系统中对元器件工作速度的要求，从而提高系统的可靠性。

（4）抗干扰措施。单片机产品的工作环境往往都是具有多种干扰源的现场，抗干扰措施在单片机产品设计中显得尤为重要。根据干扰源引入的途径，抗干扰措施可以从以下两个方面考虑。

1）电源供电系统。为了克服电网以及来自系统内部其他部件的干扰，可采用隔离变压器、交流稳压、线滤波器、稳压电路各级滤波等防干扰措施。

2）电路上的考虑。为了进一步提高系统的可靠性，在硬件电路设计时，应采取一系列防干扰措施：

- 大规模 IC 芯片电源供电端 VCC 都应加高频滤波电容，根据负载电流的情况，在各级供电节点还应加足够容量的退耦电容。
- 开关量 I/O 通道与外界的隔离可采用光电耦合器件，特别是与继电器、可控硅等连接的通道，一定要采用隔离措施。

- 可采用 CMOS 器件提高工作电压（+15V），这样干扰门限也相应提高。
- 传感器后级的变送器尽量采用电流型传输方式，因电流型比电压型抗干扰能力强。
- 电路应有合理的布线及接地方式。
- 与环境干扰的隔离可采用屏蔽措施。

（5）软件设计。单片机产品的软件设计是产品研制过程中任务最繁重的一项工作，难度也比较大。对于某些较复杂的应用系统，不仅要使用 C 语言来编程，有时还要使用汇编语言。

单片机产品的软件主要包括两大部分：用于管理单片机工作的监控程序和用于执行实际具体任务的功能程序。

- 对于监控程序，应尽可能利用现成的监控程序。为了适应各种应用的需要，现代的单片机开发系统的监控软件功能相当强，并附有丰富的实用子程序，可供用户直接调用，例如键盘管理程序、显示程序等。因此，在设计系统硬件逻辑和确定应用系统的操作方式时，就应充分考虑这一点。这样可大大减少软件设计的工作量，提高编程效率。
- 对于功能程序，要根据产品的功能要求来编程序。例如，外部数据采集、控制算法的实现、外设驱动、故障处理及报警程序等。

单片机产品的软件设计千差万别，不存在统一模式。进行软件设计时，尽可能采用模块化结构。根据系统软件的总体构思，按照先粗后细的方法，把整个系统软件划分成多个功能独立、大小适当的模块。应明确规定各模块的功能，尽量使每个模块功能单一，各模块间的接口信息简单、完备，接口关系统一，尽可能使各模块间的联系减少到最低限度。这样，各个模块可以分别独立设计、编制和调试，最后再将各个程序模块连接成一个完整的程序进行总调试。

（6）单片机产品调试。单片机产品开发必须经过调试阶段，只有经过调试才能发现问题，改正错误，最终完成开发任务。实际上，对于较复杂的程序，大多数情况下都不可能一次性就调试成功，即使是资深设计人员也是如此。

单片机产品调试包括硬件调试和软件调试。硬件调试的任务是排除系统的硬件电路故障，包括设计性错误和工艺性故障。软件调试是利用开发工具进行在线仿真调试，除发现和解决程序错误外，也可以发现硬件故障。

程序调试一般是一个模块一个模块地进行，一个子程序一个子程序地调试，最后联起来统调。利用开发工具的单步和断点运行方式，通过检查应用系统的 CPU、RAM 和 SFR 的内容以及 I/O 口的状态检查程序的执行结果和系统 I/O 设备的状态变化是否正常，从中发现程序的逻辑错误、转移地址错误以及随机的录入错误等。

也可以发现硬件设计与工艺错误和软件算法错误。在调试过程中，要不断调整、修改系统的硬件和软件，直到其正确为止。联机调试运行正常后，将软件固化到 ROM 中，脱机运行，并到生产现场投入实际工作，检验其可靠性和抗干扰能力，直到完全满足要求，单片机产品才算研制成功。

8.1.2 认识 L298 全桥驱动器

认识 L298 全桥驱动器

L298 是一款单片集成的高电压、高电流、双路全桥式电机驱动器，可以连接标准 TTL 逻辑电平，驱动电感负载（如继电器、线圈、直流电机和步进电机）。L298 可以直接驱动两个直流电机或 1 个 2 相（4 相）步进电机。

1. L298 结构及工作过程

L298 内部包含 4 通道逻辑驱动电路，即内含二个 H 桥的高电压大电流全桥式驱动器。L298 基本结构如图 8-2 所示。

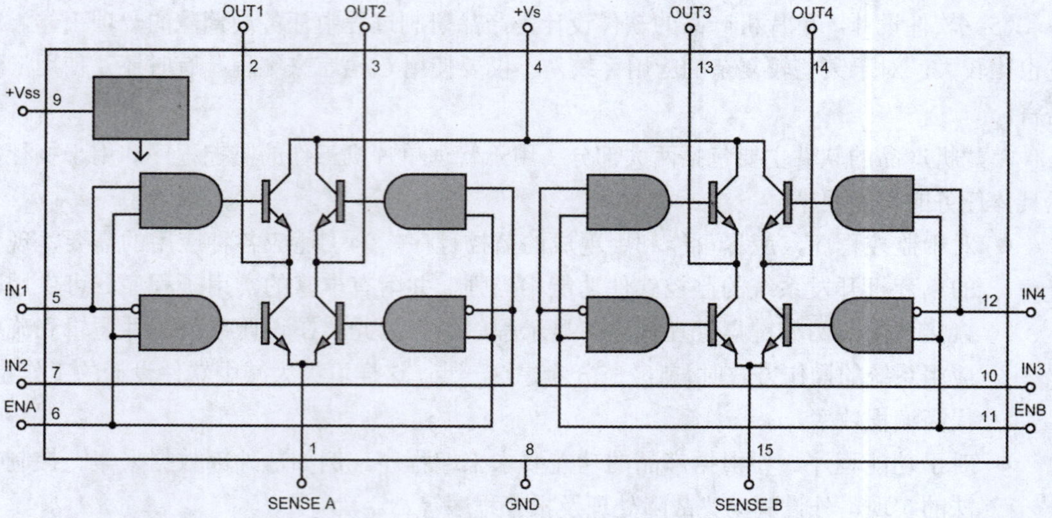

图 8-2　L298 基本结构

由图 8-2 可以看出，L298 的 A 桥有一个使能 ENA，B 桥有一个使能 ENB，其工作过程如下：

（1）在 ENA 和 ENB 引脚为高电平“1”时，A 桥和 B 桥使能处于使能状态，输入 IN1 ～ IN4 与输出 OUT1 ～ OUT4 的状态保持相同。如 IN1 引脚输入为“1”，OUT1 引脚输出也为“1”。

（2）在 ENA 和 ENB 引脚为低电平“0”时，A 桥和 B 桥使能处于禁止状态，所有的驱动三极管都将处于截止状态。

2. L298 引脚功能

L298 有 15 引脚 Multiwatt15 直插封装和 20 引脚 PowerSO20 贴片封装，这二者功能并无实质区别，仅为封装形式不同而已。在这里，主要介绍 L298 的 15 引脚 Multiwatt15 直插封装，如图 8-3 所示。

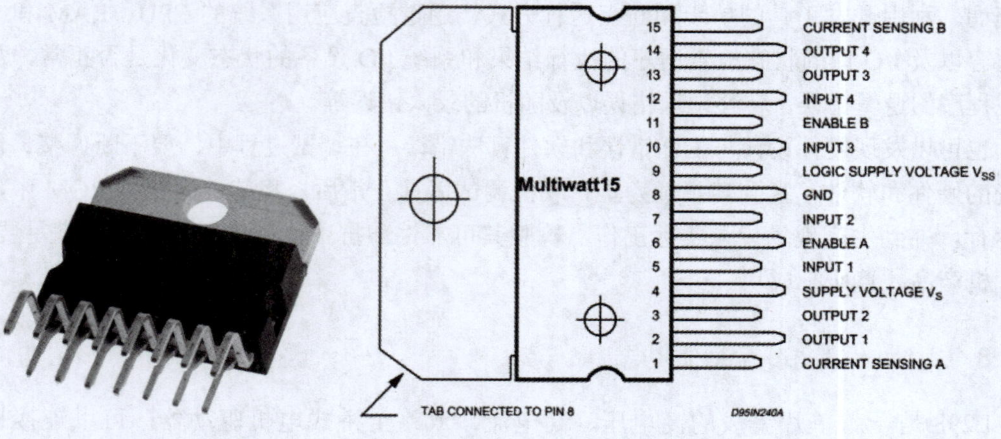

图 8-3　L298 的引脚和封装

（1）Vss：逻辑电源，通常为 +5V，该引脚到地必须连接一个 100nF 电容。

（2）Vs：负载驱动电源，该引脚到地必须连接一个 100nF 电容。

（3）GND：接地端。

（4）IN1 和 IN2：A 桥信号输入端，兼容 TTL 逻辑电平。

（5）IN3 和 IN4：B 桥信号输入端，兼容 TTL 逻辑电平。

（6）OUT1 和 OUT2：A 桥输出端，通过这两个引脚到负载的电流由 SENSE A 引脚监控。

（7）OUT1 和 OUT2：B 桥输出端，通过这两个引脚到负载的电流由 SENSE B 引脚监控。

（8）ENA 和 ENB：使能输入，兼容 TTL 逻辑电平。ENA 和 ENB 分别使能 A 桥和 B 桥，为高“1”使能，为低“0”禁止。

（9）SENSE A 和 SENSE B：连接一采样电阻到地，以控制负载电流。

8.1.3　步进电机控制技术

步进电机控制技术

步进电动机的应用范围很广，除数控、工业控制和计算机外部设备中大量使用外，在工业自动线、印刷机、遥控指示装置、航空系统中，都已成功地应用了步进电动机。

1. 认识步进电机

步进电机是利用输入数字信号转换成机械能量的电气设备。由于步进电机旋转角度与输入脉冲数目成正比，只要控制输入的脉冲数目便可控制步进电机转动角度。因此，步进电机常用于精确定位和精确定速，如机器人均使用步进电机作动力，并且步进电机可以精确控制机器人的动作。

（1）步进电机的结构。以内部线圈绕线来区分步进电机，有 4 相和 5 相两种，使用 5V 及 12V 电源控制。一般来说，4 相步进电机又称为 2 相双绕组步进电机，是最常用的一种电机，其内部接线图如图 8-4 所示。

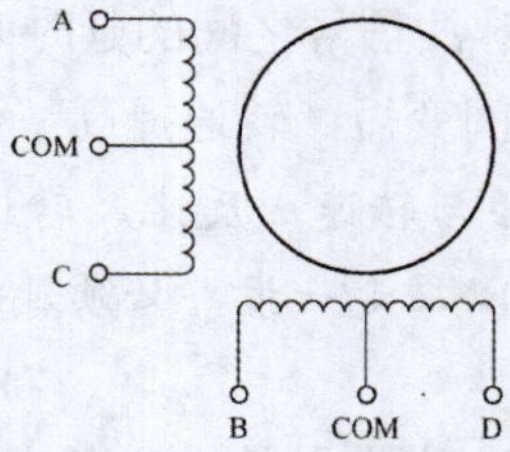

图 8-4　4 相步进电机内部接线图

在图 8-4 中，线圈被分为 A、B、C 和 D 四相。由于 A 相和 C 相（或 B 相和 D 相）线圈都绕在相同的磁极上，而此两组线圈缠绕的方向相反，只需对其中的一组线圈励磁，便可改变定子磁场的极性。因此不可将 A 相和 C 相（或 B 相和 D 相）线圈同时励磁。

步进电机是“一步一步”地转动的电机，每输入一个脉冲信号（Pulse），步进电机固定旋转一个步进角。步进角由步进电机规范而定，一般为 1.8° ～ 9°，市面上以 1.8° 步进角较普遍。例如，步进角为 1.8° 的步进电机，如果输入 200 个脉冲信号，步进电机就会旋转 200 个步进角，且刚好转一圈（200×1.8°=360°）。由于步进电机旋转角度与输入脉冲数目成正比，只要控制输入的脉冲数目便可控制步进电机旋转角度。因此，常用于精确定位和精确定速。

（2）步进电机线圈励磁的方式。直流电流通过定子线圈建立磁场方式，称为励磁。如果要控制步进电机进行正确的定位和控制，必须按照一定的顺序对各相线圈进行励磁。

4 相式步进电机线圈励磁的方式可分为 1 相励磁、2 相励磁和 1-2 相励磁 3 种。例如：步进电机励磁方式采用 2 相励磁，即四相双四拍。

1）4 相：表示电动机有四相绕组，分别为 A、B、C、D 绕组。

2）2 相励磁（双）：表示每一种励磁状态都有两相绕组励磁。

3）拍：从一种励磁状态转换到另一种励磁状态叫一拍。

4）2 相励磁顺序（四拍）：四种励磁状态为一个循环。只要改变励磁顺序，就可以改变步进电机旋转方向。

正转时 2 相励磁顺序：

（A，B）→（B，C）→（C，D）→（D，A）→（A，B）……

反转时 2 相励磁顺序：

（A，B）→（D，A）→（C，D）→（B，C）→（A，B）……

2. 步进电机速度控制技术

假如步进电机的步进角是 18°，由于步进电机旋转角度与输入脉冲数目成正比，所以输入 20 个脉冲信号，步进电机就会旋转 20 个步进角，且刚好转一圈（20×18°=360°）。那么怎么控制步进电机的转速呢？下面我们先分析如何实现步进电机转速为 30 转 / 分和转速为 60 转 / 分。

（1）转速为 30 转 / 分。旋转一圈的时间是 60s/30=2s，旋转一个步进角的时间是 2s/20=100ms（每圈 20 个步进角）。也就是说给一个脉冲信号，旋转一个步进角，延时 100ms，再给一个脉冲信号，旋转一个步进角，延时 100ms，……，这样就可以获得转速为 30 转 / 分。

（2）转速为 60 转 / 分。旋转一圈的时间是 60s/60=1s，旋转一个步进角的时间是 1s/20=50ms（每圈 20 个步进角）。和转速为 30 转 / 分比较，延时时间变短（脉冲信号之间的延时时间为 50ms），转速提高了。

根据以上分析，我们只要改变脉冲信号之间的延时时间，即改变每步之间的延时时间，便可控制步进电机的转速。延时时间变短，转速提高；延时时间变长，转速降低。

注意：步进电机的负载转矩与转速成反比，转速越快负载转矩越小，当转速快至其极限时，步进电机不再旋转。所以每走一步，必须延时一段时间。

3. 步进电机方向控制技术

在前面已经介绍过，只要改变步进电机的励磁顺序就可以改变步进电机旋转方向。也就是说，我们只要控制步进电机各相线圈的励磁顺序，就能控制步进电机旋转方向。例如：采用 2 相励磁顺序，4 种励磁状态为一个循环。

正转时，2 相励磁顺序为：

（A，B）→（B，C）→（C，D）→（D，A）→（A，B）……

反转时，2 相励磁顺序为：

（A，B）→（D，A）→（C，D）→（B，C）→（A，B）……

又如：采用 1-2 相励磁顺序，8 种励磁状态为一个循环。

正转时，1-2 相励磁顺序为：

A→（A，B）→B→（B，C）→C→（C，D）→D→（D，A）……

反转时，1-2 相励磁顺序为：

（D，A）→D→（C，D）→C→（B，C）→B→（A，B）→A……

8.1.4　直流电机控制技术

直流电机控制技术

1. 认识直流电机

永磁式换向器直流电机是应用很广泛的一种直流电机，只要在它上面加适当的电压，它就转动。

（1）永磁式换向器直流电机结构与工作原理。永磁式换向器直流电机是由定子（主磁极）、转子（绕组线圈）、换向片（又称整流子）、电刷等组成，定子的作用是产生磁场。直流电机结构如图 8-5 所示。

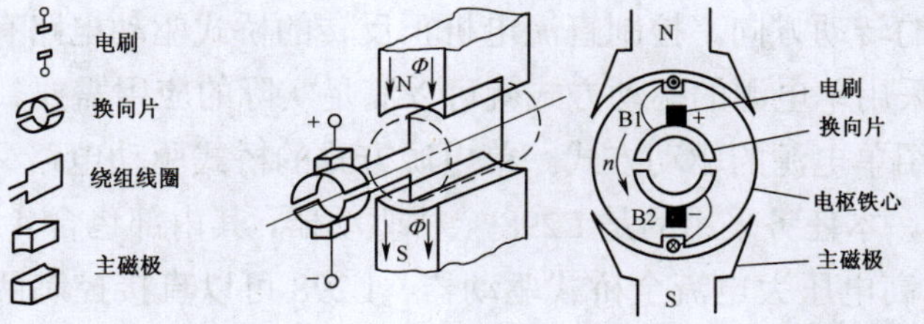

图 8-5　直流电机结构

直流电压加在电刷上，经换向片加到电枢绕组（转子线圈），使电枢导体有电流流过，由于电机内部有定子磁场存在，所以电枢导体将受到电磁力 f 的作用（左手定则），电枢导体产生的电磁力作用于转子，使转子以 n（转 / 分）旋转，以便拖动机械负载。通过左手定则，可以判别电磁力 f 方向（即转子旋转方向），如图 8-6 所示。

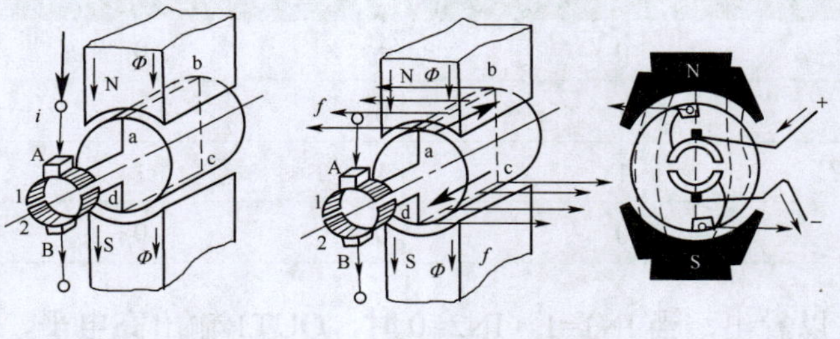

图 8-6　转子旋转方向

也就是说，转子是在定子磁场作用下，得到转矩而旋转起来。当它转动时，由于磁场的相互作用，也将产生反电动势，它的大小正比于转子的速度，旋转方向和所加的直流电压相反。

（2）永磁式换流器直流电机的特点。

1）当电机负载固定时，电机转速正比于所加的电源电压。

2）当电机直流电源固定时，电机的工作电流正比于转子负载的大小。

3）加在电机上的有效电压等于外加直流电压减去反电动势。因此当用固定电压驱动电机时，电机的速度趋向于自稳定。因为负载增加时，转子有慢下来的倾向，于是反电动势减少，而使有效电压增加，反过来又将使转子有快起来的倾向，所以总的效果使速度稳定。

4）当转子静止时，反电动势为零，电机电流最大。最大电流出现在刚起动的时候。

5）转子转动的方向可由电机上所加电压的极性来控制。

6）体积小，重量轻，起动转矩大。

由于具备上述这些特点，直流电机在医疗器械、小型机床、电子仪器、计算机、气象探空仪、探矿测井、电动工具、家用电器及电子玩具等各个方面都得到了广泛的应用。

对这种永磁式电机的控制，主要有电机的起停控制、方向控制、可变速度控制和速度的稳定控制。

2. 直流电机速度控制技术

最方便有效的调节直流电机转速的方法是对电枢（即转子线圈）电压 U 进行控制。控制电压的方法有多种，广泛使用的是用脉宽调制 PWM 技术控制直流电机电枢的电压。

所谓 PWM 控制技术，就是利用半导体器件的导通与关断，把直流电压变成电压脉冲序列，通过控制电压脉冲宽度或周期以达到变压的目的。

3. 直流电机方向控制技术

直流电机的转子转动方向可由直流电机上所加电压的极性来控制，一般是使用桥式电路来控制直流电机的转动方向。控制直流电机正反转的桥式驱动电路有单电源和双电源两种驱动方式，通常采用单电源的驱动方式就可以满足实际的应用需要。

在这里，只介绍单电源的驱动方式。单电源方式的桥式驱动电路又称为全桥方式驱动或者 H 桥方式驱动。本任务采用的是 L298 全桥驱动器，其内部包含 4 通道逻辑驱动电路，即内含两个 H 桥的高电压大电流全桥式驱动器。L298 可以直接控制两个直流电机，其中 SENSE A 和 SENSE B 通常接地。

下面根据图 8-2 所示的 L298 基本结构来分析 L298 的 A 桥是如何控制直流电机的。在 ENA 引脚为高电平“1”时，A 桥使能处于使能状态，输入 IN1 和 IN2 与输出 OUT1 和 OUT2 的状态保持相同。直流电机与 A 桥 4 种状态的对应关系见表 8-1。

表 8-1　直流电机与 A 桥 4 种状态的对应关系

ENA	IN1	IN2	OUT1	OUT2	运行状态
1	1	0	1	0	正转
1	0	1	0	1	反转
1	1	1	1	1	制动
1	0	0	0	0	停止

通过表 8-1 可以看出，当 IN1=1、IN2=0 时，OUT1 输出高电平、OUT2 输出低电平，直流电机正转；当 IN1=0、IN2=1 时，OUT1 输出低电平、OUT2 输出高电平，直流电机反转。这样就可以通过 IN1 和 IN2 来改变直流电机上所加电压的极性，实现直流电机正 / 反转的控制。

8.2　任务 21　基于 LCD1602 的步进电机监控设计

8.2.1　任务描述

利用 AT89S52 单片机及独立键盘控制步进电机的速度和方向。按键控制步进电机方向和速度；LCD1602 显示步进电机的方向和旋转圈数。步进电机电气参数：工作电压是 4.5 ～ 6.5V，步进角是 18°。基于 LCD1602 的步进电机监控电路如图 8-7 所示。

基于 LCD1602 的步进电机监控实现功能如下：

（1）3 个按键控制步进电机正转、反转（正 / 反转）、加速和减速。

（2）4 个 LED 的点亮、熄灭，指示步进电机 4 个绕组（A、B、C、D）通电情况。

（3）LCD1602 显示步进电机的方向和旋转圈数。

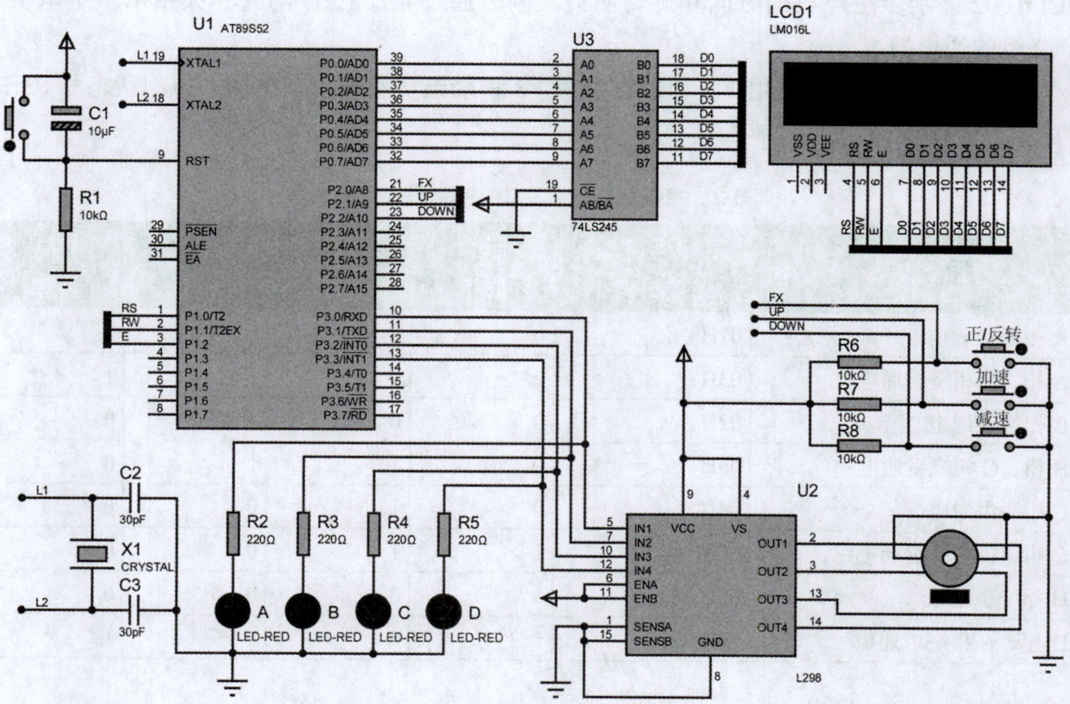

图 8-7 基于 LCD1602 的步进电机监控电路

8.2.2 任务分析

1. 基于 LCD1602 的步进电机监控电路分析

从图 8-7 所示电路可以看出，基于 LCD1602 的步进电机监控电路是由 AT89S52 单片机最小系统、步进电机驱动电路、LCD1602 显示电路、LED 电路和键盘电路等组成。

（1）键盘电路。基于 LCD1602 的步进电机监控具有正转、反转、加速和减速 4 个功能，可以用 3 个按键实现。其中 1 个按键控制正转或反转，另外两个按键分别控制加速和减速。由于按键数目少，键盘电路设计采用独立式键盘。

3 个按键分别接到 P2 口的 P2.0、P2.1 和 P2.2 引脚，为正 / 反转按键、加速按键和减速按键。

（2）步进电机驱动电路。由于步进电机的功率较大，在这里可以使用高电压、大电流的 L298 全桥驱动器来驱动步进电机的 4 个绕组（A、B、C、D）。

P3 口的 P3.0、P3.1、P3.2 和 P3.3 四个引脚，通过步进电机驱动电路分别接在步进电机的 4 个绕组（A、B、C、D）。

（3）LCD1602 显示电路。LCD1602 显示电路主要用于显示步进电机的方向和旋转圈数，对步进电机的运行状态进行监控。

LCD1602 的 D0 ～ D7 接 P0 口，RS、RW 和 E 分别接 P1 口的 P1.0、P1.1 和 P1.2 引脚。

（4）LED 电路。4 个 LED 分别与步进电机 4 个绕组（A、B、C、D）一一对应，用 LED 的点亮与熄灭来观察绕组通电情况，如某一个 LED 点亮，表示其对应绕组通电了。

4 个 LED 采用共阴极接法，4 个 LED 的阳极分别接 P3 口的 P3.0、P3.1 、P3.2 和 P3.3 四个引脚。

2. 基于 LCD1602 的步进电机监控程序分析

基于 LCD1602 的步进电机监控程序主要是通过按键控制步进电机方向和速度，通过

LCD1602 显示步进电机的方向和旋转圈数，同时通过 4 个 LED 的亮和灭指示步进电机 4 个绕组的通电情况。

在这里，步进电机采用 1-2 相励磁顺序，8 种励磁状态为一个循环。控制状态与 P3 口的控制码的对应关系见表 8-2。

表 8-2　控制状态与 P3 口的控制码的对应关系

控制状态	P3 口控制码	P3.3 D 相	P3.2 C 相	P3.1 B 相	P3.0 A 相
A 相绕组通电	01H	0	0	0	1
A 相、B 相绕组通电	03H	0	0	1	1
B 相绕组通电	02H	0	0	1	0
B 相、C 相绕组通电	06H	0	1	1	0
C 相绕组通电	04H	0	1	0	0
C 相、D 相绕组通电	0CH	1	1	0	0
D 相绕组通电	08H	1	0	0	0
D 相、A 相绕组通电	09H	1	0	0	1

由表 8-2 可以看出：

在正转时，1-2 相励磁顺序为：A→（A,B）→B→（B,C）→C→（C,D）→D→（D,A）……。定义一个正转控制码表，代码如下：

```
uchar const round[8]={0x01,0x03,0x02,0x06,0x04,0x0c,0x08,0x09};
```

在反转时，1-2 相励磁顺序为：（D，A）→D→（C，D）→C→（B，C）→B→（A，B）→A……。定义一个反转控制码表，代码如下：

```
uchar const back[8]={0x09,0x08,0x0c,0x04,0x06,0x02,0x03,0x01};
```

前面已详细介绍过了按键、LED 和 LCD1602 液晶显示等程序的设计实现分析，在此就不再介绍。

8.2.3　任务实施

1. 基于 LCD1602 的步进电机监控电路设计

基于LCD1602 的步进电机监控电路设计

根据图 8-7 所示，基于 LCD1602 的步进电机监控电路是由 AT89S52 单片机最小系统、步进电机驱动电路、LCD1602 显示电路、LED 电路和键盘电路等构成。基于 LCD1602 的步进电机监控电路设计如下：

（1）新建设计文件、设置图纸尺寸、设置网格、保存设计文件，文件名为“基于 LCD1602 的步进电机监控”。

（2）选取 AT89S52、CRYSTAL、CAP、CAP-ELEC、RES、LED-RED、MOTOR-STEPPER、L298、74LS245、LM016L 及 BUTTON 等元器件。

（3）放置元器件、编辑元器件、放置终端、连线，按图 8-7 所示放置元器件并连线。

（4）编辑元器件属性。

（5）执行“工具”→“电气规则检查”命令，弹出检查结果窗口，完成电气检测。若检测出错，根据提示修改电路图并保存，直至检测成功。

2. 建立“基于 LCD1602 的步进电机监控”工程项目

新建“基于 LCD1602 的步进电机监控”工程文件，并保存在“任务 21 基于 LCD1602

的步进电机监控”文件夹中，然后选择单片机型号为 Atmel 的 AT89S52。

3. 编写 LCD1602 液晶显示器设备文件

我们在前面一些任务和技能训练中使用了 LCD1602 液晶显示器。由于 LCD1602 液晶显示器的初始化以及其他相关代码都写在主文件中，使得主文件内容太多，没有条理。其实可以把外部设备单独写一个设备文件，主文件就会变得简洁明了，还具有规范性和可读性。以后若用到 LCD1602 液晶显示器，就可以直接把这个设备文件复制过来。

基于 LCD1602 的步进电机监控程序设计

LCD1602 液晶显示器设备文件可以分开单独写一个 LCD1602.h 头文件和一个 LCD1602.c 文件。

（1）编写 LCD1602.h 头文件。为了程序的可读性和编程方便，在 LCD1602.h 头文件里面对用到的 LCD1602 液晶显示器的相关函数进行声明，对用到的数据类型进行宏定义。代码如下：

```
#ifndef __LCD1602_H__
#define __LCD1602_H__
#define uint  unsigned int
#define uchar  unsigned char
void WrOp(uchar com);                    //写函数
void WrDat(uchar dat);                   //写数据函数
void LCD_Init();                         //LCD1602初始化函数
void DisText(uchar addr,uchar *p);       //显示文本函数（显示方向和圈数）
#endif
```

编写头文件的方法与编写主文件方法一样，在保存头文件时要注意：头文件的后缀名是“.h”。

（2）编写 LCD1602.c 文件。LCD1602.c 文件主要包括 LCD1602 控制引脚定义、LCD1602 液晶显示器相关操作函数等。代码如下：

```
#include<AT89X52.H>
#include <LCD1602.h>
#include<main.h>
/*定义LCD1602控制引脚*/
sbit RS=P1^0;
sbit EN=P1^2;
sbit RW=P1^1;
/*写函数WrOp()*/
void WrOp(uchar com)
{
    RS=0;                   //选择指令寄存器
    P0=com;                 //把指令写入LCD1602的指令寄存器中
    delay(1);
    EN=1;                   //EN为高电平
    delay(1);
    EN=0;                   //EN为低电平，EN由高电平跳变成低电平时，LCD1602执行指令
}
/*写数据函数WrDat()*/
void WrDat(uchar dat)
{
    RS=1;                   //选择数据寄存器
    P0=dat;                 //把数据写入LCD1602的数据寄存器中
    delay(1);
    EN=1;
    delay(1);
    EN=0;
}
/*LCD1602初始化函数LCD_Init ()*/
void LCD_Init()
{
```

```
    RW=0;
    WrOp(0x38);                    //16*2显示，5*7点阵，8位数据接口，见指令6
    WrOp(0x0c);                    //开显示，见指令4
    WrOp(0x06);                    //光标右移（即光标位置加1），见指令3
    WrOp(0x01);                    //清显示，见指令1
}
/*显示文本函数（显示方向和圈数）DisText()*/
void DisText(uchar addr,uchar *p)
{
    WrOp(addr);
    while(*p!='\0')
    {
        WrDat(*(p++));
    }
}
```

编写并保存 LCD1602.c 文件的方法参考任务 2。完成该文件编写后，还需要把该文件加载到工程里面，加载方法参考任务 2。

4. 编写基于 LCD1602 的步进电机监控文件

基于 LCD1602 的步进电机监控文件，也可以分开单独写一个 main.h 头文件和一个基于 LCD1602 的步进电机监控 .c 文件。

（1）编写 main.h 头文件。在 main.h 头文件里面对用到的数据类型、接在 P3 口上的步进电机以及接在 P3 口上的按键进行宏定义，对用到的延时函数进行声明。代码如下：

```
#ifndef __MAIN_H__
#define __MAIN_H__
#define uint   unsigned int
#define uchar  unsigned char
#define step_moto_port  P3
void delay(uint dly);
#endif
```

（2）编写基于 LCD1602 的步进电机监控 .c 文件。基于 LCD1602 的步进电机监控 .c 文件主要包括头文件包含、按键引脚定义、正 / 反转控制码表定义、变量定义以及相关函数等。代码如下：

```
/*LCD1602监控步进电机运行，LCD1602液晶显示*/
#include<AT89X52.H>
#include<main.h>
#include <LCD1602.h>
/*定义按键引脚*/
sbit FX=P2^0;                        //设置方向按键
sbit UP=P2^1;                        //设置加速按键
sbit DOWN=P2^2;                      //设置减速按键
/*定义正/反转控制码表*/
uchar const round[8]={0x01,0x03,0x02,0x06,0x04,0x0c,0x08,0x09};     //正转控制码
uchar const back[8]={0x09,0x08,0x0c,0x04,0x06,0x02,0x03,0x01};      //反转控制码
uchar txt1[]={"FX:"};
uchar txt2[]={"QS:"};
uchar dir=0;                         //定义控制步进电机方向变量，dir=0为正转，dir=1为反转
uint num=0,num100,num10,num1;        //定义圈数计数器，圈数的百位、十位、个位
uint speed=300;                      //定义控制步进电机速度变量，初始值为300
/*控制步进电机速度函数、按键延时去抖函数delay()*/
void delay(uint dly)
{
    uint i;
    for(;dly>0;dly--)
        for(i=0; i<100; i++);
}
```

```
void run()
{
  uint n;
  /*步进电机采用1-2相励磁顺序，8种励磁状态为一个循环*/
  for(n=0;n<8;n++)
  {
    /*设置按键方向、加速和减速*/
    if(FX==0)                    //方向
    {
      delay(10);                 //延时去抖
      if(FX==0)
      {
        dir=~dir;
        num=0;
      }
    }
    while(FX==0);                //等待按键释放
    if(UP==0)                    //加速
    {
      delay(10);
      if(UP==0)
      {
        speed=speed-30;
      }
    }
    while(UP==0);
    if(DOWN==0)                  //减速
    {
      delay(10);
      if(DOWN==0)
      {
        speed=speed+30;
      }
    }
    while(DOWN==0);              //等待按键释放
    /*步进电机运行，LCD1602显示步进电机运行方向*/
    if(dir==0)
    {
      step_moto_port=round[n];   //正转控制码
      DisText(0x86,"ZZ");        //在第1行第6列显示方向
    }
    else
    {
      step_moto_port=back[n];    //反转控制码
      DisText(0x86,"FZ");
    }
    delay(speed);                //控制步进电机速度
  }
}
/*main ()*/
void main()
{
  LCD_Init();
  DisText(0x81,txt1);
  DisText(0xC1,"QS:");           //也可以写为DisText(0xC1,txt2);
  while(1)
  {
    /*LCD1602显示步进电机运行的圈数*/
    num100=(num/100%10);
    WrOp(0xc6);
    WrDat(num100+0x30);          //在第2行第6列显示百位
    WrOp(0xc7);
```

```
        num10=(num/10%10);
        WrDat(num10+0x30);          //在第2行第7列显示十位
        WrOp(0xc8);
        num1=(num%10);
        WrDat(num1+0x30);           //在第2行第8列显示个位
        run();
        num++;
    }
}
```

完成 LCD1602 的步进电机监控 .c 文件编写后，把该文件加载到工程里面。

5. “基于 LCD1602 的步进电机监控”工程配置与编译

工程配置：“目标”标签页的晶振频率栏设为 12MHz，勾选“输出”标签页的“生成 HEX 文件”复选框。

工程编译：完成工程配置后，对“基于 LCD1602 的步进电机监控”工程进行编译。若编译发生错误，要进行分析检查，直到编译正确为止。

6. 基于 LCD1602 的步进电机监控运行调试

（1）打开基于 LCD1602 的步进电机监控仿真电路。

（2）加载“基于 LCD1602 的步进电机监控 .hex”到单片机中。

（3）单击仿真工具栏“运行”按钮▶，单片机全速运行程序。

观察基于 LCD1602 的步进电机监控是否与任务要求一致。若运行结果与任务要求不一致，要对电路和程序进行分析检查，直到运行正确。

【技能训练 8-1】步进电机智能控制设计

设计一个步进电机智能控制。要求能从键盘上输入步进电机转数，控制步进电机的正、反转及启停，并显示转数。

1. 键盘设计

键盘采用的是矩阵式键盘，键盘电路设计参考任务 11，键盘功能分配如下：

（1）0 ～ 9：为数字键。

（2）*：正 / 反转转数设定完成后，按“*”启动步进马达。

（3）#：清除设定为正转及转数为 00。

（4）A：设定正 / 反转。按 A 键 LED 指示灯亮，表示反转；再按 A 键则 LED 指示灯灭，表示正转；再按 A 键 LED 指示灯亮，表示反转。

2. 数码管显示电路设计

数码管显示电路采用硬件译码输出字形编码控制显示内容，数码管是阳极数码管，7 段字形译码器用的是 74LS47，电路设计参考技能训练 3-2。

3. 步进电机控制电路设计

步进电机控制模块电路采用有施密特触发器的六反相器 74LS14 和高电压、大电流的达灵顿晶体管数组产品 ULN2003A。

由于 ULN2003A 的输入与 TTL 电平兼容，所以可以直接连接到单片机 I/O 口，这样就可轻易地控制外部高电压、大电流的负载，如，继电器、步进电机以及 LED 显示器等。

ULN2003A 具有以下特点：

（1）电流增益高（大于 1000mA）。

（2）带负载能力强（输出电流大于 500mA）。

（3）适应温度范围宽（-40 ～ 85℃）。

（4）工作电压高（大于 50V）。

ULN2003A 包含 7 个达灵顿管，对于每一个驱动器来说，都包含了 1 个二极管，其阳极连接到输出端，而阴极连接到 7 个二极管的共通点上，外部的负载连接到电源供应点和驱动器的输出端之间，该电源供应为小于 +50V 的正电压。

4. 步进电机智能控制电路设计

步进电机控制模块电路、键盘电路、数码管显示模块电路分别接在 AT89S52 单片机的 P0 口、P1 口、P2 口，接在 P3.0 的 LED 是步进电机正 / 反转的指示灯。步进电机智能控制电路如图 8-8 所示。

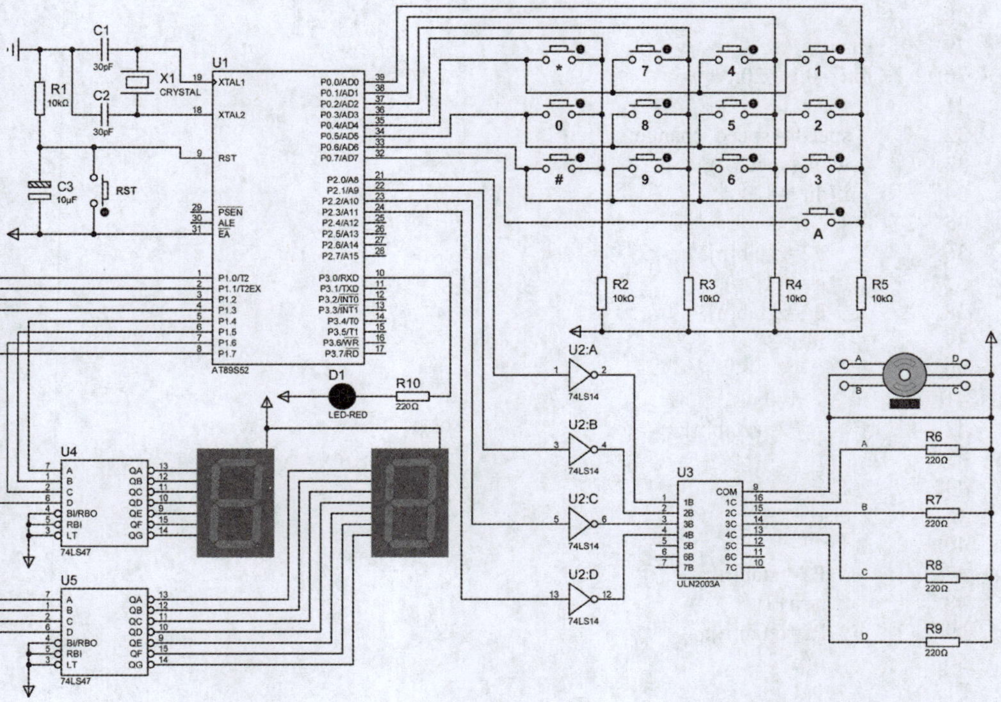

图 8-8　步进电机智能控制电路

5. 步进电机智能控制程序设计

由键盘输入转数，设定正 / 反转后，按确认键，单片机则根据设定由 P0 口送出控制码，经 74LS14 和 ULN2003A 达灵顿管驱动步进电机转动。同时，LED 数码管显示设定的转数，步进电机每转动一圈，数码显示的数字减 1，当减至零时，步进电机停止转动。LED 亮，表示反转；LED 指示灯灭，表示正转。步进电机智能控制程序如下：

```
#include <AT89X52.h>
#include <main.h>
uint speed=5000;
uint speed_change=5000;
uchar dir=1;
uchar temp=0;
unsigned char k=0;
unsigned char key;
void delay10ms(void)
{
   unsigned char i,j;
   for(i=250;i>0;i--)
      for(j=250;j>0;j--);
}
```

```
/*定义0～9和A～F十六个字符的字形编码表及步进电机正/反转控制码*/
unsigned char table[]={0x3F,0x06,0x5B,0x4F,0x66,0x6D,0x7D,0x07,0x7F,0x6F,0x77,0x7C,0x39,0x5E,0x79,0x71};
unsigned char zztab[]={0x01,0x02,0x04,0x08,0x00};
unsigned char fztab[]={0x08,0x04,0x02,0x01,0x00};
unsigned char scan_key(void)      //键盘扫描程序见任务11
{
  ……
}
/*步进电机运行函数：1相励磁顺序，控制步进电机运行*/
void run(void)
{
  uchar i,j;   uint n =0;
  for(i=temp;i>0;i--)
  {
    P1=i;
    for(j=0;j<=20;j++)
    {
      speed = speed_change;
      while(speed--);
      if(dir == 1)
      {
        P2=zztab[n];
        n=n+1;
        P2=zztab[n];
        if(n>3)
        {
          n=0;
          P2=zztab[n];
        }
      }
      else
      {
        P2=fztab[n];
        n=n+1;
        P2=fztab[n];
        if(n>3)
        {
          n=0;
          P2=fztab[n];
        }
      }
    }                              // end for(j=0;j<=20;j++)
    if(i%16==0)
      i=i-6;
  }                                // end for(i=temp;i>0;i--)
  P1=i;                            //控制显示00时电机停止
}
void main(void)
{
  unsigned char tmp;
  P1=temp;                         //未设置数码管显示00
  step_moto_port=0xff;             //步进电机停止运转
  P3_0=1;                          //LED灭，表示正转
  dir=1;
  while(1)
  {
    ……  //判断是否有键按下，有键按下，调用键盘扫描程序，并把键值送key，代码参考任务11
    if(key>=0x00&&key<=0x09)  //利用7段字形译码器74LS47进行数码管显示，见技能训练3-2
    {
      temp=temp<<4;
      temp=temp|key;
      P1=temp;                     //送P1口，数码管显示按下键对应的数字
```

```
        }
        else if(key==0x0C)              //按下A键，正/反转设定
        {
            dir=~dir;
            P3_0=!P3_0;
        }
        else if(key==0x0A)              //按下*键，启动步进电机
            run();
        if(key==0x0B)                   //按下#键，步进电机停止转动
        {
            temp=0x00;
            P1=temp;                    //清除设置转数为00，数码管显示00
            step_moto_port=0xff;        //步进电机停止运转
            P3_0=1;                     //LED灭，表示正转
            dir=1;
        }
    }
}
```

8.3　任务 22　基于 LCD1602 的直流电机监控设计

8.3.1　任务描述

利用 AT89S52 单片机及独立键盘控制直流电机的速度和方向。按键控制直流电机方向和速度；LCD1602 显示直流电机的方向和占空比（可用占空比表示速度）。直流电机电气参数：额定工作电压 5.0V，监控电路图如图 8-9 所示。

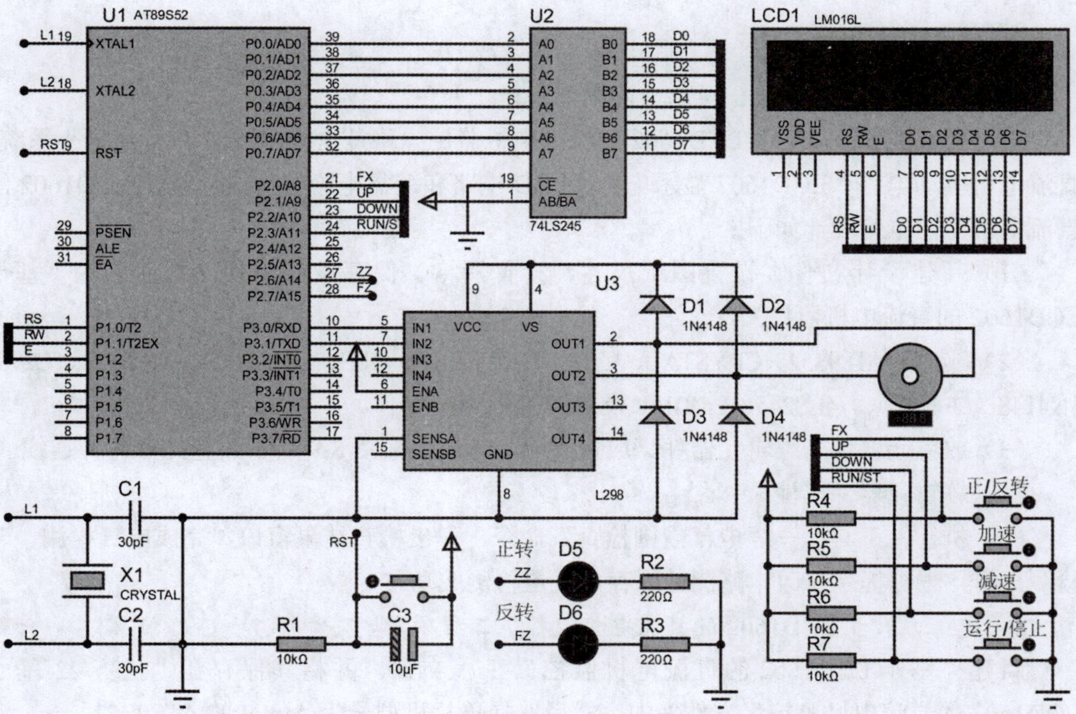

图 8-9　基于 LCD1602 的直流电机监控电路

基于 LCD1602 的直流电机监控实现功能如下：

（1）4 个按键控制步进电机正转、反转、加速、减速和运行 / 停止。

（2）LCD1602 显示直流电机的方向和占空比（速度）。

（3）两个 LED 分别是正转、反转指示灯。

8.3.2 任务分析

1. 基于 LCD1602 的直流电机监控电路分析

从图 8-9 所示电路可以看出，基于 LCD1602 的直流电机监控电路是由 AT89S52 单片机最小系统、直流电机驱动电路、LCD1602 显示电路、LED 电路和键盘电路等组成。

在这里，H 桥式驱动电路由 L298 的 A 桥组成；D1 ～ D4 称为续流二极管，主要作用是消除直流电机所产生的反向电动势；两个 LED 采用共阴极接法，D5 作为直流电机正转指示灯，D6 作为直流电机反转指示灯；其他的电路同任务 21 一样。

2. 基于 LCD1602 的直流电机监控程序分析

基于 LCD1602 的直流电机监控程序主要是由直流电机控制初始化、按键功能处理、直流电机运行控制以及定时器中断处理等部分组成，主要是通过按键控制直流电机的旋转方向和速度，LCD1602 显示直流电机的旋转方向和占空比，同时通过两个 LED 分别指示直流电机的正转、反转。

（1）直流电机控制初始化主要是对控制定时器、直流电机的相关参数进行初始化，如设置 PWM 的脉冲周期以及占空比初始值等。

（2）直流电机运行控制。根据表 8-1 所示，直流电机有正转、反转、停止和制动 4 种运行状态。在这里主要是通过按键来控制直流电机运行，并对直流电机运行状态进行显示。

（3）定时器中断处理主要是按照直流电机控制初始化产生 PWM 脉冲，根据直流电机的运行方向对速度进行控制。

8.3.3 任务实施

1. 基于 LCD1602 的直流电机监控电路设计

基于LCD1602的直流电机监控电路设计

根据图 8-9 所示，基于 LCD1602 的直流电机监控电路是由 AT89S52 单片机最小系统、直流电机驱动电路、LCD1602 显示电路、LED 电路和键盘电路等构成。基于 LCD1602 的直流电机监控电路设计如下：

（1）新建设计文件、设置图纸尺寸、设置网格、保存设计文件，文件名为“基于 LCD1602 的直流电机监控”。

（2）选取 AT89S52、CRYSTAL、CAP、CAP-ELEC、RES、LED-RED、MOTOR、L298、1N4148（二极管）、74LS245、LM016L 及 BUTTON 等元器件。

（3）放置元器件、编辑元器件、放置终端、连线，按图 8-9 所示放置元器件并连线。

（4）编辑元器件属性。

（5）执行“工具”→“电气规则检查”命令，弹出检查结果窗口，完成电气检测。若检测出错，根据提示修改电路图并保存，直至检测成功。

2. 建立“基于 LCD1602 的直流电机监控”工程项目

新建“基于 LCD1602 的直流电机监控”工程文件，并将其保存在“任务 22 基于 LCD1602 的直流电机监控”文件夹中，然后选择单片机型号为 Atmel 的 AT89S52。

3. 编写基于 LCD1602 的直流电机监控文件

基于LCD1602的直流电机监控程序设计

LCD1602 液晶显示器设备文件的 LCD1602.c 文件和 LCD1602.h 头文件在任务 21 中已经编写好了，直接复制过来即可。下面主要介绍基于 LCD1602 的直流电机监控 .c 文件和 main.h 头文件。

（1）编写 main.h 头文件。在 main.h 头文件里面，主要是对电机驱动接口（接在 P3.0 和 P3.1）、按键接口（接在 P2.0、P2.1、P2.2 和 P2.3）、方向指示灯接口（接在 P2.6 和 P2.7）进行定义。代码如下：

```
#ifndef __MAIN_H__
#define __MAIN_H__
#define uint   unsigned int
#define uchar  unsigned char
/*********************电机驱动端口***********************/
sbit IN1=P3^0;
sbit IN2=P3^1;
/*********************按键接口*************************/
sbit FX_KEY=P2^0;                   //设置方向按键
sbit UP_KEY=P2^1;                   //设置加速按键
sbit DOWN_KEY=P2^2;                 //设置减速按键
sbit RUN_KEY=P2^3;                  //设置运行/停止按键
/********************指示灯接口************************/
sbit ZZ_LED=P2^6;                   //设置正转指示灯
sbit FZ_LED=P2^7;                   //设置反转指示灯
void delay(uint dly);
#endif
```

（2）编写基于 LCD1602 的直流电机监控 .c 文件。基于 LCD1602 的直流电机监控 .c 文件主要包括头文件包含、按键引脚定义、正 / 反转控制码表定义、变量定义以及相关函数等。代码如下：

```
/*LCD1602监控直流电机运行，LCD1602液晶显示*/
#include<AT89X52.H>
#include<main.h>
#include <LCD1602.h>
uchar txt1[]={"F X: STOP"};
uchar txt2[]={"ZKB: 00:100"};
uchar shi;gei;
bit dir=0;                          //定义直流电机方向标志位，dir=0为正转，dir=1为反转
bit run=0;                          //定义直流电机运行/停止标志，run=0为运行，run=1为停止
bit level;                          //level=1输出高电平状态，level=0输出低电平状态
uchar irq_count;                    //中断次数计数器
uchar irq_count_t;                  //存放是否达到输出高电平或低电平宽度的比较值
uchar PWM_TIME_H;                   //设置输出高电平的宽度
uchar PWM_TIME_L;                   //设置输出低电平的宽度
/*控制直流电机速度函数、按键延时去抖函数delay()*/
void delay(uint dly)
{
   uint i;
   for(;dly>0;dly--)
      for(i=0; i<100; i++);
}
/*直流电机涉及的控制、定时器等初始化函数MOTOR_INIT()*/
void MOTOR_INIT()
{
   IN1=0; IN2=0;                    //直流电机处于停止状态
   irq_count=0;                     //中断次数计数器清零
   level=1;
   PWM_TIME_H=20;                   //输出高电平宽度初始值为20ms，PWM脉冲周期是100ms
   PWM_TIME_L=80;                   //输出低电平宽度初始值为80ms，初始值占空比为1:5
   irq_count_t = PWM_TIME_H;        //输出高电平宽度初始值为20ms
   ZZ_LED=0;
   FZ_LED=0;
   /*定时器T1初始化*/
   ET1=1;                           //开T1中断
```

```
    TMOD=0x10;                          //T1为方式1计时
    TH1=0xEC;  TL1=0x78;                //T1初值（60536），定时时间5ms（12MHz）
    TR1=1;                              //定时器启动
    EA=1;                               //开总中断
}
/*显示直流电机运行状态函数show_run()*/
void show_run()
{
    /*LCD1602显示占空比*/
    WrOp(0xc6);
    shi=(PWM_TIME_H/10%10);
    WrDat(shi+0x30);                    //在第2行第6列显示十位
    WrOp(0xc7);
    gei=(PWM_TIME_H%10);
    WrDat(gei+0x30);                    //在第2行第7列显示个位
}
/*显示直流电机停止状态函数show_stop()*/
void show_stop()
{
    DisText(0x86,"STOP");;
    DisText(0xC6,"00:100");
}
/*按键扫描、根据按键功能对直流电机运行显示和控制的函数key_scan()*/
void key_scan()
{
    if(RUN_KEY==0)                      //判断运行/停止按键是否按下
    {
        delay(10);
        if(RUN_KEY==0)
        {
            run=~run;
            if(run==0)                  //判断运行/停止标志位状态，run=1为运行，run=0为停止
            {
                IN1=0; IN2=0;
                ZZ_LED=0;
                FZ_LED=0;
                show_stop();
            }
            else
            {
                IN1=1; IN2=0;           //直流电机开始运行时默认为正转
                ZZ_LED=1;
                FZ_LED=0;
                DisText(0x86,"ZZ");
            }
        }
    }
    while(RUN_KEY==0);                  //等待按键释放
    /*按键设置方向、加速和减速*/
    if(run&&FX_KEY==0)                  //方向按键是否按下判断
    {
        delay(10);                      //延时去抖
        if(run&&FX_KEY==0)
        {
            dir=~dir;
            if(dir==0)                  //判断方向标志位状态，dir=0为正转，dir=1为反转
            {
                DisText(0x86,"ZZ");     //在第1行第6列显示正转方向
                IN1=1; IN2=0;           //正转
                ZZ_LED=1;               //点亮正转指示灯
                FZ_LED=0;
            }
```

```
            else
            {
                DisText(0x86,"FZ");          //显示反转方向
                IN1=0; IN2=1;                //反转
                ZZ_LED=0;
                FZ_LED=1;                    //点亮反转指示灯
            }
        }
    }
    while(FX_KEY==0);                        //等待按键释放
    if(run&&UP_KEY==0)                       //判断加速按键是否按下
    {
        delay(10);
        if(run&&UP_KEY==0)
        {
            if(PWM_TIME_H<90)        //高电平宽度不能超过90ms，即最大占空比为9:10
            {
                PWM_TIME_H=PWM_TIME_H+5;      //输出高电平宽度每次加5ms
                PWM_TIME_L = 100-PWM_TIME_H; //获得输出低电平宽度，PWM脉冲周期是100ms
            }
        }
    }
    while(UP_KEY==0);
    if(run&&DOWN_KEY==0)                     //判断减速按键是否按下
    {
        delay(10);
        if(run&&DOWN_KEY==0)
        {
            if(PWM_TIME_H>10)        //输出低电平宽度不能低于10ms，即最小占空比为1:10
            {
                PWM_TIME_H=PWM_TIME_H-5;  //输出高电平宽度每次减5ms
                PWM_TIME_L = 100-PWM_TIME_H;
            }
        }
    }
    while(DOWN_KEY==0);                      //等待按键释放
}
/*main ()*/
void main()
{
    LCD_Init();
    DisText(0x81,txt1);
    DisText(0xC1,txt2);
    MOTOR_INIT();
    while(1)
    {
        if(run==0)
            show_stop();
        else
            show_run();
        key_scan();
    }
}
/*产生PWM脉冲对速度进行控制，直流电机控制的定时器中断处理函数timer1 ()*/
void timer1(void)  interrupt 3 using 1
{
    TH1=0xEC; TL1=0x78;                      //重装T1初值
    irq_count++;                             //每5ms中断一次，irq_count计数器加1
    /*irq_count*5获得定时时间，判断定时时间是否达到输出高电平或低电平宽度的比较值*/
    if(irq_count*5>=irq_count_t)             //判断定时时间是否达到输出高/低电平转换点
    {
        irq_count=0;                         //计数器清零
```

```
    level=~level;                         //高/低电平状态标志转换
    if(run&&level==1)                     //若run=1及level=1，IN1或IN2输出高电平
    {
      irq_count_t = PWM_TIME_H;           //设置输出高电平宽度的比较值
      if(dir==0)
      {
        IN1=1; IN2=0;
      }
      else
      {
        IN1=0; IN2=1;
      }
    }
    if(run&&level==0)                     //若run=1及level=0，IN1和IN2输出低电平
    {
      irq_count_t = PWM_TIME_L;           //设置输出低电平宽度的比较值
      IN1=0;
      IN2=0;
    }
  }
}
```

完成 LCD1602 的直流电机监控 .c 文件编写后，把该文件加载到工程里面。

4. “基于 LCD1602 的直流电机监控”工程配置与编译

工程配置：“目标”标签页的晶振频率栏设为 12MHz，勾选“输出”标签页的“生成 HEX 文件”复选框。

工程编译：完成工程配置后，对“基于 LCD1602 的直流电机监控”工程进行编译。若编译发生错误，要进行分析检查，直到编译正确为止。

5. 基于 LCD1602 的直流电机监控运行调试

（1）打开基于 LCD1602 的直流电机监控仿真电路。

（2）加载“基于 LCD1602 的直流电机监控 .hex”到单片机中。

（3）单击仿真工具栏“运行”按钮▶，单片机全速运行程序。

观察基于 LCD1602 的直流电机监控是否与任务要求一致。若运行结果与任务要求不一致，要对电路和程序进行分析检查，直到运行正确。

【技能训练 8-2】智能车基本控制设计

【技能训练 8-2】智能车基本控制设计

设计一个基于 AT89S52 单片机的智能车，能够通过 4 个按键控制，实现前进、后退、左转和右转 4 个基本功能。

1. 智能车控制电路设计

目前，大多数智能车是采用 L298 全桥驱动器来驱动两个直流电机，这两个直流电机作为智能车的左右轮。智能车控制电路是由 STC89C52 单片机最小系统、L298 全桥驱动电路、按键电路及直流电机构成，如图 8-10 所示。

（1）智能车左右轮控制电路。在这里，L298 的 A 桥控制智能车的左轮、B 桥控制智能车的右轮。P2 口的 P2.0 和 P2.1 两个引脚分别接在 L298 的 IN1 和 IN2，L298 的 OUT1 和 OUT2 分别接一个直流电机两端（左轮）；P2 口的 P2.2 和 P2.3 两个引脚分别接在 L298 的 IN3 和 IN4，L298 的 OUT3 和 OUT4 分别接另一个直流电机两端（右轮）。

（2）智能车按键控制电路。智能车有前进、后退、左转和右转 4 个控制按键，分别接在 P0 口的 P0.0、P0.1、P0.2 和 P0.3 上。

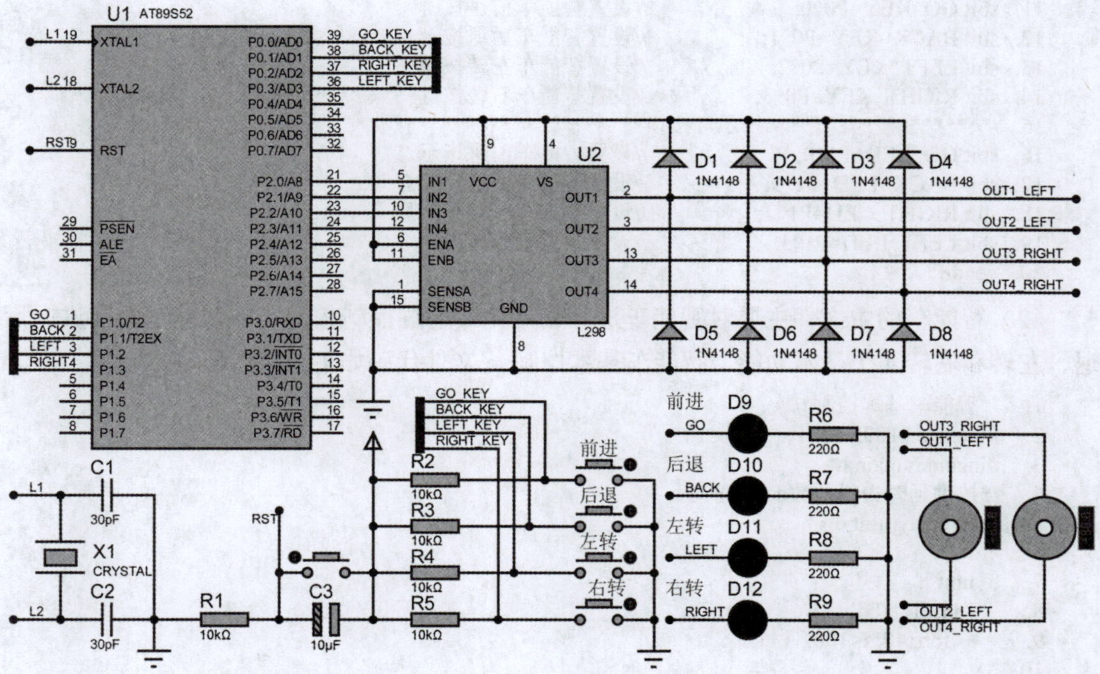

图 8-10　智能车控制电路

（3）智能车运行指示灯电路。智能车有前进、后退、左转和右转 4 个运行指示灯，分别接在 P1 口的 P1.0、P1.1、P1.2 和 P1.3 上。

2. 智能车基本控制实现分析

智能车是通过 L298 全桥驱动器来驱动两个直流电机（左、右轮）来实现智能车的前进、后退、左转和右转 4 个基本功能。

（1）智能车前进控制。按下前进按键，控制智能车的左右轮同时正转，即可实现前进功能。

（2）智能车后退控制。按下后退按键，控制智能车的左右轮同时反转，即可实现后退功能。

（3）智能车左转控制。按下左转按键，控制智能车的左轮反转、右轮正转，即可实现智能车原地左转功能。若是想以左轮为支点进行左转，可以使左轮停止、右轮正转即可实现。

（4）智能车右转控制。按下右转按键，控制智能车的左轮正转、右轮反转，即可实现智能车原地右转功能。若是想以右轮为支点进行右转，可以使左轮正转、右轮停止即可实现。

3. 智能车基本控制程序设计

智能车基本控制程序由 main.h 头文件和主文件组成。

（1）main.h 头文件主要定义了智能车的车轮驱动接口、控制按键接口、指示灯接口。代码如下：

```
#ifndef __MAIN_H__
#define __MAIN_H__
#define uint  unsigned int
#define uchar  unsigned char
/*******************车轮驱动接口*********************/
sbit IN1=P2^0;                    //设置智能车左轮
sbit IN2=P2^1;
sbit IN3=P2^2;                    //设置智能车右轮
sbit IN4=P2^3;
/*******************按键接口************************/
```

```
sbit GO_KEY=P0^0;                    //设置智能车前进按键
sbit BACK_KEY=P0^1;                  //设置智能车后退按键
sbit LEFT_KEY=P0^2;                  //设置智能车左转按键
sbit RIGHT_KEY=P0^3;                 //设置智能车右转按键
/*******************指示灯接口***********************/
sbit GO_LED=P1^0;                    //设置智能车前进指示灯
sbit BACK_LED=P1^1;                  //设置智能车后退指示灯
sbit RIGHT_LED=P1^2;                 //设置智能车左转指示灯
sbit LEFT_LED=P1^3;                  //设置智能车右转指示灯
#endif
```

（2）智能车的主文件主要对智能车进行初始化，通过控制按键实现智能车的前进、后退、左转和右转 4 个基本功能。智能车基本控制 .c 文件代码如下：

```
/*智能车基本控制*/
#includeAT89X52.H>
#include<main.h>
/*按键延时去抖函数delay()*/
void delay(uint dly)
{
  uint i;
  for(;dly>0;dly--)
    for(i=0; i<100; i++);
}
/*main ()*/
void main()
{
  IN1=0; IN2=0;                      //智能车左轮处于停止状态
  IN3=0; IN4=0;                      //智能车右轮处于停止状态
  GO_LED=0;
  BACK_LED=0;
  RIGHT_LED=0;
  LEFT_LED=0;
  while(1)
  {
    if(GO_KEY==0)                    //判断智能车前进按键是否按下
    {
      delay(10);
      if(GO_KEY==0)
      {
        IN1=1; IN2=0;                //智能车前进
        IN3=1; IN4=0;
        GO_LED=1;                    //点亮智能车前进指示灯
        BACK_LED=0;
        RIGHT_LED=0;
        LEFT_LED=0;
      }
    }
    while(GO_KEY==0);
    if(BACK_KEY==0)                  //判断智能车后退按键是否按下
    {
      delay(10);
      if(BACK_KEY==0)
      {
        IN1=0; IN2=1;                //智能车后退
        IN3=0; IN4=1;
        GO_LED=0;
        BACK_LED=1;                  //点亮智能车后退指示灯
        RIGHT_LED=0;
        LEFT_LED=0;
      }
    }
```

```
    while(BACK_KEY==0);
    if(LEFT_KEY==0)              //判断智能车左转按键是否按下
    {
      delay(10);
      if(LEFT_KEY==0)
      {
        IN1=0; IN2=1;            //智能车左转
        IN3=1; IN4=0;
        GO_LED=0;
        BACK_LED=0;
        LEFT_LED=1;              //点亮智能车左转指示灯
        RIGHT_LED=0;
      }
    }
    while(LEFT_KEY==0);
    if(RIGHT_KEY==0)             //判断智能车右转按键是否按下
    {
      delay(10);
      if(RIGHT_KEY==0)
      {
        IN1=1; IN2=0;            //智能车右转
        IN3=0; IN4=1;
        GO_LED=0;
        BACK_LED=0;
        LEFT_LED=0;
        RIGHT_LED=1;             //点亮智能车右转指示灯
      }
    }
    while(RIGHT_KEY==0);
  }
}
```

注意：实物智能车的两个直流电机安装方向和仿真电路不一样。比如在智能车前进时，从智能车左边看，左轮是逆时针旋转，从右边看，右轮是顺时针旋转。

关键知识点梳理

1. 单片机产品组成

单片机产品是由硬件和软件组成。硬件是指单片机、扩展的存储器、输入输出设备等硬件部件，软件是各种工作程序的总称。

2. 单片机产品开发过程

单片机产品开发过程包括确定任务、总体设计、硬件设计、软件设计、系统调试、产品化等几个阶段。它们不是绝对分开的，有时是交叉进行的。

3. L298 全桥驱动器

L298 是一款单片集成的高电压、高电流、双路全桥式电机驱动器，可以连接标准 TTL 逻辑电平，驱动电感负载（如继电器、线圈、直流电机和步进电机）。L298 可以直接驱动两个直流电机或 1 个 2 相（4 相）步进电机。

L298 内部包含 4 通道逻辑驱动电路，即内含两个 H 桥（A 桥和 B 桥）的高电压大电流全桥式驱动器。在处于使能状态下，输入 IN1 ～ IN4 与输出 OUT1 ～ OUT4 的状态保持相同。如 IN1 引脚输入为“1”，OUT1 引脚输出也为“1”。

4. 步进电机速度和方向控制的关键技术

（1）速度控制关键技术：只要改变脉冲信号之间的延时时间，即改变每步之间的延时时间，便可控制步进电机的转速。延时时间变短，转速提高；延时时间变长，转速降低。每走一步，必须延时一段时间。

（2）方向控制关键技术：只要改变励磁顺序，就可以改变步进电机旋转方向。

- 正转时，1 相励磁顺序为：A → B → C → D……
- 反转时，1 相励磁顺序为：D → C → B → A……

5. 永磁式换向器直流电机

永磁式换向器直流电机是由定子（主磁极）、转子（绕组线圈）、换向片（又称整流子）、电刷等组成。定子的作用是产生磁场，转子是在定子磁场作用下，得到转矩而旋转起来。

6. 直流电机速度和方向控制的关键技术

（1）速度控制关键技术：调节直流电机转速最方便有效的方法是对电枢（即转子线圈）电压 U 进行控制。广泛应用脉宽调制 PWM 技术来控制直流电机电枢的电压。PWM 控制技术就是利用半导体器件的导通与关断，把直流电压变成电压脉冲序列，通过控制电压脉冲宽度或周期以达到变压的目的。

（2）方向控制关键技术：通过改变直流电机上所加电压的极性来进行方向控制。可用 H 桥式驱动电路来控制直流电机的转动方向。

问题与讨论

8-1　根据图 8-9，请在智能车中增加一个启 / 停按键，完善智能车基本控制设计。

8-2　参考任务 22 和技能训练 8-1，尝试对智能车增加一个速度控制功能。

项目 9　按键设置液晶电子钟

项目描述

LCD 液晶显示具有显示容量大、耗能低、人机交流界面友好等优点，现在 LCD 液晶显示广泛应用于智能仪器仪表、智能电子产品等领域。

本项目通过按键设置液晶电子钟设计，首先让读者了解 RT12864 液晶显示模块的内部结构，然后介绍 RT12864 的控制指令及相应代码，最后通过 C 语言程序实现按键设置液晶显示电子钟，让读者进一步了解 LCD 液晶显示的应用。

能力目标

能完成按键设置 RT12864 液晶显示电子钟的相关电路设计，能应用 C 语言程序完成按键设置 RT12864 液晶显示电子钟的相关程序设计，实现按键设置 RT12864 液晶显示电子钟的设计、运行及调试。

知识目标

- 了解 RT12864 液晶显示模块的内部结构
- 掌握 RT12864 的控制指令及相应代码
- 掌握 RT12864 液晶显示模块与单片机的接口电路设计方法
- 掌握 RT12864 显示模块显示时间和日期的程序设计方法

教学重点

- RT12864 液晶显示模块与单片机的接口电路设计
- 时间、日期和星期的计算方法，以及相应的程序设计方法
- 按键设置电子钟时间和日期的方法

教学难点

按键设置 RT12864 液晶显示模块显示时间和日期的程序设计。

9.1　RT12864 点阵型液晶显示模块

RT12864 点阵型液晶显示模块

9.1.1　认识 RT12864 液晶显示模块

目前，我们常用的 LCD12864 液晶显示模块中有带字库的，也有不带字库的。为了方便完成按键设置液晶显示电子钟仿真设计，在本项目中使用 RT12864 来介绍 LCD12864

液晶显示模块。

1. RT12864 简介

（1）RT12864 主要参数与外形尺寸。RT12864 是一种将液晶显示器件、连接件、集成电路、PCB 线路板、背光源、结构件装配在一起的组件。RT12864 主要参数见表 9-1。

表 9-1 RT12864 主要参数

项目	参数
逻辑工作电压（VDD）	+5.0V
LCD 驱动电压（VDD－V0）	+13.1V
工作温度（Ta）	–20 ～＋70℃（宽温）
储存温度（Tsto）	–30 ～＋80℃（宽温）
工作电流（背光除外）	5.0mA（max）

说明：工作电压为 +5.0V，当使用 VDD =+3.3V 时，需出厂前设定。同时，可根据客户需求，定做各种液晶显示模块。

RT12864 外形尺寸见表 9-2。

表 9-2 RT12864 外形尺寸

项目	参考值	单位
LCM 尺寸（长、宽、厚）	113.0×65.0×13.0	mm
可视区域（长、宽）	73.3×38.7	mm
行列点阵数	128×64	DOTS
点间距（长、宽）	0.508×0.508	mm
点尺寸（长、宽）	0.458×0.458	mm

（2）RT12864 功能。RT12864 系列是一种图形点阵型液晶显示模块，主要由行驱动器与列驱动器组成，可显示 128（列）×64（行）点阵，可完成图形显示，也可显示 32 个（16×16 点阵）汉字，其 7 条控制指令与 CPU 接口采用 8 位数据总线并口输入输出方式。

2. RT12864 引脚功能

RT12864 液晶显示模块有 20 条引脚，如图 9-1 所示，引脚功能见表 9-3。

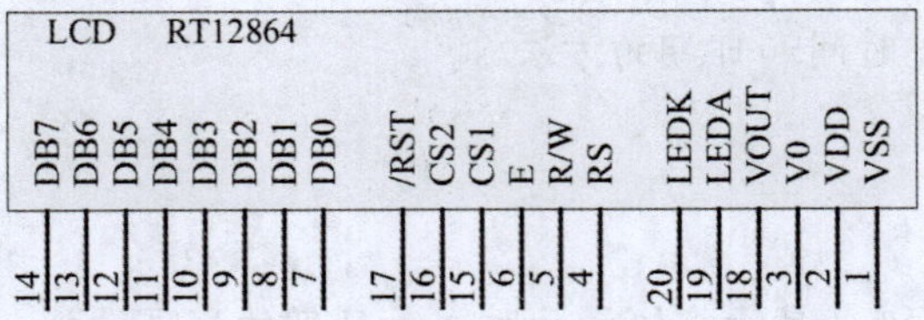

图 9-1 RT12864 引脚

表 9-3 RT12864 引脚功能

引脚号	名称	功能说明
1	VSS	电源负端（0V）
2	VDD	电源正端（+5.0V）
3	V0	LCD 驱动电压（V）（外接可调电阻，可调节对比度）

续表

引脚号	名称	功能说明
4	RS	数据 / 指令选择： （1）RS =1：选择数据，指向数据寄存器； （2）RS =0：选择指令，指向地址计数器、指向指令寄存器
5	R/W	（1）R/W=1：读操作； （2）R/W=0：写操作使能信号
6	E	（1）R/W=H：E 为高电平时读操作有效； （2）R/W=L：E 为下降沿时写操作有效
7 ～ 14	DB0 ～ DB7	数据总线
15	CS1	片选信号，左半屏 64 列选中（高电平有效）
16	CS2	片选信号，右半屏 64 列选中（高电平有效）
17	RST	复位控制信号（低电平有效）
18	VOUT	LCD 驱动负电压输出端
19	LEDA	背光电源正端（+5.0V）
20	LEDK	背光电源负端（0V）

说明：背光源使用 CCFL/EL 时，需逆变器进行升压，接口 19、20 脚不接。

9.1.2 RT12864 液晶显示模块内部结构

RT12864 液晶显示模块内部结构如图 9-2 所示。IC1 控制模块的右半屏，IC2 控制模块的左半屏。

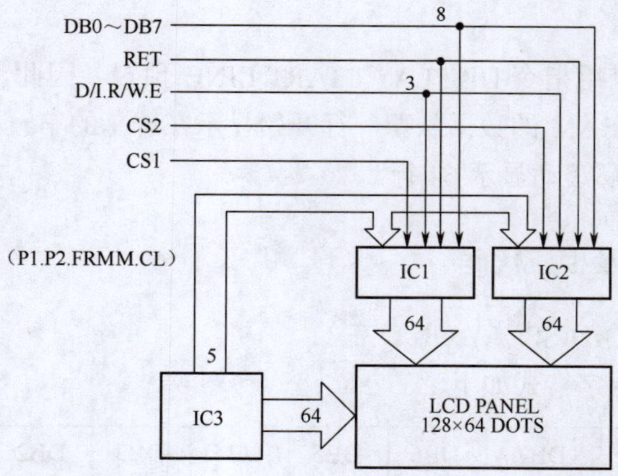

图 9-2 RT12864 液晶显示模块内部结构

IC1 和 IC2 为列驱动器，IC3 为行驱动器。行、列驱动器包含以下主要功能器件（了解以下器件有利于对模块进行编程）。

1. 指令寄存器（IR）

IR 用于寄存指令码，与数据寄存器寄存数据相对应。当 D/I（RS ）=0 时，在 E 信号下降沿的作用下，指令码写入 IR。

2. 数据寄存器（DR）

DR 用于寄存数据，与指令寄存器寄存指令相对应。当 D/I（RS）=1 时，在 E 信号下降沿作用下，图形显示数据写入 DR；或在 E 信号高电平作用下，由 DR 读到 DB7 ～ DB0

数据总线。DR 和 DDRAM 的数据传输是模块内部自动执行的。

3. 忙标志 BF

BF 标志提供内部工作情况。BF=1 表示模块在进行内部操作，此时模块不接受外部指令和数据。BF=0 时，模块为准备状态，随时可接受外部指令和数据。

利用 STATUS READ 指令，可以将 BF 读到 DB7 总线，从而检验模块的工作状态。

4. 显示控制触发器 DFF

此触发器用于模块屏幕显示开和关的控制。DFF=1 为开显示（DISPLAY ON），DDRAM 的内容就显示在屏幕上；DFF=0 为关显示（DISPLAY OFF）。

DFF 的状态是通过指令 DISPLAY ON/OFF 和 RST 信号控制的。

5. XY 地址计数器

XY 地址计数器是一个 9 位计数器。高 3 位是 X 地址计数器，低 6 位为 Y 地址计数器。XY 地址计数器实际上是作为 DDRAM 的地址指针，X 地址计数器为 DDRAM 的页指针，Y 地址计数器为 DDRAM 的列地址指针。

- X 地址计数器是没有记数功能的，只能用指令设置。
- Y 地址计数器具有循环计数功能，各显示数据写入后，Y 地址自动加 1，Y 地址指针从 0 到 63。

6. 显示数据 RAM（DDRAM）

DDRAM 用于存储图形的显示数据。数据为 1 表示显示选择，数据为 0 表示显示非选择。DDRAM 与地址和显示位置的关系见表 9-4。

7. Z 地址计数器

Z 地址计数器是一个 6 位计数器，此计数器具备循环记数功能，用于显示行扫描同步。当一行扫描完成，此地址计数器自动加 1，指向下一行扫描数据。RST 复位后 Z 地址计数器为 0。

Z 地址计数器可以用指令 DISPLAY START LINE 预置。因此，显示屏幕的起始行就由此指令控制，即 DDRAM 的数据从哪一行开始显示在屏幕的第一行。此模块的 DDRAM 共 64 行，屏幕可以循环滚动显示 64 行。

9.1.3 控制指令及相应代码

1. 显示开关控制（DISPLAY ON/OFF）

显示开关控制命令字格式如下：

RS	R/W	DB7	DB6	DB5	DB4	DB3	DB2	DB1	DB0
0	0	0	0	1	1	1	1	1	D

D=1：开显示（DISPLAY ON），即显示器可以进行各种显示操作。

D=0：关显示（DISPLAY OFF），即不能对显示器进行各种显示操作。

代码举例如下：

```
void Set_OnOff(uchar onoff)
{
  onoff=0x3e | onoff;              //0011 111x
  Writ_Comd(onoff);
}
```

2. 设置显示起始行（DISPLAY START LINE）

设置显示起始行命令字格式如下：

RS	R/W	DB7	DB6	DB5	DB4	DB3	DB2	DB1	DB0
0	0	1	1	显示起始行（0 ～ 63）					

指定显示屏从 DDRAM 中哪一行开始显示数据，起始行的地址可以是 0 ～ 63 的任意一行。例如，选择 62，则起始行与 DDRAM 行的对应关系如下：

DDRAM 行：62 63 0 1 2 3 ……………………………………28 29

屏幕显示行：1 2 3 4 5 6……………………………………31 32

相应代码如下：

```
void Set_StartLine(uchar startline)  //0～63
{
    startline=startline & 0x07;
    startline=startline | 0xc0;          //1100 0000
    Writ_Comd(startline);
}
```

3. 设置页地址（SET PAGE "X ADDRESS"）

设置页地址命令字格式如下：

RS	R/W	DB7	DB6	DB5	DB4	DB3	DB2	DB1	DB0
0	0	1	0	1	1	1	X：0 ～ 7		

所谓页地址就是 DDRAM 的行地址，8 行为一页，模块共 64 行（即 8 页）。读写数据对地址没有影响，执行本指令或 RST 信号改变复位后页地址为 0。页地址与 DDRAM 的对应关系见表 9-4。

表 9-4　页地址与 DDRAM 的对应关系

	CS2=1					CS1=1					行号
Y	0	1	……	62	63	0	1	……	62	63	
	DB0↓DB7	DB0↓DB7	DB0↓DB7	DB0↓DB7	DB0↓DB7	DB0↓DB7	DB0↓DB7	DB0↓DB7	DB0↓DB7	DB0↓DB7	0↓7
X=0↓X=7	DB0↓DB7	DB0↓DB7	DB0↓DB7	DB0↓DB7	DB0↓DB7	DB0↓DB7	DB0↓DB7	DB0↓DB7	DB0↓DB7	DB0↓DB7	8↓55
	DB0↓DB7	DB0↓DB7	DB0↓DB7	DB0↓DB7	DB0↓DB7	DB0↓DB7	DB0↓DB7	DB0↓DB7	DB0↓DB7	DB0↓DB7	56↓63

代码举例如下：

```
void Set_Line(uchar line)
{
    line=line & 0x07;               // 0≤line≤7
    line=line|0xb8;                 //1011 1×××
    Writ_Comd(line);
}
```

4. 设置 Y 地址（SET Y ADDRESS）

设置 Y 地址命令字格式如下：

RS	R/W	DB7	DB6	DB5	DB4	DB3	DB2	DB1	DB0
0	0	0	1	Y 地址（0 ～ 63）					

此指令的作用是将 Y 地址送入 Y 地址计数器，作为 DDRAM 的 Y 地址指针。在对 DDRAM 进行读写操作后，Y 地址指针自动加 1，指向下一个 DDRAM 单元。

代码举例如下：

```
void Set_Column(uchar column)
{
   column=column & 0x3f;          // 0≤column≤63
   column=column | 0x40;          // 01×× ××××
   Writ_Comd(column);
}
```

5. 读状态（STATUS READ）

LCD 液晶只有在不忙的时候才可以进行下一步操作，读状态命令字格式如下：

RS	R/W	DB7	DB6	DB5	DB4	DB3	DB2	DB1	DB0
0	1	BUSY	0	ON/OFF	RST	0	0	0	0

当 R/W=1 和 D/I=0 时，在 E 信号为“H”的作用下，状态分别输出到数据总线（DB7～DB0）的相应位。各位状态如下：

（1）BUSY：1 为忙；0 为空闲。

（2）RST：1 为复位；0 为正常。

（3）ON/OFF：1 为显示开；0 为显示关。

相应代码如下：

```
void Check_Busy(void)
{
   uchar dat;
   DI=0;
   RW=1;
   Do
   {
      DataPort=0x00;
      EN=1;                 //在E为高电平时读操作有效
      dat=DataPort;         //读LCD状态
      EN=0;
      dat=0x80 & dat;       //仅当第7位为0时才可操作（判别BUSY信号）
   }
   while(!(dat==0x00));     //直到不忙结束循环
}
```

6. 写显示数据（WRITE DISPLAY DATE）

写入要显示的内容，写显示数据命令字格式如下：

RS	R/W	DB7	DB6	DB5	DB4	DB3	DB2	DB1	DB0
1	0	显示数据（dat）							

此指令是把要显示的数据写入相应的 DDRAM 单元，Y 地址指针自动加 1。

代码举例如下：

```
void Write_Dat(uchar dat)
{
   Check_Busy();             //要确认其在不忙时才可写数据
   RW=0;DI=1;
   DataPort=dat;
   EN=1; EN=0;               //写数据
}
```

7. 向 LCD 发送命令

要想让液晶完成某一操作就必须先向其写入一命令字，告诉其应该做什么。写命令字格式如下：

RS	R/W	DB7	DB6	DB5	DB4	DB3	DB2	DB1	DB0
0	0	命令字（command）							

代码举例如下：

```
void Writ_Comd(uchar command)
{
    Check_Busy();                //要确认其在不忙时才可写命令
    RW=0;DI=0;
    DataPort=command;
    EN=1; EN=0;                  //写命令
}
```

9.2 任务 23　按键设置液晶电子钟电路设计

9.2.1　任务描述

利用 AT89S52 单片机及 RT12864 液晶显示模块，设计一个可以通过按键设置的液晶电子钟。液晶电子钟电路包括：能显示年、月、日、时、分、秒的液晶显示电路；可以通过按键对时间进行设置的按键电路等部分。按键设置液晶电子钟电路如图 9-3 所示。

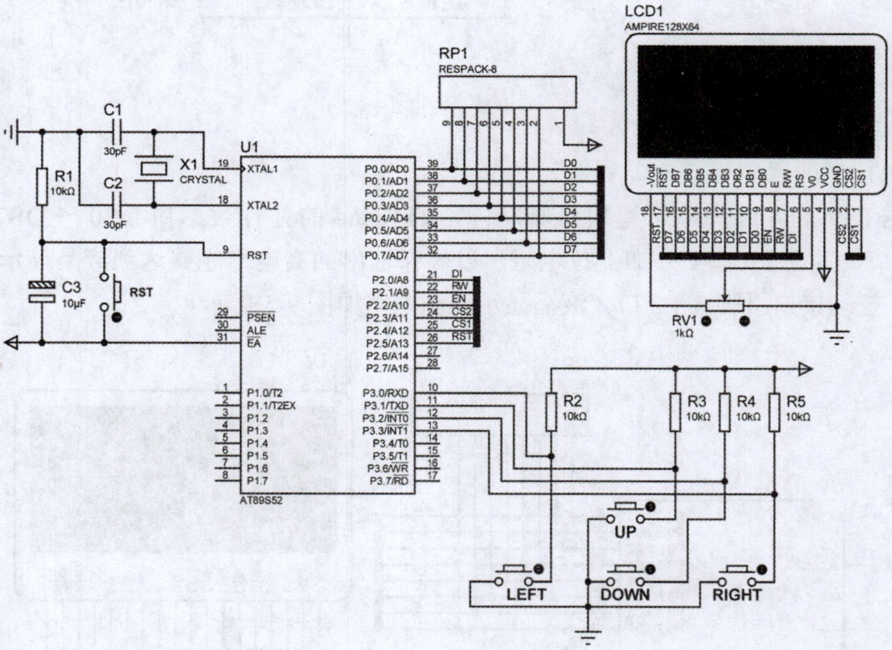

图 9-3　按键设置液晶电子钟电路

按键设置液晶电子钟实现功能如下：

（1）4 个按键能设置年、月、日、时、分、秒。

（2）RT12864 液晶显示模块能显示年、月、日、时、分、秒。

9.2.2　任务分析

从图 9-3 所示电路可以看出，按键设置液晶电子钟电路是由 AT89S52 单片机最小系统、液晶显示电路、4 个独立按键键盘等组成。按键设置液晶电子钟电路中的 4 个独立按键接 P3 口、液晶显示屏的并行数据口接 P0 口、液晶显示屏相关控制接口接 P2 口。

1. 按键设置电路分析

按键设置液晶电子钟可以通过按键对年、月、日、时、分、秒进行设置。

4 个独立按键键盘的按键分别接到 AT89S52 的 P3 口的 P3.0、P3.1、P3.2 和 P3.3 引脚，并经上拉电阻接电源，按键另一端接地。按键电路如图 9-4 所示。

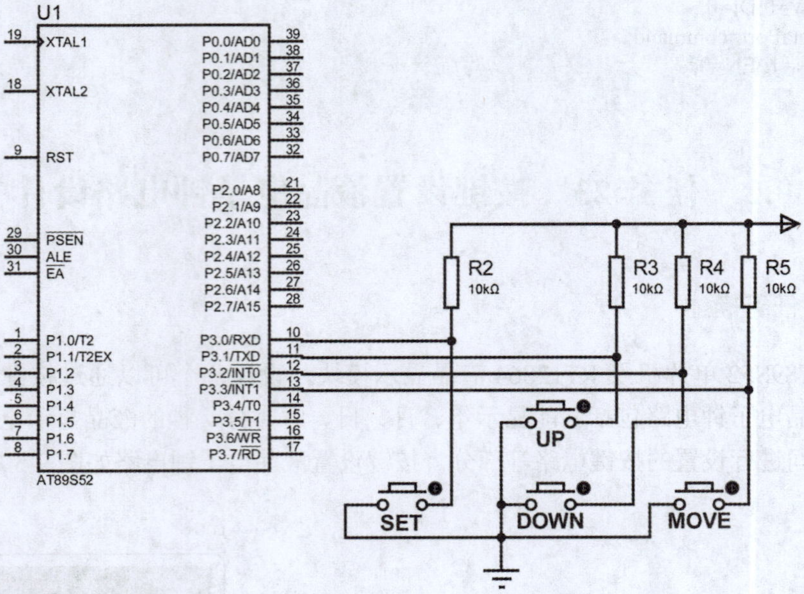

图 9-4　按键电路

2. RT12864 液晶显示电路分析

根据 RT12864 液晶显示模块引脚功能，RT12864 的并行数据口 DB0 ～ DB7 接单片机的 P0 口，并在 P0 口上外加上拉电阻，以确保输出的高电平能够达到液晶显示的要求，RT12864 控制接口引脚接 P2 口。液晶显示控制电路如图 9-5 所示。

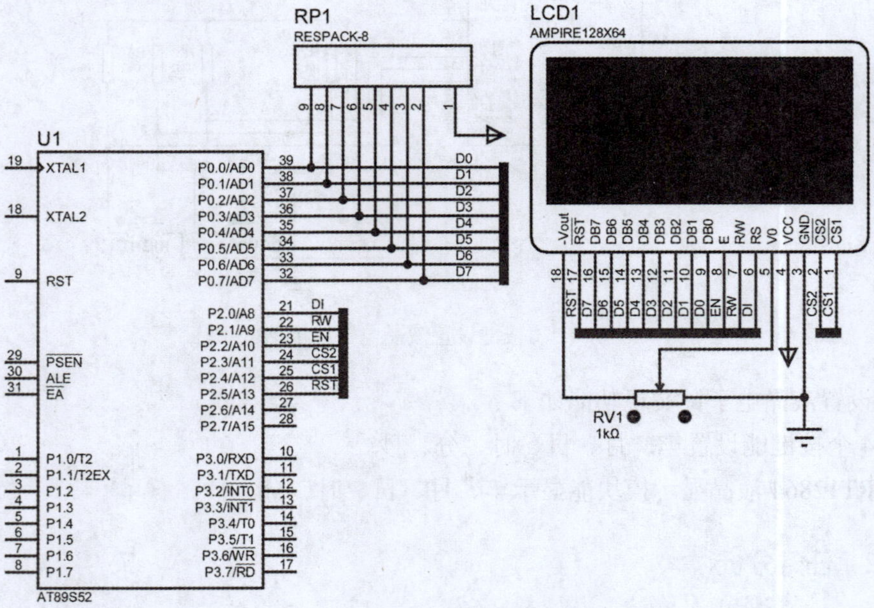

图 9-5　液晶显示控制电路

9.2.3　任务实施

按键设置液晶电子钟电路设计

根据图 9-3 所示，按键设置液晶电子钟电路是由 AT89S52 单片机最小系统、液晶显示控制电路、4 个独立按键键盘等构成。按键设置液晶电子钟电路设计如下所述。

（1）新建设计文件、设置图纸尺寸、设置网格、保存设计文件到“任务 23 按键设置液晶电子钟电路设计”文件夹中，文件名为“按键设置液晶电子钟”。

（2）选取 AT89S52、CRYSTAL、CAP、CAP-ELEC、RES、BUTTON、RESPACK-8、POT-HG（电位器）和 AMPIRE128X64（液晶显示屏）等元器件。

（3）放置元器件、编辑元器件、放置终端、连线，按图 9-3 所示放置元器件并连线。

（4）编辑元器件属性。

（5）执行“工具”→“电气规则检查”命令，弹出检查结果窗口，完成电气检测。若检测出错，根据提示修改电路图并保存，直至检测成功。

9.3　任务 24　按键设置液晶电子钟程序设计

9.3.1　任务描述

按键设置液晶电子钟电路设计好以后，我们还需要进行程序设计，设计一个可用按键设置时间，能显示年、月、日、时、分、秒以及星期的液晶电子钟程序。按键设置液晶电子钟显示内容居中，显示格式如下：

第一行显示：×××× 年 ×× 月 ×× 日

第二行显示：星期 ×

第三行显示：××:××:××

第四行显示：电子信息技术学院

9.3.2　任务分析

1. LCD 驱动程序分析

部分 LCD 驱动程序在前面已经介绍，这里只对其他的 LCD 驱动程序进行分析。

（1）如何定义字符字模显示数据结构。在这里，主要定义液晶显示电子钟使用的 0～9、:、电子信息技术学院、星期、一～六、年、月、日等字符字模显示数据结构。

定义字符字模显示数据结构，代码如下：

```
/*定义0～9和“:”字符字模显示数据结构*/
typedef struct typFNT_Char
{
   char Index_Char[1];
   char Msk_Char[16];
};
struct typFNT_Char code ASC_16[] =
{
   //显示为8×16，MingLiu体
   "0",
   0x00,0xF0,0x08,0x04,0xC4,0x28,0xF0,0x00, //前8个字节是0的上半个字
   0x00,0x0F,0x14,0x23,0x20,0x10,0x0F,0x00,  //后8个字节是0的下半个字
   "1",
   0x00,0x00,0x00,0x08,0xFC,0x00,0x00,0x00,
   0x00,0x00,0x00,0x20,0x3F,0x20,0x00,0x00,
```

```
    ……
    ":",
    0x00,0x00,0x00,0x60,0x60,0x00,0x00,0x00,
    0x00,0x00,0x00,0x0C,0x0C,0x00,0x00,0x00,
};
/*定义电子信息技术学院、星期、一～六、年、月、日等汉字字符字模显示数据结构*/
typedef struct typFNT_GB16
{
    char Index_GB16[2];
    char Msk_GB16[32];
};
struct typFNT_GB16 code GB_16[] =
{
    //显示16×16，楷体_GB2312
    "电",
    0x00,0x00,0xF8,0x88,0x88,0x88,0x88,0xFF,  //前16个字节是“电”的上半个字
    0x88,0x88,0x88,0x88,0xF8,0x00,0x00,0x00,
    0x00,0x00,0x1F,0x08,0x08,0x08,0x08,0x7F,  //后16个字节是“电”的下半个字
    0x88,0x88,0x88,0x88,0x9F,0x80,0xF0,0x00,
    "子",
    0x80,0x82,0x82,0x82,0x82,0x82,0x82,0xE2,
    0xA2,0x92,0x8A,0x86,0x82,0x80,0x80,0x00,
    0x00,0x00,0x00,0x00,0x00,0x40,0x80,0x7F,
    0x00,0x00,0x00,0x00,0x00,0x00,0x00,0x00,
    ……
};
```

说明：0～9 和“:”字符字模和汉字字符字模，可以用取模软件 PCtoLCD2002 获得。字模为阴码、逆向、列行式、C51 格式。汉字字体为楷体 _GB2312（或宋体），字符字体为 MingLiu。

（2）选择屏幕函数 Select_Screen(uchar screen)。选择屏幕函数功能：screen=0 为全屏；screen=1 为左屏；screen=2 为右屏。代码如下：

```
void Select_Screen(uchar screen)
{
    switch(screen)
    {
        case 0: cs1=1; cs2=1; break;
        case 1: cs1=1; cs2=0; break;
        case 2: cs1=0; cs2=1; break;
    }
}
```

（3）清屏函数 void LCD_Clr(uchar screen)。清屏函数功能：screen=0 为全屏；screen=1 为左屏；screen=2 为右屏。代码如下：

```
void LCD_Clr(uchar screen)
{
    unsigned char i,j;
    Select_Screen(screen);
    for(i=0;i<8;i++)
    {
        Set_Line(i);
        for(j=0;j<128;j++)
        {
            Write_Dat(0x00);
        }
    }
}
```

（4）初始化函数 void LCD_Init(void)。初始化函数功能：对 LCD 进行初始化。代码如下：

```
void LCD_Init(void)
{
  uchar i=250;                    //延时
  while(i--);
  Select_Screen(0);
  Set_OnOff(0);                   //关显示
  LCD_Clr(0);                     //清屏
  Select_Screen(0);
  Set_OnOff(1);                   //开显示
  Select_Screen(0);
  Set_StartLine(0);               //开始行：0
}
```

（5）显示字符函数 void Out_Char(uchar x, uchar y, bit mode, char *fmt)。在介绍显示字符函数之前，我们先介绍 LCD 显示汉字的原理。

每一个汉字由 16 行 16 列的点阵组成显示。由于单片机的总线为 8 位，因此一个字需要拆分为上部和下部两个部分。上部由 8×16 点阵组成，下部也由 8×16 点阵组成。LCD 显示汉字过程如下：

- 首先显示的是左上角的第一列的上半部分；上半部第一列完成后，继续扫描下半部的第一列。
- 然后转向上半部第二列；这一列完成后继续进行下半部分的扫描。
- 依照上述方法，继续进行下面的扫描，一共扫描 32 个 8 位。

显示字符函数的功能：在指定位置显示字母或数字字符，x=0 ～ 120；在指定位置显示汉字字符，x=0 ～ 112（汉字）；y=0 ～ 6。代码如下：

```
void Out_Char(uchar x, uchar y, bit mode, char *fmt)      //mode: 1 正常显示，0 反白显示
{
  int c1,c2,cData;
  uchar i=0,j,uLen;
  uchar k;
  uLen=strlen(fmt);
  while(i<uLen)
  {
    c1 = fmt[i];
    c2 = fmt[i+1];
    if(c1>=0 && c1<128 )          //ASCII码
    {
      if(c1 < 0x20)
      {
        switch(c1)
        {
          case 13:
          case 10:                //回车或换行
            i++;
            if (y<7)
            {
              x=0;  y+=2;
            }
            continue;
          case 8:                 //退格
            i++;
            if(y>ASC_CHR_WIDTH) y-=ASC_CHR_WIDTH;
            cData = 0x00;
            break;
        }
      }
```

```
        for(j=0;j<sizeof(ASC_16)/sizeof(ASC_16[0]);j++)
        {
            if(fmt[i] == ASC_16[j].Index_Char[0])
                break;
        }
        for(k=0;k<2*ASC_CHR_WIDTH;k++)
        {
            if(j < sizeof(ASC_16)/sizeof(ASC_16[0]))
            {
                if (mode == 1)
                    cData=ASC_16[j].Msk_Char[k];        //正常
                else
                    cData=~ASC_16[j].Msk_Char[k];       //反白
            }
            else
                cData=0;
            if (k<ASC_CHR_WIDTH)  //字符上半部
            {
                if ((x+k)<64)
                {
                    Select_Screen(1);     //选择左半屏
                    Set_Column(x+k);
                }
                else
                {
                    Select_Screen(2);     //选择右半屏
                    Set_Column(x+k-64);
                }
                Set_Line(y);
            }
            else                          //字符下半部
            {
                if ((x+k-ASC_CHR_WIDTH)<64)
                {
                    Select_Screen(1);     //选择左半屏
                    Set_Column(x+k-8);
                }
                else
                {
                    Select_Screen(2);     //选择右半屏
                    Set_Column((x+k-8)-64);
                }
                Set_Line(y+1);
            }                             //end  if(k<ASC_CHR_WIDTH)
            Write_Dat(cData);
        }                                 // end for(k=0;k<2*ASC_CHR_WIDTH;k++)
        if(c1 != 8)                       //非退格
            x+=ASC_CHR_WIDTH;
    }                                     // end if(c1>=0 && c1<128 ) // ASCII码
    else                                  //汉字
    {
        for(j=0;j<sizeof(GB_16)/sizeof(GB_16[0]);j++)
        {
            if(fmt[i] == GB_16[j].Index_GB16[0] && fmt[i+1] == GB_16[j].Index_GB16[1])
            break;
        }
        for(k=0;k<2*HZ_CHR_WIDTH;k++)
        {
            if(j < sizeof(GB_16)/sizeof(GB_16[0]))
```

```
            {
                if (mode == 1)
                cData=GB_16[j].Msk_GB16[k];
                else
                cData=~GB_16[j].Msk_GB16[k];
            }
            else
                cData=0;
            if (k<HZ_CHR_WIDTH)    //汉字上半部
            {
                if ((x+k)<64)
                {
                    Select_Screen(1);    //选择左半屏
                    Set_Column(x+k);
                }
                else
                {
                    Select_Screen(2);    //选择右半屏
                    Set_Column(x+k-64);
                }
                Set_Line(y);
            }
            else                         //汉字下半部
            {
                if ((x+k-HZ_CHR_WIDTH)<64)
                {
                    Select_Screen(1);    //选择左半屏
                    Set_Column(x+k-HZ_CHR_WIDTH);
                }
                else
                {
                    Select_Screen(2);    //选择右半屏
                    Set_Column((x+k-HZ_CHR_WIDTH)-64);
                }
                Set_Line(y+1);
            }  //end  if (k<HZ_CHR_WIDTH)    //汉字上半部
            Write_Dat(cData);
        }   //end  for(k=0;k<2*HZ_CHR_WIDTH;k++)
        x+=HZ_CHR_WIDTH;
        i++;
    }  //end  else  //汉字
    i++;
  }   //end while(i<uLen)
}     //end void Out_Char()
```

2. 时间程序分析

根据任务描述，时间程序主要完成 ×××× 年 ×× 月 ×× 日、星期 × 以及 ×× 时 ×× 分 ×× 秒的计算，为液晶电子钟提供显示的时间。时间程序主要包括以下部分。

（1）判断是否为闰年。每逢闰年，2 月份为 29 天，否则 2 月份为 28 天。闰年计算的依据：四年一闰，即年能被 4 整除；百年不闰，即年不能被 100 整除；四百年再闰，即年能被 400 整除。代码如下：

```
void run_nian(uint year)
{
  if((year%4==0 && year%100 != 0 ) || year%400==0)
    month_day[1]=29;
  else
    month_day[1]=28;
  return ;
}
```

（2）由日期计算星期。

```
uchar CalculateWeekDay(uint Year,uchar Month,uchar Date)
{
  uchar week;
  if((Month<3) && (!(Year&0x03) && (Year%100) || (!(Year%400))))
    Date--;
  week = (Date + Year + Year/4 + Year/400 - Year/100 + week_tab[Month]-2)%7;
  return week;
}
```

（3）时间、日期自动更新程序。时间基准由定时中断产生，每 50ms 中断 1 次，中断 20 次时间是 1 秒钟。定时器 0 中断服务程序如下：

```
void timer0(void)  interrupt 1 using 1        //50ms中断一次
{
  TH0=0x4C;                                   //晶振：11.0592MHz
  // TH0=0x3C;                                //晶振：12MHz
  TL0=0x00;                                   //晶振：11.0592MHz
  // TH0=0xB0;                                //晶振：12MHz
  irq_count++;
  if(irq_count>=20)                           //1s
  {
    irq_count = 0;
    second++;
    if(second >= 60)
    {
      second = 0;
      minute++;
      if(minute >= 60)
      {
        minute = 0;
        hour++ ;
        if(hour >= 24)
        {
          hour = 0 ;
          day++;
          if(day > month_day[month-1])
          {
            day=1;
            month++;
            if(month > 12)
            {
              month=1;
              year++;
              run_nian(year);
              dsp_data_year[0]=year/1000+'0';
              dsp_data_year[1]=year/100%10+'0';
              dsp_data_year[2]=year%100/10+'0';
              dsp_data_year[3]=year%100%10+'0';
            }  //end if(month > 12)
            dsp_data_month[0]=month/10+'0';
            dsp_data_month[1]=month%10+'0';
          }   // end  if(day > month_day[month-1])
          dsp_data_day[0]=day/10+'0';
          dsp_data_day[1]=day%10+'0';
        }   // end if (hour >= 24)
        dsp_time_hh[0]=hour/10+'0';
        dsp_time_hh[1]=hour%10+'0';
      }   // end if(minute >= 60)
      dsp_time_mm[0]=minute/10+'0';
      dsp_time_mm[1]=minute%10+'0';
    }    // end if (second >= 60)
```

```
        dsp_time_ss[0]=second/10+'0';
        dsp_time_ss[1]=second%10+'0';
    }    // end if (irq_count>=20)
}
```

3. 按键设置程序实现分析

4 个独立按键键盘，可以对年、月、日、时、分、秒进行设置，4 个按键设置时间程序实现如下：

（1）SET 键用于对模式进行选择。第一次按 SET 键进入设置模式，首先以反白形式选中年份；当所有选择项都设置好以后，再按一次 SET 键，进入正常运行模式。

SET 键按下的处理程序如下：

```
if(SET_KEY)                    //这部分按键处理程序省略了按键延时去抖代码
{
  mode_set = ~mode_set;          //模式取反
  if(mode_set == 1)              //进入设置模式
  {
    EA = 0;                      //关中断（时钟停止走动）
    sign[0]=0;                   //设置反白显示标志位
  }
  else
  {
    EA = 1; i = 0;
    week_day=CalculateWeekDay(year, month,day);
    switch(week_day)
    {
      case 0 : Out_Char(72,2,1,"日");   break;
      case 1 : Out_Char(72,2,1,"一");   break;
      case 2 : Out_Char(72,2,1,"二");   break;
      case 3 : Out_Char(72,2,1,"三");   break;
      case 4 : Out_Char(72,2,1,"四");   break;
      case 5 : Out_Char(72,2,1,"五");   break;
      case 6 : Out_Char(72,2,1,"六");   break;
      default : break;
    }
    /* 清所有反白显示标志位 */
    sign[0]=sign[1]=sign[2]=sign[3]=sign[4]=sign[5]=1;
  }
  while(SET_KEY);                //等待按键松开
}
```

（2）UP 键对选中的年、月、日、时、分、秒进行加 1 处理；DOWN 键对选中的年、月、日、时、分、秒进行减 1 处理。

UP 键按下处理程序如下：

```
/*在mode_set == 1且UP_KEY按下的情况下进行加1处理，否则不处理*/
if(UP_KEY && mode_set == 1)
{
  switch(i)                      //i表示设置的是第几项
  {
    case 0 :                     //年加1
      year=year+1;   run_nian(year);
      dsp_data_year[0]=year/1000+'0';
      dsp_data_year[1]=year/100%10+'0';
      dsp_data_year[2]=year%100/10+'0';
      dsp_data_year[3]=year%100%10+'0';
      break;
    case 1 :                     //月加1
      month=month+1; if (month > 12) month=1;
      dsp_data_month[0]=month/10+'0';
```

```
            dsp_data_month[1]=month%10+'0';
            break;
        case  2 :                          //日加1
            day=day+1;  if (day > month_day[month-1]) day=1;
            dsp_data_day[0]=day/10+'0';
            dsp_data_day[1]=day%10+'0';
            break;
        case  3 :                          //时加1
            hour=hour+1;  if (hour > 23) hour=0;
            dsp_time_hh[0]=hour/10+'0';
            dsp_time_hh[1]=hour%10+'0';
            break;
        case  4 :                          //分加1
            minute=minute+1;  if (minute > 59) minute=0;
            dsp_time_mm[0]=minute/10+'0';
            dsp_time_mm[1]=minute%10+'0';
            break;
        case  5 :                          //秒加1
            second=second+1;  if (second > 59) second=0;
            dsp_time_ss[0]=second/10+'0';
            dsp_time_ss[1]=second%10+'0';
            break;
        default :  break;
    }                                      //end switch(i)
    while(UP_KEY);                         //等待UP_KEY松开
}
```

DOWN 键按下处理程序如下：

```
/*在mode_set == 1且DOWN_KEY按下的情况下进行减1处理，否则不处理*/
if(DOWN_KEY && mode_set == 1)
{
    switch(i)
    {
        case  0 :                          //年减1
            year=year-1;    run_nian(year);
            dsp_data_year[0]=year/1000+'0';
            dsp_data_year[1]=year/100%10+'0';
            dsp_data_year[2]=year%100/10+'0';
            dsp_data_year[3]=year%100%10+'0';
            break;
        case  1 :                          //月减1
            ……                             //代码同UP键按下处理代码
            ……
        case  5 :                          //秒减1
            if (second == 0)
                second=59;
            else
                second=second-1;
            dsp_time_ss[0]=second/10+'0';
            dsp_time_ss[1]=second%10+'0';
            break;
        default :  break;
    }                                      //end switch(i)
    while(DOWN_KEY);                       //等待按键松开
}
```

（3）当某一项修改后，用 MOVE 键在“年、月、日、时、分、秒”中选择其他需要修改的项。

MOVE 键按下处理程序如下：

```
/* mode_set == 1且MOVE_KEY按下时更改设置项*/
if(MOVE_KEY && mode_set == 1)
```

```
{
    sign[i]=1;                        //选中下一项作为更该项
    if(i==5)
        i=0;
    else
        i=i+1;
    sign[i]=0;
    while(MOVE_KEY);                  //等待按键松开
}
```

9.3.3 任务实施

按键设置液晶电子钟程序设计

1. 建立“按键设置液晶电子钟”工程项目

新建“按键设置液晶电子钟”工程文件，并将其保存在“任务 24 按键设置液晶电子钟程序设计”文件夹中，然后选择单片机型号为 Atmel 的 AT89S52。

2. 编写 LCD 液晶显示器设备文件

参考任务 22，编写 LCD 液晶显示器设备文件，分别为 LCD.c 文件和 LCD.h 头文件。

（1）编写 LCD.h 头文件。如图 9-3 所示，液晶控制接口变量名称要和电路对应，其目的是为了方便编程和提高程序的可阅读性，在 LCD.h 头文件里面主要对液晶显示器接口进行定义。代码如下：

```
#ifndef __LCD__H
#define __LCD__H
/*LCD端口定义*/
#define DataPort P0                   // LCD数据线D0～D7
sbit DI=P2^0;                         //数据/指令选择RS
sbit RW=P2^1;                         //读/写选择
sbit EN=P2^2;                         //读/写使能
sbit cs1=P2^3;                        //片选1
sbit cs2=P2^4;                        //片选2
sbit RST=P2^5;
#define uchar   unsigned char
#define uint    unsigned int
/*定义LCD大小*/
#define LCD_X_MAX  128                //定义液晶x轴的像素数
#define LCD_Y_MAX  64                 //定义液晶y轴的像素数
/*ASCII码字模宽度及高度*/
#define ASC_CHR_WIDTH  8
#define ASC_CHR_HEIGHT  16
#define HZ_CHR_WIDTH   16
#define HZ_CHR_HEIGHT  16
void LCD_Init(void);                  //初始化函数
void Out_Char(uchar x, uchar y, bit mode, char *fmt);       //在指定位置显示字符
#endif
```

（2）编写 LCD.c 文件。LCD.c 文件主要包括 LCD 液晶显示器相关的驱动函数和代码（这里省略了前面已给过的函数和代码），代码如下：

```
/*LCD底层驱动程序，LCD接线见LCD.H定义*/
#include <AT89X52.H>
#include <stdio.h>
#include <string.h>
#include "lcd.h"
/*定义0～9和“:”字符字模显示数据结构*/
……                                    //代码见前面介绍
/*定义电子信息技术学院、星期、一～六、年、月、日等汉字字符字模显示数据结构*/
……
/*LCD状态检查函数Check_Busy()*/
```

```
void Check_Busy(void)
……
/*-向LCD发送命令函数Writ_Comd()*/
void Writ_Comd(uchar command)
……
/*写显示数据函数Write_Dat()*/
void Write_Dat(uchar dat)
……
/*设置行地址函数Set_Line()，line取值范围：0～7*/
void Set_Line(uchar line)
……
/*设置列地址函数Set_Column()，column取值范围：0～63*/
void Set_Column(uchar column)
……
/*设置显示开始行函数Set_StartLine()，startline取值范围：0～63*/
void Set_StartLine(uchar startline)
……
/*设置开关LCD函数Set_OnOff()，onoff=1时开LCD；onoff=0时关LCD*/
void Set_OnOff(uchar onoff)
……
/*选择屏幕函数Select_Screen()，screen=0为全屏；screen=1为左屏；screen=2为右屏*/
void Select_Screen(uchar screen)
……
/*清屏函数void LCD_Clr()，screen=0为全屏；screen=1为左屏；screen=2为右屏*/
void LCD_Clr(uchar screen)
……
/*初始化LCD函数LCD_Init()*/
void LCD_Init(void)
……
/*显示字符函数void Out_Char()，在指定位置显示字符：x=0～120（字母、数字）；
x=0～112（汉字）；y=0～6 */
void Out_Char(uchar x, uchar y, bit mode, char *fmt)   //mode: 1 正常显示，0 反白显示
……
```

编写并保存 LCD.c 文件的方法参考任务 2。完成该文件编写后，还需要把该文件加载到工程里面，加载方法参考任务 2。

3. 编写按键设置液晶电子钟主文件

按键设置液晶电子钟主文件有 main.h 头文件和按键设置液晶电子钟 .c 文件。

（1）编写 main.h 头文件。在 main.h 头文件里面，主要是对 4 个按键接口（接在 P3.0、P3.1、P3.2 和 P3.3）进行宏定义。代码如下：

```
#ifndef __MAIN_H__
#define __MAIN_H__
#define SET_KEY(!(P3_0))
#define UP_KEY(!(P3_1))
#define DOWN_KEY(!(P3_2))
#define MOVE_KEY(!(P3_3))
#endif
```

（2）编写按键设置液晶电子钟 .c 文件。按键设置液晶电子钟 .c 文件主要包括：头文件包含、变量定义、时间计算更新、按键设置处理、定时器 0 中断服务程序以及时间显示等，代码如下：

```
#include<AT89X52.H>
#include <stdio.h>
#include <string.h>
#include <lcd.h>
#include <main.h>
uint  year = 2020;
uchar  month = 8;
```

```
uchar   day = 1;
uchar   hour = 12;
uchar   minute = 00;
uchar   second = 00;
uchar   week_day;
uchar   irq_count=0;                    //中断计数
uint    year_old, month_old, day_old;
/*定义显示缓冲区*/
uchar dsp_data_year[5]="2020";
uchar dsp_data_month[3]="08";
uchar dsp_data_day[3]="01";
uchar dsp_time_hh[3]="12";
uchar dsp_time_mm[3]="00";
uchar dsp_time_ss[3]="00";
uchar dsp_week[3]="三";
uchar month_day[12]={31,28,31,30,31,30,31,31,30,31,30,31};     //每个月的天数
uchar code week_tab[] = {0,1,4,4,0,2,5,0,3,6,1,4,6};
/*判断是否为闰年，并设置2月份的天数*/
void run_nian(uint year)
……
/*由日期计算星期*/
uchar CalculateWeekDay(uint Year,uchar Month,uchar Date)
……
void main(void)
{
   bit mode_set=0;                      //模式控制 1 设置模式，0 正常模式
   uchar sign[6]={1,1,1,1,1,1};         //放置日期和时间反白显示标志位：1 正常显示，0 反白显示
   char i=0;
   RST=1;                               // LCD reset signal，when RST=0 LCD reset
   LCD_Init();                          // LCD initialization
   P0=0xff;
   EA=1; ET0=1;                         //开中断
   TMOD=0x01;                           // T0方式1计时
   TH0=0x4C;                            //晶振：11.0592MHz
   // TH0=0x3C;                         //晶振：12MHz
   TL0=0x00;                            //晶振：11.0592MHz
   // TL0=0xB0;                         //晶振：12MHz
   TR0=1;                               //启动定时器0
   /*在指定位置显示字符和汉字*/
   Out_Char(40,0,1,"年");
   Out_Char(72,0,1,"月");
   Out_Char(104,0,1,"日");
   Out_Char(48,4,1,":");
   Out_Char(72,4,1,":");
   Out_Char(40,2,1,"星期");
   Out_Char(0,6,1,"电子信息技术学院");
   week_day=CalculateWeekDay(year, month,day);
   switch(week_day)
   {
      case 0 : Out_Char(72,2,1,"日");  break;
      case 1 : Out_Char(72,2,1,"一");  break;
      case 2 : Out_Char(72,2,1,"二");  break;
      case 3 : Out_Char(72,2,1,"三");  break;
      case 4 : Out_Char(72,2,1,"四");  break;
      case 5 : Out_Char(72,2,1,"五");  break;
      case 6 : Out_Char(72,2,1,"六");  break;
      default : break;
   }
   while(1)
   {
      ……                                            //4个按键处理程序
      /*在指定位置显示时间*/
```

```
        Out_Char(8,0,sign[0],dsp_data_year);          // year
        Out_Char(56,0,sign[1],dsp_data_month);        // month
        Out_Char(88,0,sign[2],dsp_data_day);          // day
        Out_Char(32,4,sign[3],dsp_time_hh);           // hour
        Out_Char(56,4,sign[4],dsp_time_mm);           // minute
        Out_Char(80,4,sign[5],dsp_time_ss);           // second

    }                                                 // end while
}                                                     // end main
/* 定时器0的中断服务程序 */
void timer0(void)  interrupt 1 using 1                // 50ms中断一次
……
```

完成按键设置液晶电子钟 .c 文件编写后，把该文件加载到工程里面。

4. “按键设置液晶电子钟”工程配置与编译

工程配置：“目标”标签页的晶振频率栏设为 12MHz，勾选“输出”标签页的“生成 HEX 文件”复选框。

工程编译：完成工程配置后，对“按键设置液晶电子钟”工程进行编译。若编译发生错误，要进行分析检查，直到编译正确为止。

5. 按键设置液晶电子钟运行调试

（1）打开按键设置液晶电子钟仿真电路。

（2）加载“按键设置液晶电子钟 .hex”到单片机中。

（3）单击仿真工具栏“运行”按钮▶，单片机全速运行程序。

观察按键设置液晶电子钟是否与任务要求一致。若运行结果与任务要求不一致，要对电路和程序进行分析检查，直到运行正确。

【技能训练 9-1】基于 DS1302 的液晶电子钟电路设计

【技能训练 9-1】基于 DS1302 的液晶电子钟电路设计

设计一个基于时钟芯片 DS1302 的液晶显示电子钟电路，其中时钟芯片 DS1302 提供年、月、日及时、分、秒和星期，RT12864 液晶用来显示年、月、日及时、分、秒和星期。

1. 认识时钟芯片 DS1302

DS1302 是美国 DALLAS 公司推出的一种高性能、低功耗的实时时钟芯片，附加 31 字节静态 RAM，采用 SPI 三线接口与 CPU 进行同步通信，并可采用突发方式一次传送多个字节的时钟信号和 RAM 数据。

实时时钟可提供对秒、分、时、日、星期、月和年进行计时，一个月小于 31 天时可以自动调整，且具有闰年补偿功能，工作电压为 2.5 ～ 5.5V，采用双电源供电（主电源和备用电源），可设置备用电源充电方式，提供了对后背电源进行涓细电流充电的能力。

DS1302 用于数据记录，特别是在对某些具有特殊意义的数据点的记录上，能实现数据与出现该数据的时间同时记录，因此广泛应用于测量系统中。

2. DS1302 引脚的功能

DS1302 的外部引脚分配如图 9-6 所示。

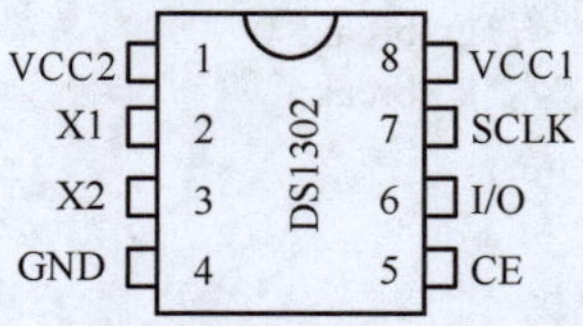

图 9-6　DS1302 的外部引脚分配

（1）VCC1、VCC2：VCC1 为主电源、VCC2 为备份电源。当 VCC2>VCC1+0.2V 时，由 VCC2 向 DS1302 供电；当 VCC2<VCC1 时，由 VCC1 向 DS1302 供电。

（2）SCLK：串行时钟输入，控制数据的输入与输出。

（3）I/O：三线接口时的双向数据线。

（4）CE：输入信号，在读、写数据期间必须为高。该引脚有两个功能：① CE 开启控制字访问移位寄存器的控制逻辑；② CE 提供结束单字节或多字节数据传输的方法。

3. DS1302 寄存器

DS1302 有与日历、时钟相关的 7 个寄存器，存放的数据为 BCD 码形式，另外还有写保护寄存器、慢充电寄存器以及时钟突发寄存器等。DS1302 的寄存器如图 9-7 所示。读操作时，寄存器地址为 81H ～ 8DH；写操作时，寄存器地址为 80H ～ 8CH。

寄存器名	命令字		取值范围	各位内容							
	写操作	读操作		7	6	5	4	3...0			
秒寄存器	80H	81H	00～59	CH	10SEC			SEC			
分寄存器	82H	83H	00～59	0	10MIN			MIN			
时寄存器	84H	85H	01～12 或 00～23	12/24	0	10 A/P	HR	HR			
日寄存器	86H	87H	01～28 29,30,31	0	0	10DATE		DATE			
月寄存器	88H	89H	01～12	0	0	0	10M	MONTH			
周寄存器	8AH	8BH	01～07	0	0	0	0	DAY			
年寄存器	8CH	8DH	01～99	10YEAR				YEAR			
写保护寄存器	8EH	8FH		WP	0	0	0	0			
慢充电寄存器	90H	91H		TCS	TCS	TCS	TCS	DS	DS	DS	DS
时钟突发寄存器	BEH	BFH									

图 9-7　DS1302 的寄存器

（1）秒寄存器。CH 为时钟暂停标志，当该位置为 1 时，时钟振荡器停止，DS1302 处于低功耗状态；当该位置为 0 时，时钟开始运行。

（2）小时寄存器。12/24 为模式选择位，当该位为 1 时，选择 12 小时模式，在该模式时，位 5 是为 1，表示 PM，否则表示 AM。在 24 小时模式时，位 5 是第二个 10 小时位。

（3）写保护寄存器。WP 为写保护位，其他 7 位均置为 0。在任何对时钟和 RAM 的写操作之前，WP 位必须为 0。当 WP 位为 1 时，防止对任一寄存器的写操作。

4. DS1302 有关 RAM 的地址

DS1302 中附加 31 字节静态 RAM 的地址，命令控制字为 C0H ～ FDH，其中奇数为读操作，偶数为写操作，如图 9-8 所示。

读地址	写地址		数据范围
C1h	C0h		00～FFh
C3h	C2h		00～FFh
C5h	C4h		00～FFh
⋮	⋮		⋮
FCh	FDh		00～FFh

图 9-8　静态 RAM 地址

5. 基于 DS1302 的液晶电子钟电路设计

采用 DS1302 串行时钟芯片提供年、月、日及时、分、秒和星期，利用 RT12864 液晶来显示年、月、日及时、分、秒和星期构成一个液晶电子钟。电路图如图 9-9 所示。

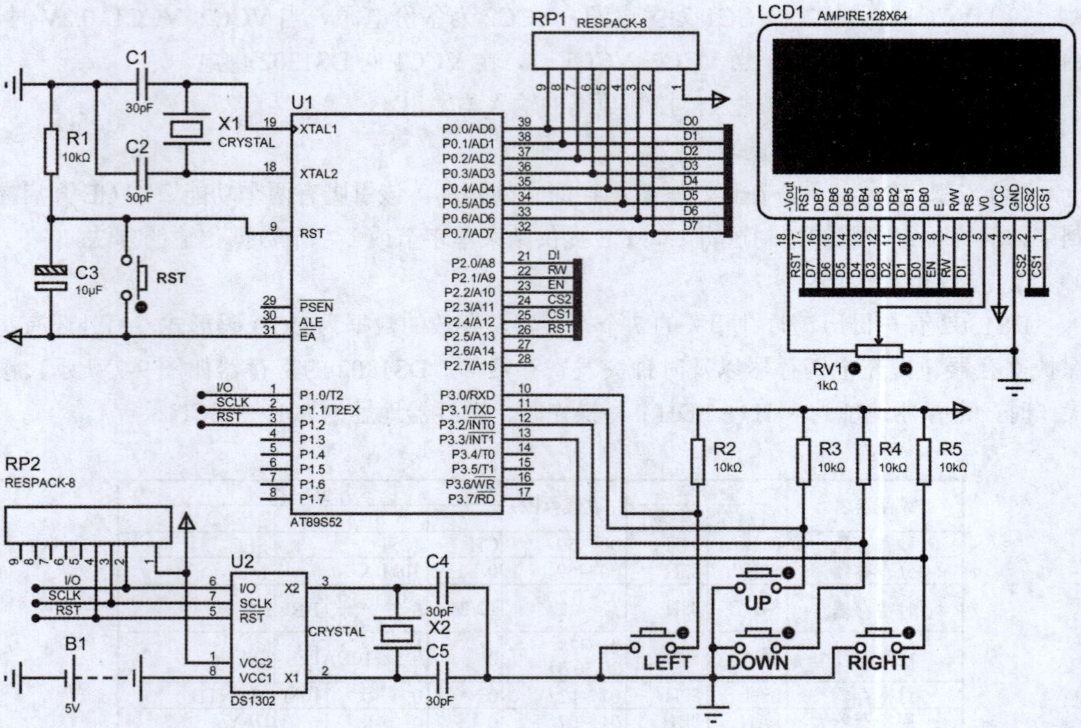

图 9-9　DS1302 液晶电子钟电路

关键知识点梳理

1. 液晶 RT12864

LCD 液晶显示是常用的显示器件之一。它是一种将液晶显示器件、连接件、集成电路、PCB 线路板、背光源、结构件装配在一起的组件。

（1）RT12864 系列是一种图形点阵型液晶显示模块。

（2）可显示 128（列）×64（行）点阵。

（3）可显示 32 个（16×16 点阵）汉字。

（4）与 CPU 接口采用 8 位数据总线并口输入输出方式。

2. RT12864 的七条控制指令格式

（1）显示开关控制（DISPLAY ON/OFF）。

RS	R/W	DB7	DB6	DB5	DB4	DB3	DB2	DB1	DB0
0	0	0	0	1	1	1	1	1	D

D=1：开显示（DISPLAY ON），即显示器可以进行各种显示操作。

D=0：关显示（DISPLAY OFF），即不能对显示器进行各种显示操作。

（2）设置显示起始行（DISPLAY START LINE）。

RS	R/W	DB7	DB6	DB5	DB4	DB3	DB2	DB1	DB0
0	0	1	1	显示起始行（0～63）					

指定显示屏从 DDRAM 中哪一行开始显示数据，起始行的地址可以是 0 ～ 63 的任意一行。

（3）设置页地址（SET PAGE "X ADDRESS"）。

RS	R/W	DB7	DB6	DB5	DB4	DB3	DB2	DB1	DB0
0	0	1	0	1	1	1	X：0 ～ 7		

所谓页地址就是 DDRAM 的行地址，8 行为一页，模块共 64 行（即 8 页）。

（4）设置 Y 地址（SET Y ADDRESS）。

RS	R/W	DB7	DB6	DB5	DB4	DB3	DB2	DB1	DB0
0	0	0	1	Y 地址（0 ～ 63）					

此指令的作用是将 Y 地址送入 Y 地址计数器，作为 DDRAM 的 Y 地址指针。在对 DDRAM 进行读写操作后，Y 地址指针自动加 1，指向下一个 DDRAM 单元。

（5）读状态（STATUS READ）。

RS	R/W	DB7	DB6	DB5	DB4	DB3	DB2	DB1	DB0
0	1	BUSY	0	ON/OFF	RST	0	0	0	0

当 R/W=1 和 D/I=0 时，在 E 信号为“H”的作用下，状态分别输出到数据总线（DB7 ～ DB0）的相应位。各位状态如下：

1）BUSY：1 为忙；0 为空闲。

2）RST：1 为复位；0 为正常。

3）ON/OFF：1 为显示开；0 为显示关。

（6）写显示数据（WRITE DISPLAY DATE）。

RS	R/W	DB7	DB6	DB5	DB4	DB3	DB2	DB1	DB0
1	0	显示数据（dat）							

此指令是把要显示的数据写入相应的 DDRAM 单元，Y 地址指针自动加 1。

（7）向 LCD 发送命令。

RS	R/W	DB7	DB6	DB5	DB4	DB3	DB2	DB1	DB0
0	0	命令字（command）							

3. 液晶电子钟按键

（1）SET_KEY 键：第 1 次按此键进入设置模式，第二次按该键进入正常运行模式。

（2）UP_KEY 键:在设置模式下，该键负责对年、月、日、时、分、秒进行加 1 处理。

（3）DOWN_KEY 键:在设置模式下，该键负责对年、月、日、时、分、秒进行减 1 处理。

（4）MOVE_KEY 键：在设置模式下，该键负责对年、月、日、时、分、秒这些设置项进行选择。

4. 闰年计算方法

四年一闰，百年不闰，四百年再闰。

问题与讨论

9-1 对液晶进行读写之前，为何要检查液晶是否处于忙状态？

9-2 如何使一些字符显示在 RT12864 液晶面板的特定位置？

项目 10　8 路温度采集监控系统

项目描述

温度测量与控制技术在工业、农业、国防等行业有着广泛的应用，DS18B20 单线数字温度传感器因测量精度高，电路简单，价格低廉而被广泛使用。

本项目通过 8 路温度采集监控系统的设计，首先让读者了解 DS18B20 单线数字温度传感器的内部结构和引脚功能，然后介绍 DS18B20 通信协议、ROM 操作命令、存储器操作命令及相应代码，最后通过 C 语言程序实现 8 路温度采集监控，让读者进一步了解 DS18B20 单线数字温度传感器的应用。

能力目标

能完成单片机对 8 路温度循环采集监控的相关电路设计，能应用 C 语言程序完成单片机对 8 路温度循环采集监控的相关程序设计，实现 8 路温度循环采集监控的设计、运行及调试。

知识目标

- 了解 DS18B20 内部结构与引脚功能
- 掌握 DS18B20 的通信协议
- 掌握 ROM 操作命令和存储器操作命令
- 掌握 8 路温度循环采集监控的电路和程序设计

教学重点

- DS18B20 的工作过程和通信协议
- ROM 操作命令和存储器操作命令
- DS18B20 的电路和程序设计方法

教学难点

DS18B20 的初始化、温度转换程序设计。

10.1　DS18B20 温度传感器

DS18B20 温度传感器

DS18B20 具有微型化、低功耗、高性能、抗干扰能力强等优点，特别适合于构成多点温度测控系统，可直接将温度转化成串行数字信号进行处理。而且每片 DS18B20 都有唯一的产品序列号并存储在内部 ROM 中，以便在构成大型温度测控系统时在单线上挂接任意多个 DS18B20 芯片，为测量系统的构建引入全新概念。

10.1.1 认识 DS18B20

DS18B20 是美国 DALLAS 半导体公司生产的单线数字温度传感器，是继 DS1820 之后推出的一种改进型智能温度传感器。它可以直接读出被测温度值，采用“一线总线”与单片机相连，减少了外部的硬件电路，具有低成本和易使用的特点。

1. DS18B20 引脚功能

DS18B20 通过一个单线接口发送或接收信息，因此在单片机和 DS18B20 之间仅需一条连接线（加上地线）。DS18B20 的引脚如图 10-1 所示。

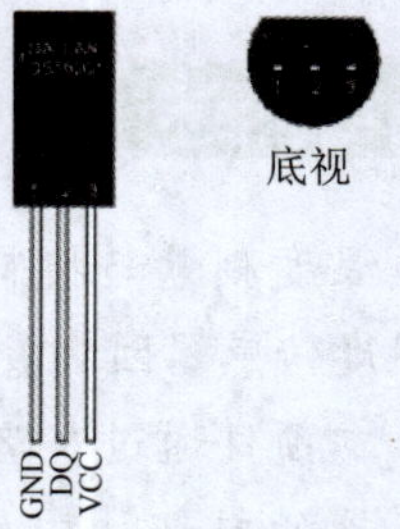

图 10-1 DS18B20 引脚

DS18B20 引脚说明见表 10-1。

表 10-1 DS18B20 引脚说明

引脚	符号	说明
1	GND	接地
2	DQ	数据输入 / 输出脚
3	VCC	可选的 VCC 引脚

2. DS18B20 供电方式

用于读写和温度转换的电源可以从数据线本身获得，无需外部电源。DS18B20 可以设置成两种供电方式，即寄生电源方式（即数据总线供电方式）和外部供电方式。

（1）寄生电源方式。寄生电源方式是在信号线处于高电平期间把能量储存在内部寄生电容里，在信号线处于低电平期间消耗电容上的电能工作，直到高电平到来再给寄生电源（电容）充电。要想使 DS18B20 能够进行精确的温度转换，必须在转换期间保证给 I/O 线供电，用 MOSFET 把 I/O 线直接拉到电源上就可以实现，如图 10-2 所示。

寄生电源有两个好处：进行远距离测温时，无需本地电源；可以在没有常规电源的条件下读 ROM。

注意：温度高于 100℃时，不要使用寄生电源，因为 DS18B20 在这种温度下表现出的漏电流比较大，通信可能无法进行；使用寄生电源方式时，VCC 引脚必须接地。

（2）外部供电方式。外部供电方式是从 VCC 引脚接入一个外部电源，如图 10-3 所示。

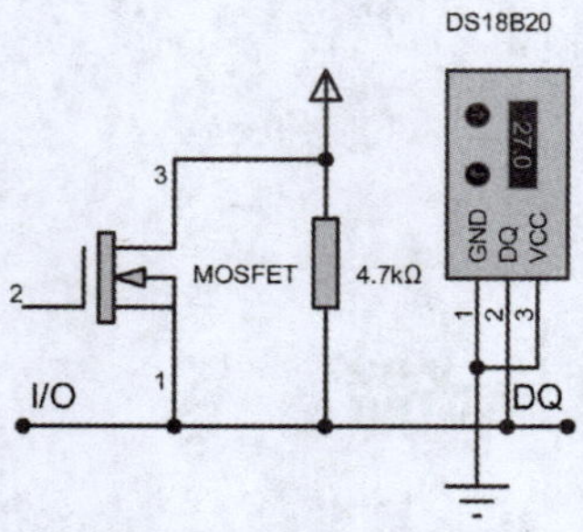

图 10-2 寄生电源方式

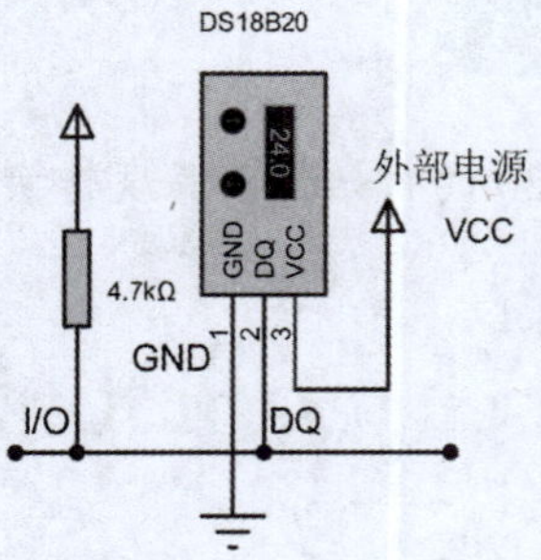

图 10-3 外部供电方式

DS18B20 采取寄生电源方式可以节省一根导线，但完成温度测量的时间较长。若采用外部供电方式则多用一根导线，但测量速度较快。

注意：当采用外部供电方式时，GND 引脚不能悬空。

3. DS18B20 应用特性

（1）采用单总线技术，与单片机通信只需要一根 I/O 线，无需外部器件，在一根线上可以挂接多个 DS18B20 芯片。

（2）每个 DS18B20 芯片具有一个独有的、不可修改的 64 位序列号，根据序列号访问对应的器件。

（3）低压供电，电源范围为 3 ～ 5V，可以本地供电，也可以通过数据线供电（寄生电源方式）。

（4）零待机功耗。

（5）测温范围为 -55 ～ +125℃，在 -10 ～ 85℃范围内误差为 ±0.5℃。

（6）DS18B20 的分辨率可由用户通过 EEPROM 设置为 9 ～ 12 位。

（7）可编辑数据为 9 ～ 12 位，转换 12 位温度的时间为 750ms（最大）。

（8）用户可设定报警上、下限温度。

（9）报警搜索命令可识别和寻址哪个器件的温度超出预定值。

（10）应用范围包括温度控制、工业系统、消费品、温度计或任何热感测系统。

10.1.2 DS18B20 内部结构及功能

DS18B20 内部结构框图如图 10-4 所示，主要包括：寄生电源、温度传感器、64 位 ROM 和单总线接口、存放中间数据的高速暂存器 RAM、用于存储用户设定温度上下限值的 TH 和 TL 触发器、存储与控制逻辑、8 位循环冗余校验码（CRC）产生器、配置寄存器等部分。

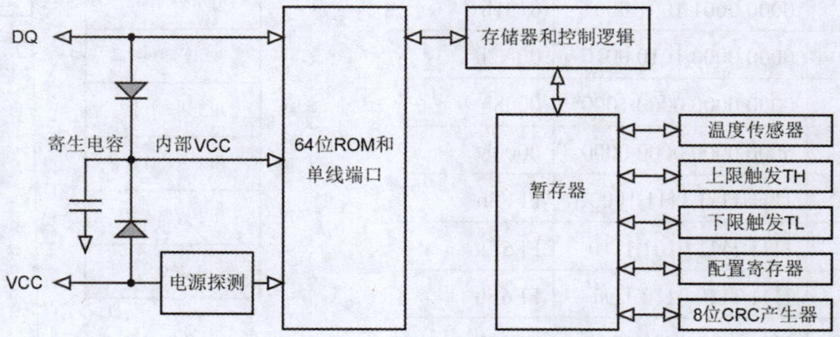

图 10-4 DS18B20 内部结构框图

1. 64 位光刻 ROM

光刻 ROM 中的 64 位序列号是出厂前被光刻好的，它可以被看作是该 DS18B20 的地址序列码。64 位光刻 ROM 的排列是：开始 8 位（28H）是产品类型标号，接着的 48 位是该 DS18B20 自身的序列号，最后 8 位是前面 56 位的循环冗余校验码（CRC=X8+X5+X4+1）。光刻 ROM 的作用是使每一个 DS18B20 都各不相同，这样就可以实现一根总线上挂接多个 DS18B20 的目的。

2. 温度传感器

DS18B20 中的温度传感器可完成对温度的测量。以 12 位转化为例：用 16 位符号扩展的二进制补码读数形式提供，以 0.0625℃ /LSB 形式表达，其中 S 为符号位。

第一个字节的内容是温度的低 8 位 LSB：

Bit7	Bit6	Bit5	Bit4	Bit3	Bit2	Bit1	Bit0
2^3	2^2	2^1	2^0	2^{-1}	2^{-2}	2^{-3}	2^{-4}

第二个字节的内容是温度的高 8 位 MSB：

Bit15	Bit14	Bit13	Bit12	Bit11	Bit10	Bit9	Bit8
S	S	S	S	S	2^6	2^5	2^4

这是 12 位转化后得到的 12 位数据，存储在 DS18B20 的两个 8bit 的 RAM 中，二进制中的前面 5 位是符号位，如果测得的温度大于 0，这 5 位为 0，只要将测到的数值乘以 0.0625 即可得到实际温度；如果温度小于 0，这 5 位为 1，测到的数值需要取反加 1 再乘以 0.0625 方可得到实际温度。

例如 +125℃的数字输出为 07D0H，+25.0625℃的数字输出为 0191H，-25.0625℃的数字输出为 FF6FH，-55℃的数字输出为 FC90H。温度值和输出数据的转换关系见表 10-2。

3. 存储器

DS18B20 温度传感器的内部存储器包括一个高速暂存 RAM 和一个非易失性的可电擦除的 EEPROM，后者分别存放高温度和低温度触发器 TH、TL 和配置寄存器，如图 10-5 所示。

表 10-2 温度与输出数据的转换关系

温度 /℃	数据输出（二进制）	数据输出（十六进制）
+125	0000 0111 1101 0000	07D0h
+85	0000 0101 0101 0000	0550h
+25.0625	0000 0001 1001 0001	0191h
+10.125	0000 0000 1010 0010	00A2h
+0.5	0000 0000 0000 1000	0008h
0	0000 0000 0000 0000	0000h
-0.5	1111 1111 1111 1000	FFF8h
-10.125	1111 1111 0101 1110	FF5Eh
-25.0625	1111 1110 0110 1111	FE6Fh
-55	1111 1100 1001 0000	FC90h

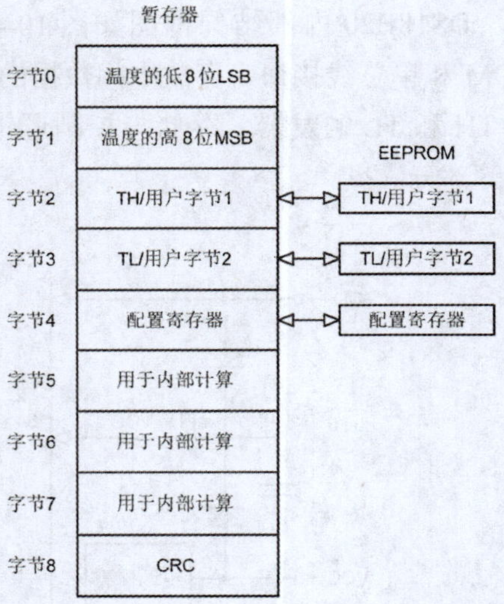

图 10-5 存储器

暂存存储器包含了 9 个连续字节，前两个字节是测得的温度信息，第一个字节的内容是温度的低 8 位，第二个字节是温度的高 8 位。第三个和第四个字节是 TH、TL 的易失性拷贝，第五个字节是配置寄存器的易失性拷贝，这 3 个字节的内容在每一次上电复位时被刷新。第六、七、八个字节用于内部计算。第九个字节是冗余检验字节。

4. 配置寄存器

配置寄存器字节各位的意义如下：

TM	R1	R0	1	1	1	1	1

低 5 位一直都是 1，TM 是测试模式位，用于设置 DS18B20 在工作模式还是在测试

模式。在 DS18B20 出厂时该位被设置为 0，用户不要去改动。R1 和 R0 用来设置分辨率，DS18B20 出厂时被设置为 12 位。分辨率设置见表 10-3。

表 10-3　分辨率设置

R1	R0	分辨率 / 位	温度最大转换时间 /ms
0	0	9	93.75
0	1	10	187.5
1	0	11	375
1	1	12	750

10.1.3　DS18B20 通信协议

DS18B20 单线通信功能是分时完成的，有严格的时序概念，如果出现时序序列混乱，DS18B20 将不响应主机，因此读写时序很重要。对 DS18B20 的各种操作必须按照 DS18B20 通信协议进行。DS18B20 通信协议主要包括初始化、ROM 操作命令、存储器操作命令。

1. 初始化

通过单总线的所有执行（处理）都要从一个初始化开始，即和 DS18B20 之间的任何通信都要以初始化开始。初始化包括一个由主机发出的复位脉冲和跟随其后从机发出的存在脉冲，存在脉冲是让主机知道 DS18B20 在总线上已做好操作的准备。初始化过程如下：

（1）主机首先发出一个 480 ～ 960μs 的低电平脉冲，然后释放总线变为高电平，并在随后的 480μs 时间内对总线进行检测。总线若有低电平出现，说明总线上有从机已做出应答；若无低电平出现，一直都是高电平，说明总线上无从机应答。

（2）作为从机的 DS18B20，一上电就一直检测总线上是否有 480 ～ 960μs 的低电平出现。若有检测到，就在总线转为高电平后，等待 15 ～ 60μs 左右，将总线电平拉低 60 ～ 240μs，发出响应的存在脉冲，通知主机本从机已做好准备；若没有检测到，就一直检测等待。

DS18B20 初始化代码如下：

```
void Init_DS18B20(void)
{
    DQ = 1;                         //DQ复位
    Delay(8);                       //稍做延时
    DQ = 0;                         //单片机将DQ拉低
    Delay(80);                      //低电平保持要大于480μs
    DQ = 1;                         //拉高总线，释放总线
    Delay(14);
    Delay(20);
}
```

2. ROM 操作命令

一旦主机检测到一个存在脉冲，它就可以发出 5 个 ROM 操作命令中的任一个命令，所有 ROM 操作命令都是 8 位的。

（1）读 ROM 命令，代码是 33H。这个命令允许主机读取 DS18B20 在光刻 ROM 中的 64 位序列号（即读 DS18B20 的 64 位地址）。只有在总线上存在单只 DS18B20 的时候，才能使用这个命令。否则，当多个 DS18B20 试图同时传送信号时，就会发生数据冲突。

（2）匹配 ROM 命令，代码是 55H。发出匹配 ROM 命令之后，紧接着发出要访问 DS18B20 的 64 位 ROM 序列号（即 64 位地址），在单总线上，与此序列号完全匹配的 DS18B20 才能响应随后的存储器操作命令，其他所有与此序列号不匹配的 DS18B20 都将

等待复位脉冲。这个命令在单总线上有单个或多个 DS18B20 时，都可以使用。

（3）跳过 ROM 命令，代码是 0CCH。这个命令允许跳过读 DS18B20 的 64 位 ROM 序列号，直接向 DS18B20 发出温度转换命令。在单总线上有单个 DS18B20 的情况下，可以节省时间。

例如：向 DS18B20 写一个 dat=0x0CC 字节，实现跳过读序列号的操作，代码如下：

```
void WriteOneChar(unsigned char dat)
{
    unsigned char i=0;
    for (i=8; i>0; i--)
    {
        DQ = 0;
        DQ = dat&0x01;
        Delay(5);
        DQ = 1;
        dat>>=1;
    }
}
```

（4）搜索 ROM 命令，代码是 0F0H。当一个系统初次启动时，主机并不知道单线总线上有多少个 DS18B20 以及它们的 64 位 ROM 序列号。这个命令用于确定挂接在同一总线上的 DS18B20 的个数和识别 64 位 ROM 序列号，为操作各个 DS18B20 做好准备。

（5）报警搜索命令，代码是 0ECH。这个命令执行后，只有温度高于设定值上限 TH 或低于下限 TL 的 DS18B20 才会做出响应。只要 DS18B20 不掉电，报警状态将一直保持，直到再一次测得的温度值达不到报警条件为止。

3. 存储器操作命令

（1）写暂存器命令，代码是 4EH。这个命令是要向 DS18B20 的内部 RAM 暂存器中的第 3 个和第 4 个字节写入温度上限和温度下限的数据。紧跟该命令之后是这两个字节的数据。可以在任何时刻发出复位命令来中止写入。

（2）读暂存器命令，代码是 0BEH。这个命令是读取暂存器的内容。读取将从第 1 个字节（即字节 0 位置）开始，一直进行下去，直到第 9 个字节（字节 8，CRC）读完。若不想读完所有字节，主机可以在任何时间发出复位命令来中止读取。

例如：读取温度转换结果步骤如下：

1）发出读暂存器命令，代码与实现跳过读序列号操作代码一样。

```
WriteOneChar(0x0BE);
```

2）读取温度转换结果的低 8 位。

```
a=ReadOneChar();
```

3）读取温度转换结果的高 8 位。

```
b=ReadOneChar();
```

其中，ReadOneChar() 函数代码如下：

```
unsigned char ReadOneChar(void)  //读一个字节
{
    unsigned char i=0;
    unsigned char dat = 0;
    for (i=8;i>0;i--)
    {
        DQ = 0;                  //给脉冲信号
        dat>>=1;
        DQ = 1;                  //给脉冲信号
        if(DQ_7)                 //DQ_7是单总线上第7个DS18B20
```

```
            dat|=0x80;
        Delay(4);
    }
    return(dat);
}
```

（3）复制暂存器命令，代码是48H。这个命令是把暂存器中的第3个和第4个字节的内容复制到DS18B20的EEPROM中，即把温度报警触发字节存入非易失性存储器里。

（4）温度转换命令，代码是44H。这个命令是启动DS18B20进行一次温度转换，温度转换结果存入暂存器中的第1个和第2个字节。

例如：向DS18B20写一个字节0x44，就可以启动DS18B20进行温度转换，代码与实现跳过读序列号操作代码一样。

（5）重调EEPROM命令，代码是0B8H。这个命令是把报警触发器里的值重新复制到暂存器中的第3个和第4个字节。这种重调操作在DS18B20上电时会自动执行，这样在DS18B20一上电时，暂存器中就会存在有效的数据了。

（6）读供电方式命令，代码是0B4H。这个命令是读DS18B20的供电方式。寄生供电方式时，DS18B20发送“0”；外部供电方式时，DS18B20发送“1”。

10.2　任务25　8路温度采集监控电路设计

10.2.1　任务描述

利用AT89S52单片机及DS18B20单线数字传感器，设计一个8路温度采集监控电路。此电路由AT89S52单片机最小系统、8路DS18B20温度采集电路、3个独立按键电路以及6个数码管动态扫描显示电路构成，电路如图10-6所示。

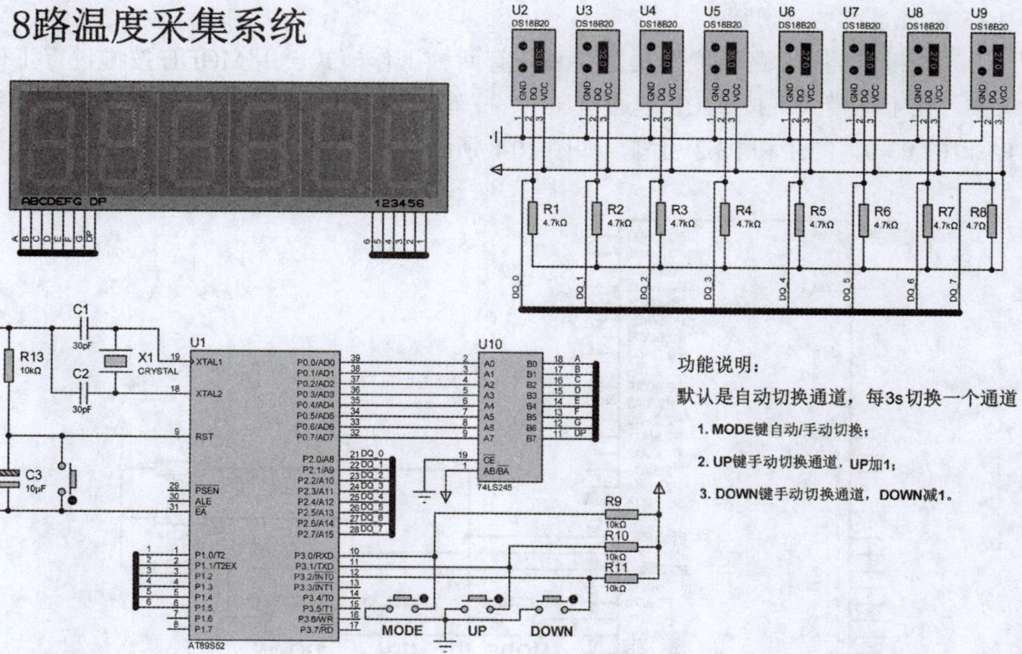

图10-6　8路温度采集监控电路

10.2.2 任务分析

从图 10-6 所示电路可以看出，8 路温度采集监控电路是由 AT89S52 单片机最小系统、6 个数码管动态扫描显示电路、3 个独立按键键盘、8 路 DS18B20 温度采集电路等组成。

1. 温度采集电路分析

8 路温度采集监控电路的 I/O 口分配：8 路 DS18B20 温度采集电路接 P2 口；3 个独立按键电路接 P3 口；6 个数码管动态扫描显示电路接 P0 口和 P1 口。

（1）DQ 引脚电路。DS18B20 是支持“一线总线”接口的温度传感器，能通过一个单线接口进行发送或接收信息。在这里，可以把 8 个 DS18B20 的 DQ 引脚分别接到 P2 口的 8 个引脚。另外，每个 DQ 引脚还需要接 4.7kΩ 上拉电阻和电源，如图 10-7 所示。

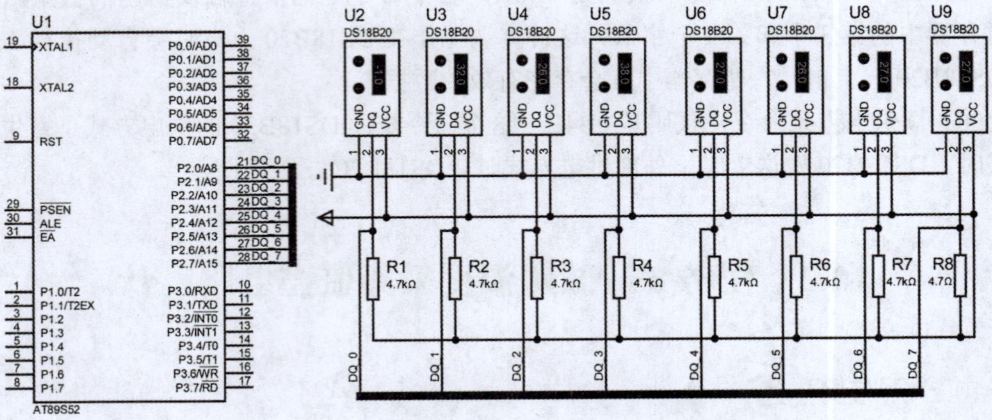

图 10-7 8 路 DS18B20 温度采集电路

（2）供电方式选择。如果选择寄生电源方式，当温度高于 100℃时，DS18B20 的漏电流比较大，通信可能无法进行。为了提高温度测量速度，在这里选择外部供电方式。在 VCC 引脚接入一个外部电源，GND 引脚接地，GND 引脚不能悬空，如图 10-7 所示。

2. 温度监控电路设计

（1）按键电路。8 路温度采集监控系统有两种工作模式。用 MODE 按键进行工作模式切换，在手动模式下按下 UP 键通道加 1，按下 DOWN 键通道减 1。这 3 个按键分别接到 P3 口的 P3.0、P3.1 和 P3.2 引脚，如图 10-8 所示。

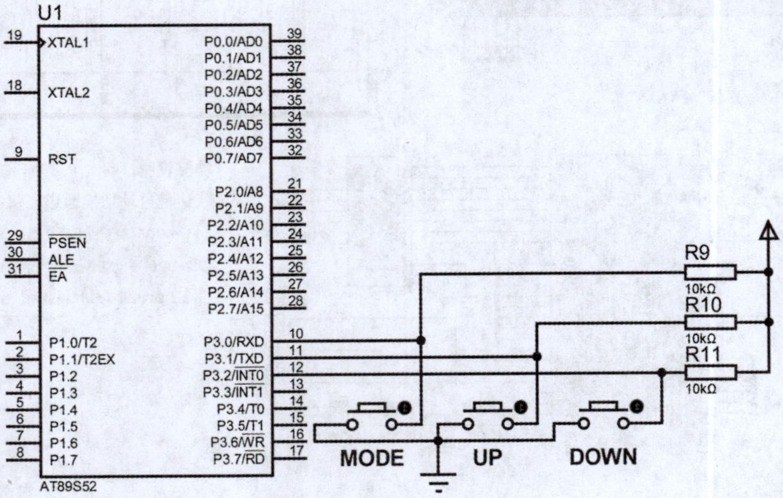

图 10-8 键盘电路

（2）温度显示电路。显示方式采用数码管动态扫描显示方式，温度显示电路是由 6 个共阴极数码管以及 74LS245 等组成。P0 口经 74LS245 输出显示段码给数码管，P1 口输出位码（片选），如图 10-9 所示。

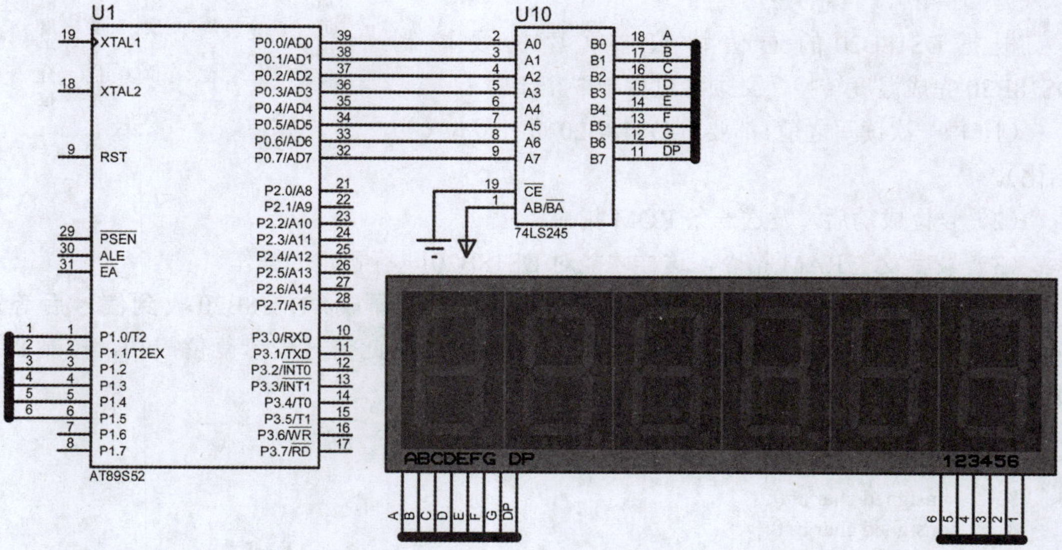

图 10-9　数码管动态扫描显示电路

8 路温度采集监控电路设计

10.2.3　任务实施

根据图 10-6 所示，8 路温度采集监控电路是由 AT89S52 单片机最小系统、6 个数码管动态扫描显示电路、3 个独立按键键盘、8 路 DS18B20 温度采集电路等构成。8 路温度采集监控电路设计如下：

（1）新建设计文件、设置图纸尺寸、设置网格、保存设计文件到“任务 25 8 路温度采集监控电路设计”文件夹中，文件名为“8 路温度采集监控”。

（2）选取 AT89S52、CRYSTAL、CAP、CAP-ELEC、RES、74LS245、DS18B20（温度传感器）、BUTTON、7SEG-MPX6-CC 等元器件。

（3）放置元器件、编辑元器件、放置终端、连线，按图 10-6 所示放置元器件并连线。

（4）编辑元器件属性。

（5）执行“工具”→“电气规则检查”命令，弹出检查结果窗口，完成电气检测。若检测出错，根据提示修改电路图并保存，直至检测成功。

10.3　任务 26　8 路温度采集监控程序设计

10.3.1　任务描述

对 8 路温度采集监控系统进行程序设计，循环采集监控 8 个通道的温度值，能实现手动控制和自动控制两种工作模式。在自动模式下每 3s 更换 1 个通道，每个循环更换 8 次，一直循环下去。在手动模式下，按下 UP 键通道加 1，按下 DOWN 键通道减 1。

显示格式要求：正常状态下，每通道均以 ×××.× 的格式显示温度（环境温度），如图 10-10 所示。

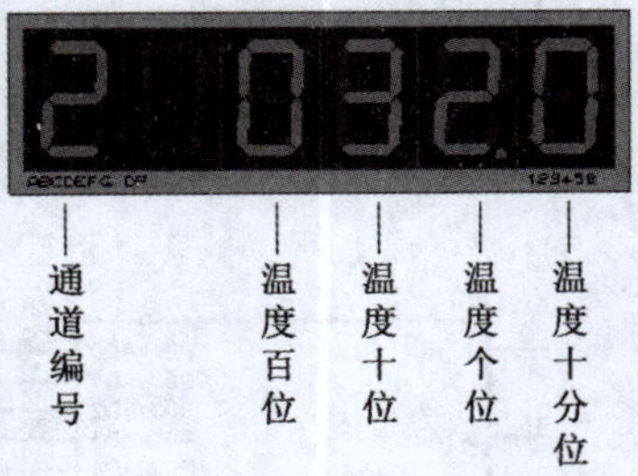

图 10-10 显示温度格式

10.3.2 任务分析

1. 读取温度程序分析

根据 DS18B20 的通信协议，单片机要控制 DS18B20 完成温度转换，必须经过如下 3 个步骤：

（1）每一次读写之前，都要对 DS18B20 进行复位（初始化）。

（2）复位成功后，发送一条 ROM 指令。

（3）最后发送 RAM 指令，这样才能对 DS18B20 进行预定的操作。

复位要求单片机将数据线下拉大于 480μs，然后释放，DS18B20 收到信号后等待 16 ～ 60μs，发出 60 ～ 240μs 的存在脉冲，单片机收到此信号表示复位成功，控制 8 路 DS18B20 完成温度转换，并读取温度。程序如下：

```
unsigned int ReadTemperature(void)
{
  unsigned char a=0;
  unsigned char b=0;
  unsigned int t=0;
  float tt=0;
  switch(i)
  {
    case 0:                          //读取第1个通道的温度
      Init_DS18B20_1();
      WriteOneChar_1(0xCC);          //跳过读序号列号的操作
      WriteOneChar_1(0x44);          //启动温度转换
      Init_DS18B20_1();
      WriteOneChar_1(0xCC);          //跳过读序号列号的操作
      WriteOneChar_1(0xBE);          //读取温度寄存器
      a=ReadOneChar_1();             //读低8位
      b=ReadOneChar_1();             //读高8位
      break;
    case 1:                          //读取第2个通道的温度
      ……                             //同读取第1个通道的温度代码基本一样
      ……
    case 7:                          //读取第8个通道的温度
      ……
    default: break;
  }                                  //end switch(i)
  /*温度的低8位和高8位合并，乘以0.0625即可得到实际温度*/
  t=b;
  t<<=8;                             //把高8位左移8位
  t=t|a;                             //低8位和高8位合并
  tt=t*0.0625;                       //合并后乘以分辨率
  t= tt*10+0.5;                      //放大10倍输出并四舍五入
  return(t);
}
```

DS18B20 初始化函数 Init_DS18B20()、读一个字节函数 ReadOneChar() 和写一个字节函数 WriteOneChar() 在前面已经介绍过。

另外，在 8 路温度采集监控程序中，每个 DS18B20 都有自己的 Init_DS18B20_n()、ReadOneChar_n() 和 WriteOneChar_n()，其中 n 的取值范围是 1 ～ 8。例如，当 n=5 时，表示是通道 5 的 DS18B20。

2. 8路温度显示程序分析

根据任务描述和图 10-10 所示，在得到实际温度以后，还要按照温度显示的格式在 6 位数码管中进行显示。

（1）如何获得温度的各显示位。按照温度的显示格式要求，需要获取通道编号、温度百位、温度十位、温度个位及温度十分位。通道编号是存放在 display[0] 里面，display[0] 的值是在定时器 0 中断服务程序中获得的。实际温度是存放在 temp 里面，其他位是根据实际温度进行计算获得。代码如下：

```
void Disp_Result(unsigned int temp)
{
  display[2]=temp/1000+'0';          //获得温度百位
  display[3]=temp/100%10+'0';        //获得温度十位
  display[4]=temp%100/10+'0';        //获得温度个位
  display[5]=temp%10+'0';            //获得温度十分位
  return;
}
```

（2）定义数码管显示字符结构体。在 8 路温度采集监控系统中，数码管显示字符采用了字符显示数据结构。定义数码管显示字符结构体的代码如下：

```
typedef struct typNumber
{
  uchar Index[1];                    //显示的字符（索引）
  uchar Msk[1];                      //显示字符的段码
};
struct typNumber code duanma[] =
{
  "0",0x3f,"1",0x06,"2",0x5b,"3",0x4f,"4",0x66,          //段码数据
  "5",0x6d,"6",0x7d,"7",0x07,"8",0x7f,"9",0x6F,
  "A",0x77,"B",0x7c,"C",0x39,"D",0x5e,"E",0x79,
  "F",0x71,"-",0x40,"r",0x50,"o",0x63," ",0x00,
};
```

（3）数码管显示。6 个共阴数码管采用动态扫描显示方式，P0 口输出 duanma[].Msk[] 显示段码，P1 口输出 Bit_Led[] 位码。代码如下：

```
void Led_Disp(uchar *num)
{
  uchar i,j,uLen;            //变量定义
  uLen=strlen(num);          //得到要显示的数字的个数
  if(uLen > led_number)      //如果要显示的个数大于led_number（数码管的个数），就显示“Err”
  {
    /*数码管低3位（左边3个）显示“Err”，其他的数码管（右边几个数码管）熄灭*/
    dis_buf[0]=0x50;dis_buf[1]=0x50;dis_buf[2]=0x79;
    for ( i=3;i<led_number;i++ )
    {
      dis_buf[i]=0x00;
    }
  }
  else
  {
    /*按位查找各位数的显示段码，并保存在显示缓冲区dis_buf[]中*/
    for ( i=0;i<uLen;i++ )
    {
      for(j=0;j<sizeof(duanma)/sizeof(duanma[0]);j++)
      {
        /*查找字符显示段码数据。查找顺序是从通道数开始查找，然后从温度的高位到低位*/
        if(num[(uLen-1)-i] == duanma[j].Index[0]) break;
      }
      dis_buf[i] = duanma[j].Msk[0];
```

```
    }
    /*dis_buf[]保存各位的显示段码后（本项目使用6位数码管），若多于6位的数码管就熄灭）*/
    for ( i=uLen;i<led_number;i++ )
    {
      dis_buf[i]=0x00;
    }
  }
  for (j=0;j<50;j++)                        //刷新50次，使得数码管能稳定显示
  {
    for (i=0;i<led_number;i++)              //逐个显示数字
    {
      if (i==1)
        led_data = dis_buf[i]|0x80;         //显示的第二位加小数点
      else
        led_data = dis_buf[i];              //发送段码
      led_bit = Bit_Led[i];                 //发送位码
      delay_1(1);
      led_bit = 0xff;
    }
  }
}
```

3. 8 路温度通道自动更换程序分析

在自动模式下，每 3s 自动更换一个通道，每个循环更换 8 次，一直循环下去。时间基准由定时中断产生，每 50ms 中断 1 次，中断 60 次的时间是 3s。定时器 0 中断服务程序如下：

```
void timer0(void)  interrupt 1 using 1   // 50ms中断一次
{
  TH0=0x3C;                          //定时器T0的高四位赋值
  TL0=0xB0;                          //定时器T0的低四位赋值
  irq_count++;
  if(irq_count>=60)                  //自动模式下3s换一个通道
  {
    irq_count = 0;
    i++;                             //每3s通道i加1
    if (i==8) i=0;                   //每个循环更换8次，i取值是0～7
    display[0]=i+1+'0';
  }  //end if (irq_count>=20)
}
```

4. 按键处理程序分析

按键处理程序主要包括：手动控制模式和自动控制模式切换，以及在手动模式下按 UP 键通道加 1、按 DOWN 键通道减 1 等功能模块。

（1）工作模式切换。8 路温度采集监控系统有两种工作模式，通过 MODE 按键实现手动模式和自动模式切换，代码如下：

```
if(MODE_KEY)
{
  mode = ~mode;                      //工作模式标志切换
  if (mode==1) EA=1;                 //在自动模式下，开中断
  else EA=0;                         //在手动模式下，关中断
}
```

说明：程序中的 mode 是工作模式标志位，mode=1 时为自动模式，mode=0 时为手动模式。

（2）手动模式。在手动模式下，通过对 UP 和 DOWN 按键操作，分别实现通道加 1 和通道减 1 的功能。按下 UP 键，通道加 1，代码如下：

```
if(UP_KEY)
{
  i++;
  if (i==8) i=0;
  display[0]=i+1+'0';          //显示通道
}
```

按下 DOWN 键，通道减 1，代码如下：

```
if(DOWN_KEY)
{
  if (i==0) i=7;
  else i=i-1;
  display[0]=i+1+'0';
}
```

10.3.3 任务实施

8 路温度采集监控程序设计

1. 建立“8 路温度采集监控”工程项目

新建“8 路温度采集监控”工程文件，并将其保存在“任务 26 8 路温度采集监控程序设计”文件夹中，然后选择单片机型号为 Atmel 的 AT89S52。

2. 编写 LED 数码管显示器设备文件

编写 LED 数码管显示器设备文件，分别为 led.h 头文件和 led.c 文件。

（1）编写 led.h 头文件。如图 10-6 所示，在 led.h 头文件里面主要对 LED 数码管接口进行定义，数码管数据端口接 P0 口，数码管位选端口接 P1 口。数码管的个数根据硬件实际连接的个数确定，最多 8 个，最少 3 个。led.h 头文件代码如下：

```
#ifndef __LED_H__
#define __LED_H__
#define uchar unsigned char
#define led_data P0              //数码管数据端口
#define led_bit  P1              //数码管位选端口
#define led_number  6            //宏定义数码管的个数
void Led_Disp(uchar *num);
#endif
```

（2）编写 led.c 文件。led.c 文件主要包括数码管显示函数，并定义了字符显示缓冲区、字符显示数据结构体以及数码管的位码数据。前面已给过了数码管显示函数和定义字符显示数据结构体的代码，在这里就省略了。led.c 文件代码如下：

```
#include <AT89X52.H>
#include <string.h>
#include <led.h>
uchar dis_buf[led_number];                                         //定义字符显示缓冲区
/*定义字符显示数据结构体*/
typedef struct typNumber
……
struct typNumber code duanma[] = {……};                             //显示字符的段码数据
uchar code Bit_Led[8] = {0xfe,0xfd,0xfb,0xf7,0xef,0xdf,0xbf,0x7f};  //数码管的位码数据
void delay_1(uchar x)
{
  uchar i,j;
  for(i=0;i<x;i++)
    for(j=0;j<20;j++);
}
/*数码管显示函数*/
void Led_Disp(uchar *num)
……
```

完成 led.c 文件编写后，还需要把该文件加载到工程里面。

3. 编写 DS18B20 温度传感器设备文件

编写 DS18B20 温度传感器设备文件，分别为 DS18B20.h 头文件和 DS18B20.c 文件。

（1）编写 DS18B20.h 头文件。如图 10-6 所示，在 DS18B20.h 头文件里面主要对 DS18B20 温度传感器接口进行定义，温度采集接口变量名称要和电路对应。DS18B20.h 头文件代码如下：

```
#ifndef __DS18B20_H__
#define __DS18B20_H__
#include <AT89X52.H>
sbit DQ_0 = P2^0 ;                    //定义DS18B20总线I/O
sbit DQ_1 = P2^1 ;
sbit DQ_2 = P2^2 ;
sbit DQ_3 = P2^3 ;
sbit DQ_4 = P2^4 ;
sbit DQ_5 = P2^5 ;
sbit DQ_6 = P2^6 ;
sbit DQ_7 = P2^7 ;
extern unsigned char i;                    //变量i是在主文件中定义的，在DS18B20.c文件中要用到
unsigned int ReadTemperature(void);  //对ReadTemperature()函数原型进行声明，主文件用到该函数
#endif
```

（2）编写 DS18B20.c 文件。DS18B20.c 文件主要包括 8 个通道 DS18B20 的初始化函数、读一个字节函数、写一个字节函数以及读取温度值函数，这些函数的代码在前面已经给出，在这里就省略了。DS18B20.c 文件代码如下：

```
#include <AT89X52.H>
#include <DS18B20.H>
void Delay(int num)                    //延时函数
{
   while(num--) ;
}
/*初始化通道1的DS18B20*/
void Init_DS18B20_1(void)
{……}
/*读取一个字节（通道1的DS18B20）*/
unsigned char ReadOneChar_1(void)
{……}
/*写一个字节（通道1的DS18B20）*/
void WriteOneChar_1(unsigned char dat)
{……}
/*初始化通道2的DS18B20*/
void Init_DS18B20_2(void)
{……}
/*读取一个字节（通道2的DS18B20）*/
unsigned char ReadOneChar_2(void)
{……}
/*写一个字节（通道2的DS18B20）*/
void WriteOneChar_2(unsigned char dat)
{……}
……               //其他通道DS18B20的初始化、读写一个字节代码，参考通道1和通道2
/*读取温度*/
unsigned int ReadTemperature(void)
{……}
```

完成 DS18B20.c 文件编写后，还需要把该文件加载到工程里面。

4. 编写 8 路温度采集监控主文件

8 路温度采集监控主文件有 main.h 头文件和 8 路温度采集监控 .c 文件。

（1）编写 main.h 头文件。在 main.h 头文件里面，主要是对 3 个按键接口（分别接在 P3.0、P3.1 和 P3.2）进行宏定义。代码如下：

```
#ifndef __MAIN_H__
#define __MAIN_H__
##include <AT89X52.H>
#define LEFT_KEY    (!(P3_0))
#define UP_KEY      (!(P3_1))
#define DOWN_KEY    (!(P3_2))
#endif
```

（2）编写 8 路温度采集监控 .c 文件。8 路温度采集监控 .c 文件主要包括头文件包含、变量定义、读取和显示温度、按键处理以及定时器 0 中断服务程序等。有些代码在前面已经给出，在这里就省略了。8 路温度采集监控 .c 代码如下：

```
#include<AT89X52.H>
#include <intrins.h>
#include <main.h>
#include <led.h>
#include <DS18B20.H>
#define  _Nop()  _nop_()
unsigned char i=0;
unsigned char display[7]="1  000";
unsigned int temp;
unsigned char irq_count=0;
/*短延时函数*/
void ShortDelay(void)
{
  uchar x,y;
  for(x=0;x<5;x++)
    for(y=0;y<125;y++)
      _Nop();
  return;
}
/*获得温度的各显示位*/
void Disp_Result(unsigned int temp)
{ …… }
/*读取温度、显示温度*/
void read_display_temp(void)
{
  temp=ReadTemperature();
  Disp_Result(temp);
  Led_Disp(display);
}
void main(void)
{
  bit mode=1;                     // 显示模式：1为自动循环，0为手动循环
  EA=1; ET0=1;
  TMOD=0x01;                      /* T0方式1计时0.01s */
  TH0=0x3C;
  TL0=0xB0;
  TR0=1;                          /* 开中断，启动定时器 */
  while(1)
  {
    if(LEFT_KEY)                  // 切换显示模式
    {
      ShortDelay();
      if(LEFT_KEY)
      {
        ……
      }
      while(LEFT_KEY)  read_display_temp();
```

```
    }
    if(UP_KEY && mode==0)       // 通道+1
    {
      ShortDelay();
      if(UP_KEY)
      {
        ……
      }
      while(UP_KEY)read_display_temp();
    }
    if(DOWN_KEY && mode==0)   // 通道-1
    {
      ShortDelay();
      if(DOWN_KEY)
      {
        ……
      }
      while(DOWN_KEY)read_display_temp();
    }
    read_display_temp();
  }   // end while
}   // end main
/* 定时器0的中断服务程序 */
void timer0(void)  interrupt 1 using 1    // 50ms中断一次
{ …… }
```

完成 8 路温度采集监控 .c 文件编写后，把该文件加载到工程里面。

5. “8 路温度采集监控” 工程配置与编译

工程配置：“目标”标签页的晶振频率栏设为 12MHz，勾选“输出”标签页的“生成 HEX 文件”复选框。

工程编译：完成工程配置后，对“8 路温度采集监控”工程进行编译。若编译发生错误，要进行分析检查，直到编译正确为止。

6. 8 路温度采集监控运行调试

（1）打开 8 路温度采集监控仿真电路。

（2）加载“8 路温度采集监控 .hex”到单片机中。

（3）单击仿真工具栏“运行”按钮▶，单片机全速运行程序。

观察 8 路温度采集监控系统是否与任务要求一致。若运行结果与任务要求不一致，要对电路和程序进行分析检查，直到运行正确。

注意：若某一通道显示为“6.95.9”，则表示该通道没有 DS18B20 器件或器件已损坏；若某一通道显示为“085.0”，则表示该通道 DS18B20 的电源没有连接。

【技能训练 10-1】基于 LCD1602 的 8 路温度采集监控设计

【技能训练 10-1】基于 LCD1602 的 8 路温度采集监控设计

在这里，学习如何使用 LCD1602 液晶显示替换数码管动态扫描显示，完成 8 路温度采集监控的设计。温度显示格式如图 10-11 所示。

图 10-11　温度显示格式

1. 基于LCD1602的8路温度采集监控电路设计

技能训练10-1的电路与任务25的8路温度采集监控电路的差别是，使用LCD1602液晶显示电路替换了数码管动态扫描显示电路，其他电路都是一样的，如图10-12所示。

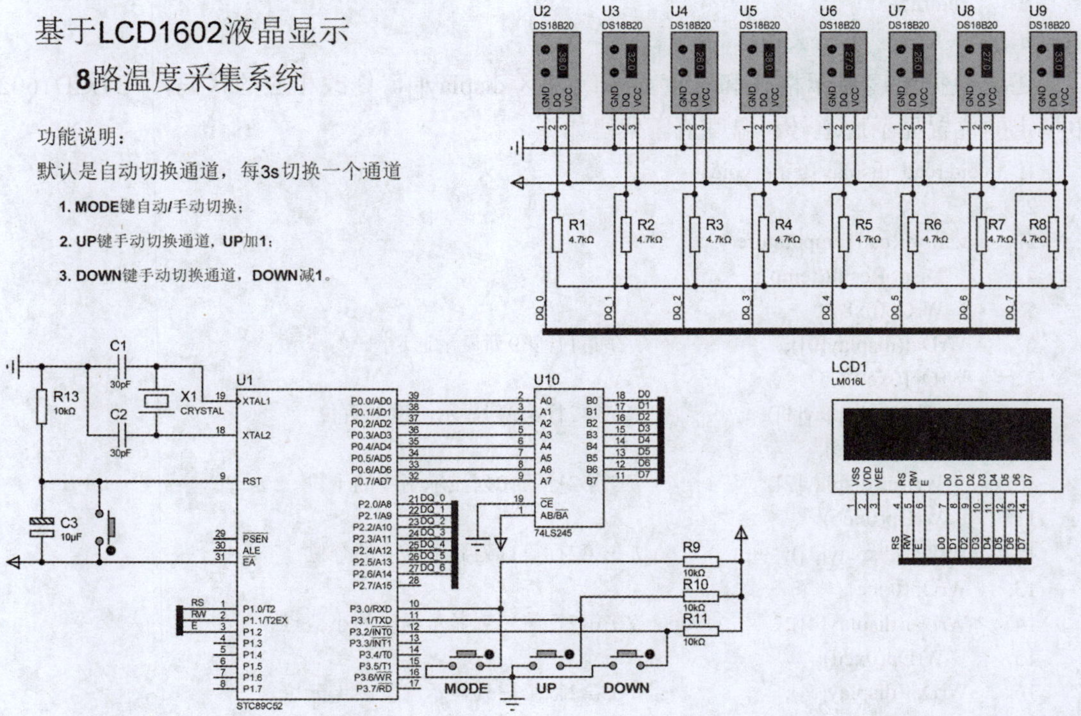

图10-12 基于LCD1602的8路温度采集监控电路

2. 基于LCD1602的8路温度采集监控程序设计

技能训练10-1的程序与任务26的8路温度采集监控程序的差别是，用LCD1602液晶显示程序替换了数码管动态扫描显示程序，其他程序都是一样的。下面围绕LCD1602液晶显示，给出需要修改和替换的程序，详细程序见本书的教学资源。

（1）替换显示文件。先将任务22里面的LCD1602.c和LCD1602.h文件复制过来，分别替换任务26的led.c和led.h这两个文件。

（2）修改延时函数。在任务22中，delay()用于控制直流电机速度、按键延时去抖和LCD1602液晶显示。而在任务26中，Delay()和ShortDelay()分别用于DS18B20操作和按键延时去抖。

为此，我们可以继续保留delay()，用于按键延时去抖和LCD1602液晶显示。然后延时函数把Delay()复制到主文件中，并修改为Delay_DS()。在对DS18B20进行相关操作时，涉及调用Delay()延时函数的，也要修改为调用Delay_DS()延时函数。

（3）修改主文件的LCD1602显示修改程序。先按照图10-11的温度显示格式要求，在主文件开始部分修改和增加如下代码：

```
unsigned char display[]="1000.0";
……
unsigned char txt1[]={"channel:"};
unsigned char txt2[]={"temp:  000.0C"};
```

然后修改温度显示缓冲区的Disp_Result()函数，修改后的代码如下：

```
void Disp_Result(unsigned int temp)
```

```
{
    display[1]=temp/1000+'0';
    display[2]=temp/100%10+'0';
    display[3]=temp%100/10+'0';
    display[5]=temp%10+'0';
    return;
}
```

还要根据温度显示格式和温度显示缓冲区 display[]，修改相应的代码，在 LCD1602 中指定的位置显示通道号和温度值。代码如下：

```
void read_display_temp(void)
{
    temp=ReadTemperature();
        Disp_Result(temp);
        WrOp(0x89);
    WrDat(display[0]);            //在第1行第9列显示通道号
    WrOp(0xc9);
        WrDat(display[1]);        //在第2行第9列显示温度的百位
        WrOp(0xca);
        WrDat(display[2]);        //在第2行第10列显示温度的十位
        WrOp(0xcb);
    WrDat(display[3]);            //在第2行第11列显示温度的个位
    WrOp(0xcc);
    WrDat(display[4]);            //在第2行第12列显示温度的小数点
        WrOp(0xcd);
    WrDat(display[5]);            //在第2行第13列显示温度的十分位
}
```

最后在主函数中增加有关 LCD1602 的初始化语句，代码如下：

```
void main(void)
{
    ……
    LCD_Init();
    DisText(0x81,txt1);
    DisText(0xC1,txt2);

        ……
}
```

技能训练 10-1 完成后，进行仿真运行，观察基于 LCD1602 的 8 路温度采集监控系统是否与设计要求相符。

【技能训练 10-2】基于 I^2C 总线的温湿度采集监控设计

通过基于 I^2C 总线的温湿度传感器 SHT21 实时采集环境温湿度，在 LCD1602 上进行温湿度显示，如图 10-13 所示。

1. I^2C 总线接口电路

I^2C 总线是 Philip 公司推出的芯片间串行传输总线。它用数据线 SDA 和时钟线 SCL 两根线实现全双工同步数据传送，可方便地构成多机系统和外围器件扩展系统。

I^2C 总线采用了器件地址的硬件设置方法，通过软件寻址完全避免了器件的片选线寻址方法，从而使硬件系统具有简单灵活的扩展方法。I^2C 总线接口电路如图 10-14 所示。

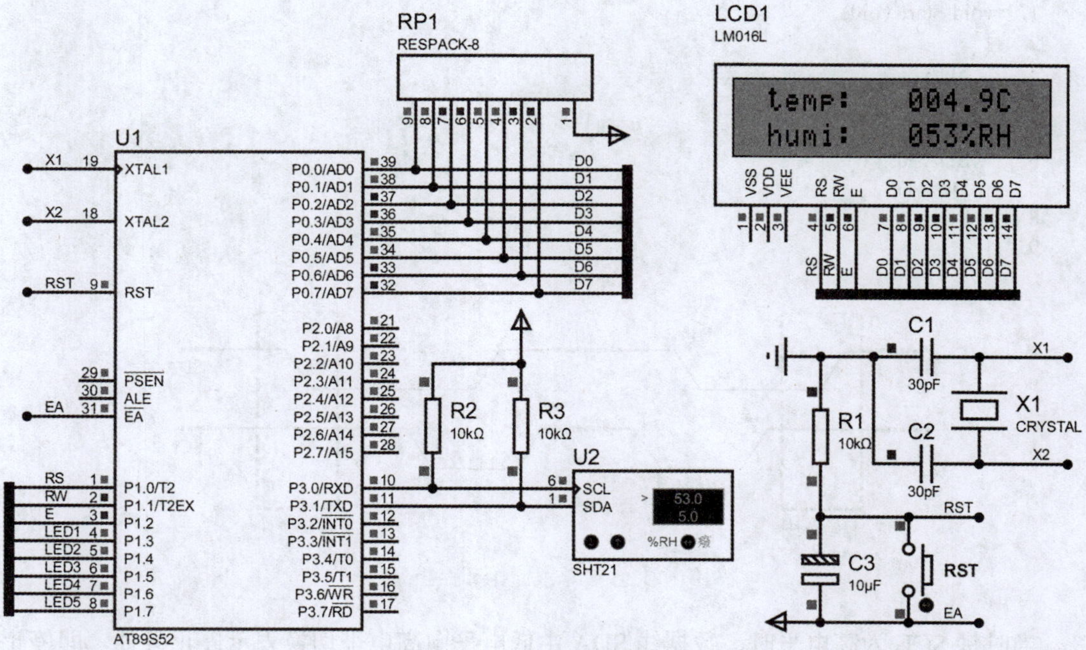

图 10-13 基于 I^2C 总线的温湿度监控电路

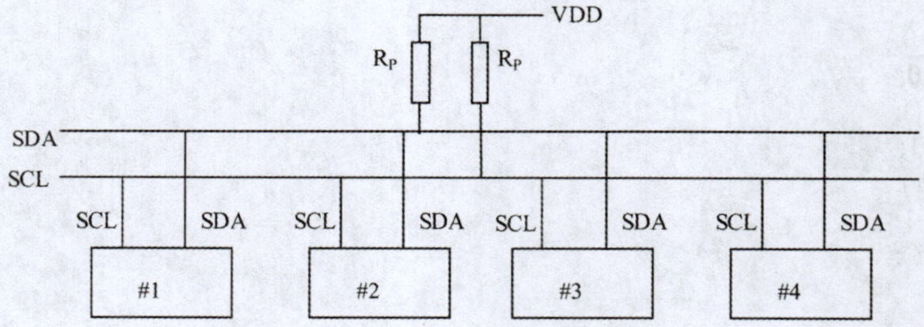

图 10-14 I^2C 总线接口电路

（1）I^2C 总线接口为开漏或开集电极输出，需加上拉电阻。

（2）系统中所有的单片机、外围器件都将数据线 SDA 和时钟线 SCL 的同名端相连在一起，总线上的所有节点都由器件和管脚给定地址。

（3）系统中可以直接连接具有 I^2C 总线接口的单片机，也可以通过总线扩展芯片或 I/O 口的软件仿真与 I^2C 总线相连。

（4）在 I^2C 总线上可以挂接各种类型的外围器件，如 RAM/EEPROM、日历 / 时钟芯片、A/D 转换器、D/A 转换器，以及由 I/O 口、显示驱动器构成的各种模块。

2. I^2C 总线数据传送操作

I^2C 总线上数据传送的基本单位为字节，采用低位在前的格式。主从器件之间一次传输的数据称为一帧，由启动信号、若干数据字节和应答位以及停止信号组成。I^2C 的主要命令只有读、写两种，虽然读写的字节根据具体器件的不同而不同，但其时序关系不会发生改变。

（1）产生起始位和停止位。Start() 函数的功能是使 I^2C 总线开始工作，Stop() 函数的功能是使 I^2C 总线停止工作，I^2C 总线的起始和停止条件如图 10-15 所示。

当时钟 SCL 为高电平时，数据线 SDA 从高电平向低电平切换表示起始条件，即启动 I^2C 总线数据传送。Start() 函数发送起始条件的代码如下：

```
void Start(void)
{
    SDA=1;
    SCL=1;
    Delay();                          //延时
    SDA=0;
    Delay();
    SCL=0;
}
```

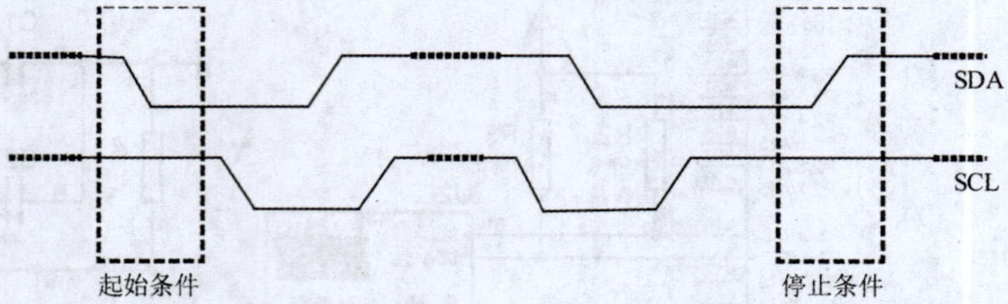

图 10-15　I^{2}C 总线起始和停止条件

当时钟 SCL 为高电平时，数据线 SDA 由低电平向高电平切换表示停止条件，即停止 I^{2}C 总线数据传送。Stop() 函数发送停止条件代码如下：

```
void Stop(void)
{
    SDA=0;
    SCL=0;
    Delay();
    SCL=1;
    Delay();
    SDA=1;
    Delay();
}
```

（2）发送应答位 ACK 和非应答位 NACK。根据 I^{2}C 总线协议，读出一个字节数据后，在 I^{2}C 总线上的第 9 个时钟脉冲发送应答位为低电平 ACK=0，表示字节传输完成；读出最后一个字节数据，发送应答位为高电平，表示结束读数据，如图 10-16 所示。

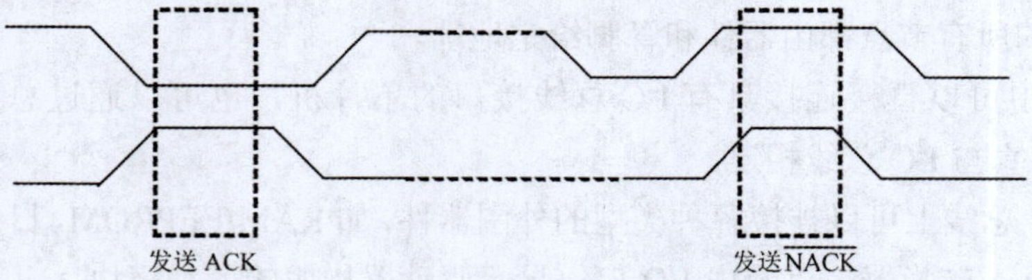

图 10-16　发送应答位 ACK 和非应答位 NACK

当发送应答位 ACK 时，只需将 SDA 设为低电平、SCL 设为高电平即可。WriteACK() 函数发送应答位 ACK 的代码如下：

```
void WriteACK(unsigned char ack)
{
    SDA=ack;
    Delay();
    SCL=1;
    Delay();
    SCL=0;
}
```

当发送非应答位 NACK 时，只需将 SDA 设为高电平、SCL 设为高电平即可。请试一试编写非应答位 NACK 代码。

（3）读取一个字节数据。根据 I^2C 总线协议，数据必须在时钟处于高电平期间，数据稳定时才能读取数据，在经过 8 次时钟转换后，读出 8 位即一个字节数据。I^2C 总线起始字节如图 10-17 所示。

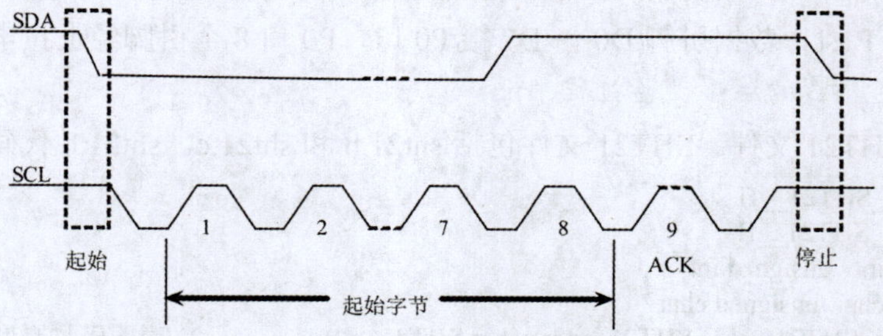

图 10-17　起始字节

读取一个字节数据的代码如下：

```
unsigned char Readbyte(void)
{
    unsigned char i,bytedata;
    SDA=1;
    for(i=0;i<8;i++)
    {
        SCL=1;
        bytedata<<=1;
        bytedata|=SDA;
        SCL=0;
        Delay();
    }
    return(bytedata);
}
```

（4）写一个字节数据。根据 I^2C 总线协议，数据在时钟线为低电平时变化，高电平时稳定，每一个时钟脉冲传送一位。模拟 I^2C 总线的 SDA 接在并行口线，并口中无移位寄存器，要通过指令完成移位后再从 SDA 串行输出。请试编写一个能实现写一个字节数据的 writebyte() 函数。

3. 认识 SHT21 温湿度传感器

SHT21 是瑞士 Scnsirion 公司推出的一款数字温湿度传感器芯片，具有品质卓越、超快响应、抗干扰能力强、性价比极高等优点。SHT21 广泛应用于暖通空调、汽车、消费电子、自动控制及医疗等领域。

SHT21 温湿度传感器应用关键技术如下：

（1）SHT21 具有 I^2C 接口，采用 I^2C 通信协议。

（2）温度范围：-40 ～ 125℃；湿度范围：0%RH ～ 100%RH。

（3）默认分辨率：温度 14 位；湿度 12 位。

（4）SHT21 的地址是 0x80，每次读写 SHT21 都要发送 SHT21 的地址。

（5）测量温度的命令是 0xe3，测量湿度的命令是 0xe5。读取的温湿度值是两个字节，先读取高字节，后读取低字节（低字节的最低两位要清零）。

（6）温度转换公式：DATAT×175.72/0x10000-46.85。

（7）相对湿度转换公式：DATAH×125.0/0x10000-6。

4. 基于 I^2C 总线的温湿度监控电路设计

基于 I^2C 总线的温湿度监控电路是由单片机最小系统、SHT21 电路、LCD1602 电路组成。

根据图 10-13 所示，添加 SHT21、AT89C52、BUTTON、CAP、CAP-ELEC、CRYSTAL、RES、RESPACK-8（排阻）、LM016L（LCD1602）等元器件。SHT21 的 SCL 接 P3.0、SDA 接 P3.1，SCL 和 SDA 引脚经上拉电阻接电源。LCD1602 的控制引脚 RS 接 P1.0、E 接 P1.2、RW 接 P1.1，数据引脚 D0 ～ D7 接 P0 口，P0 口 8 个引脚经上拉电阻接电源。

5. 基于 I^2C 总线的温湿度监控程序设计

（1）编写 SHT21 文件。SHT21 文件包括 sht21.h 和 sht21.c。sht21.h 代码如下：

```
#ifndef __SHT21__H
#define __SHT21__H
#define uint   unsigned int
#define uchar  unsigned char
void write_SHT21(uchar SHT21_addr,uchar SHT21_ml);             //声明函数原形
uint read_SHT21(uchar SHT21_addr);
void I2CInit(void);
void SHT21Init(void);
#endif
```

sht21.c 代码如下：

```
#include <AT89X52.H>
#include <sht21.h>
sbit SCL=P3^0;
sbit SDA=P3^1;
void SHT21Delay(uchar t)
{
   uchar i;
   while(t--)
      for(i=0;i<200;i++);
}
void I2Cdelay(uchar t)
{
   while(t--);
}
/***********************启动I²C**********************/
void StartI2C()
{
   SDA=1;
   SCL=1;
   I2Cdelay(10);
   SDA=0;
   I2Cdelay(20);
   SCL=0;
   I2Cdelay(20);
}
void I2CInit(void)
{
   SDA=1;
   SCL=1;
}
/***********************停止I²C**********************/
void StopI2C()
{
   SDA=0;
   SCL=0;
   I2Cdelay(10);
```

```
    SCL=1;
    I2Cdelay(10);
    SDA=1;
    I2Cdelay(10);
}
/*****************向I2C总线写一个字节***************/
bit write_byte(uchar WRByte)
{
    bit ACK=0;
    unsigned char i;
    SCL=0;
    for(i=0;i<8;i++)
    {
        if(WRByte&0x80)
            SDA=1;
        else
            SDA=0;
        I2Cdelay(10);
        SCL=1;    //输出SDA稳定后，拉高SCL给出上升沿，从机检测到后进行数据采样
        I2Cdelay(50);
        SCL=0;
        I2Cdelay(10);
        WRByte<<=1;
    }
    SDA=1;
    SCL=1;
    I2Cdelay(20);
    if(SDA==1)  ACK=1;              //SDA为高，收到非应答NACK
    else  ACK=0;
    SCL=0;
    I2Cdelay(50);
    return ACK;
}
/*****************从I2C总线读一个字节***************/
uchar read_byte(bit AckValue)
{
    uchar i,RDByte=0;
    SCL=0;
    SDA=1;                          //释放总线
    for(i=0;i<8;i++)
    {
        RDByte=RDByte<<1;
        SCL=1;                      //给出上升沿
        I2Cdelay(30);               //延时等待信号稳定
        if(SDA==1)                  //采样获取数据
            RDByte|= 0x01;
        else
            RDByte &= 0xfe;
        SCL=0;                      //给出下降沿，从机给出下一位值
        I2Cdelay(10);
    }
    SDA=AckValue;                   //应答状态
    I2Cdelay(10);
    SCL=1;
    I2Cdelay(50);
    SCL=0;
    SDA=1;
    I2Cdelay(1);
    return RDByte;
}
void SHT21Init(void)
{
```

```
    I2CInit();
    StartI2C();
    write_byte(0x80);
    write_byte(0xfe);
    StopI2C();
    SHT21Delay(600);
}
/******************写SHT21****************/
void write_SHT21(uchar SHT21_addr,uchar SHT21_ml)
{
    bit ACK;
    StartI2C();
    ACK=write_byte(SHT21_addr);  //发送SHT21地址
    if(ACK==1)
        return;
    ACK=write_byte(SHT21_ml);    //发送SHT21命令，命令为0xe3是温度测量，命令为0xe5是湿度测量
    if(ACK==1)
        return;
    StopI2C();
    return ;
}
/***********************读SHT21*********************/
uint read_SHT21(uchar SHT21_addr)
{
    uint tmp;
    do
    {
        SHT21Delay(30);
        StartI2C();
    }while(write_byte(SHT21_addr+1)==1);      //对SHT21状态进行查询
    tmp=read_byte(0);
    tmp=tmp<<8;
    tmp|=read_byte(0);
    read_byte(1);         //读出最后一个字节数据，发送应答位为高电平表示结束读数据
    StopI2C();
    return tmp;
}
```

（2）编写主文件 main.c。SHT21 温湿度传感器的温度范围是 -40 ～ 125℃、湿度范围是 0%RH ～ 100%RH，默认分辨率：温度是 14 位、湿度是 12 位。main.c 代码如下：

```
#include <AT89X52.H>
#include <lcd.h>
#include <sht21.h>
int  temp;
uint  humi;
float  T,H;
uint DATAT,DATAH;
uchar dsp_temp[5];                    //定义显示缓冲区
uchar dsp_humi[3];
uchar irq_count=0;                    //中断计数，控制多长时间采集一次温湿度
uchar txt1[]={"temp:   000.0C"};
uchar txt2[]={"humi:   000%RH"};
/******************读取SHT21检测的温湿度****************/
void read_temp_humi(void)
{
    SHT21Init();                      //SHT21初始化
    write_SHT21(0x80,0xe3);           //命令0xe3是测量温度
    DATAT=read_SHT21(0x80);           //SHT21地址是0x80
    SHT21Init();
    write_SHT21(0x80,0xe5);           //命令0xe5是测量湿度
```

```
  DATAH=read_SHT21(0x80);
  DATAT&=0xfffc;                    //最低两位清零
  DATAH&=0xfffc;
  T=DATAT*175.72/0x10000-46.85;     //温度转换公式
  H=DATAH*125.0/0x10000-6;          //相对湿度转换公式
  temp=T*10;
  humi=H*10;
}
void display_temp_humi(uchar rol,uchar *dsp)
{
  if(rol==1)
  {
    WrOp(0x89);
    WrDat(dsp[0]);                  //在第1行第9列显示温度的百位（或显示“-”号）
    WrOp(0x8a);
    WrDat(dsp[1]);                  //在第1行第10列显示温度的十位
    WrOp(0x8b);
    WrDat(dsp[2]);                  //在第1行第11列显示温度的个位
    WrOp(0x8c);
    WrDat(dsp[3]);                  //在第1行第12列显示温度的小数点
    WrOp(0x8d);
    WrDat(dsp[4]);                  //在第1行第13列显示温度的十分位
  }
  else
  {
    WrOp(0xc9);
    WrDat(dsp[0]);                  //在第2行第9列显示湿度的百位
    WrOp(0xca);
    WrDat(dsp[1]);                  //在第2行第10列显示湿度的十位
    WrOp(0xcb);
    WrDat(dsp[2]);                  //在第2行第11列显示湿度的个位
  }
}
void main(void)
{
  EA=1; ET0=1;
  TMOD=0x01;                        // T0方式1计时
  TH0=0x4C;                         //晶振：11.0592MHz
  //晶振：12MHz，TH0=0x3C，TL0=0xB0
  TL0=0x00;                         //晶振：11.0592MHz
  TR0=1;                            //开中断，启动定时器0
  LCD_Init();
  SHT21Init();
  DisText(0x81,txt1);
  DisText(0xC1,txt2);
  while(1)
  {
    if(irq_count==0)                //每秒采集一次温湿度
    {
      read_temp_humi();             //读取温湿度
      if(temp<0)
      {
        /*负数是用补码表示的，负数要取反加1可获得原码，即temp=~temp+1*/
        dsp_temp[0]='-';            //表示温度是零下
        dsp_temp[1]=(~temp+1)/100%10+'0'; //显示温度的十位
        dsp_temp[2]=(~temp+1)/10%10+'0';  //显示温度的个位
        dsp_temp[3]='.';
        dsp_temp[4]=(~temp+1)%10+'0';     //显示温度的十分位
      }
      else
      {
        dsp_temp[0]=temp/1000+'0';        //显示温度的百位
```

```
                dsp_temp[1]=temp/100%10+'0';          //显示温度的十位
                dsp_temp[2]=temp/10%10+'0';           //显示温度的个位
                dsp_temp[3]='.';
                dsp_temp[4]=temp%10+'0';              //显示温度的十分位
            }
            dsp_humi[0]=humi/1000%10+'0';             //显示湿度的百位
            dsp_humi[1]=(humi%1000)/100+'0';          //显示湿度的十位
            dsp_humi[2]=(humi%100)/10+'0';            //显示湿度的个位，小数点不显示
            display_temp_humi(1,dsp_temp);            //在第一行显示温度值
            display_temp_humi(2,dsp_humi);            //在第二行显示湿度值
        }
    }
}
/* 定时计数器0的中断服务子程序 */
void timer0(void)  interrupt 1 using 1   // 50ms中断一次
{
    TH0=0x4C;                         //晶振：11.0592MHz
    TL0=0x00;
    irq_count++;
    if(irq_count>=20)                 //定时为1s时间
    {
        irq_count = 0;
    }
}
```

关键知识点梳理

1. DS18B20 组成与特性

DS18B20 是美国 DALLAS 半导体公司生产的单线数字温度传感器，采用单总线技术，与单片机通信只需要一根 I/O 线，无需外部器件，在一根线上可以挂接多个 DS18B20 芯片。

DS18B20 是由寄生电源、温度传感器、64 位 ROM 和单总线接口、存放中间数据的高速暂存器 RAM、用于存储用户设定温度上下限值的 TH 和 TL 触发器、存储与控制逻辑、8 位循环冗余校验码（CRC）产生器和配置寄存器等部分组成。

（1）每个 DS18B20 芯片具有一个独有的、不可修改的 64 位序列号，根据序列号访问对应的器件。

（2）两种供电方式，即寄生电源方式（即数据总线供电方式）和外部供电方式。

（3）测温范围为 -55 ～ +125℃，在 -10 ～ +85℃范围内误差为 ±0.5℃。

（4）DS18B20 的分辨率由用户通过 EEPROM 设置为 9 ～ 12 位。

（5）可编辑数据为 9 ～ 12 位，转换 12 位温度时间为 750ms（最大）。

（6）用户可设定报警上、下限温度。

（7）报警搜索命令可识别和寻址哪个器件的温度超出预定值。

2. DS18B20 通信协议

单片机控制 DS18B20 完成温度转换必须经过 3 个步骤：每一次读写之前都要对 DS18B20 进行复位（初始化），复位成功后发送一条 ROM 指令，最后发送 RAM 指令，这样才能对 DS18B20 进行预定的操作。

复位要求单片机将数据线下拉 480μs，然后释放，DS18B20 收到信号后等待 16 ～ 60μs，后发出 60 ～ 240μs 的存在低脉冲，单片机收到此信号表示复位成功。

3. 5个ROM操作命令

（1）读ROM命令，代码是33H。命令允许总线控制器读到DS18B20的8位系列编码、唯一的序列号和8位CRC码。

（2）匹配ROM命令，代码是55H。命令后跟64位ROM序列，让总线控制器在多点总线上定位一个特定的DS18B20。

（3）跳过ROM命令，代码是0CCH。命令允许总线控制器不用提供64位ROM编码就使用存储器操作命令，在单点总线情况下用以节省时间。

（4）搜索ROM命令，代码是0F0H。命令允许总线控制器用排除法识别总线上的所有从机的64位编码。

（5）报警搜索命令，代码是0ECH。命令和Search ROM相同，只有在最近一次测温后遇到符合报警条件的情况，DS18B20才会响应这条命令。报警条件定义为温度高于TH或低于TL。

4. 6个ROM操作命令

（1）写暂存器命令，代码是4EH。命令向DS18B20暂存器中的地址位置2和3写入数据。

（2）读暂存器命令，代码是0BEH。命令读取暂存器的内容。

（3）复制暂存器命令，代码是48H。命令把暂存器的内容复制到DS18B20的EEPROM里。

（4）温度转换命令，代码是44H。命令启动一次温度转换而无需其他数据。

（5）重调EEPROM命令，代码是0B8H。命令把报警触发器里的值复制到暂存器。

（6）读供电方式命令，代码是0B4H。命令读电源模式:“0” = 寄生电源，“1” = 外部电源。

5. 8路温度采集监控系统

8路温度采集监控系统是由AT89S52单片机最小系统、接在P2口的8路DS18B20、接在P3口的3个独立按键键盘、接在P0口（输出显示段码）和P1口（输出位码）的6个数码管动态扫描显示等构成。实现功能如下：

（1）在自动模式下每3s更换一个通道，每个循环更换8次，一直循环下去。

（2）在手动模式下，按UP键通道加1，按DOWN键通道减1。

问题与讨论

10-1 请使用DS18B20温度传感器设计一个数字式温度计。要求测温范围为-50～110℃，误差在0.1℃以内，4位共阴LED数码管动态扫描显示。

10-2 在完成10-1题的基础上，请试一试如何实现把下位机（STC89C52）采集到的温度数据传输到上位机（STC89C52单片机）进行显示。

项目 11　LED 点阵显示设计

项目描述

随着信息产业的高速发展，LED 点阵显示作为信息传播的一种重要手段，成为现代信息化社会的一个显著标志。

本项目通过 16×32 LED 点阵显示设计，首先让读者了解 LED 点阵显示屏的结构和显示方式，然后介绍 8×8 LED 点阵显示模块、16×32 LED 点阵的逐列扫描显示和逐行扫描显示设计方法，最后通过 C 语言程序实现 16×32 LED 点阵显示汉字，让读者进一步了解 LED 点阵显示的应用。

能力目标

能完成 16×32 点阵显示的相关电路设计，能应用 C 语言程序完成 16×32 点阵分屏显示和移动显示汉字的相关程序设计，实现 16×32 点阵显示的设计、运行及调试。

知识目标

- 掌握 8×8 点阵显示模块结构和工作原理
- 会利用 8×8 点阵显示模块构建 16×32 点阵显示模块
- 掌握 74LS138、74LS154 和 74LS595 芯片的功能和使用方法
- 会利用 74LS138、74LS154 和 74LS595 芯片设计行列驱动电路
- 掌握 16×32 LED 点阵逐列扫描显示和逐行扫描方法，以及 16×32 LED 点阵显示程序的设计方法

教学重点

- LED 点阵的结构和工作原理
- LED 点阵与单片机连接电路的设计方法
- LED 点阵显示程序的设计方法

教学难点

16×32LED 点阵的逐列扫描显示和逐行扫描显示电路和程序设计方法。

11.1　认识 LED 点阵显示屏

认识 LED 点阵显示屏

LED 点阵显示屏经历了从单色、双色图文显示屏到图像显示屏的发展过程。LED 点阵显示屏制作简单、安装方便，可以用来显示温度、日期和文字信息等，主要应用场合有：排队叫号、公交车报站、广告屏等。

11.1.1 LED 点阵显示屏结构

1. 常见的 LED 点阵显示屏

LED 点阵显示屏是由高亮发光二极管点阵组成的矩阵模块，通过控制这个二极管矩阵达到在显示屏上显示符号、文字等信息的目的。目前，在市场上常见的 LED 点阵显示屏主要有 5×7、8×8、16×16 等几种规格。若要显示阿拉伯数字、英文字母、特殊符号等，采用 5×7、8×8 的点阵即可够用；若要显示中文字，则需要 4 片 8×8 的点阵组成 16×16 LED 点阵显示屏才能显示一个中文字。

2. 8×8 LED 点阵显示屏规则图

8×8 LED 点阵显示屏的规则图，如图 11-1 所示。

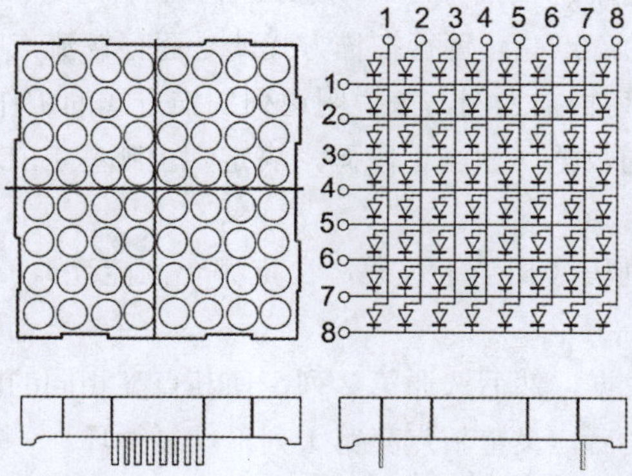

图 11-1　8×8 LED 点阵显示屏的规则图

由图 11-1 可以看出，8×8 LED 显示模块的内部实际上是由 64 个发光二极管按矩阵排列而成的发光二极管组，每个发光二极管放置在行线和列线的交叉点上。当对应二极管一端置“1”，另一端置“0”，则相应的二极管就点亮了，也就是点亮了 LED 显示屏上相应的点。

3. 8×8 LED 点阵显示屏结构

8×8 LED 点阵显示屏的内部结构有列阴极行阳极和列阳极行阴极两种，如图 11-2 所示。

（1）列阴极行阳极结构。列阴极行阳极结构是把所有同一行 LED 的阳极连在一起，把所有同一列 LED 的阴极连在一起，如图 11-2（a）所示。

（2）列阳极行阴极结构。列阳极行阴极结构是把所有同一行 LED 的阴极连在一起，把所有同一列 LED 的阳极连在一起，如图 11-2（b）所示。

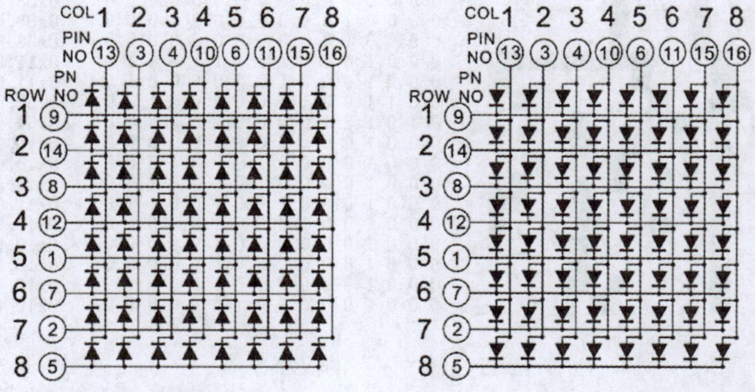

（a）列阴极行阳极　（b）列阳极行阴极

图 11-2　8×8 LED 点阵内部结构图

11.1.2 LED 点阵显示方式

LED 显示屏是通过驱动行线和列线来点亮 LED 屏上相应的点。LED 点阵显示方式可分为静态显示和动态显示两种。

1. 静态显示方式

同时控制各个 LED 亮灭的方法称为静态显示方式。8×8 点阵共有 64 个 LED，显然单片机没有这么多端口，这还仅仅是 8×8 点阵，在实际应用中的显示屏往往要大得多，使用的 LED 数量将很庞大。在实际应用中，LED 点阵显示屏几乎都不采用这种设计，而是采用动态显示方式。

2. 动态显示方式

动态显示方式是采用动态扫描方法。动态扫描方法有逐列扫描方式和逐行扫描方式：逐列扫描方式就是逐列轮流点亮，逐行扫描方式就是逐行轮流点亮。

下面以 8×8 点阵逐列扫描为例，来说明逐列扫描方式的工作过程。

（1）送出第 1 列的列数据（相当于段码，决定列上哪些 LED 亮），即第 1 列 LED 亮、灭的数据。

（2）送出第 1 列的列码（相当于位码，决定哪一列能亮），选通第 1 列，使其点亮一定的时间，然后熄灭。

（3）送出第 2 列的数据，然后选通第 2 列，使其点亮相同的时间，然后熄灭。

（4）依次到第 8 列之后，又重新点亮第 1 列，反复循环。

当循环的速度足够快时（每秒 24 次以上），由于人眼的视觉暂留现象，就能看到显示屏上呈现出稳定的图形。

11.1.3 LED 点阵显示字符和汉字的字模

LED 点阵显示字符和汉字是通过字符和汉字的字模来实现的，那么字符和汉字的字模是如何获取的呢？在这里，以本项目 16×32 LED 点阵显示的“电子学院”4 个汉字为例，介绍字模提取软件 PCtoLCD2002 的使用方法。

1. 认识汉字字模

什么是汉字字模呢？汉字字模可以理解是一组数字，但与普通数字的意义有根本的不同。它是用数字的各位信息来记载字符或汉字的形状。如汉字的 16×16 点阵“你”的字模，如图 11-3 所示。

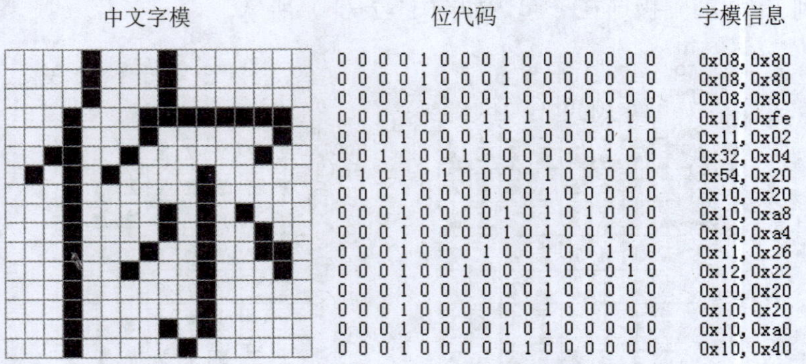

图 11-3 “你”的汉字字模

从图 11-3 可以看出，一个 16×16 点阵的汉字字模需要占用 32 个字节。如果显示 4

个汉字，就需要128个字节，也就是需要声明一个4行32列的二维数组来存放4个汉字的汉字字模。

2. PCtoLCD2002字模选项设置

运行PCtoLCD2002，单击菜单栏的“选项”按钮，打开“字模选项”对话框，如图11-4所示。用户可以根据自己的实际需要进行设置。设置完成后，单击左下角的“确定”按钮保存。

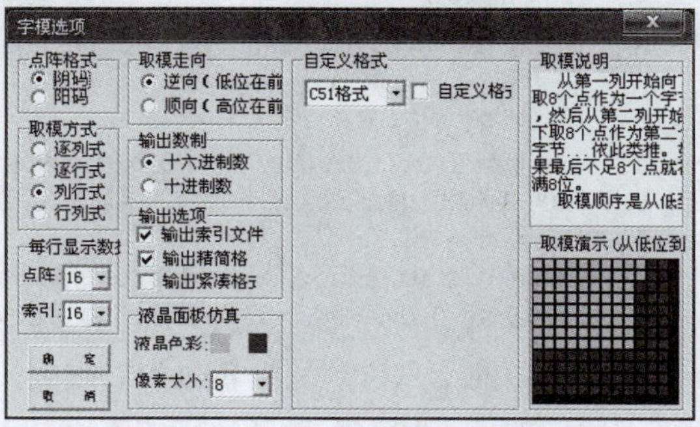

图11-4 “字模选项”对话框

下面简单介绍主要字模选项。

（1）取模方式有逐列式、逐行式、列行式和行列式4种。

1）逐行式是横向逐行取点。

2）逐列式是纵向逐列取点。

3）列行式首先是从第1列开始向下取前8个点作为第1个字节、第2列开始向下取前8个点作为第2个字节、……、第16列开始向下取前8个点作为第16个字节；然后再从第1列开始向下取后8个点作为第17个字节、第2列开始向下取后8个点作为第18个字节、……、第16列开始向下取后8个点作为第32个字节。由此可以看出，列行式的取模方式是先取上半字的16个字节，后取下半字的16个字节。

4）行列式首先是从第1行开始向右取前8个点作为第1个字节、第2行开始向右取前8个点作为第2个字节、……、第16行开始向右取前8个点作为第16个字节；然后再从第1行开始向右取后8个点作为第17个字节、第2行开始向右取后8个点作为第18个字节、……、第16行开始向右取后8个点作为第32个字节。同样可以看出，行列式的取模方式是先取左半字的16个字节，后取右半字的16个字节。

（2）取模走向有逆向和顺向。逆向是低位在前、高位在后，顺向是高位在前、低位在后。

（3）点阵格式有阴码和阳码。阴码是“1”为点亮，阳码是“0”为点亮。

3. 获取汉字字模

16×32 LED点阵汉字显示是采用16×16点阵、宋体、列行式、阴码、逆向、十六进制数等方式，来获取“电子学院”4个汉字的字模，如图11-5所示。

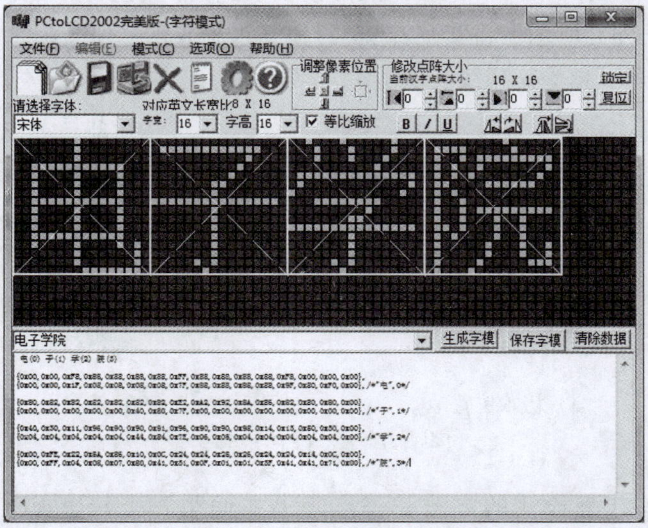

图11-5 “电子学院”字模获取

```
"电"的字模：
{0x00,0x00,0xF8,0x88,0x88,0x88,0x88,0xFF,0x88,0x88,0x88,0x88,0xF8,0x00,0x00,0x00,
0x00,0x00,0x1F,0x08,0x08,0x08,0x08,0x7F,0x88,0x88,0x88,0x88,0x9F,0x80,0xF0,0x00},
"子"的字模：
{0x80,0x82,0x82,0x82,0x82,0x82,0x82,0xE2,0xA2,0x92,0x8A,0x86,0x82,0x80,0x80,0x00,
0x00,0x00,0x00,0x00,0x00,0x40,0x80,0x7F,0x00,0x00,0x00,0x00,0x00,0x00,0x00,0x00},
"学"的字模：
{0x40,0x30,0x11,0x96,0x90,0x90,0x91,0x96,0x90,0x90,0x98,0x14,0x13,0x50,0x30,0x00,
0x04,0x04,0x04,0x04,0x04,0x44,0x84,0x7E,0x06,0x05,0x04,0x04,0x04,0x04,0x04,0x00},
"院"的字模：
{0x00,0xFE,0x22,0x5A,0x86,0x10,0x0C,0x24,0x24,0x25,0x26,0x24,0x24,0x14,0x0C,0x00,
0x00,0xFF,0x04,0x08,0x07,0x80,0x41,0x31,0x0F,0x01,0x01,0x3F,0x41,0x41,0x71,0x00},
```

把字模中的十六进制数据转化为二进制，二进制中的“1”就表示点亮了 16×32 LED 点阵上相应的点，“0”表示其相应的点不亮。这样我们就可以在 16×32 LED 点阵上显示需要显示的信息了，如图 11-6 所示。

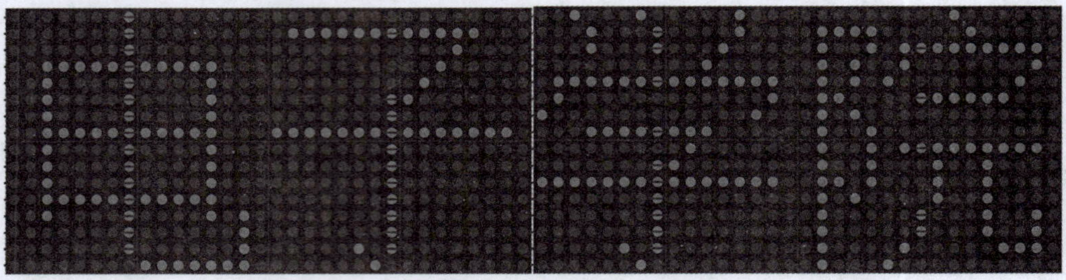

图 11-6　16×32 LED 点阵上显示的效果

【技能训练 11-1】8×8 LED 点阵显示设计

【技能训练 11-1】8×8 LED 点阵显示设计

利用 AT89S52 单片机及 8×8 点阵显示模块，完成 8×8 点阵显示电路设计，采用逐列扫描方法，用 C 语言程序实现 8×8 LED 点阵循环显示 0 ～ 9。

1. 8×8 LED 点阵显示电路设计

按照技能训练要求，8×8 LED 点阵显示电路由 AT89S52 单片机最小系统、8×8 LED 点阵模块、行驱动电路和列驱动电路等模块构成。

（1）8×8 LED 点阵模块。把“MATRIX-8X8-RED”元器件放入 Proteus 文档编辑窗口中。“MATRIX-8X8-RED”是 8×8 LED 点阵模块，其是列阴极行阳极结构。该元器件的初始位置如图 11-7（a）所示。将其左转 90°，使其水平放置，那么此时它的左面 8 个引脚是其行线，右面 8 个引脚是其列线，如图 11-7（b）所示。

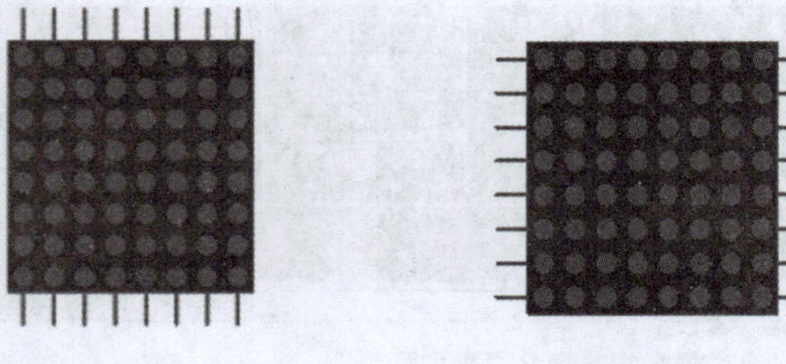

（a）初始位置　　（b）左转 90° 位置

图 11-7　8×8 LED 点阵

8×8 LED 点阵行列检测的方法是在点阵的左面引脚上接上 VCC，右面的引脚接 GND，运行仿真，看看点阵是不是能亮，如果不亮就调换 VCC 和 GND，这样就能检测出点阵的行和列，共阴或共阳等引脚信息，如图 11-8 所示。

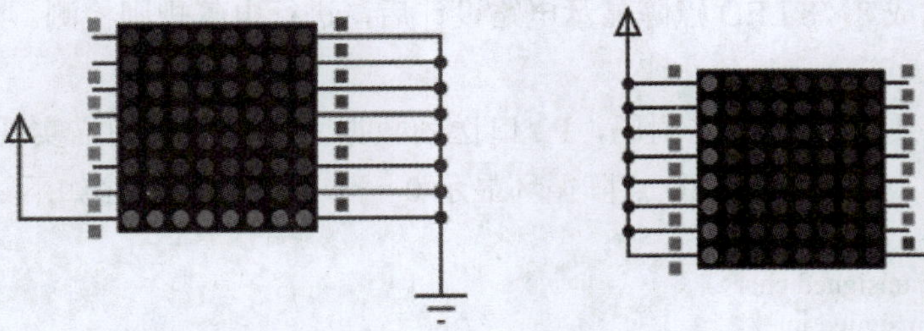

图 11-8 行列测试

注意：*在图 11-8 所示的 8×8 LED 点阵模块中，左边最上面的引脚对应的是第一行，右边最下面的引脚对应的是第一列。*

（2）行、列驱动电路设计。行驱动电路是由 74LS245 芯片构成，74LS245 的输入端接 P2 口、输出端接 8×8 LED 点阵的 8 行，如图 11-9 所示。

列驱动电路是由 74LS138 译码器构成，74LS138 的 3 个输入端（A、B、C）接 P1 口的 P1.0、P1.1、P1.2，74LS138 的 8 个输出端（Y0、Y1、Y2、Y3、Y4、Y5、Y6、Y7）分别接 8×8 LED 点阵的 8 列，如图 11-9 所示。

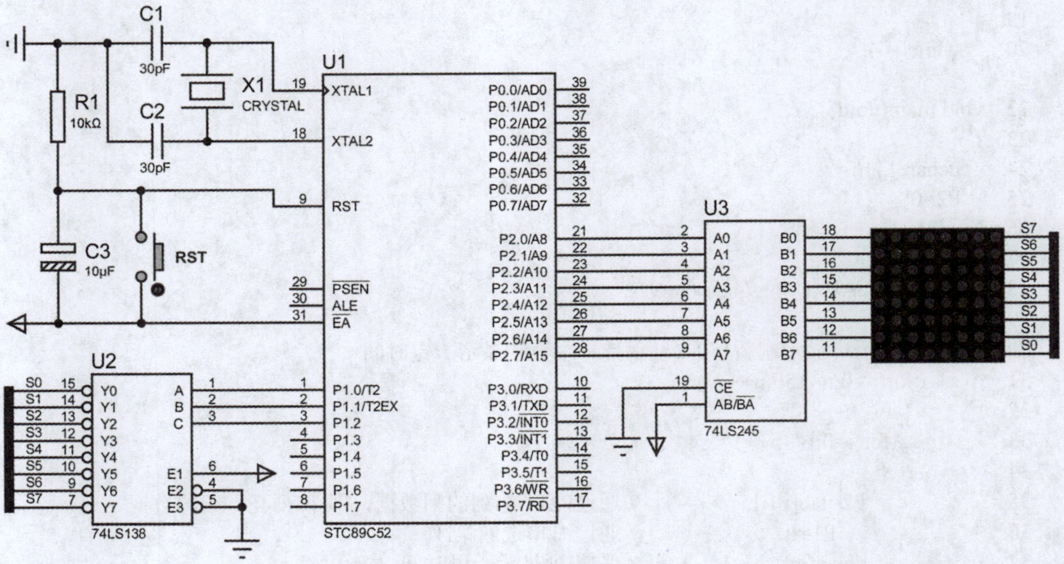

图 11-9 8×8 LED 点阵显示电路

74LS138 的 3 个输入端（A、B、C）是 3 位二进制代码，有 8 种状态，8 个输出端（Y0、Y1、Y2、Y3、Y4、Y5、Y6、Y7）分别对应其中一种输入状态，输出端以低电平译出。因此，又把 74LS138 称为 3 线-8 线译码器。另外，74LS138 译码器的 E1、E2 和 E3 为 3 个控制输入端（又称使能端）。当 E1 为高电平，E2、E3 为低电平时，译码器处于工作状态；否则，译码器被禁止，所有的输出端被封锁在高电平上。

在这里为什么选择 74LS138 译码器呢？由于 8×8 LED 点阵模块是列阴极行阳极结构，74LS138 译码器每次都能输出一个相应列的低电平，正好与 8×8 LED 点阵模块低电平选中列相对应，并且节省了 I/O 口，大大方便了编程和以后的扩展。

运行 Proteus 软件，新建“8×8 LED 点阵显示”设计文件，按图 11-9 所示放置并编辑 AT89S52、CRYSTAL、CAP、CAP-ELEC、RES、74LS138、74LS245 和 MATRIX-8X8-RED 等元器件，完成 8×8 LED 点阵显示电路设计后，进行电气规则检测。

2. 8×8 LED 点阵显示程序设计

按照技能训练要求，P1 口送列码，P2 口送列数据，通过逐列扫描实现 8×8 LED 点阵循环显示 0 ～ 9。实现 8×8 LED 点阵循环显示 0 ～ 9 的 C 语言程序如下：

```
#include <reg52.h>
#define uchar unsigned char
#define uint unsigned int
/*声明一个二维数组，存放0～9十个数字的字模显示数据，数字显示为8×8*/
uint code tab[10][8]=
{
    {0x00,0x00,0x1C,0x22,0x22,0x22,0x1C,0x00},        //"0"
    {0x00,0x22,0x22,0x3E,0x20,0x20,0x00,0x00},        //"1"
    {0x00,0x22,0x32,0x32,0x2A,0x26,0x00,0x00},        //"2"
    {0x00,0x00,0x2A,0x2A,0x36,0x00,0x00,0x00},        //"3"
    {0x00,0x18,0x14,0x16,0x3E,0x10,0x00,0x00},        //"4"
    {0x00,0x00,0x2E,0x2A,0x2A,0x1A,0x00,0x00},        //"5"
    {0x00,0x00,0x1C,0x2E,0x2A,0x3A,0x00,0x00},        //"6"
    {0x00,0x02,0x22,0x1A,0x06,0x02,0x00,0x00},        //"7"
    {0x00,0x36,0x2A,0x2A,0x2A,0x36,0x00,0x00},        //"8"
    {0x00,0x24,0x2A,0x2A,0x3A,0x1C,0x00,0x00}         //"9"
};
void delay(uint t)
{
    while(t--);
}
void main(void)
{
    uchar  i,j,n;
    P2=0;
    while(1)
    {
        for(j=0;j<10;j++)  //显示0～9
        {
            //显示屏显示刷新150次，保持每个数字显示一定时间
            for(n=0;n<150;n++)
            {
                for(i=0;i<8;i++)
                {
                    P2=tab[j][i];           //通过P2口送i列的列数据，即第i列亮、灭的数据
                        P1=i;               //通过P1口选通第i列
                    delay(40);              //保持i列显示一段时间
                    P2=0;                   //i列熄灭
                    delay(2);               //保持i列熄灭一段时间
                }
            }
        }
    }  //End while
}    //End main()
```

8×8 LED 点阵循环显示 0 ～ 9 程序实现过程如下：

首先通过 P2 口送数字“0”的第 0 列的列数据，即第 0 列亮、灭的数据，通过 P1 口选通第 0 列，其他列都处于熄灭状态，并保持第 0 列显示一段时间，然后熄灭一段时间；再送出下一列的列数据，然后选通下一列，使其点亮相同的时间，然后熄灭；……到最后一列之后，我们就可以看到数字“0”了。反复轮回，就可以循环显示 0 ～ 9 数字。

在这里 8×8 LED 点阵是逐列轮流依次点亮的。由于人的视觉驻留效应，因此当每列点亮的时间短到一定程度时，人就感觉不出数字的闪烁，会觉得 8×8 LED 点阵都一直在显示，达到一种稳定的视觉效果。

8×8 LED 点阵循环显示 0 ～ 9 程序设计好以后，打开“8×8 LED 点阵显示”Proteus 电路，加载“8×8 LED 点阵显示 .hex”文件。进行仿真运行，观察 8×8 LED 点阵的显示规律是否与设计要求相符。

11.2 任务 27 16×32 LED 点阵显示电路设计

11.2.1 任务描述

利用 AT89S52 单片机及 8×8 点阵显示模块，采用逐列扫描方法，完成能显示两个汉字的 16×32 点阵显示电路设计，如图 11-10 所示。

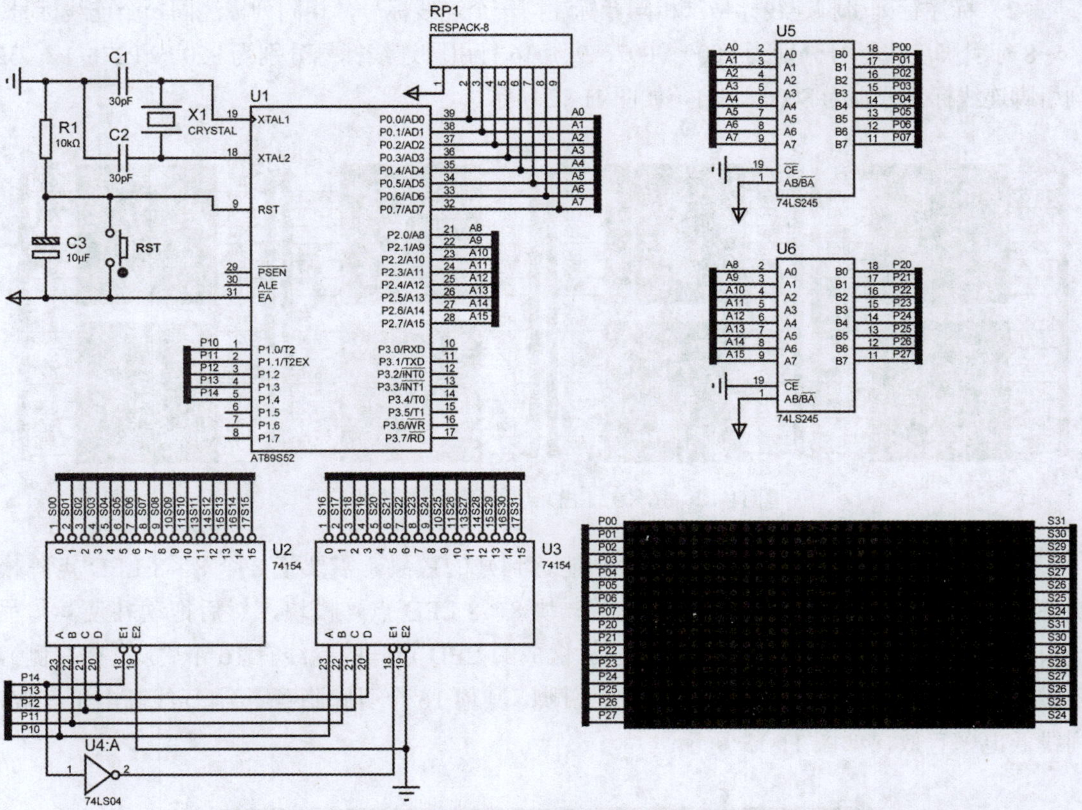

图 11-10 16×32 LED 点阵显示电路

11.2.2 任务分析

1. 16×32 LED 点阵显示结构

从图 11-10 所示电路可以看出，16×32 LED 点阵显示电路是由 AT89S52 单片机最小系统、16×32 LED 点阵显示模块、行驱动电路以及列驱动电路等模块组成，如图 11-11 所示。

按照任务描述和图 11-10 所示，16×32 LED 点阵显示模块的列数据由 P0 口和 P2 口发送，P1 口送列码，通过逐列扫描实现 16×32 LED 点阵汉字显示。

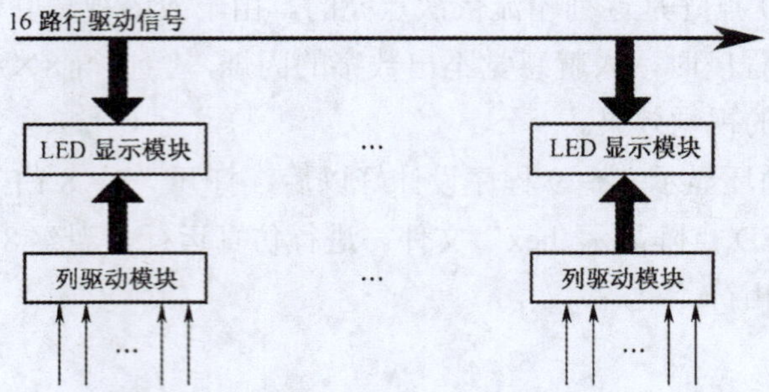

图 11-11　LED 显示系统结构

2. 如何构建 16×32 LED 点阵显示模块

构建一块 16×32 LED 点阵显示模块需要 8 个 8×8 LED 点阵模块。设计 16×32 LED 点阵显示模块具体步骤如下：

（1）把 8 个“MATRIX-8X8-RED”元器件对应的行线和列线分别进行连接，每一条行线引脚接一行 32 个 LED，每一条列线引脚接一列 16 个 LED。

（2）标注行列引脚连线标号。相同行标注同一个连线标号，相同列标注同一个连线标号。1 ～ 8 行引脚连线标号分别为 P00 ～ P07，9 ～ 16 行引脚连线标号分别为 P20 ～ P27；1 ～ 32 列引脚连线标号分别为 S00 ～ S31，如图 11-12 所示。

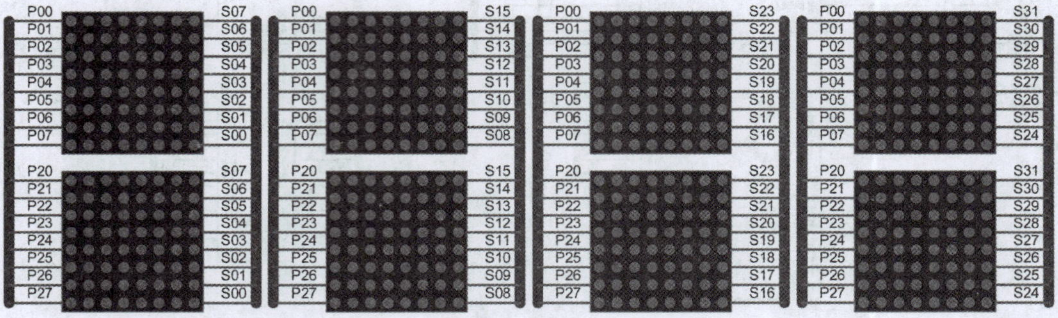

图 11-12　16×32 LED 点阵行列引脚连线标号

（3）分开的 8×8 LED 点阵模块并不能达到好的效果，需要把 8 个 8×8 LED 点阵模块并拢成 16×32 LED 点阵模块。先选中一块 8×8 LED 点阵模块，然后拖动并使其与另一块相并拢，原来的连线已经自动隐藏了。做成的 LED 点阵的行线有 16 个引脚（在左侧），列线有 32 个引脚（在右侧只能看到 16 个引脚，其他 16 个引脚隐藏了），行线高电平有效，列线低电平有效，如图 11-13 所示。

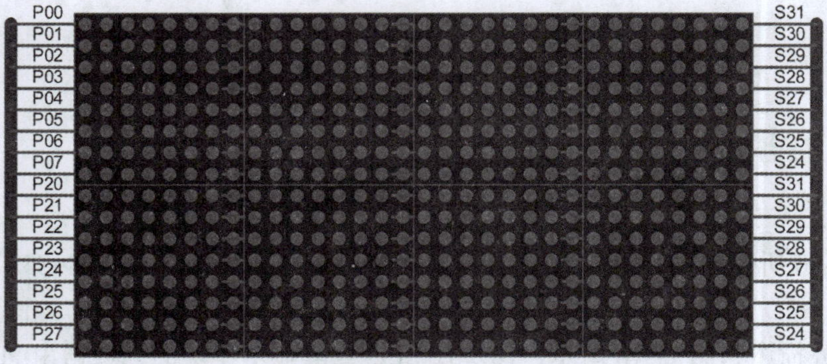

图 11-13　16×32 LED 点阵显示模块

3. 16×32 LED 点阵显示模块的列驱动电路

16×32 LED 点阵显示模块的列驱动电路是由两个 74LS154 译码器和一个 74LS04 反相器构成。

（1）74LS154 译码器。74LS154 译码器与 74LS138 译码器功能基本一样，为 4 线-16 线译码器。74LS154 的 4 个输入端（A、B、C、D）是 4 位二进制代码，有 16 种状态，16 个输出端（0 ~ 15）分别对应其中一种输入状态，输出端以低电平译出。74LS154 译码器每次可输出相应一个 I/O 口的低电平，正好与 16×32 LED 点阵显示模块的低电平选中列相对应。

74LS154 译码器的 E1 和 E2 为两个控制输入端（又称使能端）。当 E1、E2 为低电平时，译码器处于工作状态，否则译码器被禁止，所有的输出端被封锁在高电平上。

（2）列驱动电路。由于 16×32 LED 点阵显示模块有 32 列，而 74LS154 译码器是一个 4 线-16 线译码器，可以驱动 16×32 LED 点阵显示模块的 16 列。在这里，我们可以选择两个 74LS154 译码器来驱动 16×32 LED 点阵显示模块的 32 列，如图 11-14 所示。

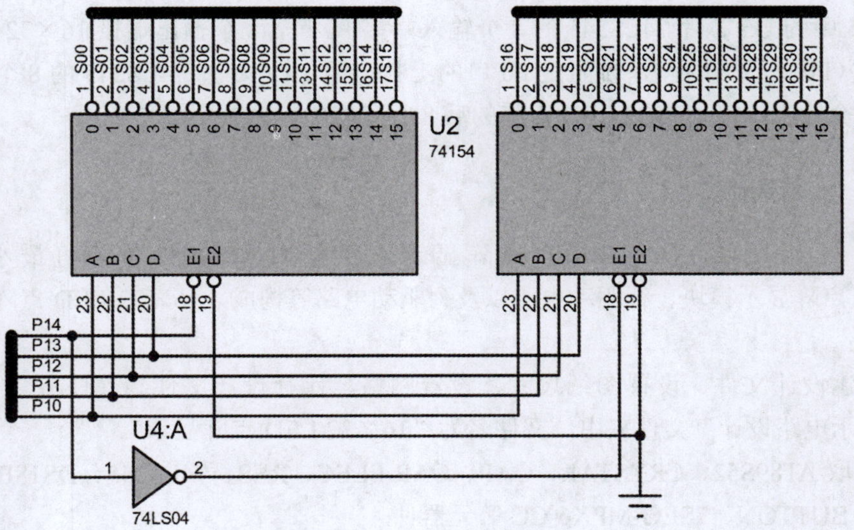

图 11-14　16×32 LED 点阵列驱动电路

图 11-14 的 16×32 LED 点阵列驱动电路设计方法如下：

1）U2 芯片 74LS154 的 4 个输入端（A、B、C、D）接 P1 口的 P1.0、P1.1、P1.2 和 P1.3 引脚，E1 端接 P1 口的 P1.4 引脚（作为片择信号），16 个输出端（0 ~ 15）分别接 16×32 LED 点阵的前 16 列（S00 ~ S15 列）。

2）U3 芯片 74LS154 的 4 个输入端（A、B、C、D）接 P1 口的 P1.0、P1.1、P1.2 和 P1.3 引脚，E1 端经过 U4 芯片 74LS04 接 P1 口的 P1.4 引脚，16 个输出端（0 ~ 15）分别接 16×32 LED 点阵的后 16 列（S16 ~ S31 列）。

（3）列驱动电路工作过程分析。在图 11-14 中，是把两个 74LS154 的 E2 端接地，P1 口的 P1.4 引脚直接接 U2 芯片 74LS154 的 E1 端，并通过 74LS04 反相器接 U3 芯片 74LS154 的 E1 端。

1）当 P1.4 引脚输出低电平时，选中了 U2 芯片 74LS154，驱动 16×32 LED 点阵的前 16 列。

2）当 P1.4 引脚输出高电平时，经过 74LS04 反相为低电平，选中了 U3 芯片 74LS154，驱动 16×32 LED 点阵的后 16 列。

这样，我们就可以通过 P1.0、P1.1、P1.2、P1.3 和 P1.4 引脚，完成对 16×32 LED 点阵的 32 列逐列扫描控制了。

4. 16×32 LED 点阵显示的行驱动电路

行驱动电路是由两个 74LS245 芯片和一个排阻构成，如图 11-15 所示。

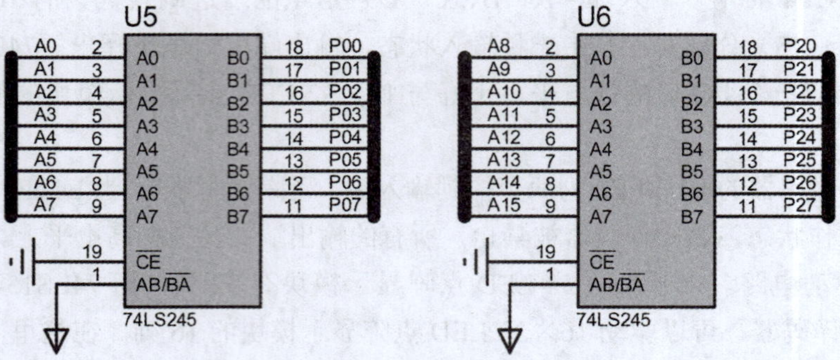

图 11-15 16×32 LED 点阵行驱动电路

图 11-15 中的 U5 芯片 74LS245 的 8 个输入端接 P0 口，8 个输出端接 16×32 LED 点阵的前 8 行（P00 ~ P07 行），排阻是 P0 口的上拉电阻；U6 芯片 74LS245 的 8 个输入端接 P2 口，8 个输出端接 16×32 LED 点阵的后 8 行（P20 ~ P27 行）。

11.2.3 任务实施

16×32 LED 点阵显示电路设计

根据图 11-10 所示，16×32 LED 点阵显示电路是由 AT89S52 单片机最小系统、16×32 LED 点阵显示模块、行驱动电路以及列驱动电路等构成。16×32 LED 点阵显示电路设计如下：

（1）新建设计文件、设置图纸尺寸、设置网格、保存设计文件到“任务 27 16×32 LED 点阵显示电路设计”文件夹中，文件名为“16×32 LED 点阵显示”。

（2）选取 AT89S52、CRYSTAL、CAP、CAP-ELEC、RES、74LS245、DS18B20（温度传感器）、BUTTON、7SEG-MPX6-CC 等元器件。

（3）放置元器件、编辑元器件、放置终端、连线，按图 10-10 所示放置元器件并连线。

（4）编辑元器件属性。

（5）执行“工具”→“电气规则检查”命令，弹出检查结果窗口，完成电气检测。若检测出错，根据提示修改电路图并保存，直至检测成功。

在仿真运行时，你会发现在 16×32 LED 点阵显示模块中有红绿小点不断闪烁，那是在 Proteus 中实时显示的电平信号。解决这个问题的方法是：先在“System”菜单下执行“Set Animation Options”命令，打开“Anmated Circuits Configuration”对话框；然后把“Animation Options”选项下面的“Show Logic State of Pins?”复选框中的选中标志去掉。设置好以后，重新仿真运行就不会有红绿小点闪烁了。

11.3 任务 28 16×32 LED 点阵显示程序设计

11.3.1 任务描述

利用 AT89S52 单片机控制，采用逐列扫描方法，用 C 语言程序实现 16×32 点阵分屏显示和移动显示 4 个汉字。

分屏显示的第一个屏显示“电子”、第二个屏显示“学院”，移动显示是“电子学院”4 个汉字从右进从左出，如图 11-16 所示。

图 11-16　显示格式

11.3.2　任务分析

1. 16 × 32 LED 点阵汉字显示

前面已经介绍如何使用 PCtoLCD2002，并提取了“电子学院”4 个汉字的显示字模。在这里，声明一个 4 行 32 列的二维数组，用来存放“电子学院”4 个汉字的字模，代码如下：

```
uint code aFont[4][32]=
{
   /*“电”，0*/
   {0x00,0x00,0xF8,0x88,0x88,0x88,0x88,0xFF,
   0x88,0x88,0x88,0x88,0xF8,0x00,0x00,0x00,  //前16个字节是“电”的上半字
   0x00,0x00,0x1F,0x08,0x08,0x08,0x08,0x7F,
   0x88,0x88,0x88,0x88,0x9F,0x80,0xF0,0x00}, //后16个字节是“电”的下半字
   /*“子”，1*/
   {0x80,0x82,0x82,0x82,0x82,0x82,0x82,0xE2,
   0xA2,0x92,0x8A,0x86,0x82,0x80,0x80,0x00,
   0x00,0x00,0x00,0x00,0x00,0x40,0x80,0x7F,
   0x00,0x00,0x00,0x00,0x00,0x00,0x00,0x00},
   /*“学”，2*/
   {0x40,0x30,0x11,0x96,0x90,0x90,0x91,0x96,
   0x90,0x90,0x98,0x14,0x13,0x50,0x30,0x00,
   0x04,0x04,0x04,0x04,0x04,0x44,0x84,0x7E,
   0x06,0x05,0x04,0x04,0x04,0x04,0x04,0x00},
   /*“院”，3*/
   {0x00,0xFE,0x22,0x5A,0x86,0x10,0x0C,0x24,
   0x24,0x25,0x26,0x24,0x24,0x14,0x0C,0x00,
   0x00,0xFF,0x04,0x08,0x07,0x80,0x41,0x31,
   0x0F,0x01,0x01,0x3F,0x41,0x41,0x71,0x00}
};
```

2. 延时程序

在逐列扫描显示时，16×32 LED 点阵汉字显示需要使用延时程序，其目的是要保持每列点亮一段时间和熄灭一段时间。延时时间是由形式参数 t 决定的，延时代码如下：

```
void delay(uint t)
{
   while(t--);
}
```

3. 切换显示程序

显示 1 个汉字需要 16×16 点阵，16×32 点阵可以显示 2 个汉字，4 个汉字只能分成 2 屏显示，分屏显示代码如下：

```
/******************************************************************/
/*功   能：切换显示                                                 */
/*入口参数：p为切换显示的屏数                                        */
```

```
/*********************************************************************/
void Leddis(uchar p)
{
  for(time=0;time<100;time++)          //刷新显示100次，每屏保持显示一定时间
  {
    s=0;
    for(j=(p-1)*2;j<(p-1)*2+2;j++)
    {
      for(i=0;i<16;i++)
      {
        LED_COL=s;                     //逐列扫描显示
        LED_L16=aFont[j][i];           //显示上半字
        LED_H16=aFont[j][i+16];        //显示下半字
        delay(40);
        LED_L16=0;                     //显示完一列重新初始化，防止重影
        LED_H16=0;
        delay(2);
        s++;
      }
    }
  }
}  //End Leddis()
```

4. 左移显示程序

左移显示分为右进显示和左出显示两个过程。这里的左移显示是每次左移 8 列，即左移半个字。

右进显示先从右边开始显示第 1 个字的前半个字，也就是从第 24 列开始显示，并保持显示一定时间；然后再左移右进 8 列显示，直至满屏显示前 2 个汉字，右进显示完成；左出显示先从第 1 个字的后半个字、第 2 个字和第 3 个字的前半个字开始显示，并保持显示一定时间；然后再左出 8 列显示，直至左出完成。

（1）右进显示代码如下：

```
/*********************************************************************/
/*功  能：右进显示（只右进显示第一屏）                                    */
/*入口参数：num为一屏显示的字数，movecol为每次右进的列数                   */
/*********************************************************************/
void RightJ(uchar num,uchar movecol)
{
  start=16*num-movecol;              //计算右进显示的起始列
  while(1)
  {
    for(time=0;time<100;time++)
    {
      s=start;                       //把右进显示的起始列赋给逐列扫描变量
      for(j=0;j<4;j++)
      {
        for(i=0;i<16;i++)
        {
          LED_COL=s;
          LED_L16=aFont[j][i];
          LED_H16=aFont[j][i+16];
          delay(40);
          LED_L16=0;
          LED_H16=0;
          delay(2);
          s++;
          if(s>31) break;
        }
        if(s>31) break;
```

```
            }
        }
        if(start>0)
        {
            start-=movecol;                  //每次右进显示的起始列加movecol列
        }
        else
        {
            break;                           //如果右进显示的起始列到了第0列，右进显示结束
        }
    }
}
```

（2）左出显示代码如下：

```
/******************************************************************/
/*功  能：左出显示                                                 */
/*入口参数：num为左出字数，movecol为每次左出的列数                  */
/******************************************************************/
void LeftC(uchar num,uchar movecol)
{
  uchar col=movecol;                  //定义起始字的显示列，左出多少列
  uchar n=0;                          //定义显示的起始字是从第1个字开始
  uchar count=0;                      //统计左出次数从0开始
  while(count<16*num/movecol)         //判断左出显示是否完成，完成退出while
  {
    for(time=0;time<100;time++)
    {
      s=0;
      start=col;
      for(j=n;j<4;j++)
      {
        for(i=start;i<16;i++)
        {
          LED_COL=s;
          LED_L16=aFont[j][i];
          LED_H16=aFont[j][i+16];
          delay(40);
          LED_L16=0;
          LED_H16=0;
          delay(2);
          s++;
          if(s>31) break;
        }
        start=0;                      //第1个字后面的字都是从整个字开始显示
        if(s>31) break;
      }
    }
    count++;                          //每次左出显示完成count加1
    col+=movecol;                     //累加每次左出的列数，获得下一屏左出显示起始列
    if(col==16)                       //如果col=16，下一屏是从整字开始显示
    {
      n++;                            //移出1个字了，开始移出下一个字
      col=0;
    }
  }
}
```

11.3.3 任务实施

16×32 LED 点阵显示程序设计

1. 建立“16×32 点阵显示”工程项目

新建“16×32 点阵显示”工程文件，并将其保存在“任务 28 16×32 点阵显示程序设计”文件夹中，然后选择单片机型号为 Atmel 的 AT89S52。

2. 建立并加载“16×32 点阵显示 .c”源文件

建立并加载“16×32 点阵显示 .c”源文件，有些代码在前面已经给出，在这里就省略了，源文件代码如下：

```
#include <AT89X52.H>
#define uchar unsigned char
#define uint unsigned int
#define  LED_L16  P0                    //16×32 LED点阵低16行接口
#define  LED_H16  P2                    //16×32 LED点阵高16行接口
#define  LED_COL  P1                    //16×32 LED点阵列选接口
/*声明一个4行32列的二维数组，用来存放“电子学院”4个汉字的字模*/
uint code aFont[4][32]=
{
  ……
};
uchar i,j;                              //定义二维数组aFont[j][i]的下标
uchar s;                                //定义逐列扫描变量，从0列到31列
uchar time;                             //定义刷新显示次数变量，保持内容显示一定时间
uchar start;                            //定义显示的起始列变量
/*延时，t为延时参数*/
void delay(uint t)
{
  ……
}
/*切换显示，p为切换显示的屏数*/
void Leddis(uchar p)
{
  ……
}  //End Leddis()
/*右进显示（只右进显示第一屏），num为一屏显示的字数，movecol为每次右进的列数*/
void RightJ(uchar num,uchar movecol)
{
  ……
}
/*左出显示，num为左出字数，movecol为每次左出的列数*/
void LeftC(uchar num,uchar movecol)
{
  ……
}
void main(void)
{
   LED_L16=0;
   LED_H16=0;
   while(1)
   {
      Leddis(1);                        //显示第一屏
      Leddis(2);                        //显示第二屏
      RightJ(2,8);                      //右进显示2个字，每次右进8列
      LeftC(4,8);                       //左出显示4个字，每次左出8列
   }     //End while
}        //End main()
```

3. “16×32 点阵显示”工程配置与编译

工程配置：“目标”标签页的晶振频率栏设为 12MHz，勾选“输出”标签页的“生成

HEX 文件”复选框。

工程编译：完成工程配置后，进行“16×32 点阵显示”工程编译。若编译发生错误，要进行分析检查，直到编译正确为止。

4. 16×32 点阵显示仿真运行调试

（1）打开 16×32 点阵显示的仿真电路。

（2）加载“16×32 点阵显示 .hex”HEX 文件。

（3）单击仿真工具栏“运行”按钮▶，单片机全速运行程序。

观察 16×32 点阵显示是否与任务要求一致。若运行结果与任务要求不一致，要对电路和程序进行分析检查，直到运行正确。

【技能训练 11-2】基于逐行扫描方式的 16×32 LED 点阵显示设计

【技能训练 11-2】基于逐行扫描方式的 16×32 LED 点阵显示设计

列驱动采用 74LS595 芯片，行驱动采用 74LS154 芯片，通过逐行扫描方式完成 16×32 LED 点阵汉字显示设计，显示的 4 个汉字是“逐行扫描”。

1. 电路设计

根据技能训练要求，32 列驱动采用 4 个 74LS595 芯片，16 行驱动采用 1 个 74LS154 芯片，16×32 LED 点阵采用 8 块列阳极行阴极的 8×8 LED 点阵模块，通过逐行扫描实现 16×32 LED 点阵汉字显示。

（1）16×32 LED 点阵设计。16×32 LED 点阵由 8 块列阳极行阴极的 8×8 LED 点阵模块构成。在 Proteus 文档编辑窗口中放置 8 个“MATRIX-8X8-RED”8×8 LED 点阵模块，使其保持初始位置，上面引脚为列线，下面引脚为行线。然后标注行列引脚连线标号，16 行引脚连线标号分别为 R00 ～ R15，32 列引脚连线标号分别为 S00 ～ S31。做成的 16×32 LED 点阵行线低电平有效，列线高电平有效，如图 11-17 所示，其中前 8 行引脚连线标号 R00 ～ R07 被隐藏了。

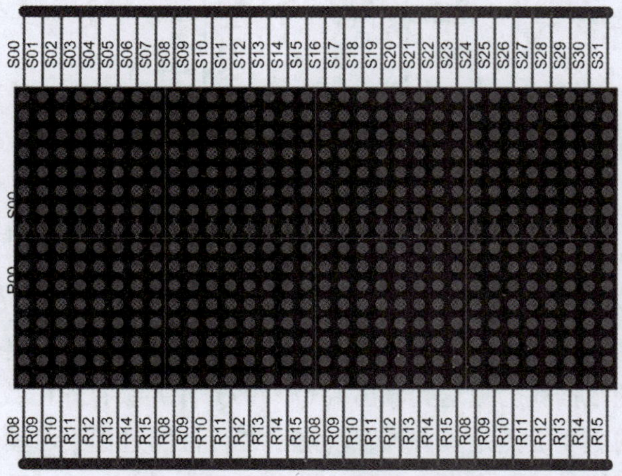

图 11-17　16×32 LED 点阵

（2）行列驱动电路设计。根据设计思路，16×32 LED 点阵汉字显示是通过逐行扫描实现，并且行线是低电平有效、列线是高电平有效。在这里，行驱动电路是由 1 个 74LS154 芯片构成，行码（行扫描信号）由 P0 口送出。列驱动电路是由 4 个 74LS595 芯片构成，行数据由 P2 口送出。行列驱动电路如图 11-18 所示。

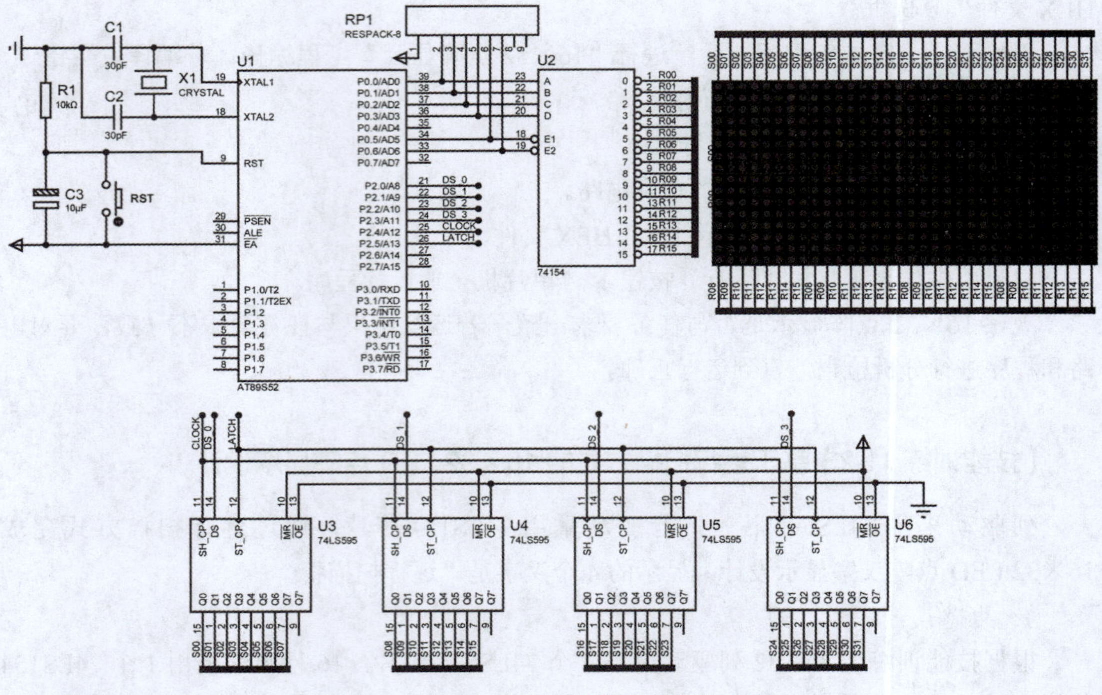

图 11-18　16×32 LED 点阵行列驱动电路

（3）认识 74LS595。74LS595 芯片与 74LS164 芯片功能相仿，都是 8 位串行输入转并行输出移位寄存器，74LS164 芯片使用介绍见项目 7 技能训练 7-1。74LS595 引脚如图 11-19 所示，它的使用方法很简单，在正常使用时 MR 引脚通常接 VCC，OE 引脚通常接地。如果单片机引脚使用不紧张的话，可以用一个引脚控制 OE，这样就可以很方便地产生闪烁和熄灭效果，比通过数据端移位控制要省时省力。

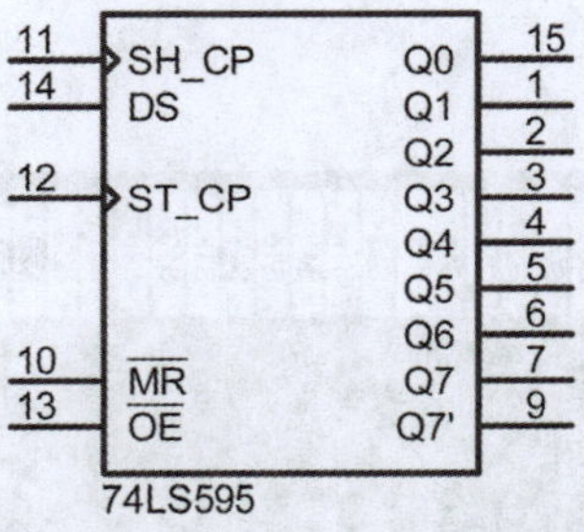

图 11-19　74LS595 引脚

从串行数据输入端 DS 引脚每输入一位数据，在移位时钟 SH_CP 上升沿有效一次，数据寄存器的数据移位，直到 8 位数据输入完毕。然后输出锁存时钟 ST_CP 上升沿有效一次，此时，输入的数据就会被送到输出端 Q0 ～ Q7，并锁存输出数据。

74LS595 芯片的主要优点是具有锁存功能，在移位的过程中，输出端的数据可以保持不变。这在串行速度慢的场合中很有用处，没有闪烁感。

2. 程序设计

（1）16×32 LED 点阵接口相关变量定义。

```
sbit DS_0=P2^0;        //定义P2.0为第1个74LS595芯片1～8列的行数据输入
sbit DS_1=P2^1;        //定义P2.1为第2个74LS595芯片9～16列的行数据输入
sbit DS_2=P2^2;        //定义P2.2为第3个74LS595芯片17～24列的行数据输入
sbit DS_3=P2^3;        //定义P2.3为第4个74LS595芯片25～32列的行数据输入
```

```c
sbit CLOCK=P2^4;                //74LS595的移位时钟控制
sbit LATCH=P2^5;                //74LS595的输出锁存时钟控制
```

（2）16×32 LED 点阵显示相关变量定义。按照 16×16 点阵、宋体、行列式、阴码、逆向、十六进制数等字模选项，获取“逐行扫描”4 个汉字的字模。定义一个存放字模的 4 行 32 列的二维数组 word[4][32]，定义一个用于 74LS595 显示缓冲区的一维数组 temp[4]。

```c
uchar code word[4][32]=
{
  /*"逐",0*/
  {0x00,0xC4,0x08,0x08,0x80,0x60,0x0F,0x88,
  0x68,0x08,0x88,0x68,0x08,0x14,0xE2,0x00,
  0x00,0x3F,0x02,0x01,0x22,0x16,0x0D,0x14,
  0x16,0x25,0x24,0x04,0x05,0x02,0x7F,0x00},
  /*"行",1*/
  {0x10,0x90,0x08,0x04,0x12,0x10,0xC8,0x0C,
  0x0A,0x09,0x08,0x08,0x08,0x08,0x08,0x08,
  0x00,0x3F,0x00,0x00,0x00,0x00,0x7F,0x04,
  0x04,0x04,0x04,0x04,0x04,0x04,0x05,0x02},
  /*"扫",2*/
  {0x08,0x08,0xC8,0x08,0x3F,0x08,0x08,0xA8,
  0x18,0x0C,0x0B,0x08,0x08,0xC8,0x0A,0x04,
  0x00,0x00,0x3F,0x20,0x20,0x20,0x20,0x3F,
  0x20,0x20,0x20,0x20,0x20,0x3F,0x20,0x00},
  /*"描",3*/
  {0x08,0x08,0xC8,0x08,0x3F,0x08,0x88,0xA8,
  0x98,0x8C,0x8B,0x88,0x88,0x88,0x8A,0x84,
  0x11,0x11,0x7F,0x11,0x11,0x00,0x3F,0x24,
  0x24,0x24,0x3F,0x24,0x24,0x24,0x3F,0x20}
};
uchar temp[4]={0,0,0,0};            //用于74LS595显示缓冲区的一维数组
```

（3）74LS595 左移子程序。74LS595 左移子程序可以实现 74LS595 的移位输入，代码如下：

```c
void shift()
{
  uchar j;
  for(j=0;j<8;j++)
  {
    temp[0]=temp[0]<<1;         //将temp[0]左移1位，把最高位送入CY
    DS_0=CY;                    //把进位CY输出到74LS595移位寄存器
    temp[1]=temp[1]<<1;
    DS_1=CY;
    temp[2]=temp[2]<<1;
    DS_2=CY;
    temp[3]=temp[3]<<1;
    DS_3=CY;
    CLOCK=1;                    //发移位时钟P上升沿，74LS595的数据移位
    CLOCK=0;
  }
}
```

（4）汉字显示子程序。汉字显示子程序可以实现汉字显示，代码如下：

```c
void display_word(uchar p)
{
  uchar time,m;
  for(time=0;time<=100;time++)
  {
    for(m=0;m<16;m++)               //从0行逐行扫描到15行
    {
      temp[0]=word[p][m];           //将第1个汉字左半字的显示数据放入缓冲区0
```

```
            temp[1]=word[p][m+16];        //将第1个汉字右半字的显示数据放入缓冲区1
            temp[2]=word[p+1][m];         //将第2个汉字左半字的显示数据放入缓冲区2
            temp[3]=word[p+1][m+16];      //将第2个汉字右半字的显示数据放入缓冲区3
            shift();                      //74LS595左移子程序
            LATCH=0;                      //锁存输出数据
            LATCH=1;
            P0=m;                         //显示当前行
            delay(100);
            P0=0xff;                      //显示完一行重新初始化，防止重影
            delay(2);
        }
    }
}
```

（5）16×32 LED 点阵汉字显示主程序。16×32 LED 点阵汉字显示 main() 函数代码如下：

```
void main(void)
{
    P0=0xff;
    while(1)
    {
        display_word(0);          //显示第一屏的两个汉字
        display_word(2);          //显示第二屏的两个汉字
    }
}
```

关键知识点梳理

1. LED 点阵显示屏结构

（1）LED 点阵显示屏是由高亮发光二极管点阵组成的矩阵。

（2）8×8 LED 点阵显示模块是由 64 个发光二极管按矩阵排列而成的发光二极管组，每个发光二极管是放置在行线和列线的交叉点上，当对应二极管一端置“1”、另一端置“0”，则点亮相应的二极管，也就是点亮了 LED 显示屏上相应的点。

（3）LED 点阵显示屏通过分别驱动行线和列线来点亮 LED 屏上相应的点。

2. LED 点阵显示方式

LED 点阵显示方式可分为静态显示和动态显示两种。

（1）静态显示方式。同时控制各个 LED 亮灭的方法称为静态显示方式。

（2）动态显示方式。动态显示方式是采用动态扫描方法。动态扫描方法有逐列扫描方式和逐行扫描方式：逐列扫描方式就是逐列轮流点亮，逐行扫描方式就是逐行轮流点亮。

3. LED 点阵显示屏使用的芯片

（1）74LS138 是 3 线 -8 线译码器，74LS138 的 3 个输入端是 3 位二进制代码、有 8 种状态，8 个输出端分别对应其中一种输入状态。输出端以低电平译出，在驱动电路作为逐列（逐行）扫描控制。

（2）74LS154 为 4 线 -16 线译码器，74LS154 的 4 个输入端是 4 位二进制代码、有 16 种状态，16 个输出端分别对应其中一种输入状态。输出端以低电平译出，在驱动电路作为逐列（逐行）扫描控制。

（3）74LS245 是 8 路同相三态双向数据总线驱动器，在驱动电路中作为列数据（行数据）输出。

（4）74LS595 是 8 位串行输入转并行输出移位寄存器，在驱动电路中，通过 8 位串行输入转并行输出作为列数据（行数据）。

问题与讨论

11-1　简述 8×8 点阵型 LED 的内部结构以及工作原理。

11-2　点阵屏控制电路是由哪几部分组成？并简述其工作原理。

11-3　请设计一个 16×16 LED 点阵屏，能分屏和移动显示 4 个汉字。

附 录

课程设计范例 1　双向四车道交通灯控制

一、课程设计目的及实现功能

1. 课程设计目的

掌握单片机与数码管和键盘的接口技术，能够利用数码管静态显示、定时器以及独立键盘等关键技术，完成交通灯控制设计及实现。进一步掌握单片机的应用系统设计方法，以及掌握 C 语言程序的设计方法。

2. 实现功能

本系统能通过 AT89S52 单片机控制交通灯模块，在适当的时候控制点亮绿色、黄色或者红色的 LED 灯，示意行人或者车辆可以通行或者不可以通行。另外通过数码管倒计时，示意行人或者车辆不可以通行时需要等待的时间，或者通行时还有多少剩余时间。

（1）系统有三种工作状态：正常状态、设置状态、紧急状态（交通管制）。

（2）正常显示状态下，通行次序依次为：南北直行、南北左转、东西直行、东西左转。

（3）设置状态下，可对南北直行、南北左转、东西直行、东西左转、东西右转的通行时间进行设置。

（4）紧急状态（交通管制）下，所有发光管全显示红色，数码管显示“-- ”。

二、设计分析

1. 十字路口车道

十字路口：1、3 为南北方向，2、4 为东西方向。每个路口均有红、黄、绿三个灯。用 L、S、R、P 分别表示各个车道的左转车道、直行车道、右转车道及行人车道。十字路口车道示意图如图 1 所示。

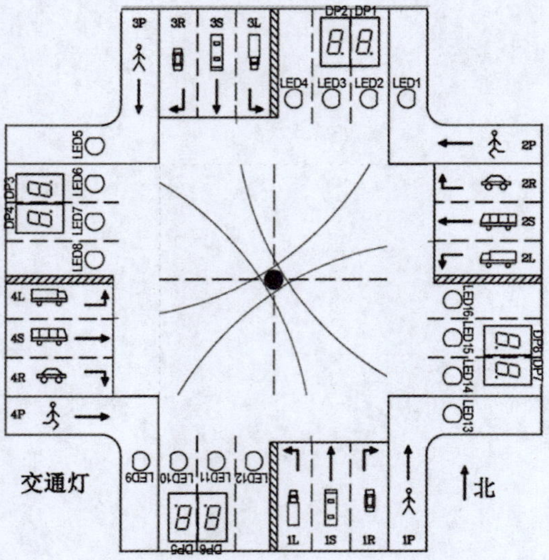

图 1　十字路口车道示意图

2. 十字路口交通灯

分别用 1、2、3、4 表示四个流向的车道，用 L、S、R、P 分别表示各个车道的左转车道、直行车道、右转车道及行人车道。除了 4 个右转车道外，在同一时间内不能出现车流交叉的现象。所以在设计绿灯时可以分组设计，共有 4 组，通行顺序如下：

→1S，1P，3S，3P → 1L，3L → 2S，2P，4S，4P → 2L，4L ─┐（循环）

十字路口交通灯初始的状态都是红灯亮，从绿灯灭到绿灯亮的过程，需要黄灯亮几秒，交通灯亮灭过程如下：

（1）1、3 路口的 1S，1P，3S，3P 绿灯亮，2、4 路口的红灯亮。1、3 路口直行通车和行人车道通车。

（2）1、3 路口的 1L，1R，3L，3R 绿灯亮，2、4 路口的 2R，4R 绿灯亮，其他红灯亮。1、3 路口左转、右转通车，2、4 路口右转通车。

（3）2、4 路口的 2S，2P，4S，4P 绿灯亮，1、3 路口的红灯亮。2、4 路口直行通车和行人车道通车。

（4）2、4 路口的 2L，2R，4L，4R 绿灯亮，1、3 路口的 1R，3R 绿灯亮，其他红灯亮。2、4 路口左转、右转通车，1、3 路口右转通车。

（5）重复上面的过程。

三、交通灯电路设计

1. 键盘模块设计

交通灯控制的键盘模块设计采用独立键盘，有 MODE（设置按键）、UP（设置值加 1 按键）、DOWN（设置值减 1 按键）和 JTGZ（交通管制按键）4 个按键。这 4 个按键分别接到 P3 口的 P3.0、P3.1、P3.2 和 P3.3 引脚，电路如图 2 所示。

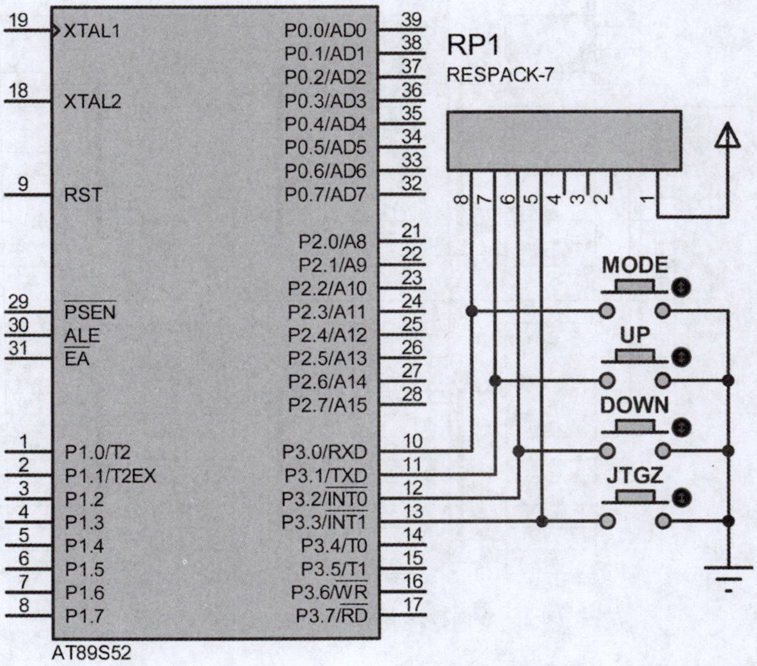

图 2 键盘电路

2. 数码管驱动模块设计

在十字路口交通灯控制中，每个路口显示时间是两位的，共需要 8 个数码管。在这里，我们采用静态显示技术，使用 74LS164 芯片来实现。

（1）74LS164 芯片扩展 I/O 口输出电路。74LS164 芯片用于扩展 I/O 口输出，它是一个 8 位并行输出、串行输入移位寄存器。单片机的 P2.1 引脚与 74LS164 芯片移位脉冲输入端相连，P2.0 引脚与串行输入端相连，如图 3 所示。

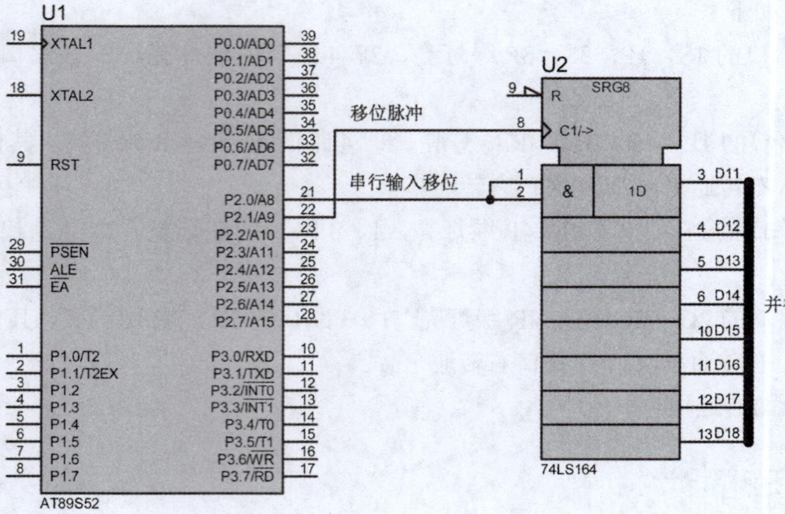

图 3　74LS164 芯片电路连接图

（2）数码管驱动电路设计。数码管驱动电路使用 8 个 74LS164 芯片，分别驱动 8 个数码管，实现每个路口时间显示，如图 4 所示。

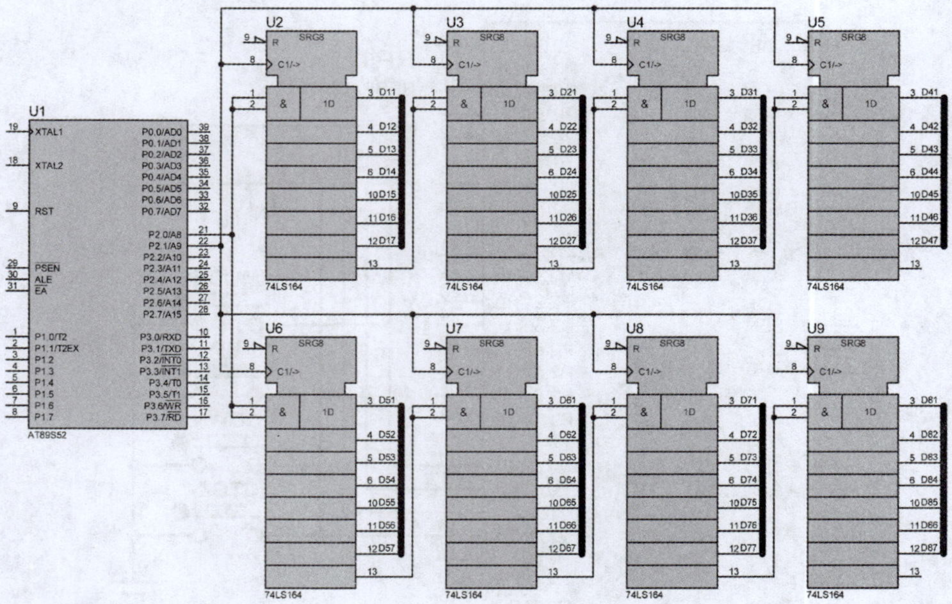

图 4　交通灯控制数码管驱动电路

3. 交通灯及数码管显示电路设计

交通灯分别有红、绿、黄三种，在这里使用 LED，采用共阳极接法，数码管为共阴极，每个车道有红、绿、黄三种信号灯，每个路口有 4 个车道、有 1 个 2 位时间显示。交通灯及数码管显示电路按照十字路口交通灯示意图设计，如图 5 所示。

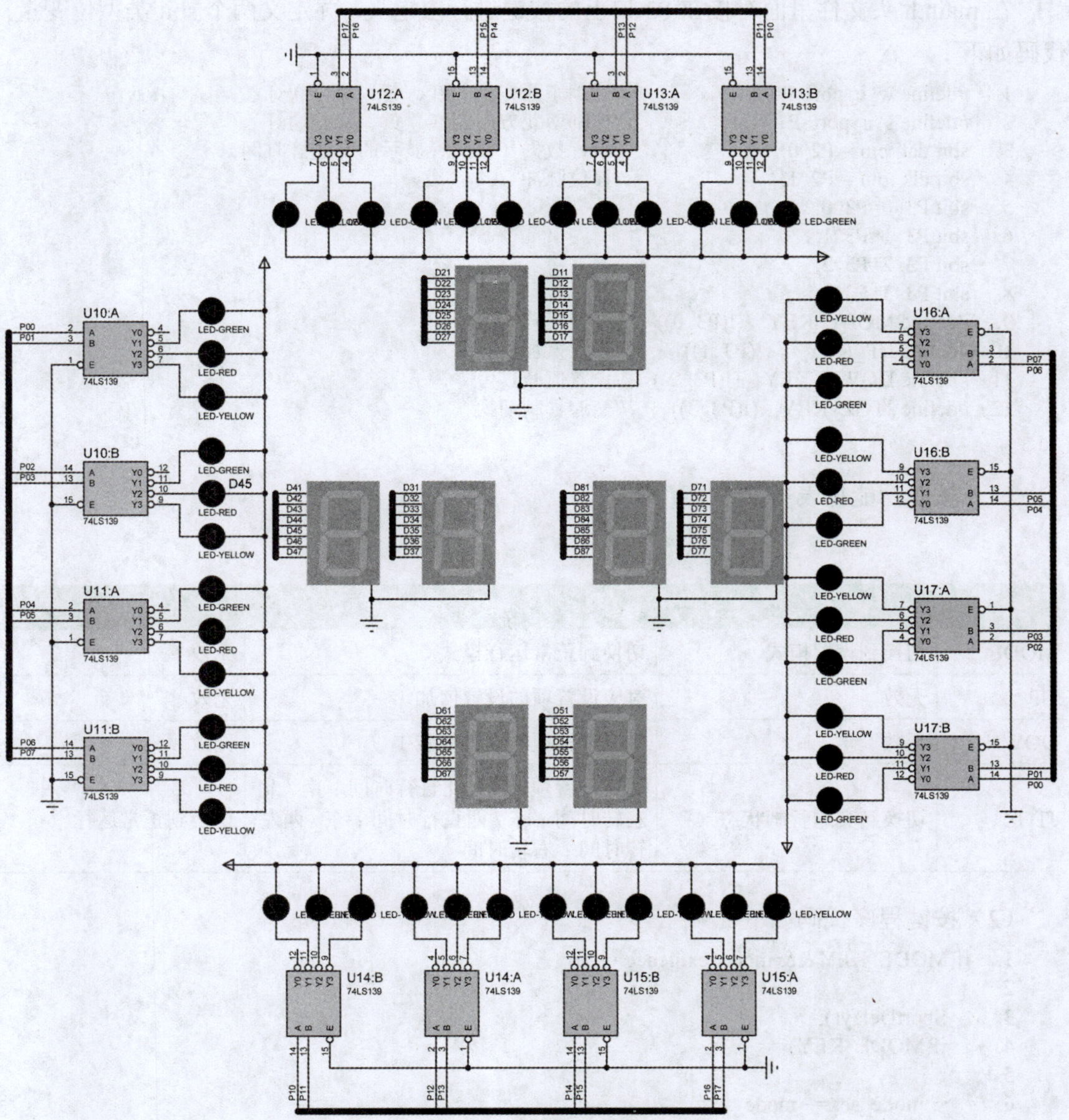

图 5　交通灯及数码管显示电路

交通灯使用 AT89S52 单片机的 P0 和 P1 口，每个车道红、绿、黄 3 个灯使用两个引脚，通过 74LS139 译码器来控制红、绿、黄 3 个灯的亮和灭。I/O 口的两个引脚通过 74LS139 译码器控制红、绿、黄 3 个灯的对应关系："01" 绿灯亮、"10" 红灯亮、"11" 黄灯亮。

4. 交通灯控制电路设计

在完成交通灯控制的键盘电路、数码管驱动电路、交通灯及数码管显示电路设计之后，用 Proteus 仿真软件完成交通灯控制电路设计。

运行 Proteus 软件，新建"交通灯控制"设计文件。按照图 2、图 4 和图 5 所示，放置并编辑 CRYSTAL、CAP、CAP-ELEC、RES、RESPACK-7、LED-RED、LED-GREEN、LED-YELLOW、74LS164、BUTTON 和 74LS139 等元器件。完成交通灯控制电路设计后，进行电气规则检测，直至检测成功。

四、交通灯程序设计

1. 编写 main.h 头文件

在 main.h 头文件里面对接在 P3 口上的按键进行宏定义，并定义两个 sbit 类型位变量，代码如下：

```
#define w_e_port  P0                 //控制东西方向的红、黄、绿交通灯
#define s_n_port  P1                 //控制南北方向的红、黄、绿交通灯
sbit dat_pin = P2^0;                 //串行数据（数码管显示的交通灯时间）
sbit clk_pin = P2^1;                 //移位脉冲
sbit P3_0=P3^0;
sbit P3_1=P3^1;
sbit P3_2=P3^2;
sbit P3_3=P3^3;
#define MODE_KEY    (!(P3_0))        //设置模式切换
#define UP_KEY      (!(P3_1))        //设置值加1
#define DOWN_KEY    (!(P3_2))        //设置值减1
#define JTGZ_KEY    (!(P3_3))        //交通管制切换
```

2. 键盘模块程序

（1）按键功能见表 1。

表 1　按键功能

按键	正常状态	设置状态	紧急状态
MODE	切换到设置模式	切换到正常运行模式	无效
UP	无效	对应设置项的设置值加 1	无效
DOWN	无效	对应设置项的设置值减 1	无效
JTGZ	切换到交通管制状态	切换设置项：南 / 北直行时间；南 / 北左转时间；东 / 西直行时间；东 / 西左转时间；右转时间	切换到正常运行

（2）按键程序代码如下：

```
if(MODE_KEY && mode_exigence == 0)
{
  ShortDelay();
  if(MODE_KEY)
  {
    mode_set = ~mode_set;
    if(mode_set == 1)                //进入设置模式
    {
      EA = 0;                        //关中断
      i=0;
      dis_buffer=time_set[0];display_led(dis_buffer);
      s_n_port = 0x11; w_e_port = 0x00;          //Set S-N-Go to Green
    }
    else
    {
      time_buffer=time_set[0];display_led(time_buffer);
      s_n_port = 0x99; w_e_port = 0xAA; y=0;
      TH0=0x3C; TL0=0xB0; EA = 1; i=0;           //返回运行模式
    }
  }  //end if(LEFT_KEY)
  while(MODE_KEY);
}  //end if(MODE_KEY && mode_exigence == 0)
if(JTGZ_KEY)
{
```

```
    ShortDelay();
    if(JTGZ_KEY)
    {
      if(mode_set == 1)
      {
        f(i==4) i=0;
        else    i=i+1;
        dis_buffer = time_set[i];
        display_led(dis_buffer);
        switch(i)
        {
          case  0:
            s_n_port = 0x11;
            w_e_port = 0x00;
            break;                    //Set S-N-Go to Green
          case  1:
            s_n_port = 0x40;
            w_e_port = 0x00;
            break;                    //Set S-N-TurnLeft to Green
          case  2:
            s_n_port = 0x00;
            w_e_port = 0x11;
            break;                    //Set W-E-Go to Green
          case  3:
            s_n_port = 0x00;
            w_e_port = 0x40;
            break;                    //Set W-E-TurnLeft to Green
          case  4:
            s_n_port = 0x04;
            w_e_port = 0x04;
            break;                    //Set TurnRight to Green
          default:  break;
        }  //end switch(i)
      }
      else
      {
        mode_exigence = ~mode_exigence;
        if(mode_exigence == 1)        //进入紧急模式
        {
          EA = 0;                     //关中断
          s_n_port = 0xaa; w_e_port = 0xaa;      // Set all LED to Red
          display_led(101);           //显示“-”
        }
        else                          //返回运行模式
        {
          dis_buffer=time_buffer=time_set[0];
          display_led(dis_buffer);
          s_n_port = 0x99; w_e_port = 0xAA; y=0;
          TH0=0x3C; TL0=0xB0; EA = 1; i=0;
        }
      }
    }  //end if(RIGHT_KEY)
    while(JTGZ_KEY);
  }  //end if(JTGZ_KEY)
  if(UP_KEY && mode_set == 1)
  {
    ShortDelay();
    if(UP_KEY)
    {
      if(i<4)
      {
        if(time_set[i] >= time_max) time_set[i] = time_min;
```

```
            else time_set[i] = time_set[i] + 1;
            little_set = little_time(time_set[0],
            time_set[1], time_set[2], time_set[3]);
            dis_buffer = time_set[i];
            display_led(dis_buffer);
        }
        else
        {
            if(time_set[i] >= little_set/2) time_set[i] = time_yellow;
            else time_set[i] = time_set[i] + 1;
            dis_buffer = time_set[i];
            display_led(dis_buffer);
        }
    }   //end if(UP_KEY)
    while(UP_KEY);
}   //end if(UP_KEY && mode_set == 1)
if(DOWN_KEY && mode_set == 1)
{
    ShortDelay();
    if(DOWN_KEY)
    {
        if(i<4)
        {
            if(time_set[i] <= time_min) time_set[i] = time_max;
            else time_set[i] = time_set[i] - 1;
            little_set = little_time(time_set[0],
            time_set[1], time_set[2], time_set[3]);
            dis_buffer = time_set[i];
            display_led(dis_buffer);
        }
        else
        {
            if(time_set[i] <= time_yellow) time_set[i] = little_set/2;
            else time_set[i] = time_set[i] - 1;
            dis_buffer = time_set[i];
            display_led(dis_buffer);
    }
    }
    while(DOWN_KEY);
}   //end if(DOWN_KEY && mode_set == 1)
```

3. 数码管显示程序

```
void display_led(uchar number)
{
    uchar buffer[4]={0,0,0,0};
    uchar x,y,dat;
    if(number<100)
    {
        buffer[0]=buffer[2]=number/10;
        buffer[1]=buffer[3]=number%10;
    }
    else
    {
        if(number==100)
            buffer[0]=buffer[1]=buffer[2]=buffer[3]=0x0B;
        else
            buffer[0]=buffer[1]=buffer[2]=buffer[3]=0x0A;
    }
    for(x=0;x<4;x++)
    {
        dat=led_dat[buffer[x]];
        for(y=0;y<8;y++)
```

```
        {
            clk_pin = 0;
            if (dat & 0x01)  dat_pin=1;
            else dat_pin=0;
            clk_pin = 1;
            _Nop();_Nop();
            clk_pin = 0;
            dat>>=1;
        }
    }
}
```

4. 取最小设置时间程序

```
uchar little_time(uchar a, uchar b, uchar c, uchar d)
{
  uchar little;
  if(a <= b)  little = a;
  else little = b;
  if(c < little)  little = c;
  if(d < little)  little = d;
  return little;
}
```

5. 定时器中断服务程序

```
void timer1(void)  interrupt 1 using 1   //50ms中断一次
{
  TH0=0x3C;
  TL0=0xB0;
  irq_count++;
  if(irq_count>=20)                  //1s
  {
    irq_count=0;
    switch(y)
    {
      case  0:                       //S-N Go
        if(time_buffer == 0 )
        {
          y=1;
          time_buffer = time_set[1];
          s_n_port = 0x6A;           //S-N TurnLeft
          w_e_port = 0xA6;
        }
        else
        {
          time_buffer = time_buffer - 1;
          if(time_buffer == time_set[4])
          {
            s_n_port = 0x95;
            w_e_port = 0xA6;
          }
          if(time_buffer == time_yellow)
          {
            s_n_port = 0xBF;
            w_e_port = 0xA6;
          }
        }
        break;
      case  1:                       //S-N TurnLeft
        if(time_buffer == 0 )
        {
          y=2;
          time_buffer = time_set[2];
```

```
            s_n_port = 0xAA;        //W-E Go
            w_e_port = 0x99;
        }
        else
        {
            time_buffer = time_buffer - 1;
            if(time_buffer == time_set[4])
            {
                s_n_port = 0x66;
                w_e_port = 0xA6;
            }
            if(time_buffer == time_yellow)
            {
                s_n_port = 0xEE;
                w_e_port = 0xAE;
            }
        }
        break;
    case 2:                         //W-E Go
        if(time_buffer == 0 )
        {
            y=3;
            time_buffer = time_set[3];
            s_n_port = 0xA6;        //W-E TurnLeft
            w_e_port = 0x6A;
        }
        else
        {
            time_buffer = time_buffer - 1;
            if(time_buffer == time_set[4])
            {
                s_n_port = 0xA6;
                w_e_port = 0x95;
            }
            if(time_buffer == time_yellow)
            {
                s_n_port = 0xA6;
                w_e_port = 0xBF;
            }
        }
        break;
    case 3:                         //W-E Go
        if(time_buffer == 0 )
        {
            y=0;
            time_buffer = time_set[0];
            s_n_port = 0x99;        //S-N Go
            w_e_port = 0xAA;
        }
        else
        {
            time_buffer = time_buffer - 1;
            if(time_buffer == time_set[4])
            {
                s_n_port = 0xA6;
                w_e_port = 0x66;
            }
            if(time_buffer == time_yellow)
            {
                s_n_port = 0xAE;
                w_e_port = 0xEE;
            }
```

```
            }
            break;
        default:
            y=0;
            time_buffer = time_set[0];
            s_n_port = 0x99;             //S-N Go
            w_e_port = 0xAA;
            break;
    }                                    //END switch(i)
    display_led(time_buffer);
  }  // end if(irq_count>=20)            //1s
} //end interrupt
```

6. 交通灯控制主文件

这里省略前面已经介绍过的代码。交通灯控制 .c 文件的代码如下：

```
#include <AT89X52.H>
#include <intrins.h>
#include <main.h>
uchar time_max = 99;
uchar time_min = 20;
uchar time_yellow = 5;                  //绿灯转红灯时，黄灯亮的时间
uchar irq_count=0;                      //中断计数
/*time_set[]数组是存放交通灯显示时间：        */
/*time_set[0]：S-N-Go Time, time_set[1]；S-N-TurnLeft Time；      */
/*/time_set[2]：W-E-Go Time, time_set[3]；W-E-TurnLeft Time；     */
/*time_set[4]：Turn-Right Time       */
uchar time_set[5]={30,30,30,30,20};
/*led_dat[]数组存放共阴极数码管显示“0～9”和“-”的段码*/
uchar led_dat[12]={0xFC, 0x60, 0xDA, 0xF2, 0x66, 0xB6, 0xBE, 0xE0, 0xFE, 0xF6, 0x02, 0x00};
uchar little_set;
uchar time_buffer;
uchar dis_buffer;
uchar i,y;
/*短延时*/
void ShortDelay(void)
{
  uchar x,y;
  for(x=0;x<5;x++)
    for(y=0;y<125;y++)
      _Nop();
  return;
}
/*数码管显示函数*/
void display_led(uchar number)
{
  ……
}
/*取最小设置时间*/
uchar little_time(uchar a, uchar b, uchar c, uchar d)
{
  ……
}
void main(void)
{
  bit mode_set=0;                       //模式控制: 1 设置模式，0 正常模式
  bit mode_exigence;                    //模式控制: 1 紧急模式，0 正常模式
  y=3; s_n_port=0x00; w_e_port=0x00;
  display_led(100);                     //灭数码管显示
  little_set=little_time(time_set[0],time_set[1],
  time_set[2],time_set[3]);
  time_set[4] = little_set>>1;
```

```
    ……                          //定时器初始化的代码
    while(1)
    {
      ……                        //按键部分的代码
    }
}
/*定时器0中断服务程序*/
void timer0(void) interrupt 1 using 1   // 50ms中断一次
{
    ……
}
```

在这里，需要对存放共阴极数码管显示“0 ～ 9”和“-”段码的数组 led_dat[] 进行简单说明。

在项目 3 中，共阴极数码管显示“0 ～ 9”的段码是：

```
{0x3f,0x06,0x5b,0x4f,0x66,0x6d,0x7d,0x07,0x7f,0x6f}
```

而在这里，共阴极数码管显示“0 ～ 9”的段码是：

```
{0xFC,0x60,0xDA,0xF2,0x66,0xB6,0xBE,0xE0,0xFE,0xF6}
```

同样是共阴极数码管显示“0 ～ 9”，为什么段码不一样呢？

这是由于使用了 74LS164 来扩展 I/O 口输出，74LS164 是一个 8 位并行输出、串行输入移位寄存器。单片机串行输出到 74LS164 的数据，是低位在前、高位在后，74LS164 在串行输入和并行输出后，把单片机输出数据的低位变为高位了。结合交通灯控制的数码管驱动电路（图 4），这里的共阴极数码管显示“0 ～ 9”的段码（a 段是高位）与项目 3 的段码（a 段是低位）顺序是相反的。

交通灯控制程序设计好以后，打开“交通灯控制”Proteus 电路，加载“交通灯控制 .hex”文件，进行仿真运行，观察交通灯控制运行是否与设计要求相符。

课程设计范例 2　基于 SHT11 的温湿度监控系统

一、课程设计目的及实现功能

1. 课程设计目的

掌握单片机与液晶显示器和键盘的接口技术，能够利用二线制数字串行接口的数字温湿度传感器 SHT11 完成温湿度监控系统设计及实现。进一步掌握单片机输入输出控制系统的设计、运行及调试。

2. 实现功能

本系统使用 AT89S52 单片机，通过数字温湿度传感器 SHT11 实时采集环境温湿度，在 RT12864 上进行温湿度显示。若温湿度超过了其上限值或下限值，就会通过 LED 指示灯进行报警。温湿度监控系统具有以下功能：

（1）能完成温湿度监控显示。在 RT12864 上，能显示温度、湿度、温度上限与下限、湿度上限与下限，每过 3s 对温度和湿度进行一次数据更新。

（2）使用 4 个按键完成温湿度监控参数设置。

1）按键一：能完成温湿度监控显示界面和温湿度监控参数设置界面切换。系统启动时的界面为温湿度监控显示界面，按下按键一后切换为温湿度监控参数设置界面，方便对温湿度监控参数进行调节；再按一次按键一，界面又切换为温湿度监控显示界面。

2）按键二：能完成温度上限、温度下限、湿度上限和湿度下限选择项选择。

3）按键三：在按键二选中的基础上，能完成温湿度上下限增大。例如，通过按键二选中温度上限，此时按下按键三后，温度上限增大。

4）按键四：在按键二选中的基础上，能完成温湿度上下限减小。例如，按键二选中温度上限，此时按下按键四后，温度上限减小。

（3）能对温湿度进行实时监控。

1）当温湿度正常时，绿色 LED 亮。

2）当温度高于上限时，点亮温度上限指示灯（红色 LED）报警。

3）当温度低于下限时，点亮温度下限指示灯（黄色 LED）报警。

4）当湿度高于上限时，点亮湿度上限指示灯（红色 LED）报警。

5）当湿度低于下限时，点亮湿度下限指示灯（黄色 LED）报警。

二、设计分析

1. 温湿度传感器 SHT11

SHT11 是瑞士 Scnsirion 公司推出的一款数字温湿度传感器芯片，具有品质卓越、超快响应、抗干扰能力强、性价比高等优点。温湿度传感器 SHT11 广泛应用于暖通空调、汽车、消费电子、自动控制及医疗等领域。

（1）SHT11 内部结构。SHT11 是一款含有已校准数字信号输出的温湿度复合传感器。SHT11 是将温度传感器、湿度传感器、14 位的 A/D 转换器以及二线串行数字接口电路等集成到一个芯片上，实现了无缝连接。其中，温度传感器是一个能隙式测温元件，湿度传感器是一个电容式聚合体测湿元件。SHT11 内部结构如图 1 所示。

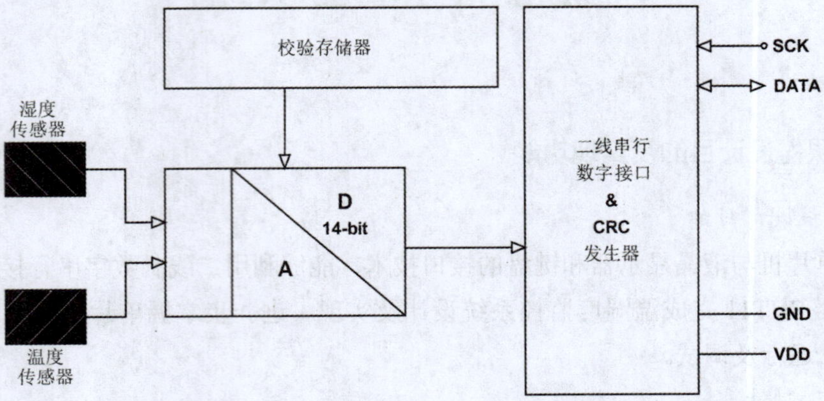

图 1　SHT11 内部结构

（2）SHT11 工作过程。数字温湿度传感器 SHT11 在出厂之前都会在恒湿或恒温环境中进行校准，校准系数存储在校准寄存器中。在测量过程中，校准系数会自动校准来自传感器的信号。SHT11 工作过程如下所述。

1）湿度传感器和温度传感器分别将湿度和温度转换成模拟信号，然后由放大器对微弱的模拟信号进行放大。

2）通过 14 位的 A/D 转换器，把温湿度的模拟信号转换为数字信号。

3）把得到的温湿度值经过二线串行数字接口输出。

此外，SHT11 内部还集成了一个加热元件，加热元件接通后可以将 SHT11 的温度升高 5℃左右，同时功耗也会有所增加。此功能主要为了比较加热前后的温度和湿度值，可以综合验证两个传感器元件的性能。在湿度 >95% RH 的高湿环境中，加热元件可预防传感器结露，同时可缩短响应时间和提高精度。加热后 SHT11 温度升高、相对湿度降低，较加热前的测量值会略有差异。

SHT11 默认的测量精度为 14bit（温度）和 12bit（湿度），通过状态寄存器可分别降至 12bit 和 8bit。

（3）SHT11 典型应用电路。SHT11 温湿度传感器采用 SMD（LCC）表面贴片封装形式，接口非常简单。SHT11 封装和 SHT11 仿真如图 2 所示。

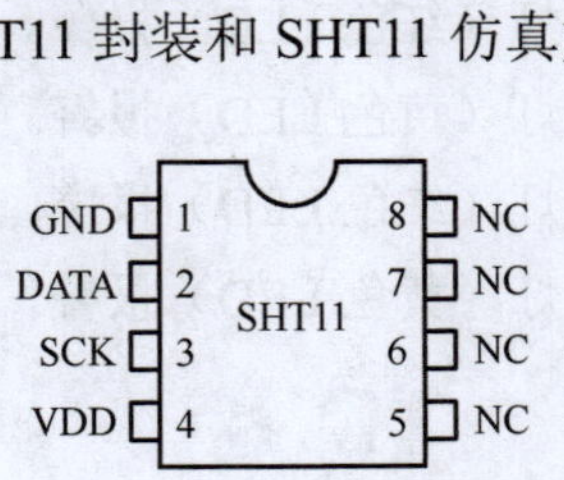

（a）封装

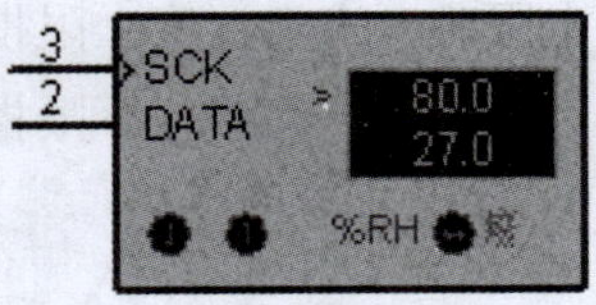

（b）仿真

图 2　SHT11 封装和 SHT11 仿真

SHT11 的引脚功能如下：

- 引脚 1 和引脚 4 分别为信号地和电源，其工作电压范围是 2.4 ～ 5.5V。

● 引脚2和引脚3为二线串行数字接口，其中DATA为双向串行数据线，SCK为串行时钟输入线。

● 引脚5～8未使用。

单片机是通过二线串行数字接口与SHT11进行通信的，其通信协议与通用的I^2C总线协议是不兼容的，因此需要用单片机的I/O口来模拟该通信时序。SHT11的典型应用电路如图3所示。

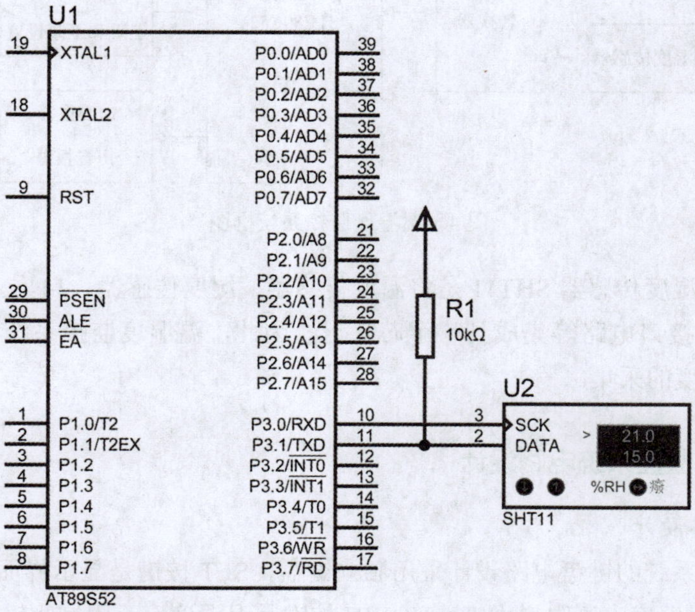

图3 SHT11的典型应用电路

在图3中，需要一个外部的上拉电阻（如10kΩ）把DATA信号从低电平上拉为高电平。DATA在SCK时钟下降沿之后改变状态，并仅在SCK时钟上升沿有效。数据传输期间，在SCK时钟高电平时，DATA必须保持稳定。

（4）SHT11控制命令。对SHT11的控制是通过5个5位命令代码来实现的。命令代码的功能见表1。

表1 SHT11控制命令

命令代码	功能
0000x	保留
00011	测量温度
00101	测量湿度
00111	读内部状态寄存器
00110	写内部状态寄存器
0101x～1110x	保留
11110	复位命令，使内部状态寄存器恢复默认值。下一次命令前至少等待11ms

2. 温湿度监控系统设计实现

温湿度监控系统是采用AT89S52单片机，通过温度传感器、湿度传感器和A/D转换器对温湿度进行实时采集，并在RT12864上进行温湿度显示。按键设置温湿度的上限值和下限值，若温湿度超过了上限值或下限值，就会通过LED进行报警。温湿度监控系统框图如图4所示。

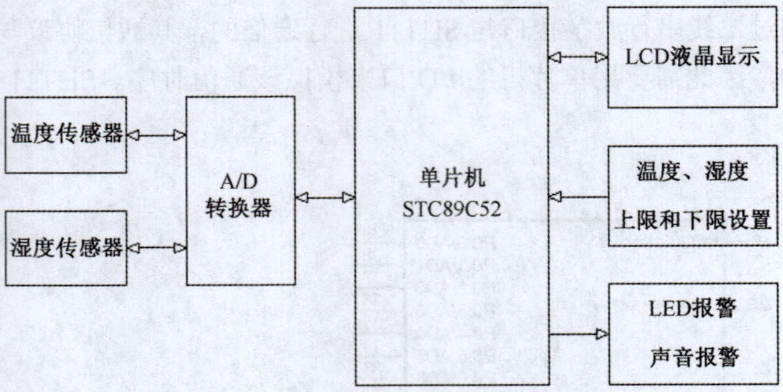

图4 温湿度监控系统框图

由于数字温湿度传感器SHT11是将温度传感器、湿度传感器、14位的A/D转换器以及二线串行数字接口电路等集成到一个芯片上，因此，温湿度监控系统可以使用SHT11来实现温度和湿度的采集。

三、温湿度监控系统电路设计

1. 按键电路设计

温湿度监控系统的键盘电路设计采用独立键盘，SET按键是显示界面和设置界面切换键，UP按键是温湿度上下限增大键，DOWN按键是温湿度上下限减小键，MOVE按键是温湿度上下限设置选择键。这4个按键分别接到P3口的P3.0、P3.1、P3.2和P3.3引脚。按键电路设计参考项目9的工作任务24。

2. 液晶显示电路设计

LCD液晶显示采用RT12864液晶显示模块，液晶显示模块并行数据口DB0～DB7接AT89S52的P0口，并在P0口上外加上拉电阻以确保输出的高电平能够达到液晶显示的要求。RT12864液晶显示模块控制接口引脚接P2口。液晶显示电路设计参考项目9的工作任务24。

3. 数字温湿度传感器SHT11电路设计

参考图3所示的SHT11典型应用电路，SCK和DATA引脚分别接P1口的P1.0和P1.1引脚。

4. 温湿度超上/下限LED报警电路设计

温湿度监控系统的正常运行指示灯（绿色LED1）接P1.3、温度超过上限报警灯（红色LED2）接P1.4、温度超过下限报警灯（黄色LED3）接P1.5、湿度超过上限报警灯（红色LED4）接P1.6、湿度超过下限报警灯（黄色LED5）接P1.7。

温湿度监控系统的电路设计如图5所示。

运行Proteus软件，新建“温湿度监控系统”设计文件。按照温湿度监控系统的按键电路、液晶显示电路和SHT11电路，放置并编辑AT89S52、CRYSTAL、CAP、CAP-ELEC、RES、LED-GREEN、LED-RED、LED-YELLOW、SHT11、BUTTON和AMPIRE128X64等元器件。完成温湿度监控系统电路设计后，进行电气规则检测，直至检测成功。

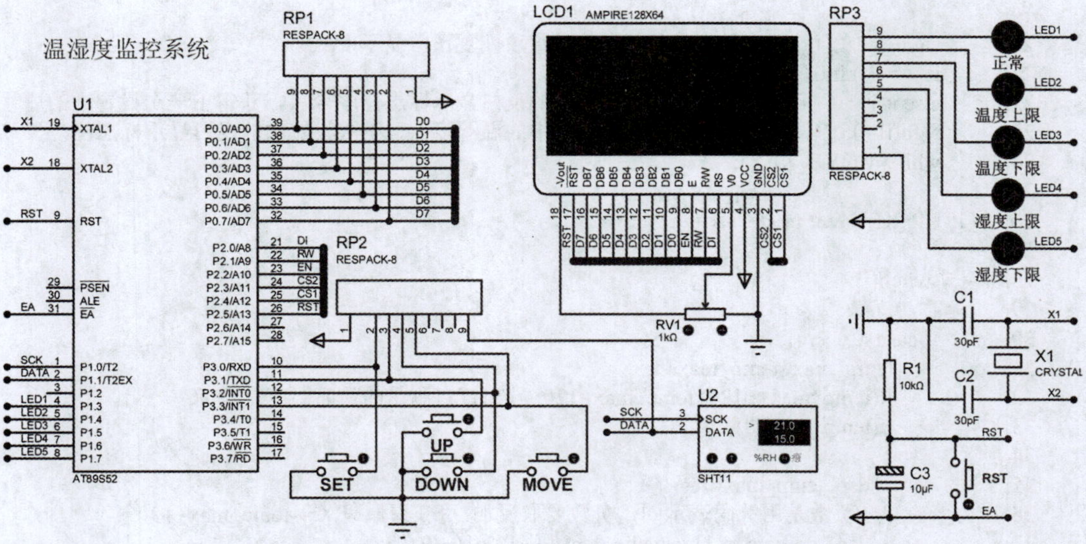

图 5　温湿度监控系统电路

四、温湿度监控系统程序设计

在温湿度监控系统程序设计中，按键程序设计和 LCD 液晶显示程序设计可以参考项目 9 的工作任务 24 来完成。

1. 按键模块程序设计

按键设置电路是由 4 个独立按键组成，可对温度上限、温度下限、湿度上限和湿度下限进行设置。4 个按键设置过程如下：

按 SET 键，进入设置模式，首先以反白形式选中温度上限；用 UP 键对选中项进行加“1”，DOWN 键对选中项减“1”；当某一项修改后，用 MOVE 键在温度上限、温度下限、湿度上限和湿度下限中选择其他需要设置的项；当所有选择项都设置好以后，再按一次 SET 键，进入正常运行模式。

（1）按键接口定义。如图 5 所示，对接在 P3 口上按键的宏定义。与项目 9 工作任务 25 的 main.h 头文件一样。

（2）按键处理程序。根据按键功能分析，按键处理程序代码如下：

```
void key_scan(void)
{
  if(SET_KEY)
  {
    mode_set = ~mode_set;
    if(mode_set == 1)                    //进入设置模式
    {
      EA = 0;                            //关中断（时钟停止走动）
      sign[0]=0;                         //设置温度上限设置项的反白显示标志位
    }
    else
    {
      EA = 1; i = 0;
      sign[0]=sign[1]=sign[2]=sign[3]=1;  //清4个反白显示标志位
    }
    while(SET_KEY);
  }
  if(MOVE_KEY && mode_set == 1)          //选择下一个设置项的反白显示标志位
```

```
{
  sign[i]=1;                        //当前设置项恢复正常显示
  if( i==3 ) i=0;
  else i=i+1;                       //设置项的反白显示标志位序号+1，获得下一个设置项的序号
  sign[i]=0;                        //设置选中的温湿度上、下限设置项的反白显示标志位
  while(MOVE_KEY);
}
if(UP_KEY && mode_set == 1)
{
  switch(i)
  {
    case 0:
      temp_max=temp_max+1;
      if(temp_max > 120) temp_max=120;   //SHT11测量的最高温度是120℃
      if(temp_max<0)
      {
        dsp_temp_max[0]='-';
        //负数是用补码表示的，负数要取反加1可获得原码（=~temp_max+1）
        dsp_temp_max[1]=(~temp_max+1)/10%10+'0';
        dsp_temp_max[2]=(~temp_max+1)%10+'0';
      }
      else
      {
        dsp_temp_max[0]=temp_max/100+'0';
        dsp_temp_max[1]=temp_max/10%10+'0';
        dsp_temp_max[2]=temp_max%10+'0';
      }
      break;
    case 1:
      humi_max=humi_max+1;
      if(humi_max > 100) humi_max=100;                //SHT11测量的最大湿度是100%RH
      dsp_humi_max[0]=humi_max/10+'0';
      dsp_humi_max[1]=humi_max%10+'0';
      break;
    case 2:
      temp_min=temp_min+1;
      if(temp_min > temp_max) temp_min=temp_max;   //下限不能超过上限
      if(temp_min<0)
      {
        dsp_temp_min[0]='-';
        dsp_temp_min[1]=(~temp_min+1)/10%10+'0';
        dsp_temp_min[2]=(~temp_min+1)%10+'0';
      }
      else
      {
        dsp_temp_min[0]=temp_min/100+'0';
        dsp_temp_min[1]=temp_min/10%10+'0';
        dsp_temp_min[2]=temp_min%10+'0';
      }
      break;
    case 3:
      humi_min=humi_min+1;
      if (humi_min > humi_max) humi_min=humi_max;
      dsp_humi_min[0]=humi_min/10+'0';
      dsp_humi_min[1]=humi_min%10+'0';
      break;
    default: break;
  }  //end switch(i)
  while(UP_KEY);
}
if(DOWN_KEY && mode_set == 1)
{
```

```
      switch(i)
      {
        case 0 :
          temp_max=temp_max-1;
          if(temp_max < temp_min) temp_max=temp_min;      //上限不能低于下限
          if(temp_max<0)
          {
            dsp_temp_max[0]='-';
            dsp_temp_max[1]=(~temp_max+1)/10%10+'0';
            dsp_temp_max[2]=(~temp_max+1)%10+'0';
          }
          else
          {
            dsp_temp_max[0]=temp_max/100+'0';
            dsp_temp_max[1]=temp_max/10%10+'0';
            dsp_temp_max[2]=temp_max%10+'0';
          }
          break;
        case 1:
          humi_max=humi_max-1;
          if(humi_max < humi_min) humi_max=humi_min;
          dsp_humi_max[0]=humi_max/10+'0';
          dsp_humi_max[1]=humi_max%10+'0';
          break;
        case 2:
          temp_min=temp_min-1;
          if(temp_min < -40) temp_min=-40;      //SHT11测量最小温度是-40℃
          if(temp_min<0)
          {
            dsp_temp_min[0]='-';
            dsp_temp_min[1]=(~temp_min+1)/10%10+'0';
            dsp_temp_min[2]=(~temp_min+1)%10+'0';
          }
          else
          {
            dsp_temp_min[0]=temp_min/100+'0';
            dsp_temp_min[1]=temp_min/10%10+'0';
            dsp_temp_min[2]=temp_min%10+'0';
          }
          break;
        case 3:
          humi_min=humi_min-1;
          if (humi_min < 0) humi_min=0;          //SHT11测量最小湿度是0
          dsp_humi_min[0]=humi_min/10+'0';
          dsp_humi_min[1]=humi_min%10+'0';
          break;
        default: break;
      }  //end switch(i)
      while(DOWN_KEY);
    }
}
```

2. SHT11 驱动程序设计

温湿度监控系统的温湿度测量是使用数字温湿度传感器 SHT11。SHT11 驱动程序主要包括 sht11.h 头文件和 sht11.c 文件。其中 sht11.c 文件是由连接复位、启动传输、写字节、读字节、温湿度检测、温湿度值标度变换及温度补偿以及温湿度测量等函数组成。

（1）sht11.h 头文件。sht11.h 头文件代码如下：

```
#ifndef __SHT11__H
#define __SHT11__H
sbit DATA=P1^1;                    //串行数据
```

```
sbit SCL=P1^0;                          //串行时钟
#define noACK 0                         //应答信号
#define ACK 1
#define STATUS_REG_W 0x06               //写状态寄存器命令
#define STATUS_REG_R 0x07               //读状态寄存器命令
#define MEASURE_TEMP 0x03               //温度测量命令
#define MEASURE_HUMI 0x05               //湿度测量命令
#define RESET 0x1e                      //复位命令
enum {TEMP,HUMI};                       //枚举类型：TEMP=0，HUMI=1
void conn_reset(void);                  //SHT11连接复位
Char r_sth11(float *humi ,float *temp);           //温湿度测量
#endif
```

（2）启动传输。启动传输函数使用一组“启动传输”时序来表示数据传输的初始化。“启动传输”时序是：当SCK时钟为高电平时，DATA变为低电平，紧接着SCK变为低电平；延时3μs后，在SCK为高电平时，DATA变为高电平。SHT11启动传输函数代码如下：

```
void tran_start(void)
{
  DATA=1; SCL=0;                        //启动传输准备
  _nop_(); SCL=1;
  _nop_(); DATA=0;
  _nop_(); SCL=0;
  _nop_(); _nop_(); _nop_(); SCL=1;
  _nop_(); DATA=1;
  _nop_(); SCL=0;
}
```

（3）连接复位。在使用SHT11时，需要对SHT11进行连接复位；若与SHT11通信中断（通信发生错误），也需要重新对SHT11进行连接复位。通过以下时序，可以完成SHT11连接复位：先使DATA为高电平；然后触发SCK时钟9次或更多次；最后发送一个“传输启动”时序。SHT11连接复位函数代码如下：

```
void conn_reset(void)
{
  unsigned char i;
  DATA=1; SCL=0;                        //连接复位准备：DATA保持高电平
  for(i=0;i<9;i++)                      //SCL时钟触发9次
  {
    SCL=1;
    SCL=0;
  }
  tran_start();                         //发送启动传输
}
```

（4）写字节。写字节即写命令，命令包含3个地址位（目前只支持“000”）和5个命令位。SHT11写字节函数代码如下：

```
char write_byte(unsigned char value)
{
  unsigned char i,error=0;
  for(i=0x80;i>0;i>>=1)                 //高位为1，循环右移
  {
    if(i&value) DATA=1;                 //和要发送的数相与，结果为发送的位
    else DATA=0;
    SCL=1;
    _nop_();_nop_();_nop_();            //延时3μs
    SCL=0;
  }
  DATA=1;                               //释放数据线，SHT11通过DATA发送应答信号
  SCL=1;
```

```
    error=DATA;                     //读应答信号，若DATA=0表示通信正常
    _nop_();_nop_();_nop_();
    SCL=0;
    DATA=1;
    return error;                   //error=1：通信错误；error=0：通信正常
}
```

在写字节函数中，我们是如何知道 SHT11 已经接收到命令呢？

在第 8 个 SCK 时钟的下降沿之后（即在写完字节之后），SHT11 会将 DATA 下拉为低电平（即 ACK 应答信号）来表示已正确地接收到指令。若 DATA 没有下拉为低电平（还是高电平），则表示接收指令发生了错误。代码如下：

```
error=DATA;                         //在第8个SCK时钟的下降沿之后读取DATA
```

另外，在第 9 个 SCK 时钟的下降沿之后，要释放 DATA（恢复高电平）。

（5）读字节。SHT11 读字节函数代码如下：

```
char read_byte(unsigned char ack)
{
    unsigned char i,val=0;
    DATA=1;                         //释放数据线
    for(i=0x80;i>0;i>>=1)           //高位为1，循环右移
    {
        SCL=1;
        if(DATA) val=(val|i);       //读一位数据线的值
        SCL=0;
    }
    DATA=!ack;                      //如果是校验，读取后结束通信
    SCL=1;
    _nop_();_nop_();_nop_();        //延时3μs
    SCL=0;
    _nop_();_nop_();_nop_();
    DATA=1;                         //释放数据线
    return val;
}
```

“DATA=!ack;”语句说明：DATA=0 表示继续通信，可继续读取下一个字节；DATA=1 表示中止通信。

（6）温湿度检测。在这里，数字温湿度传感器 SHT11 的湿度是 12 位、温度是 14 位。温湿度检测是通过启动传输、发送命令（检测温度命令或检测湿度命令）、等待检测结束和读取检测结果（3 个字节）等过程来完成的。SHT11 温湿度检测函数代码如下：

```
char measure(unsigned char *p_value, unsigned char *p_checksum, unsigned char mode)
{
    unsigned char error=0;
    unsigned int i;
    tran_start();                               //启动传输
    switch(mode)                                //选择发送命令
    {
        case TEMP : error+=write_byte(MEASURE_TEMP); break;    //检测温度命令
        case HUMI : error+=write_byte(MEASURE_HUMI); break;    //检测湿度命令
        default : break;
    }
    for (i=0;i<65535;i++) if(DATA==0) break;    //等待检测结束
    if(DATA) error+=1;                          //如果长时间数据线没有拉低，说明检测错误
    *(p_value) =read_byte(ACK);                 //读第一个字节，高字节（MSB）
    *(p_value+1)=read_byte(ACK);                //读第二个字节，低字节（LSB）
    *p_checksum =read_byte(noACK);              //读第三个字节（CRC校验码）
    return error;                               // error=1，通信发生错误
}
```

温湿度检测程序说明如下：

1）每次执行 SHT11 温湿度检测函数，只能检测温度和湿度的其中一个。

2）若不想使用 CRC 校验码，在读取低字节（LSB）时，可以使用实参 noACK 来中止通信。代码如下：

```
*(p_value+1)=read_byte(noACK);        //使用实参noACK读取低字节（LSB），并中止通信
```

（7）温湿度值标度变换及温度补偿。为了获得温湿度的准确数据，需要对温湿度的值进行补偿计算。SHT11 温湿度值标度变换及温度补偿的代码如下：

```
void calc_sth11(float *p_humidity ,float *p_temperature)
{
   code float C1=-4.0;                 //定义12位湿度精度修正公式的参数
   code float C2=+0.0405;
   code float C3=-0.0000028;
   code float T1=+0.01;                //定义5V条件下的14位温度精度修正公式的参数
   code float T2=+0.00008;
   float rh_lin;                       //rh_lin: 湿度linear值
   float rh_true;                      //rh_true: 湿度ture值
   /*相对湿度非线性补偿*/
   rh_lin=C3*(*p_humidity)*(*p_humidity) + C2*(*p_humidity) + C1;
   /*相对湿度对于温度依赖性补偿*/
   //湿度最大修正
   rh_true=(((*p_temperature)*0.01 - 40)-25)*(T1+T2*(*p_humidity))+rh_lin; if(rh_true>100)rh_true=100;
   if(rh_true<0.1)rh_true=0.1;         //湿度最小修正
   *p_temperature=((*p_temperature)*0.01 - 40);          //先进行温度补偿，再返回温度结果
   *p_humidity=rh_true;                //返回湿度结果
}
```

（8）温湿度测量。SHT11 温湿度测量函数通过温湿度检测、温湿度值标度变换及温度补偿，可以获得真正的温湿度值。其函数代码如下：

```
char r_sth11(float *humi ,float *temp)
{
   unsigned int humi_val,temp_val; //humi_val用于湿度，temp_val用于温度
   unsigned char error;                //用于检验是否出现错误
   unsigned char checksum;             //CRC校验
   error=0;                            //初始化error=0，即没有错误
   error+=measure((unsigned char*)&temp_val,&checksum,TEMP);    //温度测量
   error+=measure((unsigned char*)&humi_val,&checksum,HUMI);    //湿度测量
   if(error!=0) conn_reset();          //如果发生错误，系统复位
   else
   {
      *humi=(float)humi_val;
      *temp=(float)temp_val;
      calc_sth11(humi,temp);           //修正相对湿度及温度
      return 1;                        //返回温湿度测量成功信息
   }
   return 0;                           //返回温湿度测量不成功信息
}
```

3. 温湿度监控系统主程序设计

温湿度监控系统的主程序主要包括 main.h 头文件和 main.c 文件。其中 main.c 文件由监控温湿度的相关变量定义、按键处理函数（前面已介绍）、LED 显示函数、T0 中断服务函数以及主函数等组成。

（1）main.h 头文件。main.h 头文件代码如下：

```
#ifndef __MAIN_H__
#define __MAIN_H__
sbit LED1=P1^3;                        //绿色LED表示系统温湿度处于正常范围
sbit LED2=P1^4;                        //红色LED表示系统温度高于温度上限值
```

```
sbit LED3=P1^5;                //黄色LED表示系统温度低于温度下限值
sbit LED4=P1^6;                //红色LED表示系统湿度高于湿度上限值
sbit LED5=P1^7;                //黄色LED表示系统湿度低于湿度下限值
sbit P3_0=P3^0;                //设置模式与运行模式切换按键
sbit P3_1=P3^1;                //对选中项进行加“1”
sbit P3_2=P3^2;                //对选中项进行减“1”
sbit P3_3=P3^3;                //选择需要设置的项
#define SET_KEY     (!(P3_0))
#define UP_KEY      (!(P3_1))
#define DOWN_KEY    (!(P3_2))
#define MOVE_KEY    (!(P3_3))
#endif
```

（2）main.c 文件的初始化。温湿度监控系统 main.c 文件的初始化代码如下：

```
#include <AT89X52.H>
#include <stdio.h>
#include <string.h>
#include <lcd.h>
#include <main.h>
#include <sht11.h>
#include <intrins.h>
/*定义温湿度相关变量和显示缓冲区*/
int  temp,humi;
int  temp_max,humi_max,temp_min,humi_min;
float  temp_val_f,humi_val_f;
unsigned char dsp_temp[6]="110.0";
unsigned char dsp_humi[6]="099.0";
unsigned char dsp_temp_max[4]="030";
unsigned char dsp_humi_max[3]="50";
unsigned char dsp_temp_min[4]="-20";
unsigned char dsp_humi_min[3]="10";
/*定义RT12864显示相关变量*/
bit mode_set=0;                    //模式控制：1为设置模式；0为运行模式
unsigned char sign[4]={1,1,1,1};   //温度和湿度上下限反白显示标志位：1为正常显示；0为反白显示
char i=0;                          //用于选择温度和湿度上下限反白显示标志位的序号
unsigned char  irq_count=0;        //中断计数，每次中断50ms，中断20次是1s
```

（3）LED 显示函数。在温湿度上限值和下限值的范围内，点亮绿色 LED；若温湿度超过了上限值和下限值的范围，就点亮其相应的 LED，同时熄灭绿色 LED。LED 显示函数代码如下：

```
void led_show(void)
{
  if(temp>temp_max*10)           //temp在主函数中乘10了，所以temp_max也要乘10
  {
    LED1=1;LED2=0;LED3=1;        //点亮红色LED，表示温度高于温度上限值
  }
  else if(temp<temp_min*10)
  {
    LED1=1;LED2=1;LED3=0;        //点亮黄色LED，表示温度低于温度下限值
  }
  else
  {
    LED2=1;LED3=1;               //若没有超过温度上、下限值，熄灭红色LED和黄色LED
  }
  if(humi>humi_max*10)
  {
    LED1=1;LED4=0;LED5=1;        //点亮红色LED，表示湿度高于湿度上限值
  }
  else if(humi<humi_min*10)
  {
    LED1=1;LED4=1;LED5=0;        //点亮黄色LED，表示湿度低于湿度下限值
```

```
    }
    else
    {
        LED4=1;LED5=1;                    //若没有超过湿度上、下限值，熄灭红色LED和黄色LED
    }
    if(temp<=temp_max*10&&temp>=temp_min*10&&humi<=humi_max*10&&humi>=humi_min*10)
    {
        LED1=0;LED2=1;LED3=1;LED4=1;LED5=1;         //在温湿度正常范围内，点亮绿色LED
    }
}
```

（4）中断服务函数。温湿度监控系统是每过 3s 就对温度、湿度进行一次数据更新。通过定时器 / 计数器 T0 的定时功能，可以获得温湿度数据更新的时间。T0 中断服务函数代码如下：

```
void timer0(void)  interrupt 1 using 1   // 50ms中断一次
{
    TH0=0x4C;                          //晶振：11.0592MHz。晶振若为12MHz：TH0=0x3C;
    TL0=0x00;                          //晶振：11.0592MHz。晶振若为12MHz：TL0=0xB0;
    irq_count++;
    if(irq_count>=60)                  //中断60次是3s。改变此参数，可以改变温湿度的更新时间
    {
        irq_count = 0;
    }
}
```

（5）主函数。主函数主要功能是：能完成温湿度监控显示；能使用 4 个按键完成对温湿度监控参数进行设置；能对温湿度进行实时监控。主函数代码如下：

```
void main(void)
{
    RST=1;
    LCD_Init();                     //LCD初始化
    P0=0xff;
    EA=1; ET0=1;                    //开中断
    TMOD=0x01;                      //T0：方式1，定时功能
    TH0=0x4C;                       //晶振：11.0592MHz。晶振若为12MHz：TH0=0x3C;
    TL0=0x00;                       //晶振：11.0592MHz。晶振若为12MHz：TL0=0xB0;
    TR0=1;                          //启动定时器T0
    Out_Char(0,0,1," 温湿度监控系统 ");        //LCD初始显示界面
    Out_Char(0,2,1,"T:032.0  H:20.0");
    Out_Char(0,4,1,"Tmax:110 Hmax:99");
    Out_Char(0,6,1,"Tmin:-20 Hmin:10");
    conn_reset();                     //启动连接复位
    while(1)
    {
        key_scan();                 //按键处理
        if(irq_count==0)            //若温湿度数据更新时间到，则进行数据更新
        {
            /*调用温湿度测量函数r_sth11()，若该函数返回值为“1”，执行if语句*/
            if(r_sth11(&humi_val_f,&temp_val_f))
            {
                temp=temp_val_f*10;     //返回的温度值乘以10
                humi=humi_val_f*10;     //返回的湿度值乘以10
                if(temp<0)
                {
                    dsp_temp[0]='-';
                    //负数是用补码表示的，负数要取反加1方可获得原码
                    dsp_temp[1]=(~temp+1)/100%10+'0';
                    dsp_temp[2]=(~temp+1)/10%10+'0';
                    dsp_temp[3]='.';
                    dsp_temp[4]=(~temp+1)%10+'0';
```

```
            }
            else
            {
                dsp_temp[0]=temp/1000+'0';
                dsp_temp[1]=temp/100%10+'0';
                dsp_temp[2]=temp/10%10+'0';
                dsp_temp[3]='.';
                dsp_temp[4]=temp%10+'0';
            }
            dsp_humi[0]=humi/1000+'0';
            dsp_humi[1]=humi/100%10+'0';
            dsp_humi[2]=humi/10%10+'0';
            dsp_humi[3]='.';
            dsp_humi[4]=humi%10+'0';
            Out_Char(16,2,1,dsp_temp);              //显示采集的温度
            Out_Char(88,2,1,dsp_humi);              //显示采集的湿度
        }
    }
    Out_Char(40,4,sign[0],dsp_temp_max);            //显示温度上限值
    Out_Char(112,4,sign[1],dsp_humi_max);           //显示湿度上限值
    Out_Char(40,6,sign[2],dsp_temp_min);            //显示温度下限值
    Out_Char(112,6,sign[3],dsp_humi_min);           //显示湿度下限值
    led_show();                             //LED显示
  }
}
```

温湿度监控系统 C 语言程序代码中的 main.h、lcd.h 以及 LCD 的驱动程序等程序，请参考项目 9 的工作任务 24。温湿度监控系统程序设计好以后，打开“温湿度监控系统” Proteus 电路，加载“温湿度监控系统 .hex”文件，进行仿真运行，观察温湿度监控系统运行是否与设计要求相符。

参考文献

[1] 张迎新．单片机原理及应用 [M]．3 版．北京：电子工业出版社，2017.

[2] 王静霞．单片机应用技术（C 语言版）[M]．4 版．北京：电子工业出版社，2019.

[3] 胡汉才．单片机原理及其接口技术 [M]．2 版．北京：清华大学出版社，2004.

[4] 江力，等．单片机原理与应用技术 [M]．北京：清华大学出版社，2006.

[5] 万福君．单片微机原理系统设计与应用 [M]．2 版．合肥：中国科学技术大学出版社，2005.

[6] 付家才．单片机控制工程实践技术 [M]．北京：化学工业出版社，2004.

[7] 何立民．单片机高级教程：应用与设计 [M]．2 版．北京：北京航空航天大学出版社，2007.

[8] 刘守义．单片机应用技术 [M]．3 版．西安：西安电子科技大学出版社，2013.

[9] 求是科技．单片机典型模块设计实例导航 [M]．2 版．北京：人民邮电出版社，2008.

[10] 张友德．单片微型机原理、应用与实验 [M]．5 版．上海：复旦大学出版社，2008.